ATLAS DE ANATOMIA

ATLAS DE ANATOMIA

GIRASSOL

Dados Internacionais de Catalogação na Publicação (CIP)
(Câmara Brasileira do Livro, SP, Brasil)

Atlas de Anatomia / [textos Adriana Rigutti]. --
Barueri : Girassol, 2024.

Título original: Atlante di Anatomia
ISBN 978-65-5530-655-2

1. Anatomia humana - Atlas 2. Corpo humano - Atlas I. Rigutti, Adriana.

07-4610

CDD-611.00222
NLM-QS 400

Índices para catálogo sistemático:
1. Atlas : Corpo humano : Ciências médicas 611.00222
2. Corpo humano: Atlas : Ciências médicas 611.00222

2ª edição

Título original
Atlante di anatomia

Textos
Adriana Rigutti

Coordenação
Myriam Sayalero

Quadros anatômicos
A.A. Ghermana
O.A. Cetverikova

Projeto gráfico
Enrico Albisetti

Quadros e desenho
Bernardo Mannucci

Consultor científico
Antonio Gerardo Andriulli
Médico especialista em cirurgia do sistema digestório

© 2005 by Giunti Editore S.p.A., Firenze - Milano

Publicado no Brasil por
Girassol Brasil Edições Ltda.
Av. Copacabana, 325 - 13º andar - Conj. 1301 -
Alphaville, Barueri - SP, 06472-001
leitor@girassolbrasil.com.br
www.girassolbrasil.com.br

Direção editorial
Karine Gonçalves Pansa

Coordenação editorial
Carolina Cespedes

Editora assistente
Aline Coelho

Assistentes editoriais
Laura Camanho
Leticia Dallacqua

Adaptação
Valéria Ramiro

Revisão técnica
Dr. Carlos Toufen Júnior

Revisão
Cláudia A. Sanches
Denise Camargo
Maria Luisa A. Lima Paz
Marcelo Nardeli

Diagramação
Flávio Bissolotti e Deborah Takaishi

Consultoria
Dr. Emílio Lopez Couto MSc

Colaboração
Prof. Lincoln Gonçalves Couto MSc

Agradecimentos
Agradecemos pela estimável colaboração às seguintes pessoas:
Giovanni Iazzetti, médico do Departamento de Genética, Biologia Geral
e Molecular da Universidade Frederico II de Nápoles
Enrico Rigutti, médico especialista em ortopedia e traumatologia
Lluís Bielsa, optometrista

Créditos das imagens
Pág. 23 acima, à direita: 2. NIBSC/S.P.L./ Grazia Néri, e 3. University of Medicine & Dentistry
of New Jersey/ S.P.L./ Grazia Néri; pág. 127: SIE/ The Stock Marker/ © M.M. Lawrence.
Onde não está expressamente indicado, as imagens pertencem ao Arquivo Iconográfico Giunti.

SUMÁRIO

A DESCOBERTA DO CORPO HUMANO 9
    As origens 9
    Roma 10
    O Renascimento 12
    A revolução de Andreas Vesalius 13
    Rumo à anatomia moderna 14
    A especialização 15
DIFERENÇAS E SEMELHANÇAS 19
    Menino e menina 19
    Rapaz e moça 20
    Homem e mulher 21
AS BASES CELULARES DA ANATOMIA 22
    Os instrumentos de observação 22
    Preparação e observação dos tecidos 25
    ■ Tecido epitelial 26
    ■ Tecido muscular 28
    ■ A contração muscular 28
    ■ Tecido nervoso 30
    ■ A transmissão dos impulsos nervosos 30
    ■ Tecido conjuntivo 32
    ■ O vocabulário da anatomia 33

ESQUELETO E MÚSCULOS 35

O ESQUELETO OU SISTEMA ESQUELÉTICO .. 36
    Divisão do esqueleto 36
    Os ossos 38
    As articulações 40
    ■ O crânio 42
    ■ A coluna vertebral 44
    ■ A caixa torácica 46
    ■ Cintura escapular e extremidades superiores ... 48
    ■ Pelve e extremidades inferiores 50

OS MÚSCULOS OU O SISTEMA MUSCULAR .. 54
    Os músculos esqueléticos 54
    Os músculos involuntários 57
    ■ Músculos da cabeça e do pescoço 58
    ■ Músculos dorsais 60
    ■ Músculos do tronco 62
    ■ Cintura escapular
       e extremidades superiores 64
    ■ Pelve e extremidades inferiores 66
    ■ Um órgão tipicamente humano:
       a mão 68
    ■ A posição bípede: quadril, joelho e pé 70

NERVOS E GLÂNDULAS
ENDÓCRINAS 75

O SISTEMA NERVOSO 76
    A estrutura do sistema nervoso 76
    Nervos 78
    Circuitos nervosos 78
O SISTEMA NERVOSO CENTRAL
E OS ÓRGÃOS DOS SENTIDOS 80
    Os órgãos dos sentidos 81
    ■ O cérebro 82
    ■ O cerebelo 88
    ■ O tronco cerebral 90
    ■ O sistema límbico 92
    ■ O hipotálamo 94
    ■ Sistema visual 96
    ■ Sistema auditivo e do equilíbrio 98
    ■ Órgãos do olfato e do paladar: nariz e boca 102
    ■ As sensações da pele 104
    ■ Medula espinal e nervos 106

SUMÁRIO

O SISTEMA NERVOSO PERIFÉRICO 110
    O sistema parassimpático 110
    O sistema simpático 111
    ■ Nervos cranianos 112
    ■ Nervos toracoabdominais 116
    ■ Nervos das extremidades superiores 120
    ■ Nervos das extremidades inferiores 122

O SISTEMA ENDÓCRINO 126
    Um sistema que abrange todo o corpo 127
    ■ A atividade endócrina do encéfalo: hipotálamo,
       hipófise e epífise 130
    ■ Tireoide e paratireoides 134
    ■ O pâncreas 136
    ■ As glândulas suprarrenais 138
    ■ As gônadas 140

DIGESTÃO E RESPIRAÇÃO 143

O SISTEMA DIGESTÓRIO 144
    ■ A boca 146
    ■ O esôfago 148
    ■ O estômago 149
    ■ O fígado 152
    ■ O pâncreas 154
    ■ O intestino 156

O SISTEMA RESPIRATÓRIO 160
    As estruturas do sistema respiratório 160
    A inspiração 162
    A expiração 162
    A respiração 163
    ■ Boca e nariz 164
    ■ Faringe e laringe 165
    ■ Traqueia e brônquios 168
    ■ Os pulmões 169

CIRCULAÇÃO SANGUÍNEA E LINFÁTICA 175

O SISTEMA CIRCULATÓRIO E O SISTEMA LINFÁTICO 176
    ■ O sangue e a linfa 178
    ■ Artérias, veias e vasos linfáticos 182
    ■ O coração 185
    ■ A circulação na cabeça 188
    ■ A circulação no tórax e abdome 190
    ■ A circulação nas extremidades superiores 193
    ■ A circulação nas extremidades inferiores 195
    ■ A circulação fetal 197
    ■ A rede linfática 198
    ■ O baço e o timo 202

PELE E RINS 205

O SISTEMA EXCRETOR 206
    A pele 206
    Rins e vias urinárias 207
    ■ A pele e o suor 208
    ■ Rins e vias urinárias 210

REPRODUÇÃO 215

HOMEM E MULHER 216
    ■ O sistema reprodutor masculino 218
    ■ O sistema reprodutor feminino 220
    ■ Caracteres sexuais secundários 222
    ■ Espermatozoides, óvulos e ciclo ovariano 224
    ■ Fecundação, gestação e aleitamento 226

GLOSSÁRIO 229

ÍNDICE ANALÍTICO 232

QUADROS

- Os árabes, a Igreja e os estudos medievais da anatomia 10
- Ilustrações anatômicas 14
- Tecnologias modernas no estudo anatômico 16
- O idoso 21
- Os microscópios 24
- O crescimento dos ossos e o equilíbrio salino do corpo 38
- O crânio do recém-nascido 43
- Problemas de crescimento 45
- Homens e mulheres 51
- Metabolismo do movimento muscular 56
- A evolução do cérebro humano 79
- Os componentes do sistema nervoso central 80
- A ação das drogas 93
- Como funcionam os hormônios 129
- A digestão dos carboidratos 147
- A úlcera gástrica 150
- A digestão no estômago 151
- As enzimas do suco pancreático 155
- A absorção de nutrientes 157
- Soluço, riso, choro, tosse, bocejo e espirro 163
- A fala 167
- As trocas gasosas 171
- Origem e fim das células sanguíneas e linfáticas 179
- Transporte de gases e defesas do corpo 180
- A pressão sanguínea 187
- Os líquidos orgânicos e a sede 209
- A produção de urina 213
- A determinação do sexo 217
- A homossexualidade 222
- Anticonceptivos 225
- Infertilidade 227

RELATÓRIOS MÉDICOS

- Osteoporose 53
- Rupturas musculares e serosites 57
- Fraturas 74
- Os problemas do envelhecimento: cérebro, memória e doenças degenerativas 85
- Defeitos da visão 97
- Defeitos da audição 101
- Lesões na coluna vertebral 109
- Problemas endócrinos: diabetes e síndrome pré-menstrual 127
- A biopsicologia 142
- A úlcera gástrica 150
- Os cálculos biliares 153
- Úlcera duodenal e colite 159
- A dentição 174
- Grupos sanguíneos 181
- Vacinação e alergias 181
- O infarto 204
- Os cálculos renais 214
- O ser humano biônico 228

▶ Indica outras referências ao mesmo termo.

Desde que o homem começou a estudar o mundo, a anatomia humana esteve intimamente ligada à medicina e à cirurgia.
O tratamento de uma ferida profunda, de um osso fraturado ou de um parto difícil permitiu aumentar os conhecimentos sobre a estrutura do corpo.

A DESCOBERTA DO CORPO HUMANO

AS ORIGENS

É muito provável que os povos mais primitivos já possuíssem noções de anatomia: o canibalismo e a dissecação de animais proporcionaram-lhes, sem dúvida, informações precisas sobre os elementos principais do corpo humano. Antes de os egípcios elaborarem as suas técnicas complexas de embalsamação, de os chineses estruturarem a metodologia da acupuntura ou de os hindus aperfeiçoarem as suas técnicas cirúrgicas (os primeiros indícios de cirurgia reparadora do nariz na Índia remontam aproximadamente a 2000 anos atrás), a humanidade já tivera forçosamente a oportunidade de aprender bastante sobre o corpo humano. No entanto, não existem muitos documentos que o testemunhem, pois na Antiguidade os conhecimentos eram transmitidos de xamã para aprendiz, de professor para discípulo, e as noções médicas se confundiam com os rituais mágicos e com crenças religiosas acessíveis apenas a alguns iniciados. É muito difícil encontrar testemunhos escritos desse tipo de cultura.

A anatomia humana afirmou-se como ciência propriamente dita com os gregos. Cerca de 700 a.C. foi desenvolvida em Cnido a primeira escola médica, onde as tradições religiosas ligadas ao culto de Asclépio foram totalmente abandonadas e substituídas pela observação do doente. Foi ali que trabalhou Alcméon, autor da primeira obra de anatomia da história, da qual, infelizmente, conservam-se poucos fragmentos. Cem anos depois, Hipócrates, o "pai da medicina", fundava em Cós a sua escola médica, que seria famosa durante milênios. Em contrapartida, foi na escola de Alexandria, fundada no Egito durante o domínio macedônico (depois de 334 a.C.), que a anatomia teve o seu desenvolvimento máximo, alcançando o seu auge no século III a.C. Acredita-se que

▶ **A embalsamação**
Esta técnica envolvia a extração das vísceras (abdominais e torácicas) do corpo num só bloco, a extração do cérebro através de um dos orifícios nasais e o "enchimento" do cadáver com um composto à base de ervas e unguentos. Finalmente, depois de reconstituído, o corpo era impregnado de óleos especiais e envolvido em faixas. As múmias assim preparadas, fechadas em sarcófagos, conservaram-se durante milênios.

9

A DESCOBERTA DO CORPO HUMANO

▲ **A acupuntura**
Na China, a acupuntura foi desenvolvida a partir de um conhecimento excepcional da anatomia humana. De fato, pressupõe que o acupuntor conheça perfeitamente a ligação dos principais plexos e das terminações nervosas.

Herófilo foi o primeiro a dissecar cadáveres em público, e é indubitável que, graças aos seus estudos, chegou a descrever com bastante exatidão o sistema nervoso e as ligações entre o intestino delgado e o fígado. Também foi o primeiro a estabelecer que o cérebro é o centro das funções mentais, distinguiu os nervos motores dos nervos sensoriais, demonstrou que todos os nervos estavam ligados a um único sistema central; atribuiu o nome "duodeno" à primeira parte do intestino delgado e afirmou que havia ligação com o fígado através de grandes veias. Erasístrato descobriu o grande canal ou duto biliar e analisou o fluxo de sangue no fígado, evidenciando o percurso paralelo das veias hepáticas e dos capilares biliares. Todavia, tanto Erasístrato como Herófilo acreditavam que pelas artérias circulava ar: uma consequência do seu trabalho nos cadáveres, nos quais as artérias, ao contrário das veias, se esvaziavam.

ROMA

Enquanto os gregos se interessavam principalmente pela medicina, para os romanos era inconcebível "perder tempo" numa atividade tão pouco transcendental. Em Roma, quase todos os médicos eram estrangeiros. No entanto, é provável que tenham sido divulgados alguns conhecimentos de anatomia entre a população. Na época pré-romana, invocando-se a ajuda divina, eram depositados nos templos – e ali foram encontrados – nu-

▼ **Operação milagrosa**
Um dos milagres mais famosos dos santos Cosme e Damião foi o transplante de uma perna afetada por um tumor, que foi substituída por uma perna cortada de um árabe recém-falecido (de pele escura).
Alonso de Sedano, c.a. 1500 (Wellcome Institute, Londres).

Os árabes, a Igreja e os estudos medievais da anatomia

Felizmente, os estudos da ciência alexandrina não se perderam. No ano 642 a cidade caiu nas mãos dos árabes, que preservaram o seu conhecimento científico. Não é por acaso que os santos Cosme e Damião, patronos da cirurgia pelas suas intervenções milagrosas, foram dois gêmeos árabes convertidos ao cristianismo. Graças aos árabes, ressurgiram na Europa medieval noções e técnicas do passado. No fim do século IX, a escola de medicina de Salerno alcançou uma grande fama, principalmente devido ao impulso recebido de Constantino, chamado o Africano. Natural de Cartago, aprendeu árabe estudando os textos alexandrinos, viajou até o Oriente e traduziu para o latim todos os textos de medicina que conseguiu encontrar. Desse modo, as ideias de Hipócrates e as noções anatômicas da escola de Alexandria voltaram a fazer parte da cultura ocidental. No século XII, em Salerno (Itália), foi redigido o primeiro livro de cirurgia intitulado Chirurgia maestri Rogeri, *que foi rapidamente divulgado por toda a Europa.*

A DESCOBERTA DO CORPO HUMANO

▶ **Galeno, numa gravura do século XV**
Nascido em Pérgamo em 130 d.C., viveu em Roma quase até o ano 200. Cirurgião de valor indiscutível, muito popular em Roma, Galeno possuía uma personalidade forte. Não hesitava em ampliar a sua fama lecionando, participando de debates públicos e demonstrando a sua sabedoria médica. Escreveu acerca de si próprio: "Eu fiz pela medicina aquilo que Trajano fez pelo Império Romano, construindo estradas e pontes por toda a Itália. Fui eu e somente eu quem revelou o verdadeiro caminho desta ciência. Embora deva admitir que Hipócrates já o tinha delineado, ele não chegou até onde poderia ter chegado: os seus escritos não estão isentos de falhas e carecem de instruções fundamentais. Além disso, o seu conhecimento sobre alguns assuntos é insuficiente, e amiúde pouco claro, como tendem a sê-lo os anciãos. Em resumo, ele preparou o caminho, mas sou eu quem o percorre."

merosos ex-votos de argila que representavam partes diferentes do corpo, incluindo o útero. Uma semelhante capacidade figurativa apenas poderia derivar de um conhecimento direto da anatomia, adquirido por meio da prática de operações cirúrgicas (tal como o parto por cesariana) ou de dissecação de cadáveres. Contudo, a seguir, o uso do corpo humano para a investigação anatômica foi proibido por razões religiosas e, nas dissecações, o corpo humano foi substituído por animais mortos.

Galeno viveu nesse período de involução progressiva dos estudos médico-anatômicos e dedicou-se com grande destreza a curar os gladiadores feridos em combate. O cientista aplicou ao homem os resultados dos seus estudos sobre a anatomia dos animais, adaptando-os com imaginação. Desse modo, escreveu que o coração tinha duas cavidades, que o cérebro bombeava ritmicamente para o corpo a essência psíquica através dos nervos e que o intestino era comprido para não termos de comer continuamente. Galeno legou à posteridade numerosos escritos que, baseando-se em conhecimentos adquiridos na escola de Alexandria, estavam repletos de "observações" e de interpretações extravagantes que desacreditavam o conhecimento anatômico baseado na observação direta do corpo humano. Todavia, o seu trabalho obteve uma aceitação tal nos séculos seguintes que qualquer opinião divergente com os seus enunciados chegou a ser considerada heresia.

No entanto, as dificuldades para aperfeiçoar o conhecimento da anatomia eram consideráveis, em particular devido à oposição da Igreja. Em 1215, o papa Inocêncio III sentiu a necessidade de vetar oficialmente qualquer tipo de atividade sobre o corpo humano, incluída a cirurgia, escrevendo a encíclica *Ecclesia abhorret a sanguine* (*A Igreja Tem Horror ao Sangue*). Somente as escolas e as universidades ligadas a ambientes eclesiásticos, como aquelas que estavam associadas a catedrais ou mosteiros ricos (Cambridge, Montpellier, Pádua, Bolonha e Paris), podiam gozar de algum privilégio neste campo e aprofundar as ciências médicas sem se arriscar à excomunhão. Ao final do século XIII, Montpellier (França) era o mais importante centro do ensino da medicina da Europa. Situada perto da Itália e das suas escolas mais "avançadas", assim como da Espanha árabe, essa escola gozava de uma consideração especial por parte da Igreja. Em 1350, o próprio papa João XXII honrou-a com uma insígnia de prata "como emblema da glória" de modo a agraciar os estudos que ali se desenvolviam. Todavia, mais decisivo ainda para o progresso científico, foi a autorização concedida aos membros da escola pelo duque de Anjou, para a realização anual da dissecação do cadáver de um condenado à morte.

Nesse período de efervescência intelectual e de interesse crescente pela organização e funcionamento do corpo humano, Mondino de' Liuzzi escreveu *Anatomia corporis humani, um manual de disse-* cação de cadáveres que, apesar de se basear em experiências diretas, não contribuía para emendar os erros de Galeno. Esse texto, considerado durante muito tempo o trabalho sobre anatomia mais adequado para os estudantes de medicina de todas as escolas, foi ilustrado pela primeira vez no século XV. As imagens apenas descreviam pormenores das técnicas de dissecação, uma vez que a interpretação dos instrumentos feita por Mondino (e também por Galeno) não correspondia àquela que era observada na realidade.

◀ **Aula em Montpellier**
Henri de Mondeville, célebre cirurgião francês do século XIII, representado lecionando. Embora afirmasse que "nós conhecemos hoje muitas coisas desconhecidas nos dias de Galeno", aceitava muitos dos seus ensinamentos.

11

A DESCOBERTA DO CORPO HUMANO

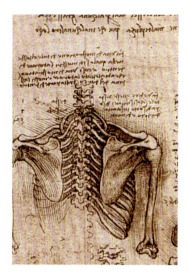

▲▶ **Estudos de Leonardo**
Leonardo da Vinci foi o primeiro desenhista científico da história. Em particular, os seus estudos sobre o corpo humano, que manteve escondidos receando talvez ser condenado pelas autoridades eclesiásticas, apresentam as relações anatômicas dos diferentes órgãos, da musculatura e dos ossos. Em alguns casos, graças a desenhos "acessórios", também é possível intuir qual era a sua interpretação do funcionamento desses órgãos e sistemas.

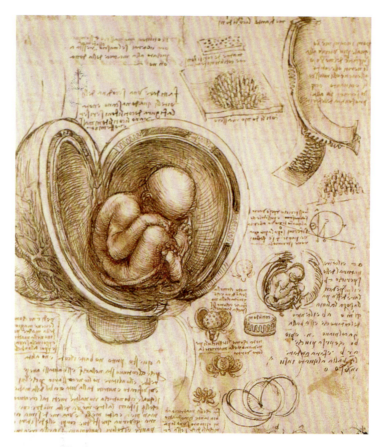

O RENASCIMENTO

No Renascimento, devido à necessidade de "regressar às fontes clássicas" do conhecimento e da inspiração, os preconceitos dogmáticos que tinham paralisado os estudos da anatomia foram ultrapassados.

Defensores de uma maneira nova de interpretar a realidade, que se apoiava mais na experiência objetiva do que nos cânones ideais, os artistas do século XV estimularam o estudo anatômico entendido no sentido moderno. À procura de um contato direto, real e concreto com a natureza que impulsionou Galileu a formular o seu método científico revolucionário, levou também Pollaiolo, Verrocchio e Leonardo da Vinci a empreender estudos proibidos, a desenterrar cadáveres e dissecá-los às escondidas, reproduzindo com o maior cuidado possível a configuração e os pormenores do corpo humano. Leonardo, sem qualquer preconceito, foi quem mais se interessou pelas estruturas anatômicas, desenvolvendo uma série de pesquisas e de observações sistemáticas que o levaram a elaborar, pela primeira vez na história, uma representação iconográfica extremamente detalhada do corpo do homem e da mulher. Infelizmente, os seus desenhos permaneceram ocultos por muito tempo e os seus contemporâneos não tiveram conhecimento deles. Constituíram quase uma reflexão do artista sobre as verdades naturais.

A DESCOBERTA DO CORPO HUMANO

A REVOLUÇÃO DE ANDREAS VESALIUS

Porém, os tempos mudaram e Andreas Vesalius revolucionou a anatomia e a cirurgia com o seu *De humani corporis fabrica*. Nascido em Bruxelas em 1514, estudou hebreu, árabe, grego e latim, o que lhe permitiu acesso direto às fontes mais remotas e "puras" do conhecimento científico. Depois de passar uma temporada em Paris, abriu em Louvain um instituto de anatomia onde dissecava cadáveres de criminosos. Em 1537 foi nomeado professor de Anatomia na Universidade de Pádua, onde recebeu um acolhimento entusiasta por parte dos estudantes, fascinados com o seu novo sistema de ensino. Vesalius não se limitou ao ensino, pegou igualmente no bisturi, dissecando, incitando à investigação pessoal e sublinhando a importância de interrogar incessantemente. Foi o primeiro a colocar a mesa de dissecação no centro da sala de aulas e a mostrar aos estudantes os órgãos que ia extraindo. Durante a sua longa estada em Pádua compilou o material para o seu estudo monumental. Pela primeira vez na história, às descrições anatômicas mais exaustivas juntaram-se ilustrações que reproduziam o mais ínfimo pormenor. Estas foram realizadas por Jan Stephan van Calcar, discípulo de Ticiano e amigo de Vesalius.

A publicação da obra *De humanis corporis fabrica* na Basileia, em 1543, provocou um forte debate entre os médicos mais famosos da época, na sua maioria partidários de Galeno e adversários de Vesalius. Mas o tempo veio dar-lhe razão. A obra era tão exaustiva e realista que as correções dos especialistas foram meramente marginais. Inclusive hoje em dia, essa obra continua a ser válida e pode ser usada no estudo da anatomia humana. No prólogo de *De humani corporis fabrica*, Vesalius escreve: "Expus [...] em sete livros toda a descrição do corpo humano na mesma ordem que costumo tratá-la [...]; para cada pequena parte do corpo humano eis aqui extensamente descritas, juntamente com os outros órgãos, utilidades, funções e outras muitas características que, seguindo a dissecação, costumamos evidenciar [...]. Contém igualmente, além do texto, as ilustrações de todas as peças de modo que os estudantes de medicina possam ver o conjunto das obras da natureza com a mesma precisão como se estivessem contemplando um corpo dissecado." Foi uma verdadeira revolução para a medicina e a cirurgia: pela primeira vez alguém observava o corpo humano enquanto algo físico, mergulhando literalmente as mãos nele.

Como uma reação em cadeia, sucederam-se rapidamente em poucos anos as descobertas de elementos anatômicos até então desconhecidos e da fisiologia do seu funcionamento. O trabalho de Vesalius inaugurou aquilo que alguns autores denominaram "o século da anatomia", em que os cientistas italianos desempenharam um papel fundamental. Na Universidade de Pádua, transformada no centro do saber anatômico,

▲ *De humani corporis fabrica*
A capa da obra de Andreas Vesalius apresenta claramente as inovações do investigador no campo do ensino. Em torno da mesa de dissecação, além do próprio Vesalius (à esquerda), agrupam-se os assistentes (os mais idosos) e os estudantes que seguem, mais ou menos distraídos, a lição de anatomia, inclusive a das galerias mais afastadas.

▼ **Retrato de Andreas Vesalius**
Andreas Vesalius, na sua época de professor na Universidade de Pádua (1537-1544). Vesalius morreu na ilha de Zante em 1554, quando regressava de uma peregrinação à Terra Santa que realizou para expiar um homicídio. Depois de obter autorização para dissecar o corpo de um nobre espanhol falecido, viria a descobrir que o coração continuava a bater. Levado perante o tribunal da Inquisição pelos familiares do defunto, foi salvo por Filipe II da Espanha, de quem era médico pessoal.

A DESCOBERTA DO CORPO HUMANO

ILUSTRAÇÕES ANATÔMICAS

Muitas das maiores ilustrações da obra de Andreas Vesalius não reproduzem exclusivamente os elementos anatômicos, tal como aparecem na mesa de dissecação. Ao contrário, apresentam os corpos numa atitude expressiva, compostos apenas por músculos, esqueleto e órgãos. Como se a vida ainda fluísse por eles. As ilustrações da musculatura apresentam corpos doridos mas serenos, e as do esqueleto têm até algo de irônico, remetendo, talvez, para as imagens medievais das Danças Macabras. As personagens, enquadradas nas alegres paisagens naturalistas tipicamente renascentistas, convertem-se em elementos ativos do livro, embora apenas sejam constituídas por ossos ou por músculos; estão "vivas" e quase desejam apresentar elas próprias os progressos da ciência, recordando-nos, ao mesmo tempo, a existência da morte e a utilidade que esta tem para a vida.

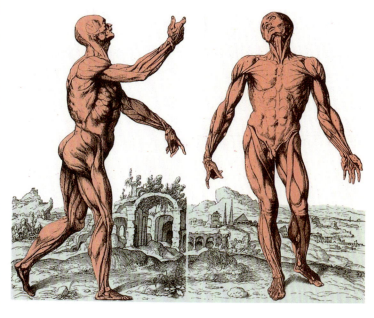

◀ **Ilustrações anatômicas de *De humani corporis fabrica*, de A. Vesalius**
Perfil direito e vista frontal da estrutura muscular masculina. Abaixo, no quadro, um dos esqueletos mais famosos.

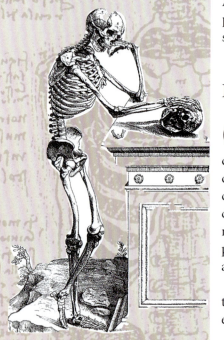

consagraram-se pesquisadores do tamanho de Realdo Colombo, Bartolomeu Eustáquio, Gabriele Falloppio e Girolamo Fabrici d'Acquapendente, autor de *Tabulae anatomicae*, um atlas colorido com ilustrações anatômicas, que foi precursor das mais avançadas obras de representação realista de preparação anatômica. Os nomes de ilustres pesquisadores de anatomia italianos (em Pádua e Roma), franceses (em Montpellier e Paris) e alemães (na Basileia) tornaram-se cada vez mais numerosos, e os seus trabalhos pormenorizaram cada vez mais a estrutura do nosso corpo. Contudo, muitos outros aspectos ficavam ainda por serem descobertos: Como estavam organizados os tecidos? Como funcionavam os órgãos? Qual era a fisiologia dos diferentes sistemas anatômicos? As respostas dificilmente podiam advir de uma mera descrição; por isso, a pesquisa anatômica adotou o microscópio e entrou no século XIX.

RUMO À ANATOMIA MODERNA

Os primeiros a estudarem o corpo humano por meio do microscópio óptico foram Antonie van Leeuwenhoek, o seu criador, e Marcello Malpighi. Descobriram as células do sangue, os corpúsculos presentes na espessura da pele, as estruturas microscópicas do baço, os glomérulos do rim, os alvéolos pulmonares, as células germinais, etc. No século XVIII, as pesquisas intensificaram-se, e o método de colorir os tecidos que seriam examinados permitiu descobrir numerosas estruturas desconhecidas até então, aumentando, assim, o campo da pesquisa da anatomia.

Entretanto, combinando a interpretação dos sintomas e a intervenção clínica com o conhecimento da anatomia de órgãos sãos e doentes, Giambattista Morgagni estabelece as bases conceituais

A DESCOBERTA DO CORPO HUMANO

▲ **Retrato de Giambattista Morgagni (1682-1771)**
Professor de Anatomia na Universidade de Pádua de 1711 até sua morte. Morgagni introduziu o pensamento anatômico na patologia, demonstrando as relações entre anatomia, anatomia patológica e problemas clínicos.

e metodológicas da anatomia patológica. Desse modo, as intervenções cirúrgicas transformaram-se numa fonte de conhecimentos para a anatomia e vice-versa.

Graças ao aperfeiçoamento das técnicas de pesquisa, à crescente divulgação dos conhecimentos desde o século XIX e ao desenvolvimento de microscópios ópticos e eletrônicos, de micrótomos cada vez mais aperfeiçoados e de técnicas de coloração cada vez mais específicas, produziu-se a "explosão" da anatomia microscópica e a progressiva diminuição do interesse pela anatomia geral.

Em épocas mais recentes, métodos não invasivos (como a radiografia, a ultrassonografia e a ressonância magnética) permitiram realizar investigações sobre a morfologia e a dinâmica do corpo vivo impensáveis antigamente, assim como o monitoramento da evolução e do crescimento dos órgãos durante as primeiras fases do desenvolvimento embrionário. A anatomia converteu-se numa ciência dinâmica, fundamento essencial do saber médico.

A ESPECIALIZAÇÃO

Atualmente, a anatomia divide-se em diferentes "ramos" que, a partir de conhecimentos já adquiridos sobre a estrutura do corpo humano, aprofundam aspectos muito diferentes.

ANATOMIA HUMANA NORMAL SISTEMÁTICA (ou, indevidamente, **DESCRITIVA**). É a mais antiga; analisa a configuração, as relações, a estrutura e o desenvolvimento dos diferentes órgãos. Divide-se em:

MACROSCÓPICA: Restringe-se à observação dos elementos visíveis sem necessidade de usar instrumentos.

MICROSCÓPICA: Usa metodologias histológicas para descrever as microestruturas dos diferentes órgãos.

ANATOMIA TOPOGRÁFICA: Estuda os órgãos segundo o lugar que ocupam, dividindo o corpo humano em territórios, regiões e estratos (desde os superficiais aos mais profundos).

ANATOMIA CIRÚRGICA: Estuda os problemas anatômicos relativos às doenças de que se ocupa a cirurgia, aos seus sintomas e às técnicas de intervenção cirúrgica.

ANATOMIA PATOLÓGICA: Estuda as alterações macroscópicas dos órgãos, produzidas por doenças diversas utilizando, como principal método de investigação, a autópsia.

ANATOMIA RADIOGRÁFICA: Dedica-se à nomenclatura e ao aspecto das partes saudáveis do corpo, determinando os caracteres particulares que os diferentes órgãos e tecidos adotam como consequência da sua justaposição, da sua projeção num filme radiográfico e da sua densidade radiológica díspar.

ANATOMIA ARTÍSTICA: Tem por objeto as formas exteriores do corpo, as proporções entre as diferentes partes, os órgãos diretamente visíveis e as suas modificações externas devido a atitudes diversas e, em especial, ao movimento.

▶ **Microscópio óptico**
Nos primeiros anos do século XX, graças a instrumentos semelhantes a este (de finais do século XIX), pesquisadores da dimensão de Malpighi e Golgi conseguiram identificar grande parte da estrutura celular do nosso corpo e reconhecer as suas principais funções.

15

A DESCOBERTA DO CORPO HUMANO

Tecnologias modernas no estudo anatômico

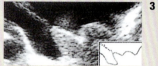

◄ **Ultrassonografia de um feto**
As imagens apresentam claramente os perfis da cabeça (1) e do tronco (2). Durante o exame, ao deslocar adequadamente o gerador de ondas sonoras, também é possível visualizar os órgãos internos: neste caso, as cavidades do coração (3).

À semelhança das outras disciplinas científicas, a anatomia fez notáveis progressos graças ao desenvolvimento de novas técnicas de pesquisa cada vez mais precisas. Vejamos quais são as principais, em que consistem, o que é que permitem estudar e em quais situações são usadas.

BIÓPSIA

Em que consiste: é a extração cirúrgica de uma amostra de tecido de um corpo vivo. Conforme o tipo de tecido, este pode ser extraído com um bisturi, pinças cirúrgicas ou uma seringa. Adequadamente tratada com técnicas histológicas, em seguida a amostra é analisada ao microscópio. A extração de sangue destinado a análises normais de laboratório também pode ser considerada uma biópsia.

O que permite ver: as características qualitativas e quantitativas de células e tecidos.

Quando se utiliza: é sobretudo usada no diagnóstico precoce e pré-operatório dos tumores; também para confirmar ou afastar a suspeita de doença celíaca nas crianças, para definir as afecções de vários órgãos (pulmões, cólon, baço, pâncreas, tireoide, glândulas mamárias, próstata, etc.), para excluir a presença de tumores, para determinar as condições do endométrio em caso de esterilidade da mulher e para confirmar, em casos especiais, um diagnóstico de cirrose hepática.

ULTRASSONOGRAFIA

Em que consiste: é uma técnica que permite visualizar os órgãos graças ao uso de um feixe de ultrassons. Um gerador de ondas de alta frequência é posicionado sobre a área do corpo a ser examinada; as ondas propagam-se em profundidade, chegando ao órgão que as reflete: um aparelho complexo converte os sinais sonoros em imagens que são observadas num monitor. A pessoa que realiza o exame pode fotografar os detalhes mais importantes (para incluí-los na história clínica) e emitir um primeiro diagnóstico.

O que permite ver: a conformação dos órgãos e a presença de modificações patológicas da sua estrutura (cistos, nódulos, deformações, presença de líquidos, etc.).

Quando se utiliza: principalmente no exame dos órgãos da cavidade abdominal (fígado, pâncreas, bexiga, aparelho reprodutor feminino, rins, intestino, etc.), da cavidade torácica (pulmões, mamas, coração) e do pescoço; trata-se igualmente de um exame de rotina para diagnosticar a gravidez extrauterina e múltipla e acompanhar o desenvolvimento do feto.

ENDOSCOPIA

Em que consiste: trata-se da inspeção de uma cavidade do corpo à qual se pode ter acesso diretamente (por exemplo, os seios nasais e frontais, o esôfago e o estômago, a traqueia e os brônquios, a bexiga, o intestino, o útero, etc.), e que é efetuada graças ao uso de aparelhos especiais dotados de um sistema de lentes e de iluminação. Estes aparelhos podem aumentar as imagens, permitindo distinguir perfeitamente os menores detalhes. Graças às fibras ópticas e à miniaturização, hoje em dia é possível examinar e realizar filmagens televisivas de cavidades do corpo, às quais se chega por meio de pequenas intervenções cirúrgicas (cavidades cardíacas, vasos sanguíneos, peritônio, etc.) ou diretamente (por exemplo, engolindo uma cápsula com uma câmera microscópica).

O que permite ver: a configuração interna dos órgãos ocos e as condições "externas" dos órgãos que "aparecem" numa cavidade do corpo.

Quando se utiliza: além de ser um instrumento essencial para o diagnóstico de vários tipos de patologias (inflamações, cistites, tumores, etc.), esta técnica constitui um complemento perfeito da cirurgia e das biópsias. Geralmente, as pequenas intervenções (como a extração de fibromas uterinos, pólipos nasais e intestinais, do menisco medial ou lateral do joelho, de corpos estranhos nas vias respiratórias, assim como a extração de amostras para biópsias de órgãos internos e de cavidades abdominais) são efetuadas com a ajuda de endoscópios desenvolvidos especificamente para cada tipo de operação. Por vezes, a endoscopia é igualmente empregada para observar o feto e, em particular, para realizar intervenções cirúrgicas pré-natais.

▲ **Endoscopia da traqueia**
Esta fotografia foi realizada introduzindo uma câmera microscópica na traqueia. A fumaça inalada de cigarro adentra os brônquios.

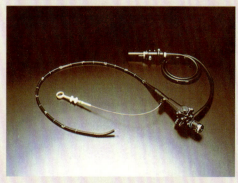

◄ **Fibroscópio**
Este instrumento permite examinar o trato superior gastrintestinal. Tem um comprimento superior a um metro e contém mais de 40 000 fibras ópticas.

TECNOLOGIAS MODERNAS NO ESTUDO ANATÔMICO

RADIOGRAFIA (RAIOS X)

Em que consiste: é a mais "antiga" das metodologias modernas de pesquisa anatômica que permite obter indicações sobre o interior do corpo sem intervenção cirúrgica. A técnica radiográfica utiliza feixes de raios X gerados por uma corrente elétrica de alta tensão que, ao atravessar um tubo sob vácuo, atinge uma placa de molibdênio ou de tungstênio. O feixe de raios, gerado desse modo, é direcionado para a região do corpo que se deseja examinar: o corpo absorve a radiação de modo diferente, conforme os raios atravessam um órgão "mole", um tecido ósseo, uma cavidade, etc. O feixe que sai do corpo chega a uma placa, a uma película ou a qualquer outro receptor capaz de captar a intensidade da radiação. Por exemplo, se o feixe de raios X for direcionado para um braço, os raios que atravessam o tecido muscular são menos absorvidos (tem menor densidade radiológica) e escurecem a placa muito mais do que os raios que atravessam o tecido ósseo, muito menos "transparente" aos raios X (com maior densidade radiológica). É assim obtida uma imagem "em negativo" das partes internas do braço: escuras as de baixa densidade radiológica (músculos) e claras as de alta densidade (ossos). Junto a tecidos que absorvem pouco os raios X, devem ser usados os denominados "meios de contraste". Estes são substâncias opacas ou semiopacas às radiações que, uma vez introduzidas nos tecidos ou nos órgãos, criam um contraste artificial com os tecidos circundantes, permitindo visualizar a estrutura desejada. São necessários meios de contraste adequados e específicos para o exame do coração, das veias e artérias, do tubo digestório, do aparelho respiratório, dos vasos linfáticos, da vesícula, dos cálculos e das vias biliares, das vias urinárias, dos cálculos renais, assim como da medula espinal. Dado que os raios X são ondas eletromagnéticas de alta energia e que podem provocar danos permanentes, não só nos tecidos e nos órgãos, como também na bagagem genética, atualmente, os aparelhos radiológicos são fabricados segundo critérios de rádio-proteção máxima, e as técnicas de exame e de análise de rotina fazem com que a incidência de efeitos prejudiciais para os doentes seja insignificante. Não obstante, as pessoas que se expõem aos raios X por motivos terapêuticos ou laborais devem procurar não se submeter a altas doses de radiações. Por esse motivo, o especialista que realiza os exames radiológicos manipula o aparelho sob a proteção de um anteparo contra radiação; embora sejam mínimos, os danos provocados por essas radiações são cumulativos e uma exposição regular a doses mesmo insignificantes pode ter consequências em longo prazo.

O que permite ver: a configuração e a estrutura interna de tecidos e órgãos, assim como a presença (normal ou anômala) de ar, de líquidos ou de corpos estranhos com densidade radiográfica diferente da das estruturas corporais.

Quando se utiliza: é principalmente usada em ortopedia e traumatologia, para detectar problemas em ossos e articulações, e nos exames rotineiros de prevenção do câncer de mama (mamografia); também é empregada para localizar corpos estranhos, tumefações ou intumescências nos tecidos causados por processos inflamatórios ou tumorais e para verificar as dimensões e o funcionamento do coração (angiocardiografia).

ANGIOCARDIOGRAFIA

Em que consiste: trata-se de um tipo de radiografia do coração. Depois de injetar por via intravenosa os meios de contraste, são realizadas numerosas radiografias numa rápida sequência. Desse modo é possível ver, por exemplo, se as coronárias estão obstruídas ou se a atividade nas cavidades cardíacas está normal. Costuma ser realizada antes de uma intervenção cirúrgica.

◀ **Marie Curie no seu laboratório de física e química**
Os primeiros aparelhos radiográficos usados em medicina foram criados por Marie Curie. Ela os instalou numa ambulância e percorreu a frente oriental francesa durante a Primeira Guerra Mundial, o que permitiu aos cirurgiões, pela primeira vez, localizar com rapidez e segurança as fraturas e as balas nos feridos. Marie Curie foi a primeira cientista a receber dois Prêmios Nobel: um pela sua contribuição para o conhecimento das substâncias radioativas e outro, da Legião de Honra francesa, pelo seu trabalho durante a guerra.

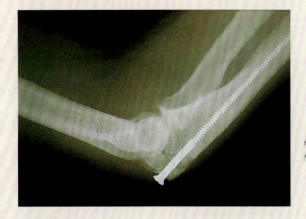

▲ **Radiografia**
A contribuição da técnica radiográfica para a ortopedia foi fundamental. Esta radiografia apresenta o resultado de uma operação de reforço de um osso do braço com a aplicação de uma prótese metálica.

▶ **Uma das primeiras radiografias**
Remonta a 1890 e foi realizada por Wilheim Conrad Roentgen. Esse cientista obteve o Prêmio Nobel de Física em 1901 pela sua descoberta dos raios X.

A DESCOBERTA DO CORPO HUMANO

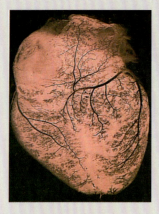

▲ **Uma angiocardiografia**
Apresenta o desenho formado pelas artérias coronárias, os vasos que levam sangue rico em oxigênio ao músculo cardíaco.

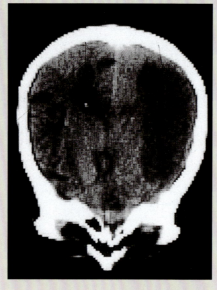

◀ **RMN de um crânio**
Esta técnica permite visualizar lesões no cérebro que não são visíveis numa radiografia. Nesta imagem distinguem-se algumas regiões escuras que correspondem a um icto (área central esquerda) e a regiões danificadas (no lado direito).

▶ **Cintilografia da tireoide**
As zonas vermelhas correspondem a uma maior emissão de radiação. Neste caso, a tireoide está um pouco volumosa; o aumento da radiação é provocado pela espessura da glândula.

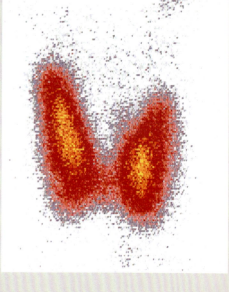

IMAGIOLOGIA POR INTENSIFICAÇÃO DE IMAGEM

Em que consiste: aplicar a um instrumento de exame radiográfico um intensificador de imagens (que permite gravar a imagem por raios X, aumentando a sua luminosidade), para realizar filmagens "por raios X". São assim obtidas informações importantes sobre a mobilidade dos órgãos observados e sobre anomalias no movimento.

TOMOGRAFIA COMPUTADORIZADA (TC) OU TOMOGRAFIA AXIAL COMPUTADORIZADA (TAC)

Em que consiste: através de numerosas medições realizadas por meio de raios X, esta técnica muito dispendiosa processa matematicamente os dados reunidos, reproduzindo a imagem radiológica de secções transversais do corpo. O paciente, deitado sobre uma maca especial, é submetido em poucos minutos a centenas de radiografias que, depois de terem sido reveladas, proporcionam um quadro anatômico completo.

O que permite ver: as menores estruturas com uma opacidade radiológica diversa, normalmente invisíveis com um exame radiológico tradicional.

Quando se utiliza: devido ao custo elevado e à grande dose de radiações que o paciente deve absorver, esta técnica é apenas utilizada em casos especiais, sobretudo para diagnosticar tumores em órgãos que não se podem analisar facilmente com outros métodos (fígado, pâncreas, cérebro).

RESSONÂNCIA MAGNÉTICA NUCLEAR (RMN) OU RESSONÂNCIA MAGNÉTICA (RM)

Em que consiste: é uma técnica de investigação que permite obter imagens excepcionalmente precisas e extraordinariamente ricas em detalhes sem ter de usar meios de contraste. O corpo é submetido a um campo magnético que provoca a emissão, por parte dos átomos que compõem cada órgão, de radiações com um comprimento de onda muito baixo (frequências rádio). Os sinais emitidos são transformados em imagens por um equipamento complexo de computadores que tinge com cores diferentes as áreas do corpo com distinta emissão.

O que permite ver: a configuração de tecidos e órgãos dificilmente acessíveis ou muito extensos (por exemplo, o sistema circulatório ou linfático) de uma forma enormemente detalhada.

Quando se utiliza: é útil para examinar a estrutura mais fina de órgãos como o cérebro, as vísceras, os sistemas vascular e linfático, os músculos e os ossos.

CINTILOGRAFIA

Em que consiste: é administrada uma substância radioativa (radioisótopo), normalmente através de uma injeção intravenosa, e a seguir as radiações emitidas pelo isótopo radioativo são registradas. Por exemplo, injetando uma pequena dose de iodo radioativo, este se acumula rapidamente na tireoide. Através de um exame computadorizado dos diferentes graus de radioatividade registrados, é obtida uma imagem da tireoide que apresenta, através de cores falsas, as diferentes concentrações de radioisótopos no órgão.

O que permite ver: descobre numerosas malformações (cistos, nódulos ou tumores), em determinados órgãos (tireoide, coração, mamas ou rins).

TERMOGRAFIA

Em que consiste: através de uma análise computadorizada dos dados registrados por um complexo mecanismo termométrico, permite visualizar, em diferentes cores, as regiões do corpo que apresentam temperaturas distintas.

Quando se utiliza: serve para detectar determinadas patologias e é útil para o diagnóstico de tumores.

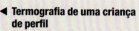

◀ **Termografia de uma criança de perfil**
O branco indica as áreas mais quentes do corpo e o azul-escuro, as mais frias.

DIFERENÇAS E SEMELHANÇAS

Quando falamos de "corpo humano", referimo-nos, na realidade, a um conceito abstrato. Basta pensar nas diferenças entre um recém-nascido e um adulto, ou entre um idoso e uma mulher, para notarmos que o correto seria especificar sempre o estágio de desenvolvimento e o sexo.

DIFERENÇAS E SEMELHANÇAS

MENINO E MENINA

No período inicial da nossa vida, as diferenças sexuais são quase insignificantes. Geralmente, um bebê de sexo masculino distingue-se de outro de sexo feminino apenas pela cor de seu pijama. Porém, as diferenças ligadas ao desenvolvimento corporal são evidentes: há recém-nascidos com muito cabelo e calvos, gordos e magros e, nos meses seguintes, as alterações se sucedem. No primeiro ano de vida, o peso do cérebro duplica, e o sistema neuromuscular sofre um desenvolvimento enorme, enquanto o esqueleto é reforçado pela fusão e calcificação de numerosos ossos cartilaginosos. Em poucos meses, desenvolve-se o sentido do equilíbrio, a capacidade visual e digestiva, os primeiros dentes nascem, aprende a se comunicar, a caminhar, a "apreender" o mundo que nos rodeia, a observá-lo, a experimentá-lo. As proporções corporais também se alteram rapidamente. O peso e a altura duplicam, as diferentes partes do corpo desenvolvem-se com velocidades variáveis até os 3 anos, aproximadamente, e depois o crescimento continua de maneira regular e harmoniosa até os 12 anos, ou seja, até o início da puberdade, a nova fase de desenvolvimento rápido.

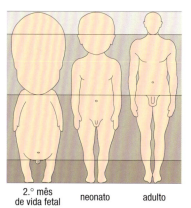

▲ **Proporções corporais**
O desenvolvimento das diversas partes do corpo produz-se com ritmos diversos nas diferentes idades.

Desse modo, o "corpo humano" de uma criança é apenas "idêntico" ao que é estudado pela anatomia geral. Quase todos os órgãos estão já na posição "correta", mas o seu desenvolvimento, a sua forma e as suas funções ainda estão em evolução. Tal como a sua psicologia. Entre os 6 e os 11 anos, os estímulos a serem desenvolvidos são infinitos, e cada experiência tem de ser analisada, interpretada e memorizada. Os comportamentos imitativos são substituídos por atitudes individuais e sociais. A escola e a vida em grupo estimulam a mente das crianças até a adolescência.

A DESCOBERTA DO CORPO HUMANO

RAPAZ E MOÇA

As alterações fisiológicas ligadas à puberdade começam a ocorrer por volta dos 10 anos nas moças e dos 12 anos nos rapazes. Nessa altura, o corpo volta a crescer visivelmente (em média, até 5 cm por ano) devido a uma maior atividade da hipófise ➤130, que provoca o aumento da produção endócrina das glândulas suprarrenais, da tireoide e das gônadas (ovários e testículos). A percentagem muscular do corpo aumenta, enquanto a de gordura diminui, surge pelo no púbis e axilas, os órgãos sexuais aumentam de tamanho e a pele sofre alterações, devido a uma maior atividade das glândulas sebáceas e sudoríparas.

Os caracteres sexuais secundários também se desenvolvem. Nas moças, formam-se depósitos de gordura subcutânea nos quadris, coxas, nádegas, antebraços e abaixo dos mamilos, e desenvolvem-se as glândulas mamárias. Nos rapazes, as estruturas ósseas e musculares dos ombros, braços e das pernas fortalecem-se, e inicia-se o crescimento de pelo no rosto, nas extremidades, no peito e, eventualmente, também nas costas. Além disso, as modi-

▼ **Da infância à idade adulta**
O gráfico representa as duas fases de metamorfose acelerada que caracterizam os primeiros dois anos de vida e a puberdade.

Altura
☐ moças
☐ rapazes

Peso
☐ moças
☐ rapazes

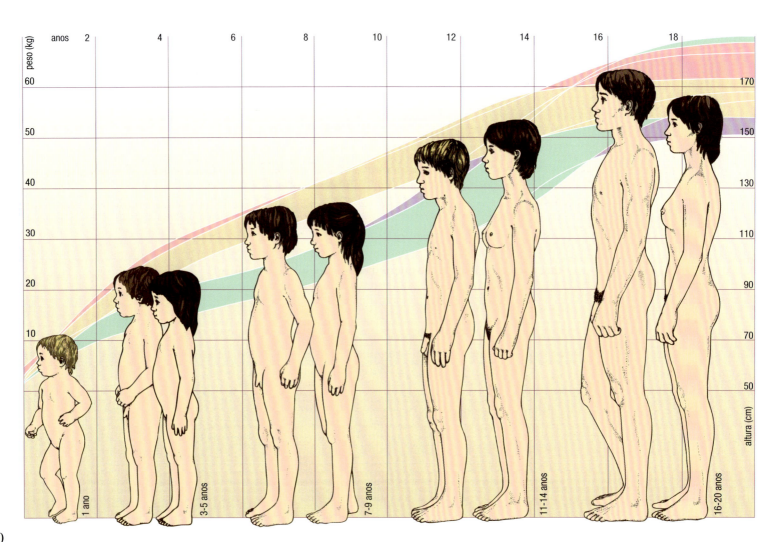

20

DIFERENÇAS E SEMELHANÇAS

ficações da laringe provocam a denominada "mudança de voz", que se torna mais grave.

Essa metamorfose acaba por volta dos 18 anos, quando o corpo atinge dimensões cerca de 20 vezes maiores do que as do nascimento, adotando características profundamente diversificadas.

Psicologicamente, a adolescência é mais complexa do que a infância. Da puberdade à vida "adulta", podem decorrer mais de 10 anos; não são considerados adultos, mas tampouco são crianças. Os papéis confusos dos adolescentes nas civilizações industrializadas conduzem com frequência a profundos conflitos psicológicos.

HOMEM E MULHER

Superada a puberdade e finalizado o desenvolvimento físico, o corpo do adulto permanece imutável durante 40 anos, até que o acúmulo de leves alterações determina o ser humano idoso.

O verdadeiro objeto de estudo da anatomia humana é este "corpo humano". O corpo do adulto permanece durante muito tempo "inalterado": a mesma altura, a mesma distribuição de órgãos, o mesmo desenvolvimento muscular, as mesmas capacidades intelectuais e físicas... Com os anos, os "problemas" surgem: o metabolismo diminui, os neurônios, dos quais morrem centenas de milhares diariamente, provocam uma diminuição do peso do cérebro de 3 a 4 g por ano, os acúmulos de gordura aumentam, o fígado dilata-se, quando se bebe demasiadamente, e os pulmões ficam "sujos" com impurezas e com o fumo. No entanto, do ponto de vista anatômico, tudo permanece mais ou menos igual. Por isso, ao dizermos "corpo humano", imaginamos um esqueleto adulto, um aparelho circulatório adulto, um sistema nervoso adulto, etc.

As diferenças entre homem e mulher também se mantêm e são notáveis. Os esqueletos de um homem e o de uma mulher são imediatamente reconhecíveis, embora tenham decorrido milhões de anos. O primeiro tem uma pelve mais estreita e pernas mais retas. Em geral, as dimensões do homem são maiores do que as da mulher, até os órgãos são maiores, os ossos mais longos (ou largos), o cérebro mais pesado. Para não mencionar as diferenças dos órgãos sexuais primários e secundários e o funcionamento diferente das glândulas endócrinas que determinam as outras atividades corporais. Não é por acaso que a sobrevida das mulheres é mais longa do que a dos homens.

Para a anatomia, a idade adulta é o período "mais uniforme" e o mais fácil de esquematizar para reconstruir um corpo humano ideal, ao qual basta mudar o aparelho reprodutor para adaptá-lo às duas realidades, masculina e feminina.

O IDOSO

O "esquema corporal ideal" permanece invariável inclusive na última fase da vida, que nos países industrializados começa cada vez mais tarde, dura cada vez mais tempo e garante, em média, condições físicas cada vez melhores. As alterações físico-psíquicas que começaram lentamente na idade adulta tornam-se cada vez mais rápidas: a pele perde elasticidade e cobre-se de rugas, os ossos descalcificam-se, a coluna vertebral curva-se e abate-se, com notável redução da estatura, os músculos enfraquecem-se, as camadas de gordura "dessecam-se", os sentidos (a audição, o olfato, a visão...) tornam-se menos eficientes e a resistência às doenças e a eficácia da circulação sanguínea e da respiração diminuem. Mas a estrutura anatômica geral continua igual, embora o metabolismo e os movimentos sejam muito mais lentos.

AS BASES CELULARES DA ANATOMIA

Se a anatomia, que começou como ciência puramente descritiva e macroscópica, estivesse limitada a estudar a disposição, a configuração e as relações especiais dos diferentes órgãos do corpo, teria sido de pouca utilidade para a medicina e as ciências em geral.

AS BASES CELULARES DA ANATOMIA

Inicialmente, o corpo humano foi dividido em **sistemas** ou **aparelhos**, ou seja, em conjuntos de vários órgãos (estruturas complexas dotadas de atividades específicas) cujas funções estavam diretamente envolvidas num objetivo geral. A seguir, a observação concentrou-se nos **tecidos**, isto é, em grupos de **células** com características muito semelhantes distribuídas no interior do corpo de forma "transversal". O tecido muscular, por exemplo, faz parte dos sistemas locomotor, digestório, circulatório e respiratório, tal como o tecido nervoso ou o tecido conjuntivo. Atualmente, a anatomia humana estuda o corpo segundo todas essas perspectivas. Analisa as células para conhecer o seu metabolismo e funcionamento, os tecidos e as suas interações para perceber a atividade dos órgãos, estuda os órgãos enquanto estruturas quase autossuficientes e os sistemas para conhecer as funções dos órgãos que os compõem e as relações entre eles.

Embora os sistemas sejam analisados de modo separado, todos eles constituem uma parte do nosso corpo. Um conjunto de milhões de células com uma bagagem genética idêntica. Cada uma possui características específicas pelas quais foi diferenciada; cada uma "colabora" com as outras e todas contribuem de maneira perfeitamente sincronizada e articulada para "fazer funcionar" a "máquina do corpo humano". Por essa razão, qualquer divisão idealizada para simplificar o estudo da anatomia é artificial.

OS INSTRUMENTOS DE OBSERVAÇÃO

No estudo da anatomia, o microscópio desempenhou um papel comparável ao do telescópio na astronomia, sendo possível descobrir coisas onde nem sequer se podia imaginar que exis-

OS INSTRUMENTOS DE OBSERVAÇÃO

▶ **Imagem de microscópio óptico e microscópio eletrônico**
Nestas duas imagens é possível observar a mesma célula (neste caso, um linfócito) no microscópio óptico **(1)** e no eletrônico **(2)**. Com o microscópio eletrônico, observam-se detalhes celulares de dimensões muito reduzidas. Neste exemplo **(3)**, o linfócito foi infectado com vírus HIV, e é possível observar as partículas virais na sua superfície (coloridas em vermelho com cores falsas). Esta imagem eletrônica apresenta com detalhes a superfície celular e até a estrutura de algumas partículas virais em formação.

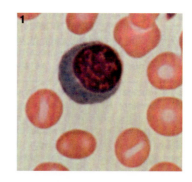
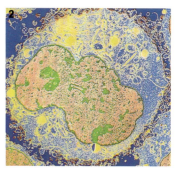
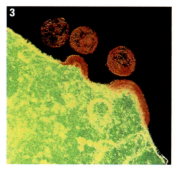

tissem. Permitiu ver detalhes inconcebíveis daquilo que já era conhecido, abrindo novas portas para a pesquisa científica e teorias inovadoras. Tornou possível esclarecer a natureza dos órgãos e dos tecidos, a sua função específica, a sua estrutura e metabolismo, assim como a natureza e as causas de muitas doenças que podiam afetá-los, e permitiu adquirir conhecimentos sobre a origem embrionária dos órgãos, facilitando a compreensão das suas relações químicas e funcionais.

A ciência que estuda as estruturas anatômicas em nível microscópio recebe o nome de ***histologia***. Além de proporcionarmos algumas indicações sobre os instrumentos e os procedimentos utilizados, iremos resumir as principais características dos tecidos do nosso corpo e, em alguns casos, também o seu "funcionamento".

Um preparo histológico pode ser observado ao microscópio óptico ou eletrônico, dois instrumentos que proporcionam informações diversas sobre amostras que devem ser preparadas de maneiras diferentes. No microscópio óptico, um sistema de lentes aumenta a imagem dos objetos até 1500 vezes. Isto permite distinguir detalhes da ordem de 1-2 mm. No microscópio eletrônico, em contrapartida, um feixe de elétrons que atravessa a amostra incide sobre uma placa fotográfica ou um aparelho computadorizado. Obtém-se, assim, um aumento da imagem que chega a 500 000 vezes, e os detalhes observados podem ter dimensões dos 10 Å. Enquanto no microscópio óptico observam-se tecidos e células, com o eletrônico é possível distinguir a estrutura interna das células até nos seus mínimos detalhes.

Para realizar estudos específicos de anatomia, a maioria das observações é efetuada num microscópio óptico modificado conforme as colorações utilizadas no preparo da amostra. Por exemplo, se a amostra foi tratada com substâncias fluorescentes, o microscópio é preparado para a observação com luz ultravioleta, com filtros protetores para os olhos e com um dispositivo para alternar a luz normal com a ultravioleta.

▼ **Imagens por contraste de fase (1) e luz ultravioleta (2) da mesma amostra de sangue**
Nestas duas imagens é possível ver uma única célula sanguínea colorida por um anticorpo tratado com uma substância fluorescente, quando exposta à luz ultravioleta. Para este tipo de operação, o microscópio tem de estar equipado com uma fonte de luz ultravioleta e oculares adequados.

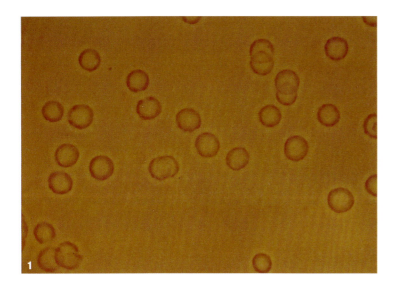
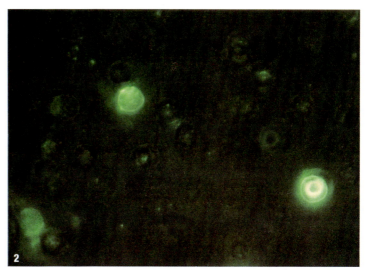

23

AS BASES CELULARES DA ANATOMIA

Os microscópios

Os microscópios ópticos usados em microbiologia e histologia possuem características diferentes, adaptadas a diversos tipos de observação.

Microscópio de campo claro
É o microscópio óptico com objetivas e ocular mais comum. A reflexão da luz no vidro da lâmina proporciona imagens escuras sobre um fundo luminoso.

Microscópio de campo escuro
A reflexão da luz no preparo permite que a imagem a ser analisada apareça luminosa sobre um fundo escuro.

Microscópio de contraste de fase
É um microscópio que, graças ao uso de filtros ópticos de vários tipos, diversifica a iluminação do preparo. Dessa maneira são obtidas imagens aparentemente em três dimensões.

Microscópio eletrônico
Possui uma estrutura similar à do microscópio óptico; no entanto, a luz é substituída por um feixe de elétrons, as lentes são substituídas por bobinas eletromagnéticas e a ocular por um monitor ou uma placa fotográfica.
As amostras, cortadas em secções muito finas com o ultramicrótomo de diamante ou de vidro, são recolhidas pelo ralo da superfície da água em que caem. As imagens obtidas são sempre amostras de células ou de organismos mortos, desprovidos de cor.

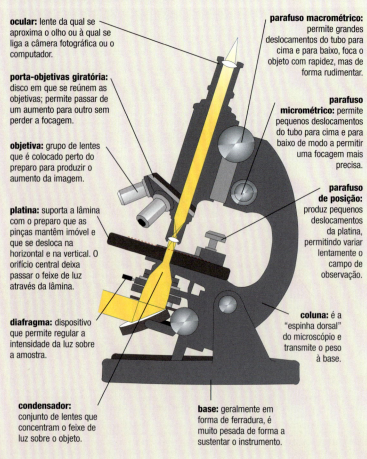

ocular: lente da qual se aproxima o olho ou à qual se liga a câmera fotográfica ou o computador.

porta-objetivas giratória: disco em que se reúnem as objetivas; permite passar de um aumento para outro sem perder a focagem.

objetiva: grupo de lentes que é colocado perto do preparo para produzir o aumento da imagem.

platina: suporta a lâmina com o preparo que as pinças mantêm imóvel e que se desloca na horizontal e na vertical. O orifício central deixa passar o feixe de luz através da lâmina.

diafragma: dispositivo que permite regular a intensidade da luz sobre a amostra.

condensador: conjunto de lentes que concentram o feixe de luz sobre o objeto.

parafuso macrométrico: permite grandes deslocamentos do tubo para cima e para baixo, foca o objeto com rapidez, mas de forma rudimentar.

parafuso micrométrico: permite pequenos deslocamentos do tubo para cima e para baixo de modo a permitir uma focagem mais precisa.

parafuso de posição: produz pequenos deslocamentos da platina, permitindo variar lentamente o campo de observação.

coluna: é a "espinha dorsal" do microscópio e transmite o peso à base.

base: geralmente em forma de ferradura, é muito pesada de forma a sustentar o instrumento.

◀ Esquema de microscópio óptico

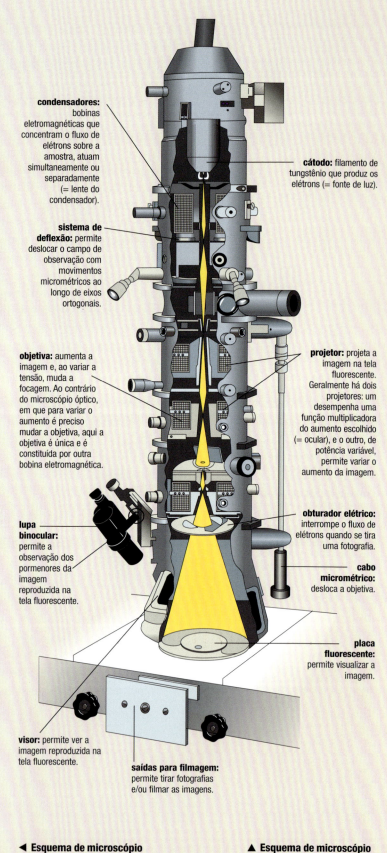

condensadores: bobinas eletromagnéticas que concentram o fluxo de elétrons sobre a amostra, atuam simultaneamente ou separadamente (= lente do condensador).

sistema de deflexão: permite deslocar o campo de observação com movimentos micrométricos ao longo de eixos ortogonais.

objetiva: aumenta a imagem e, ao variar a tensão, muda a focagem. Ao contrário do microscópio óptico, em que para variar o aumento é preciso mudar a objetiva, aqui a objetiva é única e é constituída por outra bobina eletromagnética.

lupa binocular: permite a observação dos pormenores da imagem reproduzida na tela fluorescente.

visor: permite ver a imagem reproduzida na tela fluorescente.

saídas para filmagem: permite tirar fotografias e/ou filmar as imagens.

cátodo: filamento de tungstênio que produz os elétrons (= fonte de luz).

projetor: projeta a imagem na tela fluorescente. Geralmente há dois projetores: um desempenha uma função multiplicadora do aumento escolhido (= ocular), e o outro, de potência variável, permite variar o aumento da imagem.

obturador elétrico: interrompe o fluxo de elétrons quando se tira uma fotografia.

cabo micrométrico: desloca a objetiva.

placa fluorescente: permite visualizar a imagem.

▲ Esquema de microscópio eletrônico

PREPARAÇÃO E OBSERVAÇÃO DOS TECIDOS

▶ **O micrótomo**
Permite cortar os tecidos em lâminas muito finas que serão depois observadas ao microscópio.

PREPARAÇÃO E OBSERVAÇÃO DOS TECIDOS

Para observar um tecido ao microscópio (de qualquer tipo) é necessário tratá-lo seguindo processos mais ou menos complexos. Em primeiro lugar, é preciso proceder à fixação, que tem a finalidade de impedir a decomposição do tecido. A amostra é submersa numa mistura de álcool, formol ou ácido acético para reduzir os inconvenientes do tratamento.

Em seguida, o tecido é submetido à desidratação, um processo que elimina a água e o torna compatível com a substância hidrorrepelente que serve para a inclusão. Geralmente, é obtida uma desidratação progressiva submergindo a amostra em álcool cada vez mais concentrado. Depois, a amostra é submetida à inclusão, um processo que permite que o tecido adquira uma consistência homogênea, adequada para ser cortada. A amostra é habitualmente embebida de substâncias ("meios de inclusão", como a parafina ou as resinas epoxídicas) que a endurecem consideravelmente. A seguir é colocada no suporte do micrótomo ▶[15], uma espécie de "cortador" que produz lâminas finas para os preparos histológicos. Se o preparo for observado num microscópio eletrônico, utiliza-se um micrótomo, capaz de cortar lâminas de uma espessura de poucas centenas de angstrom. Cada secção é, então, colocada em lâminas (ou num porta-amostra, se o microscópio for eletrônico).

A seguir, o tecido é impregnado de metais pesados (se for observado ao microscópio eletrônico) ou colorido. A coloração com produtos naturais (como o carmim ou a hematoxilina) ou sintéticos (como os corantes à base de anilina) ressalta estruturas particulares. Para tornar as lâminas mais manejáveis e poder observá-las com uma objetiva de imersão (que proporciona mais aumento), procede-se à montagem. Esta consiste em cobrir o preparo com uma lamínula selada com resinas naturais. Para melhorar a focagem entre a lamínula e o preparo é, algumas vezes, depositada uma gota de substância opticamente ativa.

parafuso calibrador: fixa o valor da espessura das lâminas, aproximando da faca o suporte da amostra.

suporte da amostra: pode ser movido tanto na vertical como na horizontal, em direção à faca, para realizar lâminas da amostra com a mesma espessura, que se acumulam sobre a faca.

manivela: o seu movimento giratório transforma-se no movimento vertical e horizontal do suporte da amostra.

suporte da faca: mantém a faca numa posição fixa e com uma inclinação constante, e permite a sua substituição.

▼ **Esquema dos processos normais do preparo histológico**
Recorre-se com frequência a colorações e a preparos menos longos e laboriosos do que as descritas neste esquema, em particular, no caso de amostras de biópsias para as quais é importante ter uma resposta mais rápida do que quando se trata de uma amostra a ser conservada.

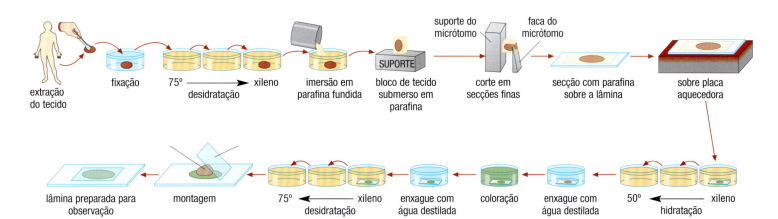

25

AS BASES CELULARES DA ANATOMIA

Tecido epitelial

Generalidades: é caracterizado por células intimamente coladas umas às outras, que não deixam muitos espaços intercelulares vazios.
Onde se encontra: reveste o corpo inteiro, tanto exterior (epiderme, derme) como interiormente (mucosas); forma igualmente todas as glândulas, ou seja, as estruturas que secretam substâncias para o interior (glândulas endócrinas) e para o exterior (glândulas exócrinas) do corpo. Também produz algumas estruturas particulares (pelos, dentes, unhas, cristalino dos olhos, etc.). Segundo as suas funções e características, pode ser de vários tipos; a seguir, mencionamos os principais.

EPITÉLIO DE REVESTIMENTO
Desenvolve uma função de "interface" entre o interior e o exterior do corpo e possui características particulares segundo a região ou os órgãos de que depende.

Tecido epitelial pavimentoso simples
Delimita, por exemplo, os alvéolos pulmonares. É formado, sobretudo, por células laminares e por poucas células cúbicas ou arredondadas, com uma forma que varia em função do estado de distensão do pulmão.

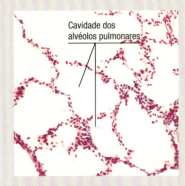

▲ **Epitélio pavimentoso**
Secção de um pulmão humano adulto. Em rosa, os núcleos celulares.

Tecido epitelial cúbico simples
Reveste, por exemplo, as numerosas cavidades tubulares em que o pulmão de um feto se divide. As células têm uma forma cúbica e estão juntas e alinhadas de forma compacta. Depois do nascimento, com os primeiros movimentos respiratórios, as cavidades distendem-se, o tecido conjuntivo que separa as camadas epiteliais reduz-se muito e o epitélio cúbico transforma-se em pavimentoso simples ►169.

Tecido epitelial cilíndrico simples
Constitui, por exemplo, a mucosa gástrica. É formado por células prismáticas ou cilíndricas. Todos os núcleos celulares estão alinhados na base das células, a escassa distância do tecido conjuntivo ►28 *subjacente.*

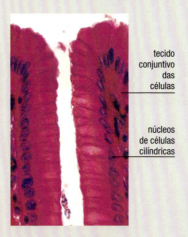

▲ **Epitélio cilíndrico simples**
Secção de uma crista da mucosa gástrica. Em rosa, o citoplasma; em azul, os núcleos.

Tecido epitelial pseudoestratificado
Por exemplo, a mucosa que reveste a traqueia. É formada por células de altura e forma diferente; todas implantadas no conjuntivo ►28 *basal de tal maneira que parecem estar em várias camadas.*

Tecido epitelial pavimentoso estratificado
Forma, por exemplo, a córnea ►96: *as células epiteliais crescem em camadas, a partir do conjuntivo* ►28 *basal. À camada mais profunda, formada por células arredondadas em reprodução ativa, segue-se uma camada de células intermediárias mais planas e, por último, uma camada de células superficiais completamente planas. A superfície do esôfago* ►148 *também está revestida por este tecido, mas as camadas de células epiteliais são muito mais numerosas. Na planta do pé, as camadas estão ainda mais diferenciadas: a camada profunda é seguida de uma camada intermediária de células progressivamente mais planas, de uma camada granulosa com células de dimensões maiores e, por último, de uma camada lustrosa de células muito mais alongadas e planas.
O desenvolvimento da camada córnea superficial depende do estímulo mecânico recebido pela região do corpo em questão.*

EPITÉLIO DE TRANSIÇÃO
Característico das vias urinárias ►210, *representa uma situação intermediária entre um epitélio estratificado e um epitélio diferenciado. A luz*

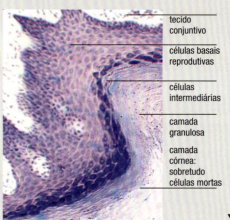

◄ **Epitélio pavimentoso estratificado**
Planta do pé: em violeta, as células epiteliais vivas.

▼ **Epitélio pavimentoso estratificado**
Secção de córnea humana. Em rosa, as células epiteliais; em azul, o tecido conjuntivo.

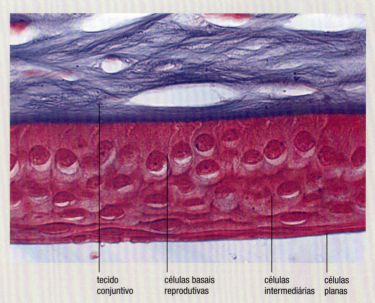

TECIDO EPITELIAL

do ureter humano é revestida por uma mucosa constituída por células basais, células intermediárias cilíndricas e células superficiais planas (de revestimento). Desse modo, não se trata de um epitélio estratificado, dado que não apresenta o progressivo achatamento das células.

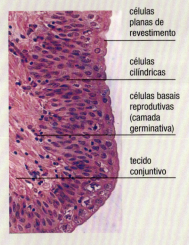

▲ **Epitélio de transição**
Luz do ureter humano.

EPITÉLIO DIFERENCIADO
Adota formas diversas e constitui estruturas particulares do corpo (pelo, unhas, dentes, lente dos olhos, etc.).

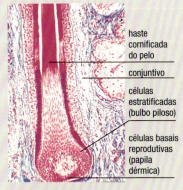

▲ **Epitélio diferenciado**
Secção de pele humana com pelo.

EPITÉLIO SENSORIAL
As estruturas sensoriais existentes nos tecidos epiteliais são muito numerosas (na pele ➤104, na língua, no nariz ➤102, na orelha ➤98, etc.) e têm características muito diferentes segundo a sua situação.

EPITÉLIO GLANDULAR EXÓCRINO
Forma as glândulas que secretam o seu produto para fora do corpo ou para uma cavidade onde há comunicação com o exterior (glândulas exócrinas). Distinguem-se vários tipos de glândulas exócrinas.

Glândulas alveolares simples
Constituem, por exemplo, as glândulas de Galeazzi (ou de Lieberkuhn), que produzem muco lubrificante. No intestino delgado ➤156 encontram-se, principalmente, na base das vilosidades ➤159; no intestino grosso, onde não há vilosidades, abrem-se diretamente para a superfície intestinal. Ao contrário das células mucíparas distribuídas no interior da mucosa, estas glândulas são formadas por vários tipos de células. Também são deste tipo as glândulas de Meibomio (em forma de cacho ao redor de um duto comum) e as sebáceas do couro cabeludo, cujas células engrossam devido ao acúmulo de colesterol, glicerídeos e ácidos graxos até "arrebentarem". Nesse caso, toda a célula se transforma em secreção, devido à secreção holócrina.

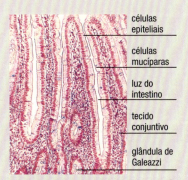

▲ **Glândulas de Galeazzi**

Glândulas tubulares ramificadas
A glândula de Brunner, no intestino ➤156, é um exemplo deste tipo de glândulas, que têm uma estrutura muito similar à das glândulas tubulares simples.

Glândulas tubulares simples
Correspondem a este tipo as glândulas do fundo do estômago ➤149. As células principais segregam os produtos da glândula num duto comum, rodeadas de células parietais, volumosas e arredondadas.

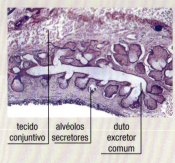

▲ **Glândula alveolar simples**
Nas glândulas de Meibomio, os alvéolos em forma de cacho abrem-se num duto comum da pálpebra.

Glândulas tubulares simples enoveladas
A glândula sudorípara ➤208 é um exemplo de glândula tubular simples enovelada. Numerosas unidades produtoras de suor são formadas por epitélio glandular e secretam o seu produto num único duto excretor delimitado por duas camadas de células cúbicas.

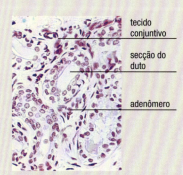

▲ **Glândula tubular simples enovelada**
Secção de uma glândula sudorípara humana. Em rosa, os núcleos celulares.

Glândulas acinosas (ou alveolares) compostas
A glândula parótida é uma delas. Os adenômeros estão muito alongados, e a massa secretora é atravessada por alguns canais sempre delimitados por duas camadas de células cúbicas. Também correspondem a este tipo as glândulas submaxilares e sublinguais, as glândulas mamárias e as lacrimais.

EPITÉLIO GLANDULAR ENDÓCRINO
Forma as glândulas que secretam o seu produto na corrente sanguínea (glândulas endócrinas). Algumas glândulas endócrinas (como o pâncreas e o fígado) combinam a sua atividade endócrina com uma atividade exócrina; assim, nas secções deste tecido distinguem-se áreas endócrinas junto a zonas exócrinas.

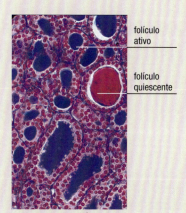

▲ **Tireoide (endócrina)**
Estrutura típica com folículos cheios de coloide. Os folículos em repouso estão em vermelho e os outros em azul. Em rosa, os núcleos celulares epiteliais.

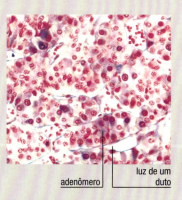

▲ **Adeno-hipófise (endócrina)**
Em rosa, os núcleos celulares.

Tecido muscular

Generalidades: é formado por células "elásticas" e tem funções de movimento e de suporte.

Onde se encontra: em várias regiões. Feixes ou tratos de tecido muscular envolvem as cavidades digestivas e os vasos sanguíneos, entrelaçam-se na derme, unem-se aos ossos e aos pelos. Distinguem-se três tipos principais de tecido muscular que se diferem tanto morfológica (pela estrutura das suas células) como funcionalmente (pelo tipo de atividade que desenvolvem). Cada tipo de tecido muscular está incumbido de um movimento em particular. Observemos com mais detalhes.

Tecido muscular estriado

É responsável pelos movimentos voluntários, ou seja, aqueles que se realizam intencionalmente graças à atividade cerebral (por exemplo, os movimentos das mãos ou do rosto). No músculo estriado, as miofibrilas existentes em cada célula são compactadas, estão adossadas umas às outras, e o conjuntivo ▶32 que as separa é mínimo. Este tecido denomina-se assim porque as secções examinadas ao microscópio mostram tratos de fibras juntas, com uma característica coloração em riscas.

Tecido muscular liso

É responsável pelos movimentos que o nosso corpo realiza sem a participação da atividade cerebral (movimentos do estômago ou do intestino). As secções examinadas ao microscópio mostram as fibras musculares imersas em abundante material conjuntivo.

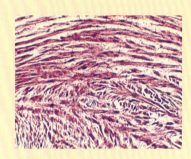

▲ **Fibras musculares lisas**
Secção da parede muscular de uma artéria humana. Os feixes têm um desenvolvimento anelar concêntrico em relação à luz do vaso.

Tecido muscular cardíaco

Forma o coração ▶185. É um tecido muito similar ao estriado, mas caracteriza-se por apresentar maior quantidade de conjuntivo separando as fibras. Talvez isto se deva à sua função particular de músculo estriado mas involuntário.

▲ **Fibras musculares cardíacas**
Secção do miocárdio. As células contráteis do tecido muscular cardíaco estão consideravelmente separadas umas das outras e os núcleos podem ocupar uma zona central de cada célula.

A contração muscular

Foi referido que as células do tecido muscular são "elásticas". De fato, são capazes de se reduzir e de recuperar o comprimento original, ou de se alongar em resposta aos estímulos nervosos ▶30-31 recebidos. Como se realiza o movimento muscular?

Um músculo é composto por vários tratos musculares separados por tecidos conjuntivos, chamados unidades motoras. Cada unidade motora é formada por numerosas células (ou fibras) musculares: o seu número varia entre 5 e 2000, e quanto menor é a sua quantidade, mais preciso é o movimento que controlam.

Cada célula é formada por um tratos de numerosas miofibrilas, estruturas filiformes delimitadas pela membrana plasmática.

Cada miofibrila é formada por uma sucessão de unidades contráteis chamadas sarcômeros e são delimitadas por linhas Z, que dão o aspecto estriado aos músculos esqueléticos ▶54.

Cada sarcômero é principalmente formado por dois tipos de proteínas filamentosas, a actina e a miosina, dispostas paralelamente entre si. As moléculas de actina são filamentos enrolados em espiral aos pares. Cada espiral está enlaçada, por uma extremidade, a uma linha Z. As moléculas de miosina também são filamentosas, mas têm uma "cabeça", uma protuberância terminal. Associam-se em tratos, dos quais sobressaem as "cabeças" das moléculas.

Os tratos de miosina estão rodeados pelas moléculas de actina, e as "cabeças" podem formar ligações com a actina (chamadas pontes transversais). A formação dessas ligações depende da presença de íons cálcio (Ca^{2+}) no interior da célula muscular, as quais se enlaçam tanto nas hélices duplas da actina co-

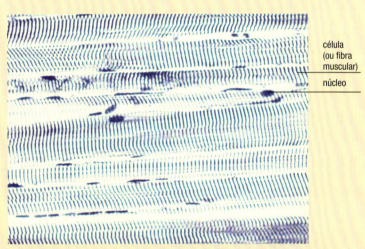

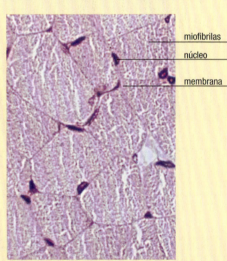

▲ **Fibras musculares estriadas**
As longas células musculares (uma por núcleo) estão agrupadas em tratos. As franjas transversais, unidas entre si, dão a cada fibra um aspecto estriado.

▶ **Fibras musculares estriadas**
Secção transversal de um músculo. Cada fibra é composta por miofibrilas (pontos cor-de-rosa) e é delimitada pela membrana (linha cor-de-rosa). Núcleo achatado lateralmente (manchas rosa-escuras).

TECIDO MUSCULAR

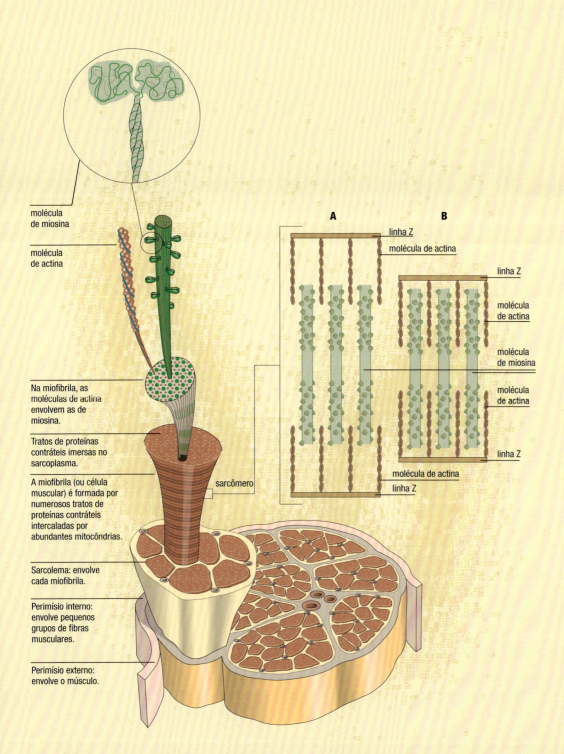

◀ **Esquema da estrutura de um músculo estriado e do processo de contração de um sarcômero**
A. sarcômero descontraído: poucos íons Ca⁺ disponíveis, poucas pontes transversais enlaçam as "cabeças" das moléculas de miosina e as hélices duplas das moléculas de actina; linhas Z afastadas.
B. sarcômero contraído: muitos íons Ca⁺ disponíveis, muitas pontes transversais enlaçam as "cabeças" das moléculas de miosina e as hélices duplas das moléculas de actina; linhas Z próximas.

molécula de miosina
molécula de actina
Na miofibrila, as moléculas de actina envolvem as de miosina.
Tratos de proteínas contráteis imersas no sarcoplasma.
A miofibrila (ou célula muscular) é formada por numerosos tratos de proteínas contráteis intercaladas por abundantes mitocôndrias.
Sarcolema: envolve cada miofibrila.
Perimísio interno: envolve pequenos grupos de fibras musculares.
Perimísio externo: envolve o músculo.
sarcômero
linha Z
molécula de actina
linha Z
molécula de actina
molécula de miosina
molécula de actina
linha Z
molécula de actina
linha Z

mo nas "cabeças" da miosina. Desse modo, conforme a concentração de íons cálcio, as pontes são mais ou menos numerosas.

As células musculares são capazes de regular a concentração interna de íons cálcio. Estes são armazenados numa rede de túbulos e cisternas por "bombas" específicas presentes nas membranas celulares. Na proximidade das linhas Z, essa rede está ligada à membrana exterior: quando esta é estimulada pelo impulso nervoso▶30 modifica-se, e essa variação propaga-se até as cisternas e túbulos que, em pouco tempo, emitem os íons. Enquanto o estímulo nervoso dura, os íons cálcio continuam a aumentar no interior da célula, e criam as pontes transversais nas miofibrilas. Mas, ao mesmo tempo, a presença de ATP (a molécula rica em energia produzida pelas mitocôndrias, muito abundantes nas células musculares) provoca uma rápida mudança da conformação das "cabeças" de miosina e a ruptura das pontes transversais. Desse modo, as "cabeças" aderem às espirais vizinhas de actina e descolam-se delas em sucessão rápida. Isso provoca a aproximação das linhas Z e o progressivo encurtamento do sarcômero. Dado que isso acontece em todos os sarcômeros ao mesmo tempo, todas as miofibrilas se encurtam. Além disso, uma vez que essas reações se produzem simultaneamente em todas miofibrilas de todas as células que compõem o músculo, toda a massa muscular sofre uma contração: o seu comprimento pode reduzir-se até 65% em estado de repouso.

Na ausência de estímulos nervosos, os íons cálcio são "bombeados" de novo pela célula para as cisternas: ao diminuir a sua concentração, o sarcômero dilata-se e a miofibrila relaxa-se.

29

AS BASES CELULARES DA ANATOMIA

Tecido nervoso

Generalidades: é formado por células "excitáveis" especializadas em transmitir estímulos ou impulsos nervosos graças a uma série muito complexa de atividades físico-químicas da sua membrana. O tecido nervoso forma o encéfalo, a medula espinal e toda a rede de nervos e terminações nervosas que percorre o corpo. Em particular, está em contato com os músculos, regulando o seu movimento, e com os tecidos glandulares, regulando a sua atividade secretora.

Características específicas: as células que formam este tecido podem ter formas, características, comprimentos e funções muito diversos, segundo o papel desempenhado.

A TRANSMISSÃO DOS IMPULSOS NERVOSOS

Os neurônios, à semelhança de todas as restantes células do corpo, têm uma concentração de íons interna diferente da externa. Cada neurônio tem um potencial elétrico de membrana que, em repouso, é de cerca de 70mV; normalmente, o interior está carregado negativamente em relação ao exterior.

A distribuição dos íons positivos também não é uniforme. Em geral, no exterior são mais numerosos os íons sódio (Na^+) e no interior os íons potássio (K^+). Essa situação não é "espontânea": a célula consome energia para "expulsar" os íons sódio mantendo constante o potencial de membrana.

Numa célula normal, essa condição é mantida durante toda a sua vida. Os neurônios, em contrapartida, são especiais: podem "excitar-se", isto é, responder a um estímulo com uma repentina mudança de polaridade na membrana. O estímulo (que pode ser sonoro, luminoso, físico, químico, etc.) provoca uma modificação na estrutura da membrana neuronal. Durante poucos milésimos de segundo, os íons sódio entram livremente; depois tudo volta a ser como antes.

Se o estímulo for suficientemente intenso (superior a um valor "limite" abaixo do qual não acontece nada), essa modificação propaga-se a grande velocidade (até 120 Km/s) através da membrana da célula. O estímulo transforma-se num impulso eletroquímico que se transmite ao longo do neurônio.

A inversão de carga e o seu imediato restabelecimento (um processo que se denomina potencial de ação e que dura apenas uns milésimos de segundo em cada região circunscrita do neurônio) propagam-se como uma onda na célula nervosa, aumentando de intensidade à medida que avança.

Depois de cada potencial de ação, e durante um brevíssimo espaço de tempo, cada região da membrana torna-se "refratária" aos estímulos. Isso permite que os potenciais de ação se propaguem numa só direção, sem "voltar atrás".

As fibras nervosas que formam os nervos são um tipo especial de neurônios que interligam regiões do corpo muito afastadas entre si. Possuem um dendrito, muito mais longo do que os outros (axônio ou cilindro-eixo), envolvido por uma bainha de mielina formada pelas membranas das células de Schwann, que se desenvolvem ao seu redor. A bainha impede os íons de atravessar a membrana: tem a função de "isolante elétrico" do axônio.

Da mesma forma que as células de Schwann, também a bainha de mielina é interrompida em intervalos regulares.

As regiões em que a membrana da fibra nervosa fica livre são denominadas anéis de Ranvier, particularmente ricas em bombas de sódio. Apenas nesses pontos a membrana é capaz de desenvolver um potencial de ação. "Saltando" de um anel para outro, o impulso nervoso propaga-se ao longo do axônio com mais rapidez ainda.

Quando o impulso nervoso chega ao fim do neurônio, pode passar para a célula seguinte do mesmo modo que se transmite de um anel de Ranvier para outro (sinapse elétrica). O neurônio que transmite o impulso é chamado pré-sináptico e a célula pós-sináptica. Mas com frequência, a ligação entre neurônio e célula seguinte produz-se por meio

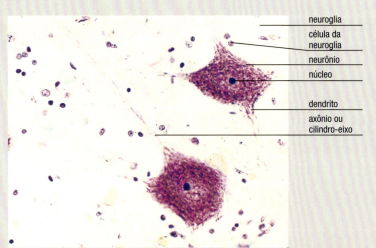

▲ **Células nervosas ou neurônios**
Estão imersas no característico tecido conjuntivo do sistema nervoso central (neuroglia), onde é possível reconhecer algumas células pequenas não nervosas que tem uma função de suporte. O núcleo é claro; os dendritos, filamentos que interligam o neurônio com outros neurônios ou com o órgão central, são quase transparentes.

▶ **Nervo**
Secção transversal. O nervo é constituído por numerosas fibras nervosas, cada uma delas formada por um axônio central (pontinhos violeta) revestido por uma bainha de mielina (espaço branco circundante). As fibras estão separadas por um tecido conjuntivo especial que recebe o nome de neurilema (fibras violetas).

labels: neuroglia / célula da neuroglia / neurônio / núcleo / dendrito / axônio ou cilindro-eixo

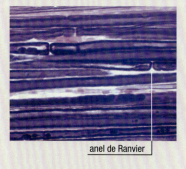

anel de Ranvier

▲ **Fibras nervosas mielínicas**
Secção longitudinal de um nervo. Em violeta, a bainha de mielina que reveste cada célula nervosa. As interrupções são denominadas anéis de Ranvier.

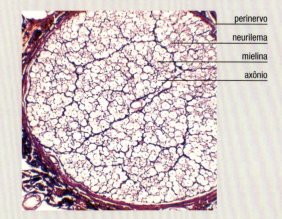

perinervo / neurilema / mielina / axônio

TECIDO NERVOSO

▶ **Sinapse química entre dois neurônios**
As vesículas visíveis no neurônio, em cima, aproximam-se da membrana libertando no espaço sináptico (em vermelho) os neurotransmissores.

▼ **Estrutura de um nervo e processo de transmissão nervosa por meio de um neurotransmissor**
1. O potencial de ação permite que as vesículas de neurotransmissores se aproximem da membrana neuronal e se fundam com ela: produz-se a emissão de mediadores químicos.
2. As moléculas que servem de mediadores ligam-se com moléculas específicas (receptores) da membrana da célula pós-sináptica, modificando-as de forma a produzir um fluxo de íons sódio (Na^+).
3. Quando os receptores modificados são suficientes, é desencadeado um potencial de ação que se propaga em direção oposta ao núcleo da célula.
4. Enquanto o fluxo de Na^+ se propaga, a membrana volta a bombear Na^+ para o exterior, como anteriormente.

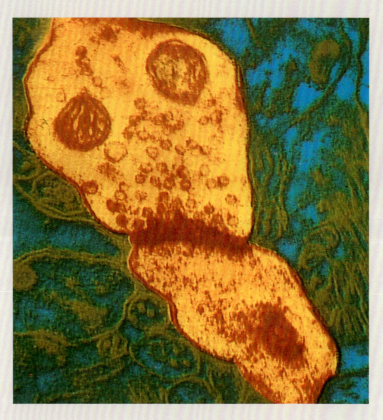

de substâncias especiais chamadas mediadores químicos ou neurotransmissores (sinapse química).

A chegada do potencial de ação ao fim do neurônio pré-sináptico provoca a emissão de mediadores químicos. Essas moléculas atravessam o reduzido espaço sináptico entre as duas células, enlaçam-se na membrana pós-sináptica e modificam-na, provocando a excitação ou a "depressão" da célula.

Se o efeito do estímulo for a excitação e a célula pós-sináptica for um neurônio, esta será estimulada e produzirá um potencial de ação igual ao primeiro, que se propaga em direção centrífuga. Se a célula pós-sináptica for uma fibra muscular, produz-se a contração, numa célula glandular ocorre a secreção, etc. E vice-versa: se o estímulo for repressivo, a atividade da célula pós-sináptica é inibida.

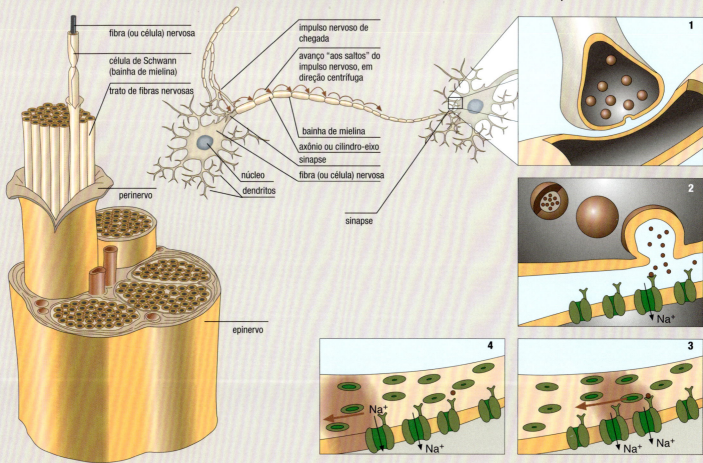

31

AS BASES CELULARES DA ANATOMIA

Tecido conjuntivo

Generalidades: trata-se de um tecido em que as células estão "imersas" em abundante substância intercelular "amorfa", constituída principalmente por água e proteínas. Desempenha tarefas de suporte e de ligação entre tecidos diversos.
Onde se encontra: ocupa quase todos os espaços deixados vazios por outros tecidos; por isso, encontra-se em qualquer região do corpo.

Desse modo, existem alguns tecidos bem caracterizados, que muitos cientistas consideram tipos especiais de tecido conjuntivo. Nós os veremos a seguir.

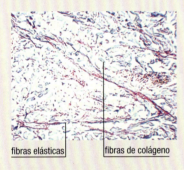

▲ **Secção de derme**
Em rosa, as fibras elásticas; violeta, as fibras de colágeno, uma das substâncias que compõem a matéria amorfa do tecido conjuntivo.

TECIDO CARTILAGINOSO
Segundo alguns autores, deve ser considerado um tipo especial de tecido conjuntivo, já que as células (condrócitos) estão imersas numa abundante substância intercelular rodeada, por sua vez, de uma substância amorfa mais ou menos sólida e elástica.

Este tipo de tecido representa o estágio embrionário do tecido ósseo. De fato, com o crescimento, a maioria das cartilagens presentes no corpo humano se enriquece de sais minerais e transforma-se em tecido ósseo.

No adulto, a cartilagem encontra-se em algumas regiões concretas, como no pavilhão auricular, no nariz, na traqueia e nos brônquios, na parte anterior das costelas e nas superfícies articulares.

Pode ter uma consistência diferente segundo a função desenvolvida.

TECIDO SANGUÍNEO E TECIDO LINFÁTICO
Estes dois tipos de tecido são formados por várias células distintas quanto à estrutura e funções, que circulam através de vasos precisos pelo interior do corpo, imersas numa substância amorfa líquida ou semilíquida. Deveriam igualmente ser considerados tipos especiais de tecido conjuntivo.

Os elementos celulares típicos do tecido sanguíneo e do tecido linfático são produzidos, principalmente, pela medula óssea e, a partir daí, entram em circulação passando por vários estágios de "maturação" ➤178-179. Através de uma rede densa de vasos, chegam a todas as partes do corpo.

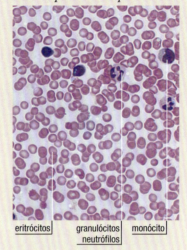

▲ **Células sanguíneas humanas**
São visíveis alguns componentes do tecido sanguíneo e linfático. Os mais numerosos (roxos) são glóbulos vermelhos (eritrócitos); os maiores são glóbulos brancos: granulócitos, neutrófilos, monócitos e linfócitos (quase completamente violeta).

TECIDO ÓSSEO
Deriva diretamente do tecido cartilaginoso e, segundo alguns autores, também deve ser considerado um tipo especial de tecido conjuntivo em que as células (osteócitos) estão imersas numa abundante substância amorfa sólida (o osso). Este tecido tem principalmente uma função de suporte, assim como de proteção de alguns órgãos internos. Forma todos os ossos do esqueleto ➤36.

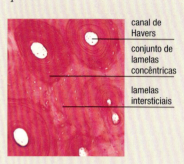

▲ **Tecido ósseo compacto**
Corte transversal de um osso, com a estrutura típica de lamelas ósseas concêntricas.

TECIDO ADIPOSO
É formado por adipócitos. Costumam ser arredondadas, grandes, e as estruturas celulares (incluindo o núcleo) estão lateralmente achatadas pela gordura.

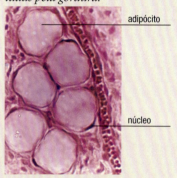

▲ **Tecido adiposo**
Grupo de adipócitos. Em rosa, o citoplasma celular; mais escuros, os núcleos.

Este tecido tem uma função de acúmulo de energia e de isolamento térmico. Geralmente os adipócitos estão reunidos em camadas subcutâneas, mas é frequente encontrá-los em pequenos grupos, espalhados em outros tipos de tecidos.

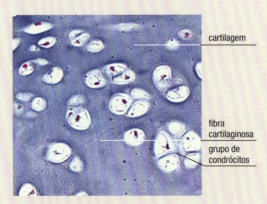

▶ **Cartilagem hialina da traqueia**
Na mesma cavidade, dentro da cartilagem (violeta) produzida, observam-se células geradas pelo mesmo osteócito (condrócitos).

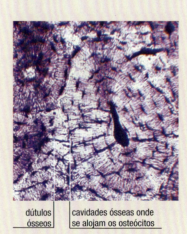

▲ **Tecido ósseo**
A coloração põe em evidência o sistema de canais de Volkman (transversais) e de Havers (concêntricos).

TECIDO CONJUNTIVO - O VOCABULÁRIO DA ANATOMIA

O vocabulário da anatomia

Dado que algumas regiões do nosso corpo mudam enormemente segundo a perspectiva com que são observadas, para indicar "do que" se está falando e em que direção se observa, é costume adotar uma terminologia específica. É necessário saber se estamos observando um órgão "de cima" ou "de lado", "de frente" ou "de trás", etc.

Por exemplo, em alguns preparos histológicos, fala-se de "secção transversal" e de "secção longitudinal". Essa terminologia permite saber que aquilo que estamos observando tem uma conformação alongada, da qual se podem obter imagens tanto "em comprimento" como "em largura", que se diferem notavelmente entre si.

Também se usam expressões específicas para descrever as posições dos diferentes órgãos do corpo humano ou das suas partes.

Para unificar a linguagem, foi adotada uma terminologia específica que faz referência a um conjunto de planos. Consideramos o corpo humano em posição ereta, com os braços esticados ao longo do corpo, dividido em diferentes **regiões** por planos imaginários chamados **planos de secção** e perpendiculares entre si.

Os **planos sagitais** dividem o corpo verticalmente em duas partes: direita e esquerda; um só destes planos divide o corpo em duas metades mais ou menos simétricas.

▶ **Planos de secção**
Perpendiculares entre si, dividem o corpo em regiões, facilitando a compreensão das descrições anatômicas. Na imagem podemos distinguir:

um plano sagital
um plano frontal
um plano transversal

Do mesmo modo, os **planos frontais** dividem o corpo verticalmente, mas são perpendiculares aos planos sagitais; estes delimitam duas partes: anterior ou ventral e posterior ou dorsal.

Os **planos transversais** são horizontais e perpendiculares aos outros dois tipos de plano; dividem o corpo em duas partes: superior ou cranial e inferior ou caudal.

OS TERMOS MAIS USADOS

Para descrever a posição das estruturas anatômicas, devemos nos referir aos planos de secção; para saber onde se encontra uma determinada estrutura anatômi-

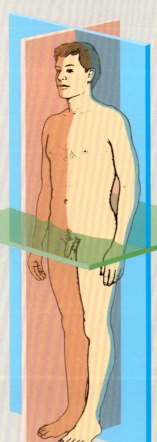

◀ **Secções**
O corpo humano pode ser "cortado" imaginariamente em numerosos planos paralelos entre si (neste caso, os planos são sagitais), com a finalidade de descrever em profundidade cada elemento anatômico.
Esta imagem apresenta igualmente um corte transversal que separa o busto (considerado) do restante do tronco (não considerado).

ca é necessário "visualizar" o plano ao qual se faz referência.

Anterior ou **ventral** é o termo oposto a posterior ou dorsal, mas é sempre necessário indicar uma referência. Por exemplo, os olhos são "ventrais" em relação ao cérebro, mas "posteriores" em relação à ponta do nariz.

Lateral refere-se sempre a um plano sagital. Os órgãos considerados podem estar "à direita" ou "à esquerda" do plano, mas geralmente basta dizer "lateralmente" para entender a sua posição. O braço esquerdo encontra-se "lateralmente" ao ombro esquerdo. Quando é necessário, indica-se "à direita" ou "à esquerda": o vaso lateral esquerdo, o lóbulo lateral direito, etc.

Superior (ou **cranial**) é o oposto de **inferior** (ou **caudal**). Faz sempre referência a um plano horizontal, por cima ou por baixo do qual se encontra o órgão considerado (o fígado é superior aos rins, a pelve é inferior às vísceras).

Proximal é o oposto de **distal**. São termos que, numa estrutura alongada, indicam respectivamente a parte mais próxima e a mais distante do corpo ou daquilo de que se fala. Por exem-

plo: num braço, a mão encontra-se no extremo distal, enquanto a axila está no extremo proximal; ou então, num neurônio motor, as placas neuromusculares encontram-se na sua parte distal.

Superficial é o oposto de **profundo**. O plano a que se faz referência é o da superfície do corpo ou do órgão (o coração é um órgão profundo; a camada profunda do cerebelo é formada por fibras neuronais; as vilosidades encontram-se na superfície do intestino).

Palmar é o oposto de **frontal** (ou **anterior**). O primeiro termo refere-se à parte da mão que se fecha («palma»).

Plantar é o oposto de **frontal** (ou **anterior**). O primeiro termo refere-se à parte do pé que se fecha ("planta" do pé).

Como é óbvio, todos esses termos podem ser combinados para realizar uma descrição exata do que está sendo observado. Desse modo, diz-se que os rins são posteroinferiores ao fígado, posterossuperiores à bexiga, ventro-laterais à coluna vertebral (que se encontra posteriormente), posteriores ao intestino, superiores à pelve, etc.

33

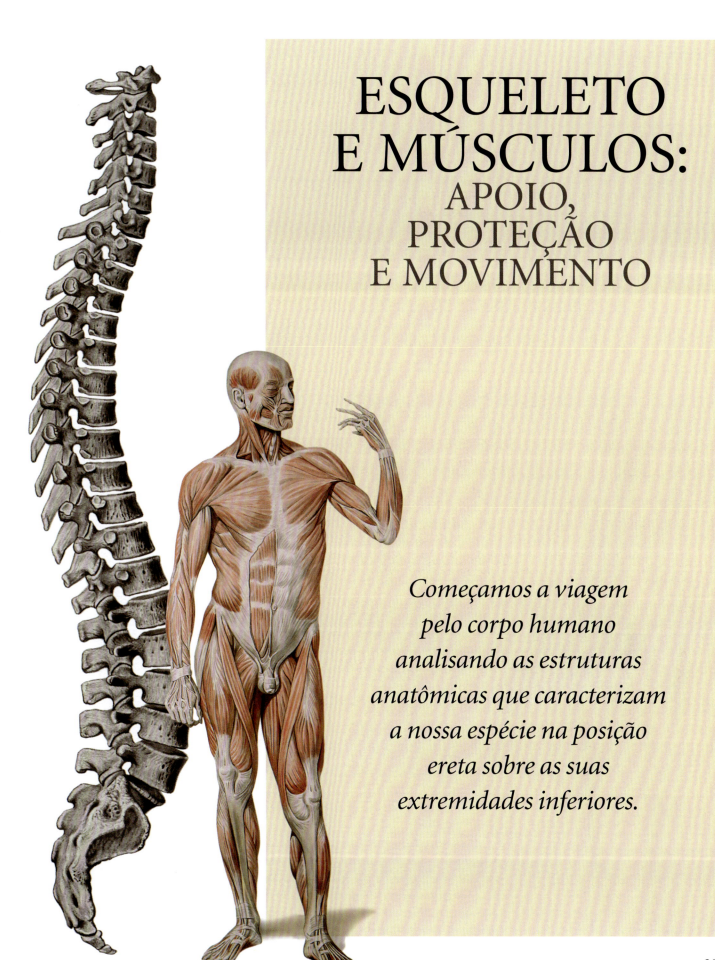

ESQUELETO E MÚSCULOS:
APOIO, PROTEÇÃO E MOVIMENTO

Começamos a viagem pelo corpo humano analisando as estruturas anatômicas que caracterizam a nossa espécie na posição ereta sobre as suas extremidades inferiores.

ESQUELETO E MÚSCULOS

No adulto, o esqueleto é composto, em média, por 206 ossos e numerosos tipos de articulações que os unem, permitindo realizar uma considerável variedade de movimentos.

O ESQUELETO
OU SISTEMA ESQUELÉTICO

O esqueleto do adulto é formado, em média, por 206 ossos; o do feto, em contrapartida, é constituído por cerca de 350 ossos completamente cartilaginosos ➤ 38. Com o crescimento, muitos deles se fundem entre si, e o desenvolvimento dos sistemas circulatório e nervoso provoca a transformação radical da cartilagem ➤ 32 em tecido ósseo ➤ 32, muito mais rico em sais minerais.

A cartilagem desaparece quase por completo no esqueleto do adulto; fica circunscrita a algumas partes da orelha, do nariz, da traqueia e dos brônquios, à parte superior das costelas e às superfícies articulares.

O esqueleto humano alcança a maturidade aos 25 anos, e durante toda a vida, além de permitir o movimento, protege e contém os órgãos internos.

DIVISÃO DO ESQUELETO

Dos 206 ossos que compõem o nosso esqueleto, 29 formam o crânio ➤ 42, 26 constituem a coluna vertebral ➤ 44, 25 formam a caixa torácica ➤ 46 e 64 integram as duas extremidades superiores (incluindo as mãos) ➤ 48 e 62 as inferiores ➤ 50.

O esqueleto também está dividido em duas partes com funções muito diversas:

- O **esqueleto axial, esqueleto do tronco** ou **esqueleto central.** É formado pelo crânio, pela coluna vertebral e pela caixa torácica. Tem a função de suporte e de proteção dos órgãos internos.

- O **esqueleto apendicular.** É formado pelas extremidades (superiores e inferiores) e as cinturas ou cinturões. A sua principal função é a de movimento e de apoio.

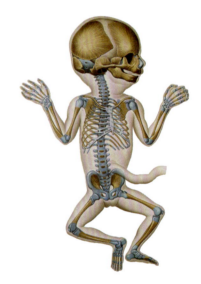

▲ **Esqueleto fetal**
Em castanho, as partes já ossificadas; em azul-claro, as partes cartilaginosas.

◀ **Divisão do esqueleto**
☐ Esqueleto axial
☐ Esqueleto apendicular
☐ Cinturas
☐ Cartilagens

O ESQUELETO OU SISTEMA ESQUELÉTICO

▼ **Esqueleto humano adulto**
Vistas posterior e frontal.

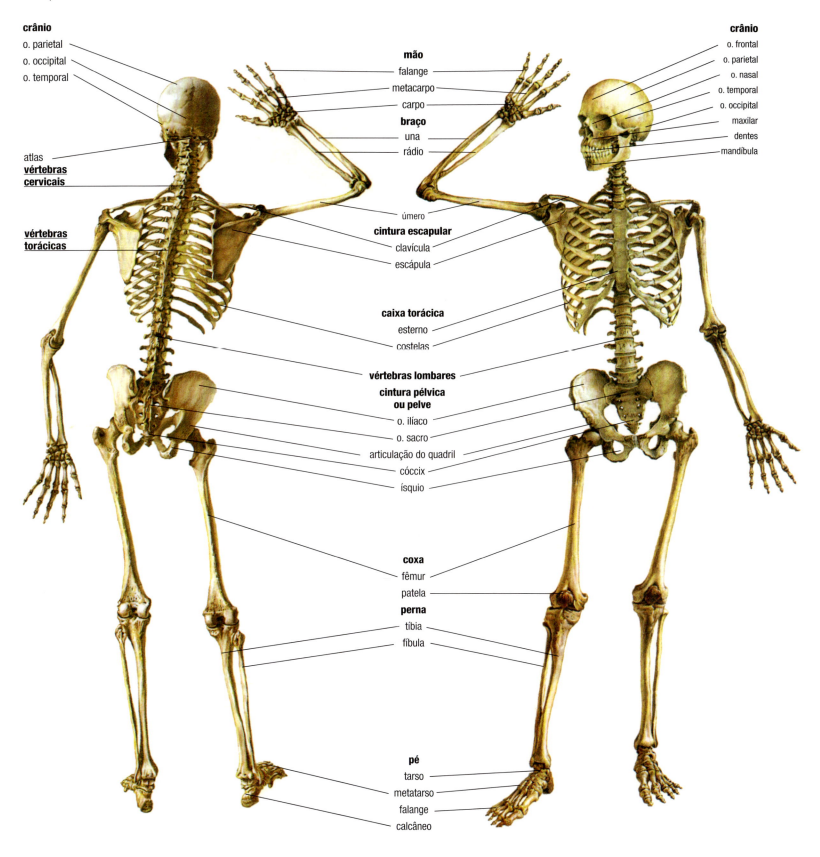

37

ESQUELETO E MÚSCULOS

OS OSSOS

Os ossos são estruturas muito resistentes e elásticas. São classificados em longos, curtos e chatos. As suas dimensões variam: do fêmur ➤50, que por vezes supera meio metro, aos diminutos ossículos da orelha média, com alguns milímetros de comprimento.

A superfície dos ossos é acidentada por protuberâncias, relevos circunscritos (tubérculos) ou espinhas pontiagudas, sulcos superficiais, fossas arredondadas e canais alongados que geralmente desempenham importantes funções articulares ou permitem a inserção de ligamentos e tendões no osso. Algumas vezes, essas asperezas são produzidas pelos próprios músculos que, com seu movimento, modelam o osso contra o qual roçam.

Cada osso está rodeado por uma membrana fibrosa chamada periósteo, rica em vasos sanguíneos e terminações nervosas, que acaba no limite das zonas articulares e no sítio onde ligamentos ou tendões estão inseridos. No interior do periósteo, uma membrana microscópica (endósteo) envolve a camada exterior de tecido ósseo compacto, muito robusto e com estrutura laminar, em cujo interior se encontra o tecido ósseo esponjoso, mais elástico e invadido pela medula óssea. A medula óssea é dividida em amarela, rica em gordura (tecido adiposo ➤32), e vermelha, constituí-

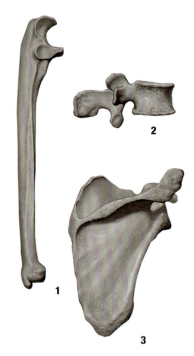

▲ **Exemplos de ossos**
Osso longo (**1.** ulna), osso curto
(**2.** vértebra) e osso chato (**3.** escápula).

▲ Tecido ósseo compacto visto ao microscópio eletrônico

▲ Tecido ósseo esponjoso visto ao microscópio eletrônico

O CRESCIMENTO DOS OSSOS E O EQUILÍBRIO SALINO DO CORPO

O crescimento dos ossos, tal como o desenvolvimento de todos os órgãos, depende principalmente de fatores genéticos. Em culturas como a pigmeia africana, por exemplo, o crescimento esquelético reduzido é devido a fatores genéticos, ou seja, não depende da atividade corporal, que é normal.

Dentro da mesma população, isto é, em igualdade de condições genéticas, o crescimento dos ossos depende de forma determinante de fatores hormonais ➤126, que regulam continuamente a produção e destruição do tecido ósseo.

Enquanto o hormônio paratireoide e a calcitonina promovem, respectivamente, a destruição e a construção do tecido ósseo por parte dos osteócitos, o hormônio hipofisário do crescimento (somatotrofina ou STH) e os hormônios sexuais estimulam, respectivamente, a produção de cartilagem e a sua ossificação.

Se uma glândula endócrina encarregada de segregar um desses hormônios não funcionar bem, e o hormônio não for produzido de maneira correta, o desenvolvimento dos ossos ocorre de forma anormal. Por exemplo, quando a hipófise não funciona com normalidade e produz STH insuficiente, o indivíduo não se desenvolve adequadamente (nanismo hipofisário). Contudo, se durante o período de crescimento lhe for administrada a quantidade adequada de somatotrofina, é bem possível normalizar o desenvolvimento esquelético. A dieta também é importante para o crescimento dos ossos. Nutrientes como o fósforo, o cálcio e as vitaminas A, C e D são essenciais para que o tecido ósseo possa crescer de forma correta.

De fato, o desenvolvimento de um osso é o resultado de um equilíbrio dinâmico entre células do tecido ósseo que promovem a formação de depósitos calcários (osteoblastos e osteócitos) e células do mesmo tecido que favorecem a sua dissolução (osteoclastos), produzindo enzimas capazes de «dissolver» os cristais salinos e de «digerir» as fibras de colágeno.

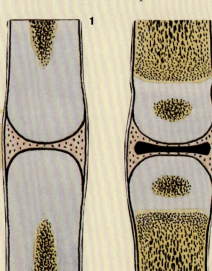
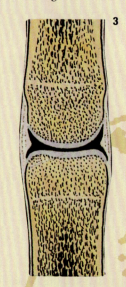

▲ **Ossificação indireta de um osso longo**

38

O ESQUELETO OU SISTEMA ESQUELÉTICO

▼ **Partes principais de um osso longo, desde as camadas mais superficiais às mais profundas.**

da por células em contínua divisão. Além de produzir osteoblastos, osteócitos e osteoclastos (células que «constroem» os ossos), as células da medula vermelha também geram a maioria dos elementos celulares do sangue e da linfa ➤ [32, 178].

O osso é atravessado pela densa rede de canais de Havers e canais de Volkman ➤ [32], que ligam entre si todas as células que formam e que lhe fornecem substâncias nutritivas.

Nos ossos longos, a parte central cilíndrica (diáfise) delimita o canal medular, rico em medula vermelha; a parte esponjosa encontra-se apenas nas extremidades grossas (epífise).

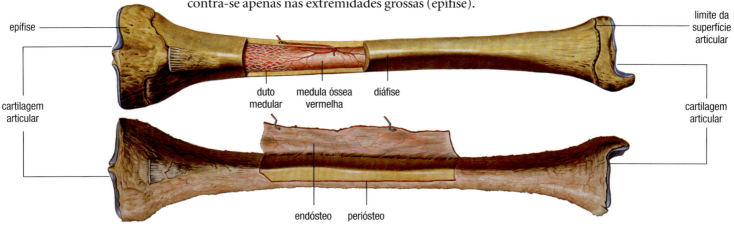

Em resumo, o tecido ósseo está em constante crescimento e destruição. O restabelecimento do equilíbrio salino do sangue requer uma troca contínua de sais minerais entre ossos e sangue, enquanto os estímulos mecânicos determinam uma contínua modificação estrutural dos ossos. Ao mesmo tempo em que os osteoblastos e os osteócitos «fixam» os sais minerais, os osteoclastos, com sua ação destruidora, liberam-nos novamente na circulação sanguínea, mantendo constante a relação cálcio-fósforo. Assim, enquanto osteoblastos e osteócitos constroem os ossos, os osteoclastos tratam da sua modelação «dirigindo» o crescimento do tecido, modificando a sua forma e a sua massa segundo as exigências estruturais.

A formação do osso a partir dos esboços cartilaginosos do feto, em contrapartida, pode ser direta, como no caso da mandíbula, ou indireta (ou de substituição), como no caso dos ossos longos. Na os-

sificação direta, o precursor da cartilagem não está incluído na formação do osso definitivo, e apenas serve de «guia». Na ossificação indireta, por outro lado, o tecido cartilaginoso transforma-se progressivamente em tecido ósseo. Isso ocorre segundo processos diversos e em fases sucessivas.

*Por volta da sétima semana de vida fetal a cartilagem central começa a sua calcificação (**1**). No mesmo período, em torno dessa região ocorre a formação de um invólucro estratificado de tecido ósseo com fibras entrelaçadas que constitui um estojo diafisário primitivo. O crescimento dos vasos sanguíneos através do invólucro e a sua ramificação na cartilagem favorecem a formação do duto medular. Os extremos ficam «obturados» pelas epífises cartilaginosas.*

*A ossificação progride (**2**) e o diâmetro exterior do invólucro aumenta. As fibras dispõem-se de forma concêntrica em relação ao eixo*

do osso, enquanto no interior, as camadas entrelaçadas são desgastadas e o duto medular aumenta de diâmetro e de comprimento. Nas extremidades, a atividade dos osteócitos e osteoclastos modela a forma do osso. Até alguns anos após o nascimento, aparecem núcleos de ossificação no interior das epífises. Produz-se, então, a formação de tecido ósseo esponjoso, que se expande na direção das paredes da epífise. En-

▶ **Estrutura dos ossos longos e ossos curtos**
A diferente distribuição do tecido esponjoso corresponde a exigências mecânicas precisas.

*tre o tecido esponjoso da epífise e o compacto da diáfise permanece, durante muito tempo, um trato de cartilagem de ligação que contribui para o crescimento longitudinal da diáfise (**3**). Quando essa camada de cartilagem desaparece, o osso deixa de crescer no sentido do comprimento.*

39

ESQUELETO E MÚSCULOS

AS ARTICULAÇÕES

A articulação ou junção é toda a estrutura anatômica em que dois ou mais ossos estão em contato. As articulações podem ser classificadas de acordo com o grau de mobilidade recíproca dos ossos envolvidos, o movimento que os ossos podem realizar ou o tipo de tecido que liga os ossos entre si.

Conforme o grau de mobilidade recíproca dos ossos envolvidos é possível distinguir entre: articulações móveis ou diartrose (joelho, ombro, dedos, etc.), articulações semimóveis ou anfiartrose (espinha dorsal, ossos do pé) e articulações imóveis ou sinartrose (crânio). Em contrapartida, distinguem-se as seguintes articulações em função do movimento que os ossos podem desenvolver: gínglimo (cotovelo), condilar (joelho), elipsoide (punho), esferoide (ombro), plana (ossos do pé), em eixo (pescoço) e em sela (tornozelo).

Os médicos preferem classificar as articulações em suturas, que unem dois ou mais ossos planos por meio de tecido conjuntivo (como no crânio); sínfises, caracterizadas por apresentarem uma cartilagem fibrosa mais ou menos compacta interposta entre os ossos (como na espinha dorsal); artrodias, caracterizadas por superfícies articulares planas (como no pé); enartroses, com superfícies articulares de forma esférica ou parcialmente esférica (como no ombro); condilartroses, em que as superfícies articulares são elipsoides (como no punho ou tornozelo); trocoides, caracterizadas por superfícies articulares cilíndricas ou parcialmente cilíndricas (como no cotovelo).

A superfície do osso que participa numa articulação, formada por partes denominadas côndilos, está revestida de cartilagem ➤32 hialina, que nas articulações móveis ou semimóveis está rodeada

▼ **Tipos de articulações diferenciadas segundo o tipo de mobilidade que estas permitem aos ossos**
1. gínglimo (cotovelo)
2. condilar (joelho)
3. plana (ossos do pé)
4. em sela (tornozelo)
5. elipsoide (punho)
6. esferoide (ombro)
7. em eixo (pescoço)

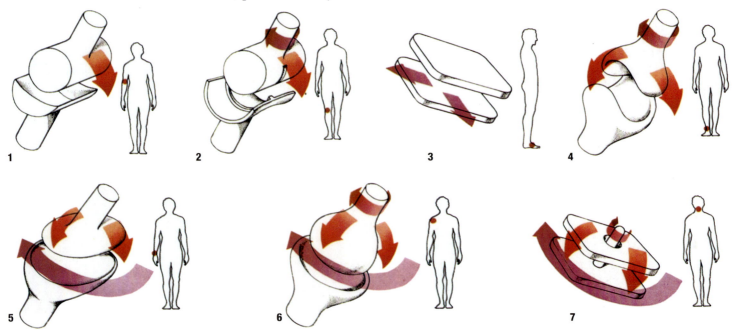

O ESQUELETO OU SISTEMA ESQUELÉTICO

pela membrana sinovial. Essa membrana contém o líquido sinovial ou sinóvia, que reduz o atrito entre as superfícies em contato e atua como lubrificante, facilitando os movimentos. Além disso, as cabeças articulares dos ossos presentes nesses tipos de articulações estão envolvidas num invólucro fibroso chamado bolsa articular, que se insere de ambos os lados nas margens das cartilagens e continua pelos dois periósteos. Constituída por feixes entrelaçados de tecido conjuntivo denso, frequentemente infiltrada de gordura, a bolsa articular apresenta em profundidade uma camada com uma morfologia bem caracterizada que recebe o nome de sinovial. É possível distinguir uma camada sinovial de tipo simples, circunscrita às regiões mais sujeitas a traumas induzidos pelo movimento, e uma camada sinovial de tipo complexo, com abundantes terminações nervosas e vasos sanguíneos.

As funções de união entre ossos desempenhadas pela bolsa articular estão em combinação com as dos ligamentos articulares: faixas de tecido conjuntivo fibroso não elástico que impedem que os ossos se separem um do outro (ou seja, que haja deslocamentos). Assim podemos distinguir entre:

Ligamentos internos. Parecem estar situados no interior da articulação, mas na realidade estão separados pela membrana sinovial.

Ligamentos periféricos. Estão inseridos num ponto articular ou parartícular.

Ligamentos à distância. Estão inseridos nos ossos mesmo a grande distância da articulação.

Enquanto os ossos das articulações móveis e semimóveis se mantêm unidos pelos ligamentos articulares, os ossos das articulações imóveis estão «encaixados» entre si de maneira muito sólida, «cimentados» por tecido conjuntivo denso.

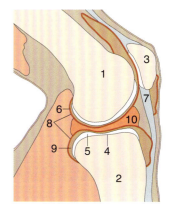

▲ **Estrutura de uma articulação móvel: o joelho**
1. fêmur
2. tíbia
3. patela
4. côndilos da cabeça e da tíbia
5. cartilagem hialina
6. bolsa articular
7. tendão do músculo da coxa que mantém a patela em posição
8. membrana sinovial
9. líquido sinovial ou sinóvia
10. menisco (cartilagem semilunar)

▼ **Exemplo de ligamento interno: articulação do fêmur com o quadril**

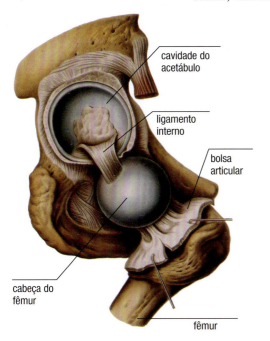

▼ **Ligamentos na articulação do cotovelo**
● ligamentos periféricos
■ ligamentos à distância

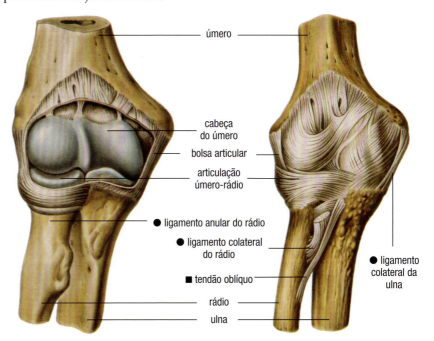

41

ESQUELETO E MÚSCULOS

O CRÂNIO

O termo «crânio» indica o conjunto de ossos que formam a cabeça. São principalmente planos, estão unidos entre si por articulações imóveis (suturas), com exceção da articulação entre a mandíbula e o osso zigomático, que permite os movimentos da mastigação, e a junção entre os dois côndilos do occipital e o atlas (a primeira vértebra cervical), que permite todos os movimentos da cabeça sobre o pescoço.

Dos 29 ossos da cabeça (22 ossos do crânio, três ossículos no interior de cada orelha e o osso hioide na base da língua), oito formam uma caixa resistente (neurocrânio ou caixa craniana) que contém e protege o cérebro inteiro ➤[82], o órgão mais importante e delicado do corpo.

Outros 14 ossos formam a face, protegendo as estruturas dos órgãos sensoriais. Uma vez que os órgãos da visão e da audição estão alojados em cavidades ósseas do crânio que deixam descoberta apenas uma pequena parte dos mesmos, o órgão do olfato está totalmente protegido pelo osso nasal, e o do paladar (a língua) está protegido pelos ossos da base do crânio e pela mandíbula. Os ossos da caixa craniana têm uma estrutura característica: uma lâmina interna de tecido ósseo compacto, a díploe ①, uma camada de tecido ósseo esponjoso repleto de cavidades, e uma lâmina externa ② de tecido ósseo compacto, normalmente mais grossa do que a interna. Essa estrutura particular permite que a caixa craniana seja notavelmente resistente aos golpes e, ao mesmo tempo, leve.

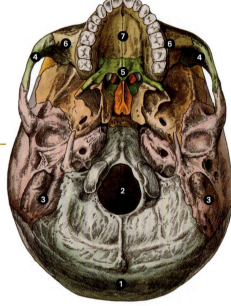

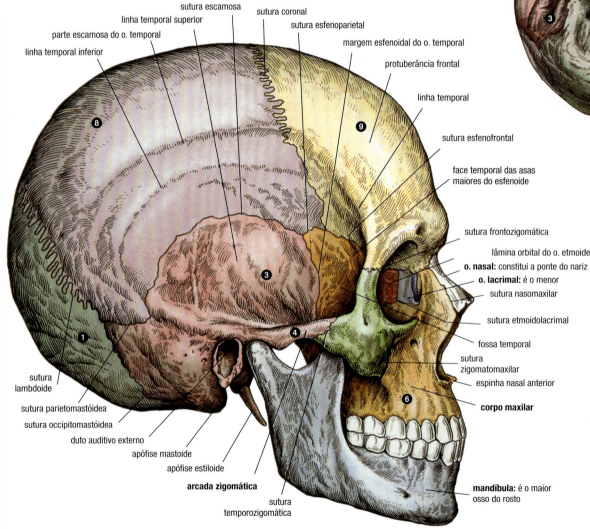

Os ossos do crânio (vistas lateral ▼ e ventral sem mandíbula ▶)

❶ **osso occipital**
é o mais extenso, fecha posteriormente a caixa craniana. Tem duas excrescências (côndilos) que se articulam com a primeira vértebra cervical (atlas).

❷ **forame occipital**
por ele passa a medula espinal.

❸ **ossos temporais**
constituem as partes inferior e lateral da caixa craniana, e fazem parte da orelha.

❹ **arcada zigomática**
paredes e base das órbitas.

❺ **osso esfenoide**
tem uma forma muito recortada; constitui a base da caixa craniana e o fundo das órbitas. Uma cavidade óssea (sela turca) aloja e protege a hipófise.

❻ **ossos maxilares**
estão fundidos, formam a mandíbula.

❼ **abóbada palatina**

❽ **ossos parietais**
estão fundidos, formam a parte central da abóbada craniana.

❾ **ossos frontais**
estão fundidos, delimitam anteriormente a caixa craniana e inferiormente as órbitas.

O CRÂNIO

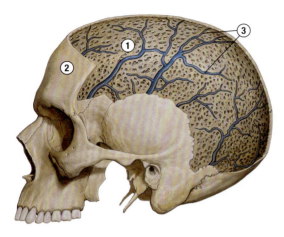

A díploe é atravessada pelos canais diploides ③, por onde passam os vasos sanguíneos que mantêm o tecido ósseo vivo. A partir do pescoço, veias e artérias chegam ao cérebro e aos órgãos da face através de uma série de orifícios ou forames, nos ossos inferiores do crânio. O percurso das artérias fica "impresso" na face interna da abóbada craniana; a nomenclatura de forames, canais e sulcos faz frequentemente referência aos vasos que aí se encontram.

Através dos forames, fissuras e canais dos ossos cranianos passam igualmente os nervos dos músculos faciais e dos órgãos sensoriais. Da mesma forma, sobre a superfície externa dos ossos faciais encontram-se com frequência sinais dos vasos sanguíneos e dos ligamentos e da atividade dos músculos.

Também fazem parte do crânio os 32 dentes definitivos, permanentemente fixos nos alvéolos dentários, cavidades ósseas situadas ao longo do bordo da mandíbula e do maxilar.

O CRÂNIO DO RECÉM-NASCIDO

Os ossos do crânio têm um certo grau de movimento recíproco durante a primeira infância, quando as suturas de tecido conjuntivo que os unem definitivamente entre si ainda não se desenvolveram totalmente. Os seis espaços membranosos (fontanelas), que no recém-nascido separam os ossos adjacentes do crânio, facilitam o parto, assim como a posterior e muito rápida expansão do cérebro.

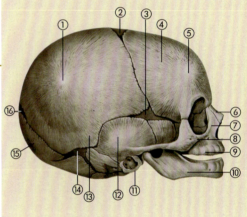

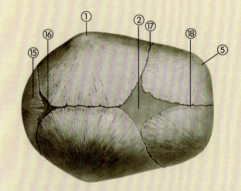

Crânio de recém-nascido, de perfil e forame auditivo externovisto de cima

① protuberância parietal
② fontanela anterior (ou bregmática)
③ fontanela esfenoidal (ou ptérica)
④ asa maior
⑤ protuberância frontal
⑥ osso nasal
⑦ osso lacrimal
⑧ osso zigomático
⑨ maxilar
⑩ mandíbula
⑪ forame auditivo externo
⑫ escama temporal
⑬ parte lateral do osso occipital
⑭ fontanela mastóidea (ou astérica)
⑮ escama occipital
⑯ fontanela posterior (ou lambdoide)
⑰ sutura coronal
⑱ sutura metópica

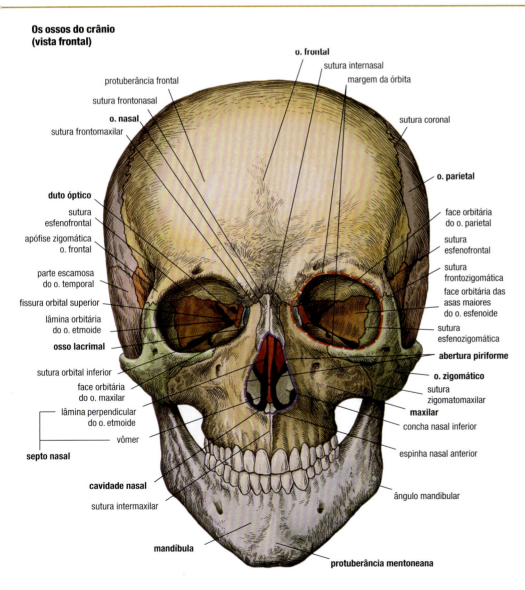

Os ossos do crânio (vista frontal)

Labels: protuberância frontal, sutura frontonasal, o. nasal, sutura frontomaxilar, duto óptico, sutura esfenofrontal, apófise zigomática o. frontal, parte escamosa do o. temporal, fissura orbital superior, lâmina orbitária do o. etmoide, osso lacrimal, sutura orbital inferior, face orbitária do o. maxilar, lâmina perpendicular do o. etmoide, vômer, septo nasal, cavidade nasal, sutura intermaxilar, mandíbula, o. frontal, sutura internasal, margem da órbita, sutura coronal, o. parietal, face orbitária do o. parietal, sutura esfenofrontal, sutura frontozigomática, face orbitária das asas maiores do o. esfenoide, sutura esfenozigomática, abertura piriforme, o. zigomático, sutura zigomatomaxilar, maxilar, concha nasal inferior, espinha nasal anterior, ângulo mandibular, protuberância mentoneana

43

ESQUELETO E MÚSCULOS

A COLUNA VERTEBRAL

Trata-se do suporte central do corpo. É constituída por 33-34 elementos ósseos sobrepostos, chamados vértebras, cujas formas variam segundo as funções que desempenham. Na coluna vertebral podem distinguir-se cinco regiões em que as vértebras têm características semelhantes:

região cervical: em todos os mamíferos, é formada por sete vértebras que permitem a rotação da cabeça;

região torácica: é formada por 12 vértebras sobre as quais se articulam as costelas que formam a caixa torácica ➤46;

região lombar: é formada por cinco vértebras de maior tamanho que as outras; de fato, sustentam a maior parte do peso do corpo e suportam os esforços devido à posição bípede;

região sacral: é formada por cinco vértebras soldadas entre si formando o osso sacro, no qual se articulam os ossos da pelve ➤50;

cóccix: é formado por quatro ou cinco vértebras fundidas também entre si e muito reduzidas; na maioria dos vertebrados suportam a cauda, estão separadas e o seu número é variável.

As vértebras possuem um orifício central (forame). Por estarem empilhados, os forames constituem um duto cilíndrico onde se aloja a medula espinal ➤106. Cada vértebra, além disso, tem algumas protuberâncias arqueadas (apófises espinais) às quais os músculos e os ligamentos do tronco aderem.

A primeira vértebra cervical (atlas) forma com o osso occipital do crânio uma articulação condiloide que permite movimentar a cabeça para frente e para trás. Por sua vez, o atlas articula-se em eixo com a

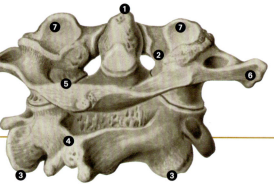

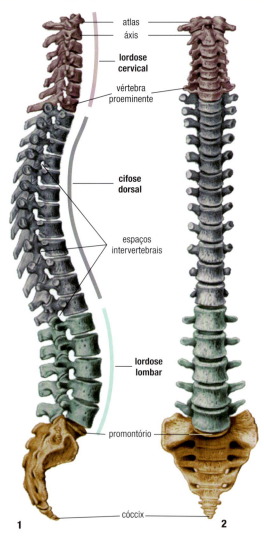

▶ **Coluna vertebral**
1. Vista lateral esquerda
2. Vista ventral

- região cervical
- região torácica
- região lombar
- região sacral

As curvaturas apresentadas pela coluna vertebral ao nível da região torácica e lombar contribuem para aumentar a estabilidade de toda a estrutura óssea e para distribuir melhor o peso do corpo na região lombar, na pelve e nas extremidades inferiores ➤71.

▶ **Conjunto de vértebras atlas-áxis**
Vista dorsolateral.
❶ dente
❷ arco anterior do atlas
❸ apófise articular inf. do áxis
❹ apófise espinal do áxis
❺ arco posterior do atlas
❻ apófise transversa
❼ faceta articular sup.

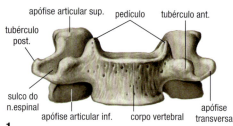

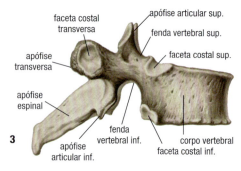

▶ **Exemplos de vértebras**
1. 6ª vértebra cervical, vista lateral
2. 6ª vértebra cervical, vista axial
3. 8ª vértebra torácica, vista lateral
4. 8ª vértebra torácica, vista axial
5. 3ª vértebra lombar, vista lateral
6. 3ª vértebra lombar, vista axial

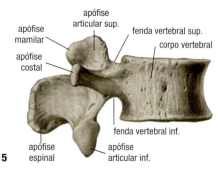

A COLUNA VERTEBRAL

segunda vértebra cervical (áxis): uma protuberância cilíndrica da face superior do áxis insere-se num anel da face inferior do atlas. Devido a um ligamento específico, essa articulação permite girar e inclinar a cabeça. Essas duas articulações garantem a ampla mobilidade da cabeça, principal receptor de estímulo do nosso corpo.
Os discos intervertebrais ou espinais, constituídos por cartilagem e que se alternam com as vértebras, fornecem flexibilidade à coluna vertebral; resistentes à compressão, mais elásticos do que os nossos ossos, absorvem os golpes. Graças a eles, a coluna vertebral pode curvar-se e girar.

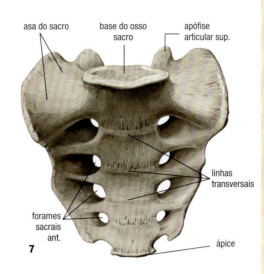

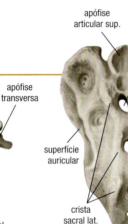

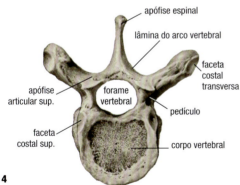

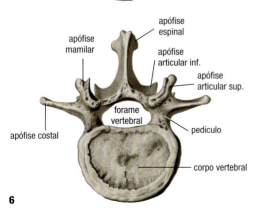

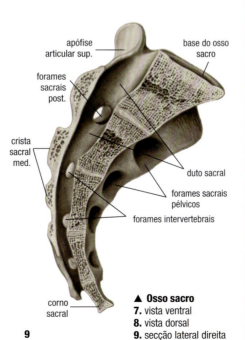

▲ **Osso sacro**
7. vista ventral
8. vista dorsal
9. secção lateral direita

✚ Problemas de crescimento

Os desvios da coluna vertebral são um problema comum, embora os casos graves, que apenas se resolvem com uma intervenção cirúrgica, sejam pouco numerosos (um em cada mil). Em média, uma em cada cinco crianças sofre de dores na coluna vertebral, e entre elas o número de meninas é maior do que o de meninos.

Durante a puberdade os esforços a que o esqueleto está submetido podem provocar o crescimento disforme dos ossos. Entre os 10 e os 14 anos, o comprimento dos ossos aumenta considerável e rapidamente; devido ao fato de ainda não terem atingido o nível de calcificação do osso maduro, estes podem deformar-se de forma permanente.

Os tipos de desvios da coluna vertebral que afetam a postura do indivíduo são três. Na cifose, provocada pela execução de trabalhos que requerem uma posição curvada para frente durante muito tempo, a curva dorsal acentua-se em relação ao normal. Às vezes é compensada por uma maior curvatura da região lombar: a lordose, que costuma piorar quando se usam sapatos de salto alto. A escoliose é um desvio patológico lateral da coluna: geralmente devido ao fato de as extremidades inferiores terem um comprimento diferente, pode ser provocada por posições adotadas quando se permanece muito tempo de pé ou sentado. A lordose e a cifose, até um certo limite de curvatura, são consideradas fisiológicas.

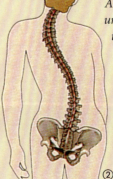

Desvios da coluna vertebral
Nas pessoas que sofrem de lordose ① a inclinação natural da pelve é menor.
② Exemplo de escoliose.

45

ESQUELETO E MÚSCULOS

A CAIXA TORÁCICA

A caixa torácica é uma armação óssea formada por 12 pares de ossos chamados costelas, que se articulam posteriormente com as vértebras torácicas. Essa estrutura, que protege o coração, os pulmões e os vasos sanguíneos principais, e que proporciona apoio aos músculos que sustentam os outros órgãos abdominais, pode dilatar-se e contrair-se sob ação de «músculos costais».

As costelas propriamente ditas são ossos planos arqueados: não são considerados ossos longos, apesar de o serem, porque não possuem um canal ou duto medular no seu interior. Todas as costelas, com exceção das que formam o primeiro par, apresentam um «sulco costal», pelo qual passam vasos sanguíneos e um feixe de nervos intercostais. O seu comprimento aumenta da primeira até a oitava costela, para diminuir gradualmente depois; além disso, da primeira à última costela, a obliquidade com que esses ossos se articulam com as vértebras cresce. Um segmento cartilaginoso (cartilagem costal) completa distalmente todas as costelas.

Os primeiros sete pares de costelas também se articulam anteriormente com o esterno, um osso plano, ímpar e mediano que fecha a caixa torácica. Formado por três segmentos (manúbrio, corpo e apêndice xifoide) geralmente fundidos entre si, o esterno tem uma face anterior convexa e rugosa, da qual partem numerosos músculos do pescoço, do tórax e do abdome. A face posterior, côncava em sentido longitudinal, é bastante lisa e dela partem músculos para cima (músculos das extremidades superiores) e para baixo (músculos abdominais).

Cada costela dos pares oitavo, nono e décimo está unida por meio da cartilagem costal à ponta da costela que a precede. Por último, as costelas dos 11° e do 12° pares são «flutuantes»: esses ossos apenas se articulam com a coluna vertebral.

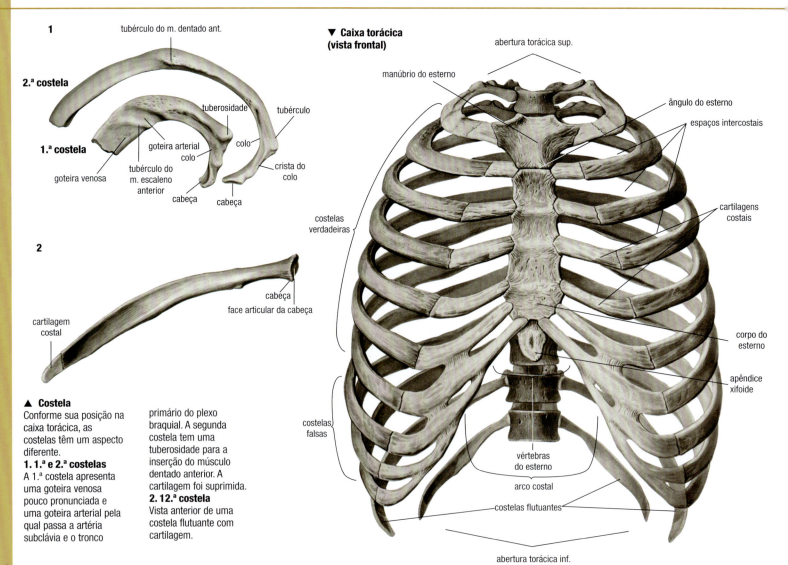

▲ **Costela**
Conforme sua posição na caixa torácica, as costelas têm um aspecto diferente.
1. 1.ª e 2.ª costelas
A 1.ª costela apresenta uma goteira venosa pouco pronunciada e uma goteira arterial pela qual passa a artéria subclávia e o tronco primário do plexo braquial. A segunda costela tem uma tuberosidade para a inserção do músculo dentado anterior. A cartilagem foi suprimida.
2. 12.ª costela
Vista anterior de uma costela flutuante com cartilagem.

46

A CAIXA TORÁCICA

▼ Arco torácico
Vista axial a partir de cima de um conjunto formado por uma vértebra torácica, duas costelas com cartilagem costal e o esterno (em secção).

▼ Caixa torácica
Vista dorsal

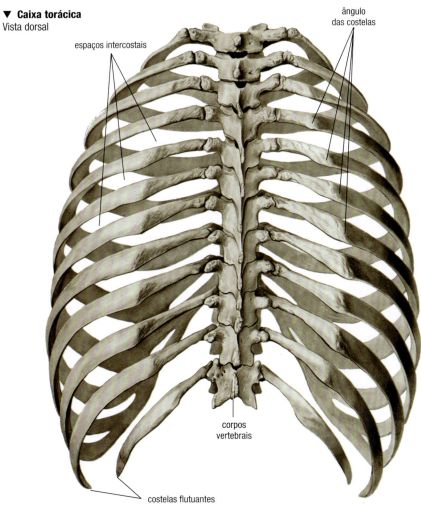

▼ Esterno
Vista frontal

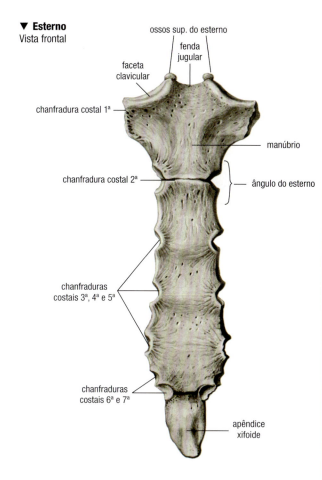

▶ Esterno
Vista lateral
É visível o ângulo do esterno, que se forma entre o manúbrio e o corpo.

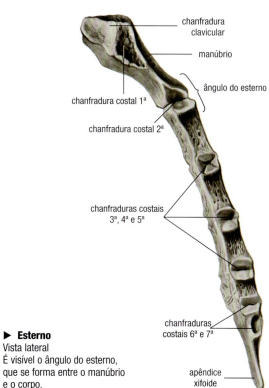

47

ESQUELETO E MÚSCULOS

CINTURA ESCAPULAR E EXTREMIDADES SUPERIORES

As extremidades superiores têm uma estrutura semelhante à das inferiores. Uma cintura, formada por uma série de ossos enlaçados entre si rodeando o corpo, que une a coluna vertebral com vários ossos longos e com ossículos especializados na sua extremidade.

Nos membros superiores, a cintura recebe o nome do osso maior: a escápula (ou omoplata), que se encontra posteriormente à caixa torácica. Em conjunto com a clavícula, que se encontra anteriormente, forma a articulação do ombro que liga o úmero ao corpo, o primeiro osso longo da extremidade superior. Os ossos da cintura escapular estão intimamente ligados ao tronco por músculos e ligamentos.

O úmero constitui a estrutura do braço e articula-se distalmente com os dois ossos longos do antebraço: o rádio e a ulna. Estes, por sua vez, articulam-se distalmente com o carpo, um grupo de ossículos que, juntamente com os do metacarpo e com as falanges, formam a mão.

O ombro, o cotovelo e o punho são articulações muito móveis, muito mais do que as correspondentes articulações do membro inferior. De fato, têm de assegurar maiores possibilidades de movimentos, de preensão firme e de manipulação precisa, e não uma considerável resistência aos esforços. No ombro, por exemplo, o úmero está alojado numa cavidade muito menos profunda do que a dos quadris ➤[52]. Isso permite ao braço realizar uma grande quantidade de movimentos, mas faz com que a articulação esteja mais exposta a luxações. O cotovelo, graças à maior mobilidade dos dois ossos do antebraço em relação aos ossos correspondentes da perna, permite realizar, além de movimentos «em dobradiça», outros movimentos mais amplos de torção.

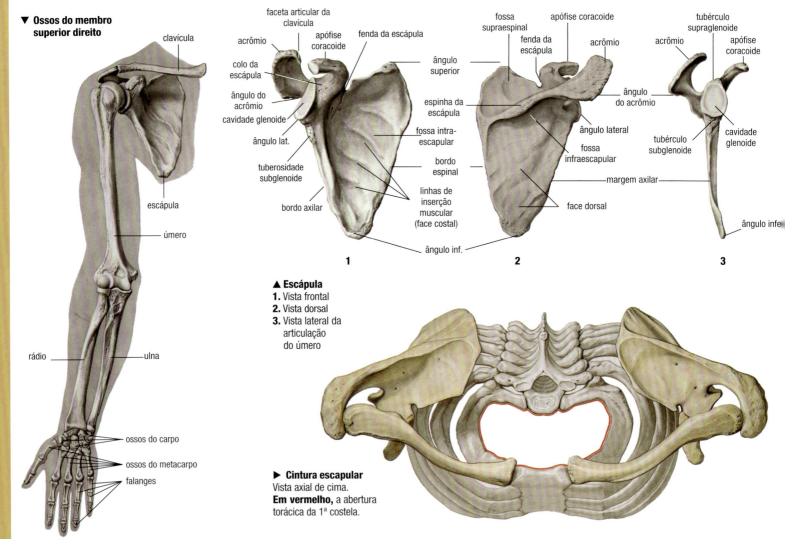

▼ Ossos do membro superior direito

▲ Escápula
1. Vista frontal
2. Vista dorsal
3. Vista lateral da articulação do úmero

▶ Cintura escapular
Vista axial de cima.
Em vermelho, a abertura torácica da 1ª costela.

CINTURA ESCAPULAR E EXTREMIDADES SUPERIORES

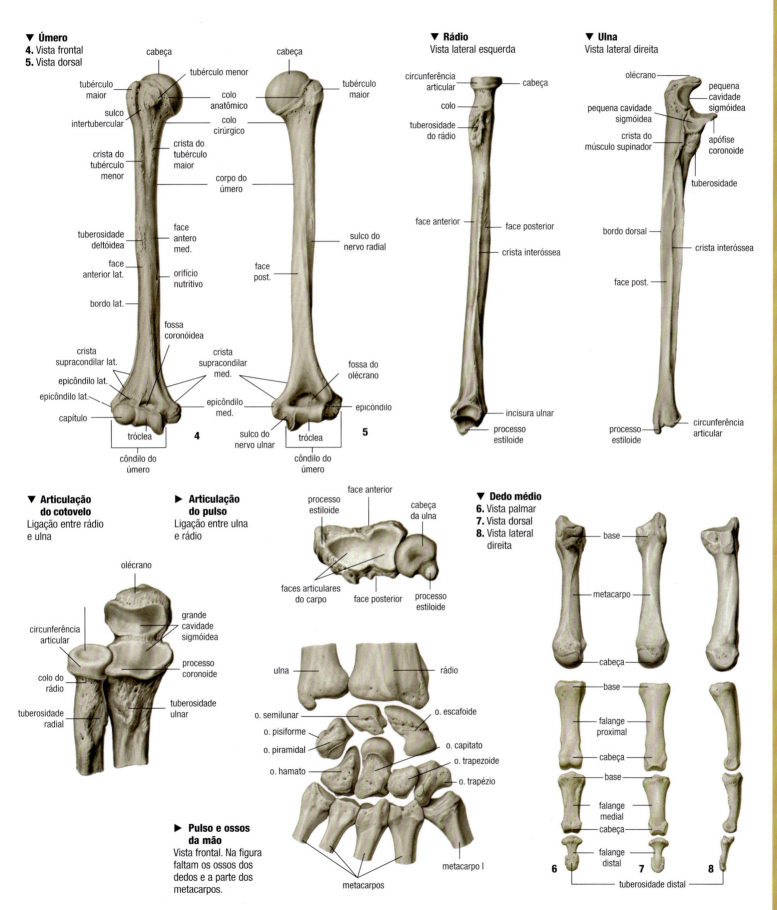

▼ **Úmero**
4. Vista frontal
5. Vista dorsal

▼ **Rádio**
Vista lateral esquerda

▼ **Ulna**
Vista lateral direita

▼ **Articulação do cotovelo**
Ligação entre rádio e ulna

▶ **Articulação do pulso**
Ligação entre ulna e rádio

▼ **Dedo médio**
6. Vista palmar
7. Vista dorsal
8. Vista lateral direita

▶ **Pulso e ossos da mão**
Vista frontal. Na figura faltam os ossos dos dedos e a parte dos metacarpos.

49

ESQUELETO E MÚSCULOS

PELVE E EXTREMIDADES INFERIORES

Tal como as extremidades superiores, as inferiores estão ligadas à coluna vertebral por uma cintura que recebe o nome de cintura pélvica ou pelve. Ao contrário da cintura escapular, a pelve é formada pelos três ossos do quadril, que se articulam posteriormente com o osso sacro e com o cóccix, e que anteriormente se articulam entre si. Graças a essa estrutura, e ao contrário da cintura escapular, a pelve transforma-se num conjunto ósseo relativamente rígido, maciço, bem inserido na coluna vertebral, com uma forma côncava característica que permite segurar os órgãos abdominais inferiores e proporcionar uma articulação sólida para as extremidades inferiores.

De fato, graças às fortes articulações do quadril, esta une a parte superior das

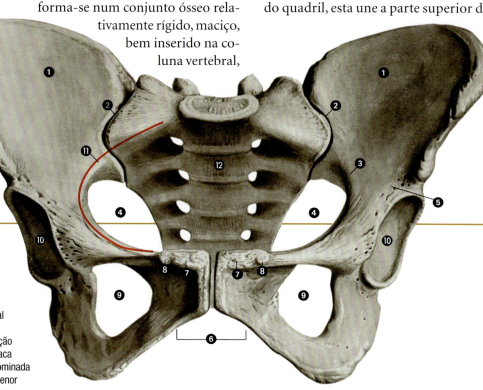

▼ **Ossos do membro inferior direito**
Vista frontal
- quadril
- osso sacro
- fêmur
- patela
- tíbia
- fíbula
- ossos do tarso
- ossos do metatarso
- falanges

▶ **Pelve**
Vista frontal
1. ílio
2. articulação sacroilíaca
3. linha inominada
4. pelve menor
5. osso ilíaco
6. arco (ângulo) púbico
7. espinha do púbis
8. tubérculo púbico
9. forame isquiático menor (forame obturado)
10. acetábulo
11. estreito superior da pelve
12. osso sacro

▶ **Pelve feminina vista de cima**
São visíveis as dimensões de interesse anatômico, antropológico e prático (em obstetrícia). Distinguem-se:
1. um diâmetro anteroposterior ou coordenada anatômica (11 - 9,5 cm);
2. um diâmetro transversal máximo;
3. um diâmetro oblíquo esquerdo e um diâmetro oblíquo direito
(**4**) (cerca de 12 cm);
5. uma coordenada obstétrica ou verdadeira.

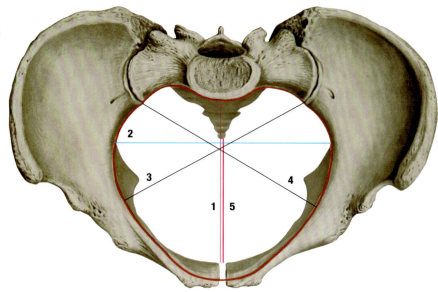

PELVE E EXTREMIDADES INFERIORES

▼ **Pelve**
Vista dorsal apresentada pelos ligamentos articulares.

- espinha ilíaca post. sup.
- vértebras lombares
- osso sacro
- lig. sacropúbico
- lig. sacroespinhal
- osso do quadril
- lábio do acetábulo
- zona orbicular
- lig. iliofemoral
- cápsula articular
- membrana obturatória
- cóccix
- lig. sacropúbico
- lig. sacrococcígeo dorsal sup.
- lig. sacrococcígeo dorsal inf.
- fêmur
- ligamento sacrotuberal
- chanfradura falciforme

▶ **Ângulos pélvicos**
Nesta secção lateral direita de uma pelve, além dos principais ligamentos, estão indicados os ângulos que formam os eixos pélvicos principais.

- forame intervertebral
- lig. vertebral comum post.
- lig. amarelo
- lig. interespinal
- promontório
- lig. supraespinal
- osso da pelve
- eixo pélvico
- duto sacral
- coordenada anatômica
- coordenada verdadeira
- forame isquiático maior
- coordenada diagonal
- grande lig. sacrociático
- membrana obturatória
- forame isquiático menor
- disco cartilaginoso interpúbico
- lig. sacropúbico
- cóccix
- diâmetro reto
- inclinação pélvica 60°
- lig. arqueado da púbis
- chanfradura falciforme

HOMENS E MULHERES

A pelve é a porção anatômica que apresenta maiores diferenças sexuais. Nas mulheres desenvolve-se no sentido da largura, com as asas ilíacas mais abertas e inclinadas para fora, os acetábulos e as tuberosidades isquiáticas mais distanciados e as paredes da pelve menor mais verticais. Nos homens desenvolve-se em altura, com os diâmetros da pelve maior e da pelve menor e o ângulo púbico mais estreitos. Além disso, o duto superior (a cores) é oval na mulher e tem forma de coração no homem. Essas diferenças, que se manifestam na puberdade, estão intimamente relacionadas com a reprodução: a pelve feminina, além de suportar o peso do feto durante a gravidez, deve contê-lo e permitir a sua expulsão no momento do parto.

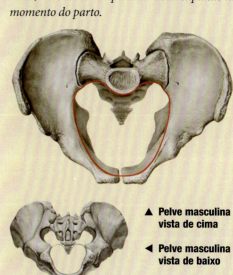

▲ **Pelve masculina vista de cima**

◀ **Pelve masculina vista de baixo**

▲ **Pelve feminina vista de cima**

◀ **Pelve feminina vista de baixo**

51

ESQUELETO E MÚSCULOS

pernas ao corpo, permitindo deste modo a posição bípede sobre as extremidades inferiores ➤70.

O quadril é constituído por três ossos achatados (ílio, ísquio e púbis) que, durante o desenvolvimento corporal, se fundem entre si. Cada osso do quadril articula-se com o fêmur, o osso da coxa.

Por sua vez, o fêmur articula-se distalmente com os ossos que constituem o esqueleto da perna: dois longos, a tíbia e a fíbula, e um curto e achatado, a patela, na articulação do joelho ➤50. Trata-se de uma das articulações mais complexas do nosso corpo; apesar das superfícies articulares dos ossos facilitarem uma grande liberdade de movimentos, as notáveis ligações requeridas pelos ligamentos reduzem-nos à flexão e à extensão.

A tíbia, tal como o fêmur, é um osso longo, volumoso e levemente arqueado. Constitui a parte distal maior da articulação do joelho, dado que a fíbula, embora similarmente longa, é mais delgada.

A patela proporciona um ponto de inserção válido para o músculo quadríceps do fêmur.

Distalmente, os ossos longos articulam-se com os ossos curtos do pé. Os do tarso estão organizados em duas fileiras: uma posterior (que compreende o tálus e o calcâneo) e uma anterior, com o escafoide, cuboide e três ossos cuneiformes, seguidos dos do metatarso (cinco pequenos ossos longos) e das falanges, idênticas quanto a número e forma aos ossos correspondentes da mão. As falanges diminuem de tamanho a partir do primeiro dedo; e cada dedo, com

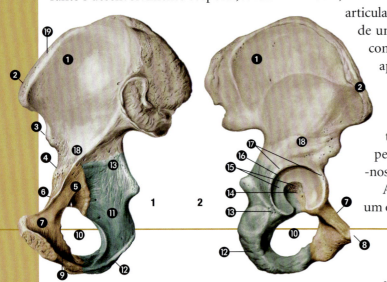

▲ Ossos da pelve direita
1. Vista lateral esquerda
2. Vista lateral direita
 ílio
 ísquio
 púbis

❶ asa ilíaca
❷ espinha ilíaca anterosup.
❸ espinha ilíaca anteroinf.
❹ eminência iliopectínea
❺ corpo do púbis
❻ superfície pectínea
❼ ramo sup. do púbis
❽ espinha do púbis
❾ ramo inf. do púbis
❿ forame obturado
⓫ ramo do ísquio
⓬ tuberosidade isquiática
⓭ corpo do ísquio
⓮ face semilunar do acetábulo
⓯ acetábulo ou cavidade cotiloide
⓰ faceta semilunar
⓱ chanfraduras sup. do acetábulo
⓲ corpo do ílio
⓳ crista ilíaca

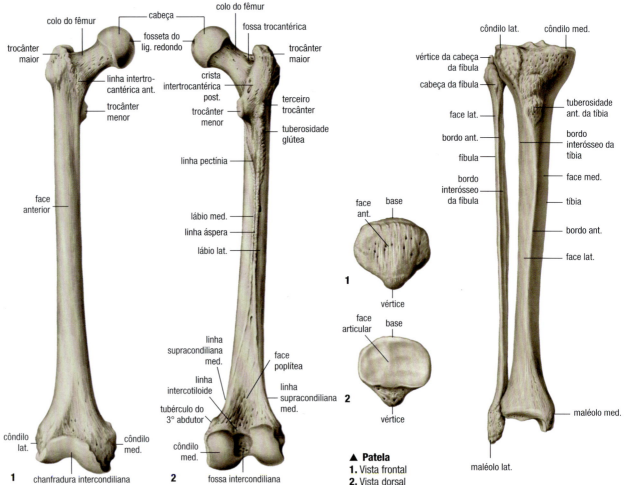

▶ Fêmur direito
1. Vista frontal
2. Vista dorsal

▲ Patela
1. Vista frontal
2. Vista dorsal

▼ Fíbula e tíbia direitas
Vista frontal

52

PELVE E EXTREMIDADES INFERIORES

exceção do polegar, é formado por três falanges (que se denominam, a partir do metatarso, primeira, segunda e terceira).

Os ossos do pé estão unidos entre si aos ossos da perna por cápsulas articulares fibrosas reforçadas por ligamentos que garantem a força e a resistência, assim como a mobilidade necessária para caminhar.

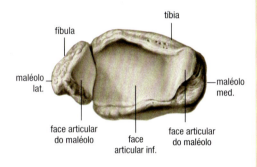

▲ **Articulação do tornozelo direito**
Vista dorsal dos ligamentos articulares.

▼ **Ossos do pé direito**
Vista dorsal

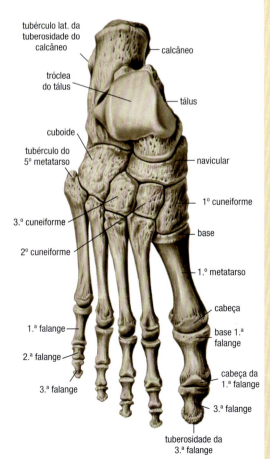

✚ OSTEOPOROSE

Com este nome é conhecida a osteoporose involutiva primária que, ao contrário da osteoporose secundária, não se encontra relacionada com outras doenças. A osteoporose é uma síndrome degenerativa dos ossos: o tecido ósseo descalcifica-se e atrofia-se, tornando-se cada vez mais frágil.

*Perto dos 40 anos começa, em ambos os sexos, uma progressiva redução da massa óssea. Enquanto o homem perde cerca de 0,3-0,5% por ano (**osteoporose senil ou tipo II**), a mulher, durante a menopausa, pode chegar a perder até 3-5% da massa óssea anualmente (**osteoporose pós-menopáusica ou tipo I**). Depois dos 65-70 anos, essas porcentagens voltam a diminuir até estabilizarem aos mesmos níveis que no homem. Essa diferença deve-se às profundas alterações hormonais que se produzem no corpo da mulher durante a menopausa e, em particular, à diminuição de estrogênios, que também controlam o equilíbrio da transformação esquelética*➤[38].

A osteoporose afeta todo o esqueleto, mas as áreas que sofrem as maiores alterações são as que mais suportam o peso do corpo: a coluna vertebral e o sistema pelve-perna (o fêmur em particular). Produzem-se fraturas espontâneas e depressão dos corpos vertebrais e do joelho, com dores intensas. O diagnóstico é realizado por meio de instrumentos computadorizados que, usando os raios X, apresentam as áreas descalcificadas do organismo.

No homem e na mulher, a osteoporose pode ser evitada ou favorecida por circunstâncias independentes da idade. Uma dieta pobre em sais minerais (sobretudo em cálcio), o tabaco, o excesso de bebidas alcoólicas, o peso excessivo e a escassa atividade física contribuem para piorar drasticamente o quadro geral.

Os fármacos podem reduzir a reabsorção óssea e estimular a reconstituição dos ossos, mas o melhor tratamento é a prevenção, sendo fundamental uma vida saudável, uma dieta rica e variada e um constante e moderado exercício físico ao ar livre. Também são úteis para prevenir a osteoporose as ingestões de complexos de vitaminas e sais minerais e os tratamentos hormonais durante a menopausa.

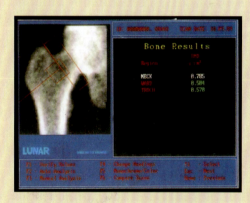

▲ **Fêmur com osteoporose**
A absorbância radiológica de dupla energia (DEXA, *dual energy x-ray absorptiometry*) revela as áreas descalcificadas e quantifica a perda de massa óssea.

◀ **Perda de massa óssea**
Média masculina (**azul**), média feminina (**rosa**) e média de um grupo de mulheres que ingeriu, diariamente, uma dose adicional de sais minerais (**vermelho**). Este grupo fez exercícios físicos para estimular o esqueleto e banhos de sol para promover a produção de vitamina D.

53

ESQUELETO E MÚSCULOS

O TECIDO MUSCULAR, SENSÍVEL AOS ESTÍMULOS NERVOSOS, CONSTITUI 35-40% DO PESO CORPORAL. ORGANIZADO EM MÚSCULOS, É RESPONSÁVEL POR TODOS OS MOVIMENTOS E PELA TONIFICAÇÃO DO NOSSO CORPO.

OS MÚSCULOS
OU O SISTEMA MUSCULAR

Os músculos, órgãos formados principalmente por tecido muscular, são capazes de mover os ossos ligados por articulações móveis ou semimóveis, a pele e os órgãos internos (como o estômago e o intestino); de fato, os movimentos de contração e de distensão dos músculos transmitem-se a outras partes do corpo.

De acordo com o tecido muscular que os caracteriza, os músculos são classificados em três grandes tipos:

- *músculos esqueléticos:* formados por tecido muscular estriado ➤[24], inserem-se nos ossos. É possível distinguir dois tipos de musculatura esquelética;

musculatura voluntária, são os músculos submetidos ao controle consciente do sistema nervoso central, que são capazes de se contrair repentinamente, desenvolvendo uma notável energia durante períodos curtos de tempo;

musculatura involuntária, são os músculos controlados pelo sistema nervoso periférico (por exemplo, os que regulam a postura), que são capazes de desenvolver uma energia mediana em períodos de tempo mais longos;

- **músculo cardíaco:** formado por tecido muscular cardíaco disposto em camadas e em espiral; cada célula tem a capacidade de se contrair ritmicamente. O tecido contrai-se de forma coordenada graças a um elemento anatômico do qual partem ondas de contração que se propagam pelo coração regulando a sua pulsação. O músculo cardíaco pode efetuar contrações fortes e continuadas sem nunca se cansar;

- *músculos lisos:* formados por tecido muscular liso, controlam os movimentos involuntários dos órgãos internos (vasos sanguíneos, brônquios, tubo digestório, etc.); estão sob o controle do sistema nervoso autônomo e reagem aos impulsos com contrações lentas e regulares, que podem prolongar-se durante muito tempo.

OS MÚSCULOS ESQUELÉTICOS

A musculatura esquelética (quase toda voluntária) é composta por mais de 650 músculos estratificados em vários níveis em torno dos ossos. As suas dimensões variam: do glúteo, com muitas camadas de milhares de fibras, ao estapédio, escassas fibras na orelha média.

Quando um músculo liga dois ossos diz-se que tem origem num osso e que se insere no outro. A *origem* reconhece-se porque as fibras musculares partem diretamente do periósteo. A *inserção* caracteriza-se pela forma do músculo, que costuma ir-se estreitando até terminar no *tendão*, a extremidade de tecido conjuntivo duro e não elástico. O tendão pode apresentar uma forma alongada e estar ligado a um ponto preciso do osso, ou ter uma forma achatada (*aponeurose*). Um músculo pode ter origem em vários ossos: é o caso do bíceps, com dois, ou do quadríceps, com quatro.

◀ **Tipos de tecido muscular**
- músculos lisos
- músculos esqueléticos
- músculo cardíaco

54

OS MÚSCULOS OU O SISTEMA MUSCULAR

▼ **Músculos esqueléticos superficiais no homem adulto**
Vistas posterior e frontal

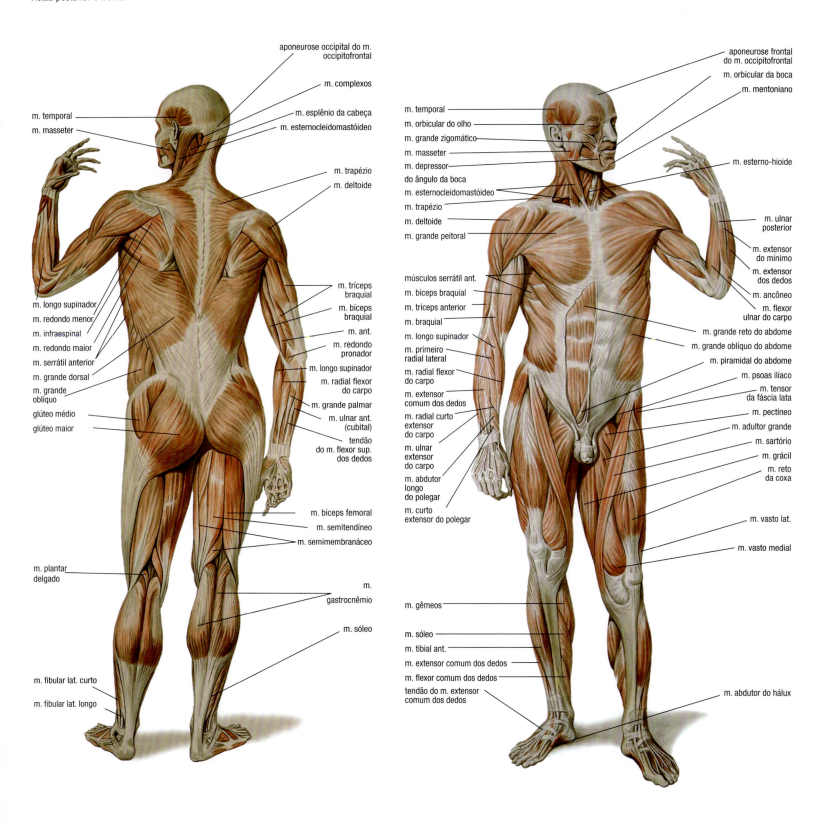

55

ESQUELETO E MÚSCULOS

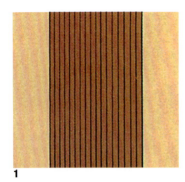

1

2

3

4

Um músculo pode igualmente estar inserido na bainha fibrosa de outro músculo, contribuindo para intensificar a sua ação, ou estar ligado ao tecido subcutâneo, ajudando a mover voluntariamente a pele (músculos mímicos do rosto). A disposição das fibras nos músculos também determina a eficiência desses órgãos: vejamos quais são as principais estruturas musculares.

Nos músculos *longos* (**1**), as fibras são paralelas e todas as suas contrações sincronizadas têm o mesmo sentido: isso produz uma contração máxima, precisa e potente, mas não necessariamente a força máxima.

Nos músculos *multipinados* (**2**), as fibras são curtas e estão agrupadas em numerosos tratos inclinados em relação à linha de tração: isso permite uma considerável potência, embora o encurtamento global do músculo seja relativamente limitado.

Nos músculos (**3**) que determinam um movimento de torção em relação a uma articulação, os tratos de fibras apresentam um desenvolvimento em espiral.

Nos músculos *em leque* (**4**), que desenvolvem uma tração numa área circunscrita, os tratos de fibras são triangulares e estão dispostos obliquamente em relação ao eixo de tração.

Uma característica específica dos músculos esqueléticos é o "trabalho aos pares". Cada músculo, se não trabalhasse constantemente contra uma ação equivalente à sua, não conseguiria mover um osso, já que seria capaz de "puxar" o osso ao contrair-se, mas não conseguiria "empurrá-lo" ao relaxar. Para dobrar e esticar uma perna, pelo menos dois músculos têm de desenvolver uma ação contrária: um, ao contrair-se, dobra a perna, e o outro, ao distender-se, estica-a. Devido a essa ação, os músculos do esqueleto que trabalham aos pares são denominados *antagonistas*: quando um deles se contrai, o outro relaxa e vice-versa. Desse modo, cada movimento é o resultado de uma interação muscular recíproca e equilibrada controlada pelo cérebro. No entanto, esse movimento não é necessa-

Metabolismo do movimento muscular

Para se contraírem, as fibras musculares necessitam de energia química. Esta é produzida pelas mitocôndrias através da respiração, um processo que pode ocorrer com oxigênio ou sem ele (respiração anaeróbia). O uso da energia química por parte dos músculos não é muito eficiente: apenas 20% é transformado em movimento (trabalho muscular); o resto dispersa-se sob a forma de calor. Quando um músculo se contrai produz calor e substâncias residuais que derivam da respiração celular: anidrido carbônico, água e, se a respiração for anaeróbia, ácido lático. Quando o músculo rea-

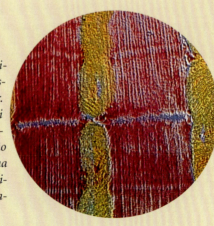

liza um esforço prolongado, e não está adequadamente irrigado de sangue, a contínua respiração anaeróbia determina o acúmulo de ácido lático. Isto, juntamente com a carência de água e sais minerais que se produz no músculo, desencadeia a câimbra. A aceleração do ritmo respiratório e cardíaco faz aumentar a afluência de sangue oxigenado aos músculos, que compensa rapidamente esse déficit.

◀ **Mitocôndrias (em amarelo) numa fibra muscular**

OS MÚSCULOS OU O SISTEMA MUSCULAR

riamente consciente. Por exemplo, quando viajamos de automóvel, a nossa consciência intervém quando desejamos aproximar-nos da porta, mas os milhares de ações musculares necessárias para nos mantermos em equilíbrio são reguladas de modo totalmente independente do tronco cerebral ►90, o centro encefálico que elabora um complexo fluxo de informações sensoriais, enviando para os músculos os sinais precisos para manter o controle da posição bípede.

OS MÚSCULOS INVOLUNTÁRIOS

Os músculos involuntários são muito numerosos: desde aqueles que aumentam e diminuem a íris ►96 aos que eriçam o pelo da pele exposta ao frio, aos que esvaziam a bexiga de urina e aos que permitem engolir mesmo estando de cabeça para baixo.

O seu funcionamento é governado por impulsos nervosos provenientes do sistema nervoso periférico: o simpático ►111, que se ativa em situações que requerem ação rápida (por exemplo, a aceleração do ritmo cardíaco em caso de perigo); o parassimpático ►110, que se ativa quando o corpo está em repouso. Por esse motivo a musculatura involuntária também é sensível a certos hormônios; por exemplo, a adrenalina produzida pelas glândulas suprarrenais ►138 é também um medidor químico do simpático e influencia diretamente a atividade muscular. Os controles endócrinos dos músculos involuntários são análogos aos do sistema nervoso secundário.

Embora não tenhamos de pensar em respirar, em engolir, em ajustar a lente para focar um objeto ou em fazer bater o coração, por vezes necessitamos auxiliar voluntariamente os músculos involuntários, e o sistema nervoso central atua coordenando as mensagens involuntárias. Tal acontece, por exemplo, quando a bexiga está cheia de urina, e conseguimos resistir à ação involuntária que determina seu esvaziamento.

▼ **Músculos involuntários**
Os impulsos nervosos que provocam o seu movimento procedem do tronco cerebral e da medula óssea.

RUPTURAS MUSCULARES E SEROSITES

São os problemas musculares mais conhecidos e frequentes. A expressão ruptura muscular *designa a distensão de um ou de vários músculos produzida por um esforço excessivo ou por um movimento muito brusco. Os músculos têm um limite de ruptura além do qual as fibras se rompem, e essa ruptura pode ser mais ou menos extensa segundo o esforço que a provocou. A dor muscular persistente é um claro sintoma: apenas o repouso pode permitir ao músculo danificado restabelecer-se.*

A serosite é a inflamação de uma bolsa serosa, ou seja, de uma das pequenas bolsas interpostas entre músculos e articulações e entre tendões e ossos, que permitem a máxima mobilidade desses elementos, reduzindo a fricção. As bolsas, revestidas de células que em circunstâncias normais secretam uma pequena quantidade de líquido, podem inflamar-se devido a um processo reumático não articular causado por uma lesão de tipo traumática, uma luxação ou uma infecção bacteriana.

Enquanto no seu interior se acumula mais quantidade de líquido do que o normal, produzem-se dores fortes, que se agravam durante a noite e ao tentar fazer um movimento.

Com o crescimento da tumefação aumentam a dor, ao pressionar a zona afetada, e a temperatura da mesma. Existem vários tratamentos: das compressas frias à intervenção cirúrgica. Normalmente, a aspiração do líquido e a injeção na bolsa de um líquido anti-inflamatório e, a seguir, de cortisona, melhoram consideravelmente a sintomatologia.

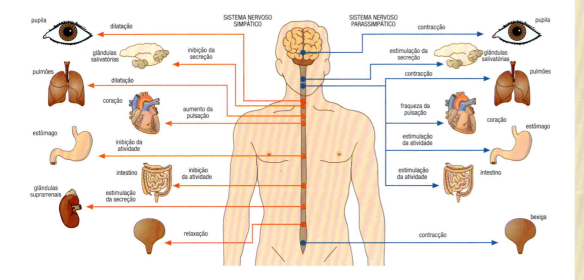

57

ESQUELETO E MÚSCULOS

MÚSCULOS DA CABEÇA E DO PESCOÇO

Com exceção dos pequenos músculos do pavilhão auricular, da orelha média, do bulbo do olho, da língua, do palato mole e da faringe, os músculos cranianos e do pescoço dividem-se em dois grupos, segundo se localizem na cabeça ou liguem a cabeça ao corpo.

MÚSCULOS EXTRÍNSECOS

Têm origem em diferentes pontos do esqueleto axial (ombros, pescoço, tórax, etc.) e inserem-se nos ossos do crânio; são músculos esqueléticos que determinam a mobilidade da cabeça sobre o tronco. Estão divididos em zonas que, geralmente, recebem o nome dos ossos com os quais estabelecem contato ou o músculo principal.

MÚSCULOS INTRÍNSECOS

Têm origem e inserção no interior da cabeça. São músculos esqueléticos necessários para a mastigação e músculos cutâneos (ou da pele) com funções mímicas e de revestimento. Nos animais, os músculos cutâneos voluntários estão presentes em quase todo o corpo: o cavalo, por exemplo, espanta as moscas movendo a pele, e o gato move a pele quando é picado por uma pulga. No homem, o tecido muscular cutâneo perdeu essa capacidade de movimento voluntário, com exceção do rosto: os músculos cutâneos faciais são os únicos que, pelo fato de derivarem do tecido ósseo, estão diretamente inseridos na fáscia cutânea profunda. Eles permitem enrugar ou esticar a pele do rosto de inúmeras formas, garantindo a sua tensão e dando expressão às feições. Por esse motivo são também denominados músculos mímicos, ou seja, «são capazes de expressar através de uma linguagem não verbal». A comunicação por meio de gestos e de expressões remonta a épocas anteriores ao desenvolvimento da linguagem verbal: todos os animais (em particular, os macacos antropomorfos) expressam-se, também, através de atitudes ri-

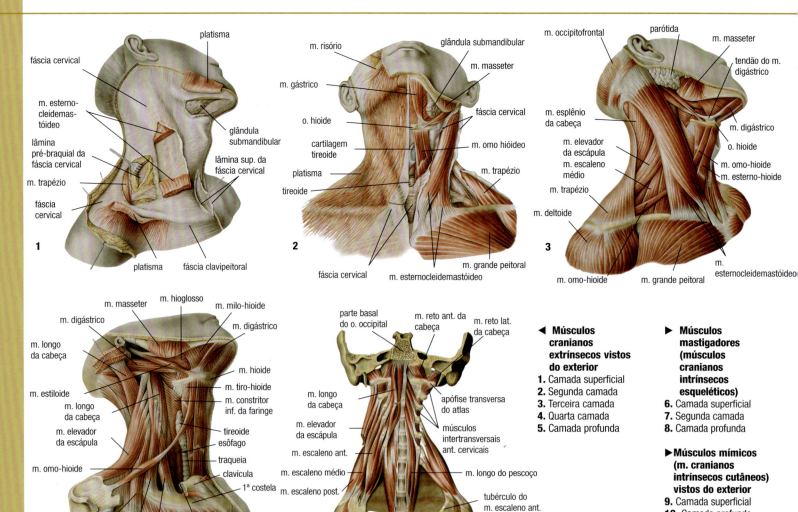

◀ Músculos cranianos extrínsecos vistos do exterior
1. Camada superficial
2. Segunda camada
3. Terceira camada
4. Quarta camada
5. Camada profunda

▶ Músculos mastigadores (músculos cranianos intrínsecos esqueléticos)
6. Camada superficial
7. Segunda camada
8. Camada profunda

▶ Músculos mímicos (m. cranianos intrínsecos cutâneos) vistos do exterior
9. Camada superficial
10. Camada profunda

tuais e de expressões do focinho. Ao mudar a expressão do rosto, o homem consegue transmitir as suas mais íntimas emoções. A mobilidade do rosto é uma linguagem internacional, válida desde os tempos mais remotos: o ato de curvar os lábios ou as sobrancelhas para cima tem uma conotação positiva, e para baixo, negativa.

Nem todos os músculos mímicos são iguais: por exemplo, enquanto muitas pessoas podem mover o nariz, apenas algumas conseguem mover o couro cabeludo ou dobrar os lados da língua para baixo. Essas capacidades são determinadas geneticamente.

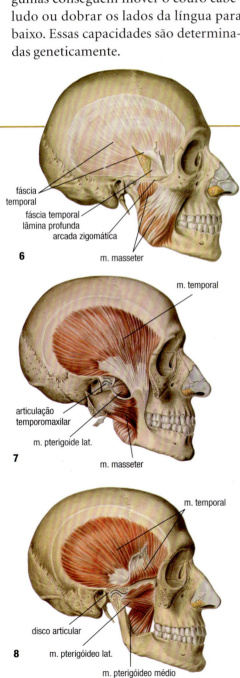

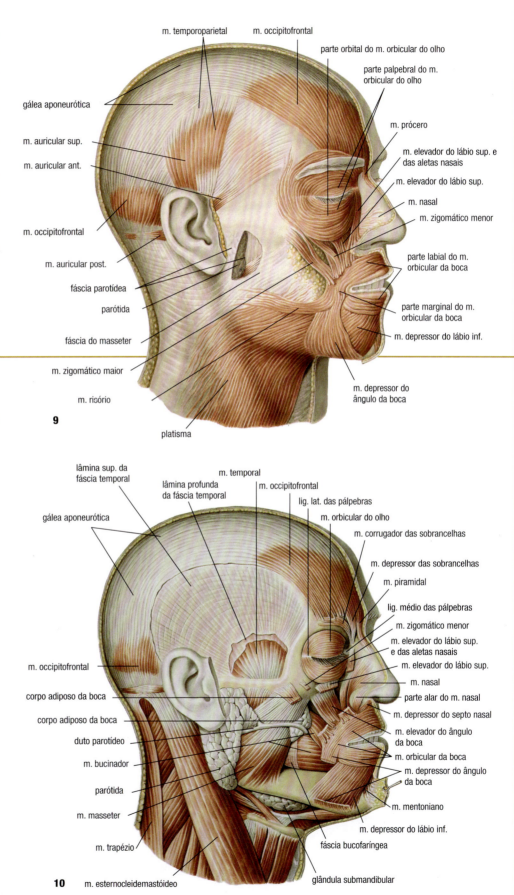

MÚSCULOS DORSAIS

A coluna vertebral, uma estrutura muito articulada, é enormemente resistente e flexível graças a uma rede de ligamentos que mantêm as vértebras solidamente unidas entre si e a numerosas camadas de músculos esqueléticos.

Na sua maioria, os músculos que sustentam e movem a coluna vertebral estão situados dorsalmente em relação às vértebras, mesmo ao lado do esqueleto. Recebem o nome de *músculos espinodorsais*, que representam a camada muscular mais profunda, e *espinocostais*, estratificados a um nível apenas mais superficial. Os músculos espinodorsais, em particular, são principalmente formados por pequenos tratos de fibras, paralelos à coluna vertebral.

Os mais profundos, mais curtos, ligam entre si as vértebras contíguas; os intermediários, mais longos, ligam ossos que possuem uma distância de 2-3 vértebras entre si, enquanto os tratos superficiais, ainda mais longos, ligam vértebras muito distantes entre si.

Estes vários grupos musculares cooperam na sua ação de suporte de atividade de outros músculos esqueléticos dispostos em camadas ainda mais superficiais e implicados mais diretamente no movimento:

- os *espinoapendiculares*, músculos que desenvolvem principalmente funções estruturais de ligação das extremidades ao tronco;
- os *suboccipitais*, que se inserem no osso occipital e nos ossos temporais do crânio, contribuindo para a mobilidade da cabeça;
- os *músculos retos anteriores e os pré-vertebrais do pescoço*, situados ventralmente em relação à coluna vertebral e que estão envolvidos nos movimentos da cabeça e dos braços.

Finalmente, temos os músculos sacrococcígeos, bastante rudimentares: constituem o único grupo de músculos da coluna vertebral que se encontra em posição ventral.

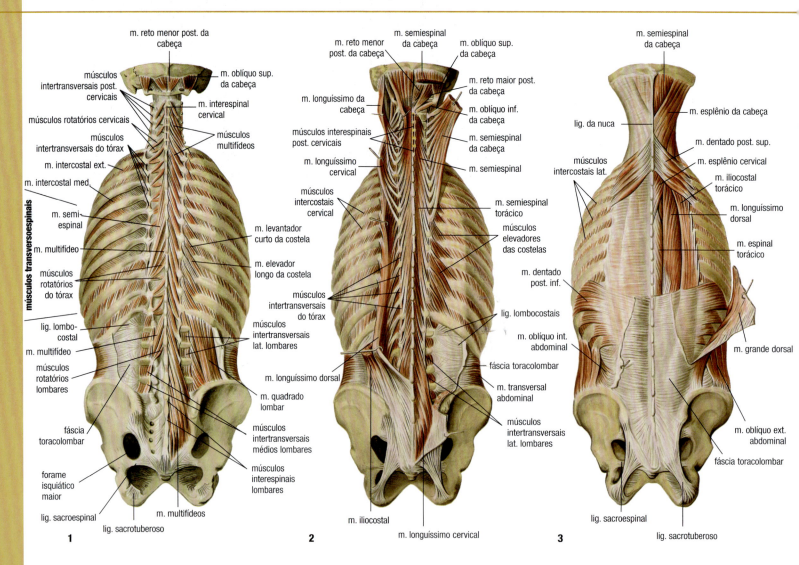

MÚSCULOS DORSAIS

▶ **Secção de um segmento de coluna vertebral**
É possível observar a rica trama de ligamentos que unem as vértebras entre si ligando-se às apófises vertebrais.

▼◀ **Camadas musculares do tronco, vista dorsal**
1. Camada profunda
2. Segunda camada
3. Terceira camada
4. Quarta camada
5. Camada superficial

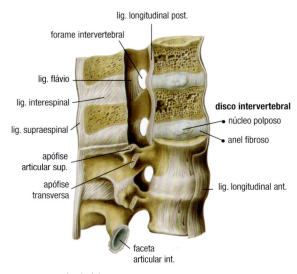

▶ **Ligamentos e articulações de um segmento de coluna vertebral**
Aspecto externo, vista dorsal

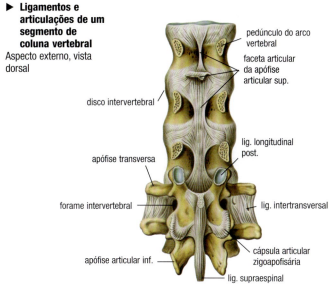

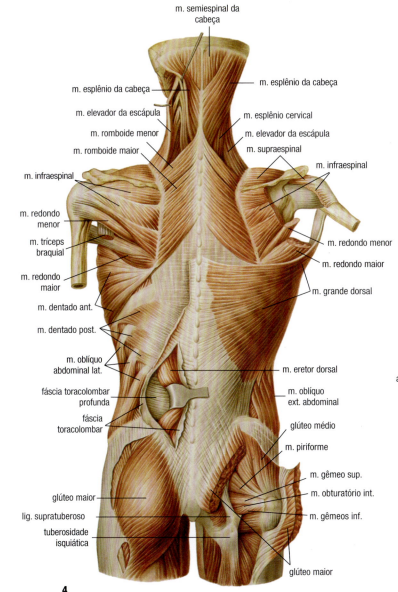

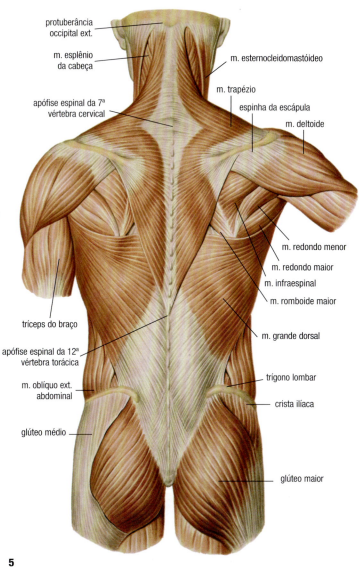

61

ESQUELETO E MÚSCULOS

MÚSCULOS DO TRONCO

Dividem-se em *músculos do tórax* (*intrínsecos* e *extrínsecos*, segundo a sua inserção e origem) e *do abdome*.

MÚSCULOS INTRÍNSECOS

Músculos levantadores das costelas: 12 pares de músculos próximos da coluna vertebral.

Músculos intercostais: estão entre as costelas, são 11 de cada lado e estão divididos em externos, médios e internos.

Músculos subcostais: encontram-se na região interior e posterior da parede torácica; ligam as vértebras às costelas.

Músculo transverso do tórax: localiza-se na face interior da parede torácica anterior; a sua face interior é revestida pela fáscia endotorácica.

MÚSCULOS EXTRÍNSECOS

Músculos toracoapendiculares: trata-se do músculo grande peitoral, do músculo peitoral menor, do músculo dentado anterior e do músculo subclavicular.

Músculos espinoapendiculares: têm origem na coluna vertebral e inserem-se nos ossos da cintura torácica e nos úmeros. São o músculo trapézio, o músculo grande dorsal, o romboide e o levantador da escápula.

Músculos espinocostais: são largos, delgados e quadriláteros, estendem-se pela camada intermédia do dorso. Incluem os músculos dentados posterior, superior e inferior.

Diafragma: trata-se de um músculo plano que separa a cavidade torácica da abdominal. Tem origem nos ossos lombares, nas costelas e no esterno, tem forma de cúpula, com a parte superior no interior da cavidade torácica, e é atravessado por vários orifícios ou forames pelos quais passam os vasos principais e o esôfago.

As suas duas faces estão revestidas por uma leve fáscia diafragmática que, superiormen-

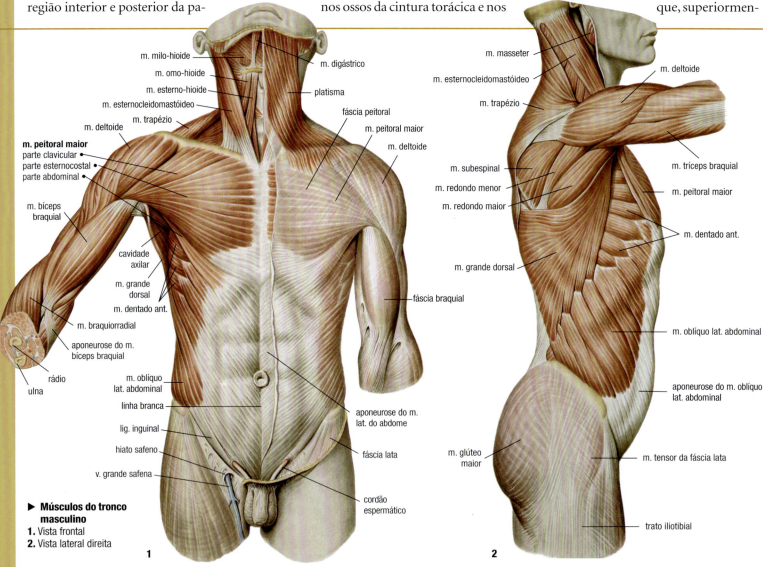

▶ **Músculos do tronco masculino**
1. Vista frontal
2. Vista lateral direita

te, se funde com a pleura ➤161 e, inferiormente, com o peritônio. Os movimentos contribuem para a respiração ➤163.

MÚSCULOS DO ABDOME

Músculo reto: a parede abdominal anterior.

Músculo piramidal: é uma pequena parte da parede abdominal inferior e medial.

Músculos oblíquo externo e oblíquo interno: cobrem a parte lateral e anterior do abdome, estendendo-se também lateralmente pela parede torácica.

Músculo transverso: internamente paralelo ao músculo oblíquo interno.

Músculo cremaster: na região genital.

Músculo quadrado lombar: cobre a parede abdominal posterior.

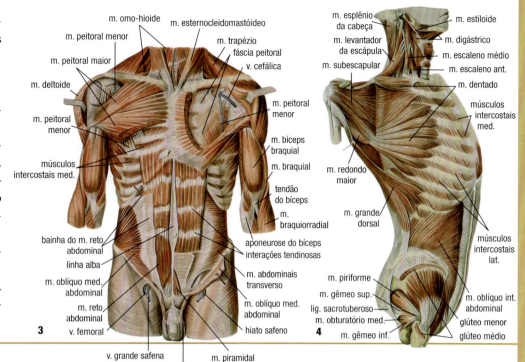

▲ **Segunda camada de músculos do tronco masculino**
3. Vista frontal
4. Vista lateral direita

▼ **Diafragma**
Vista axial de baixo (acima, a coluna vertebral)
❶ v. cava inf.
❷ parte lombar do diafragma
❸ m. trapézio
❹ hiato esofágico
❺ aorta
❻ m. transverso espinal
❼ m. eretor dorsal
❽ m. grande dorsal
❾ m. dentado ant.
❿ centro tendinoso
⓫ m. oblíquo lat. abdominal
⓬ m. reto abdominal
⓭ parte esternal do diafragma
⓮ parte costal do diafragma

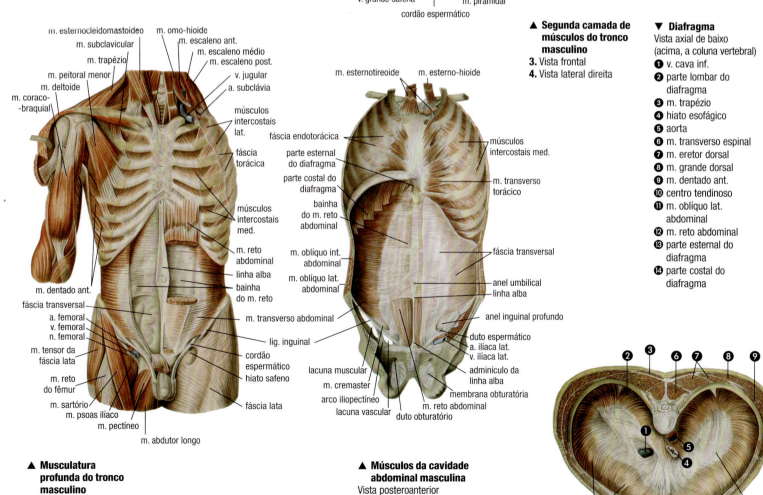

▲ **Musculatura profunda do tronco masculino**
Vista frontal

▲ **Músculos da cavidade abdominal masculina**
Vista posteroanterior (a coluna vertebral foi suprimida).

ESQUELETO E MÚSCULOS

CINTURA ESCAPULAR E EXTREMIDADES SUPERIORES

Estes músculos dividem-se em *extrínsecos* e *intrínsecos*, segundo as suas zonas de origem e de inserção.

MÚSCULOS EXTRÍNSECOS

Inserem-se nos ossos da extremidade superior e na cintura, mas têm origem no tronco. Fazem parte deles os músculos *toracoapendiculares* e os *espinoapendiculares* ➤62, em particular os músculos do ombro, que têm origem na cintura torácica e se inserem no úmero. Junto deles situam-se várias bolsas serosas ➤57 que facilitam o deslizamento de planos musculares e tendões. São formados por:

- o *músculo deltoide*, triangular e achatado, que cobre a parte lateral da articulação do ombro. Os seus tratos convergem por baixo e inserem-se no úmero;
- o *músculo supraespinal*, que está ligado à bolsa fibrosa da articulação;
- o *músculo subespinal*, que se insere na bolsa articular;
- o *músculo redondo menor*, alongado e achatado, junto da margem axilar;
- o *músculo redondo maior*, também alongado e achatado, mais profundo;
- o *músculo subescapular*, achatado e triangular.

MÚSCULOS INTRÍNSECOS

Dividem-se em:

- *músculos anteriores do braço:* pertencem a este grupo os músculos bíceps braquial, coracobraquial e braquial anterior;

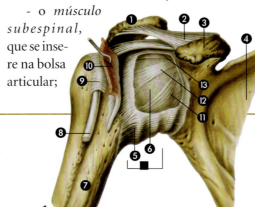
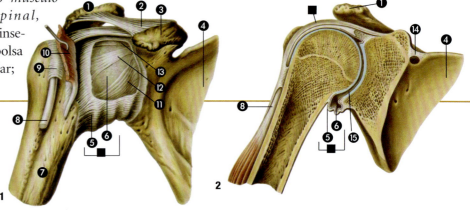

▶ Articulação do ombro direito
1. Vista frontal
2. Secção frontal
❶ acrômio
❷ lig. coracoacromial
❸ apófise coracoide
❹ escápula
■ bolsa articular
  ❺ membrana fibrosa
  ❻ membrana sinovial
❼ úmero
❽ tendão do m. bíceps do braço
❾ bainha sinovial infratuberosa
❿ m. subescapular
⓫ lig. glenoumeral inf.
⓬ lig. glenoumeral médio
⓭ lig. glenoumeral sup.
⓮ lig. transverso sup. da escápula
⓯ cavidade articular

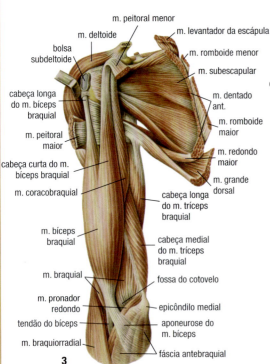

3

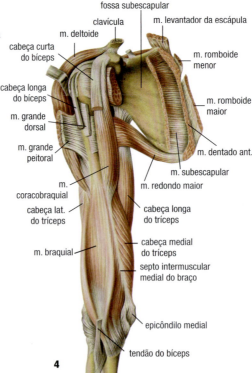

4

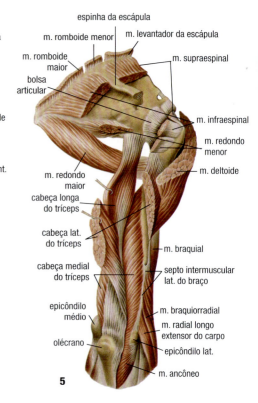

5

64

CINTURA ESCAPULAR E EXTREMIDADES SUPERIORES

- *músculos posteriores do braço:* apenas faz parte o tríceps braquial;
- *músculos anteriores do antebraço:* são oito, e estão dispostos em quatro camadas sucessivas. A camada superficial é formada pelo pronador redondo, pelo flexor radial do carpo, pelo palmar longo e pelo flexor ulnar do carpo; a segunda camada é constituída pelo músculo flexor superficial dos dedos; a terceira camada é formada pelos músculos flexor profundo dos dedos e flexor longo do polegar; na camada profunda encontra-se o pronador quadrado;
- *músculos laterais do antebraço:* o braquiorradial, o extensor radial longo do carpo e o extensor radial curto do carpo;
- *músculos posteriores do antebraço:* são nove, e estão em duas camadas. A superficial é formada pelos músculos extensor comum dos dedos, extensor do mínimo, extensor ulnar do carpo e ancôneo; em profundidade estão os músculos supinador, abdutor longo do polegar, extensor curto do polegar e extensor do indicador;
- *músculos da mão:* situam-se todos no lado palmar, e dividem-se em três grupos: lateral, medial e intermédio ➤68-69.

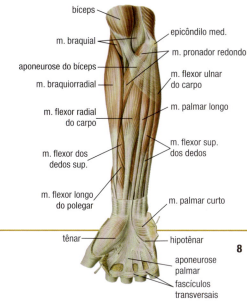

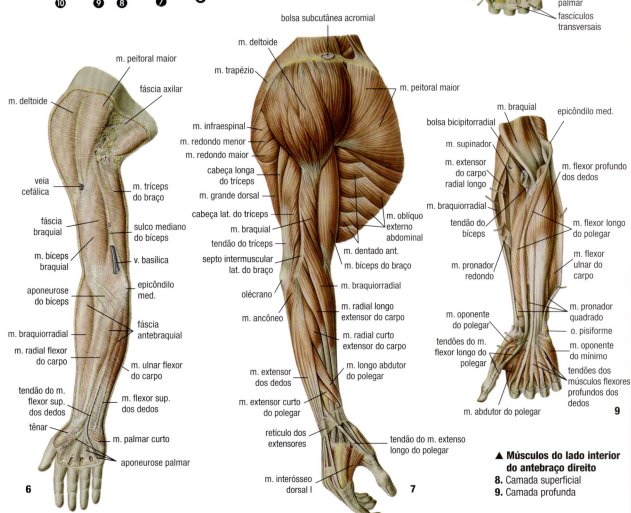

▲ **Secção do cotovelo**
❶ pele
❷ m. tríceps do braço
❸ cavidade articular
❹ tróclea do úmero
❺ olécrano
❻ cápsula subcutânea do olécrano
❼ apófise coracoide
❽ ulna
❾ a. ulnar
❿ m. ulnar extensor do carpo
⓫ m. profundo flexor dos dedos
⓬ m. flexor dos dedos sup.
⓭ m. flexor de carpo radial
⓮ m. pronador redondo
⓯ a. radial
⓰ a. braquial
⓱ m. bíceps do braço
⓲ m. braquial
⓳ úmero

◀ **Músculos do ombro direito**
3. Segunda camada, vista frontal
4. Terceira camada, vista frontal
5. Musculatura profunda, vista dorsal

▶ **Musculatura do membro superior direito**
6. Musculatura superficial, vista frontal interna
7. Primeira camada, vista frontal

▲ **Músculos do lado interior do antebraço direito**
8. Camada superficial
9. Camada profunda

65

ESQUELETO E MÚSCULOS

PELVE E EXTREMIDADES INFERIORES

Estes músculos são classificados em quatro grupos, segundo a parte do membro em que se inserem.

MÚSCULOS DO QUADRIL
Dividem-se em:
- *internos*: o músculo psoas ilíaco e o músculo psoas menor;
- *externos*: o músculo glúteo maior (o mais superficial, extenso e volumoso do corpo), o glúteo médio e o glúteo menor; o músculo piriforme, o gêmeo superior, o gêmeo inferior; obturatório externo, o interno e o quadrado da coxa.

MÚSCULOS DA COXA
Dividem-se em:
- *anterolaterais*: incluem o músculo tensor da fáscia lata, o sartório e o quadríceps crural;
- *postero-mediais*: formados pelos músculos grácil, pectíneo, longo abdutor, médio e pequeno; bíceps femoral, músculo semitendinoso e o semimembranoso.

MÚSCULOS DA PERNA
Dividem-se em três grupos:
- *anterior*: compreende os músculos tibial anterior, extensor longo dos dedos, extensor longo do hálux e fibular anterior;
- *lateral*: inclui o músculo fibular longo e curto;
- *posterior*, os músculos situam-se em dois planos: no superficial temos o tríceps sural (gastrocnêmio medial, lateral e sóleo) e

▶ **Músculos superficiais da coxa direita**
Vista lateral externa:
❶ m. oblíquo med. do abdome; ❷ m. glúteo médio; ❸ m. tensor da fáscia lata; ❹ m. sartório; ❺ trato iliotibial; ❻ m. reto do fêmur; ❼ m. vasto lat.; ❽ lig. patelar; ❾ cabeça da tíbia;
❿ m. gêmeo; ⓫ m. semimembranoso; ⓬ m. bíceps do fêmur; ⓭ m. glúteo maior; ⓮ crista ilíaca; ⓯ fossa poplítea
Vista lateral interna:
①m. piriforme; ②m. obturatório med.; ③ lig. sacrospinal; ④m. glúteo maior; ⑤ lig. sacrotuberoso;

⑥ m. grande abdutor; ⑦ m. grácil; ⑧ m. semitendinoso; ⑨ m. semimembranoso; ⑩ m. gêmeo; ⑪ m. vasto medial; ⑫ sartório; ⑬ m. reto do fêmur; ⑭ m. longo abdutor; ⑮ m. pectíneo; ⑯ m. ilíaco; ⑰ m. psoas maior

▼ **Músculos da coxa direita**
Vista frontal:
1. Primeira camada
2. Músculos profundos
Vista dorsal:
3. Músculos superficiais
4. Músculos profundos

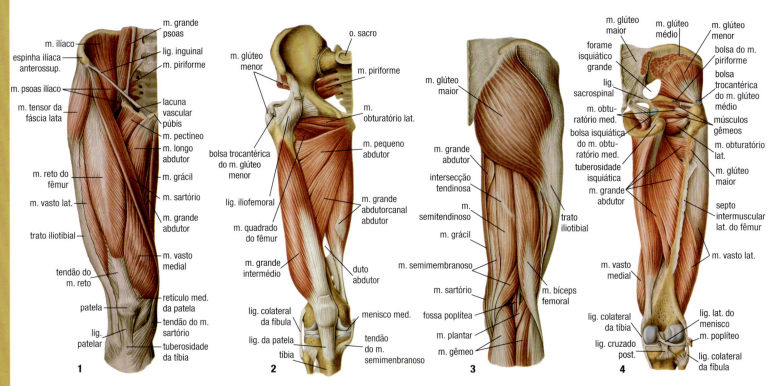

plantar; poplíteo, o tibial posterior, o flexor longo dos dedos e o longo do hálux.

MÚSCULOS DO PÉ

A região plantar, à superfície, é recoberta pela aponeurose plantar subcutânea. Esta separa os músculos do pé da pele, e divide-se em regiões que recebem o nome dos músculos subjacentes; estes dividem-se em:

- *dorsais*: extensor curto do hálux e extensor curto dos dedos;
- *plantares*: mediais (movem o hálux: abdutor, flexor curto e abdutor), intermédios (flexor curto dos dedos, músculo quadrado plantar, 4 lumbricais e 7 interósseos) e laterais (movem o 5º dedo: abdutor, flexor curto e oponente do 5º dedo).

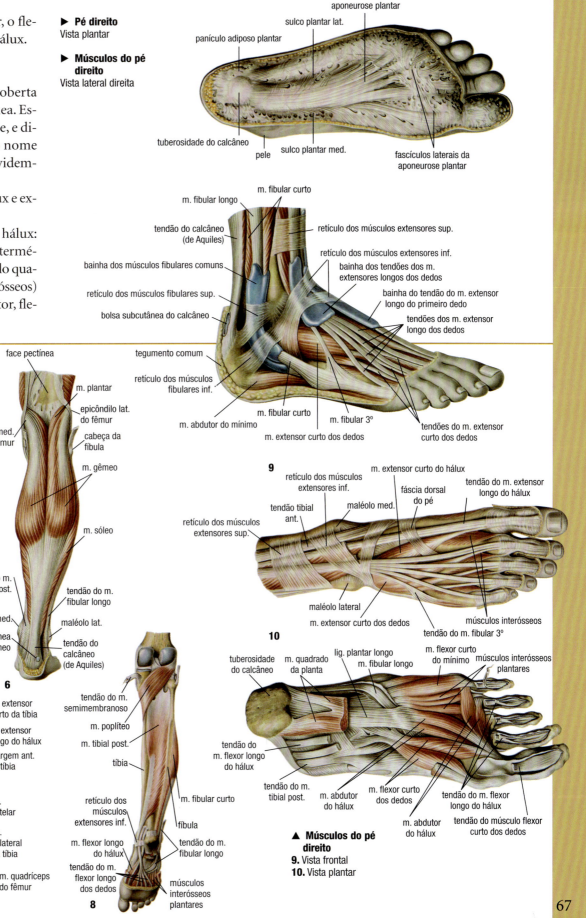

▶ **Pé direito**
Vista plantar

▶ **Músculos do pé direito**
Vista lateral direita

▲▶ **Músculos da perna direita**
Superficiais:
5. Vista frontal
6. Vista dorsal
Profundos:
7. Vista frontal
8. Vista dorsal

▲ **Músculos do pé direito**
9. Vista frontal
10. Vista plantar

ESQUELETO E MÚSCULOS

UM ÓRGÃO TIPICAMENTE HUMANO: A MÃO

Embora as características da nossa mão (unhas achatadas e polegar oponível) sejam idênticas às dos primatas, a nossa capacidade de utilizá-la é totalmente exclusiva do homem, cujo cérebro ►[82] regula inclusive os movimentos mais precisos e complicados.

A articulação em «sela» (trapézio) do polegar, a qual permite que este se estenda sobre a palma da mão até chegar à base dos outros dedos, é o elemento fundamental da capacidade preênsil e, em consequência, do nosso desenvolvimento cultural. A palma também é muito móvel: é formada por 13 ossículos (oito do carpo e cinco do metacarpo) articulados de maneira muito complexa entre si e com o antebraço. Os ossos da mão movem-se através de músculos que têm a sua origem no antebraço e dos três grupos de músculos da mão:

- *lateral* ou da *eminência tênar*, formado por quatro músculos que movem o polegar (pequeno abdutor, flexor curto, oponente e abdutor do polegar);
- *medial* ou da *eminência hipotênar*, formado por quatro músculos que contribuem para mover o mínimo (palmar curto, abdutor, flexor curto e oponente do mínimo);
- *intermédio* ou dos *músculos palmares*; fazem parte deste grupo numerosos músculos pequenos da zona central da mão. Distinguem-se os músculos lumbricais (quatro, situados entre tendões e músculo flexor dos dedos) e os interósseos palmares e dorsais, que ocupam os espaços entre os ossos do metacarpo. A aponeurose palmar recobre a palma da mão.

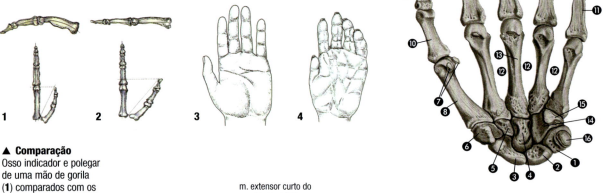

◄ **Ossos da mão esquerda**
Vista palmar:
❶ o. piramidal
❷ o. semilunar
❸ o. escafoide
❹ o. grande do carpo
❺ o. trapezoide
❻ o. trapézio
❼ ossos sesamoides
❽ o. metacarpo I
❾ falange distal
❿ falange med.
⓫ falange proximal
⓬ espaços interósseos metacárpicos
⓭ o. metacarpo III
⓮ o. unciforme
⓯ gancho do o. unciforme
⓰ o. pisiforme

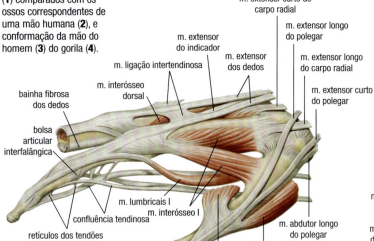

▲ **Comparação**
Osso indicador e polegar de uma mão de gorila (**1**) comparados com os ossos correspondentes de uma mão humana (**2**), e conformação da mão do homem (**3**) do gorila (**4**).

▲ **Ossos, tendões e músculos**
Elementos anatômicos encarregados da função preênsil do polegar oponível.

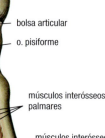

◄ **Músculos profundos da palma da mão**

UM ÓRGÃO TIPICAMENTE HUMANO: A MÃO

▶ **Músculos do dorso da mão direita**
1. Superficiais
2. Profundos

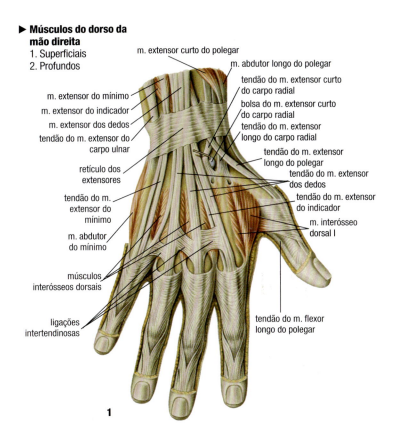
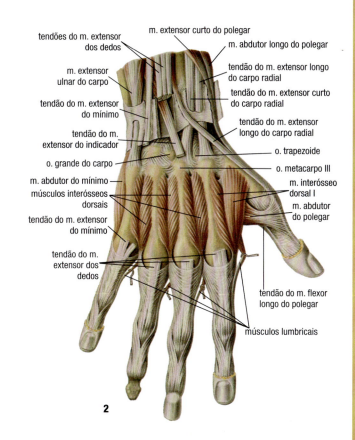

▶ **Músculos da palma da mão direita**
3. Superficiais
4. Intermediários

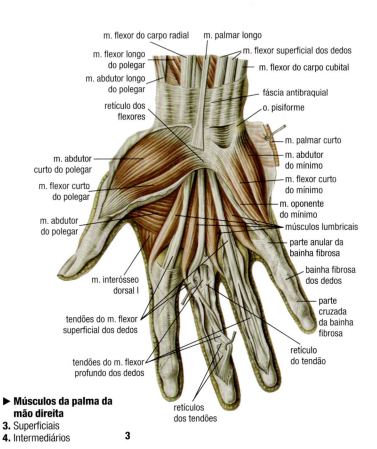
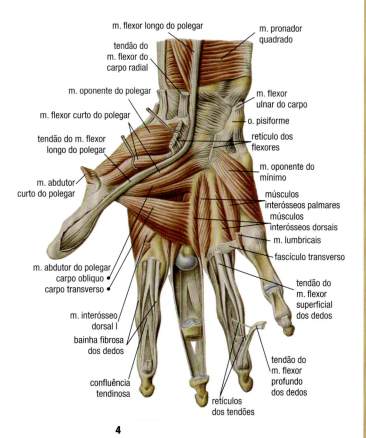

69

ESQUELETO E MÚSCULOS

A POSIÇÃO BÍPEDE: QUADRIL, JOELHO E PÉ

A posição bípede não é uma forma muito eficaz de locomoção: basta um pequeno empurrão para perder o equilíbrio. O baricentro do corpo é um ponto que apenas permite um equilíbrio instável: caminhar não é mais do que um contínuo levantar-se de uma queda. Contudo, testes metabólicos demonstram que se consome mais energia dormindo do que andando sobre uma superfície plana. Isso se deve a uma perfeita compensação de forças realizada pelas estruturas anatômicas implicadas na manutenção da posição bípede. A coluna vertebral é importante; a pelve, o joelho e o pé são as estruturas anatômicas que sustentam a maior tensão mecânica e as que mais evoluíram.

A COLUNA VERTEBRAL

As três curvas fisiológicas (cervical, torácica e lombar) compensam-se mutuamente, desenvolvendo uma unção mecânica de suporte. A resistência da coluna a pressões longitudinais decuplica devido

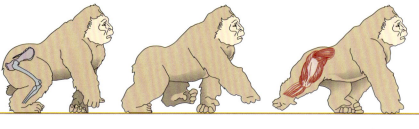

▲ **Comparação entre a forma de andar de um gorila e a de um ser humano**
Disposição dos ossos da perna e da pelve e musculatura implicada na locomoção. A posição bípede evoluiu porque oferece uma série de vantagens; sobretudo, a possibilidade de um excepcional desenvolvimento tanto do volume craniano como de um cérebro cada vez mais complexo. Além disso, permite ter as mãos livres, essenciais para a sobrevivência da nossa espécie.

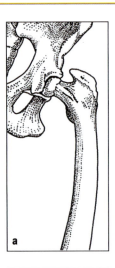
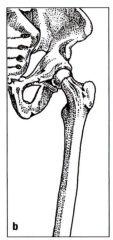

◀ **Fêmures comparados**
a. Gorila
b. Ser humano

▼◀ **Comparação entre os ossos do pé**
c. Gorila
d. Ser humano

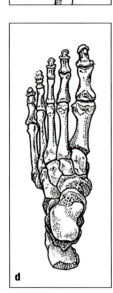

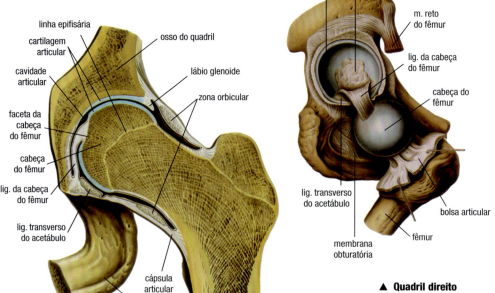

▲ **Secção do quadril direito**
Vista frontal

▲ **Quadril direito deslocado**
Vista lateral. A imagem permite distinguir o ligamento da cabeça do fêmur, que contribui para mantê-la na sua posição articular.

70

A POSIÇÃO BÍPEDE: QUADRIL, JOELHO E PÉ

à sua presença relativamente à teórica de uma coluna retilínea. A estabilidade das curvas fisiológicas é assegurada pelos ligamentos vertebrais e pelas variações tônicas dos músculos intrínsecos, sobretudo dos espinodorsais profundos ➤60: qualquer ocorrência mecânica permite o seu relaxamento e desencadeia o reflexo de ajuste que reequilibra a coluna.

A PELVE

Devido à sua função de suporte é uma estrutura muito robusta: ílio, ísquio e púbis fundem-se, articulando-se solidamente com a coluna vertebral. A sua principal missão é manter o equilíbrio estático da coluna, modificando o ângulo que o plano sacral forma com o horizontal, e é estabilizada pelos ligamentos do quadril e de alguns músculos.

A ARTICULAÇÃO DO QUADRIL

A *articulação coxofemoral* resolve problemas estáticos e dinâmicos. A cabeça do fêmur aloja-se numa cavidade profunda (acetábulo), formada pelo ísquio, ílio e púbis. Uma borda de cartilagem mantém-na no lugar, músculos e curtos ligamentos consolidam-na. Um ligamento interno especial liga a cabeça do fêmur à pelve. A funcionalidade desse apoio está relacionada com a perfeita posição central da articulação e com uma conformação precisa das cabeças articulares: o acetábulo deve ter uma inclinação de 41º em relação ao plano horizontal, o ângulo de inclinação do colo do fêmur tem de ser de 125º e a inclinação da cabeça do fêmur sobre o colo deve estar compreendida entre 12 e 30º.

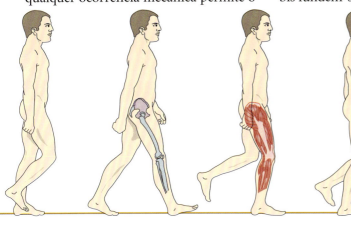

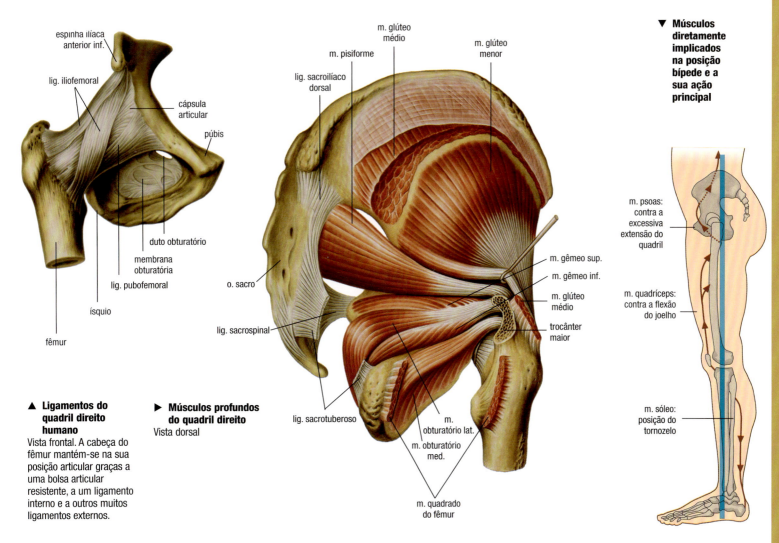

▲ **Ligamentos do quadril direito humano**
Vista frontal. A cabeça do fêmur mantém-se na sua posição articular graças a uma bolsa articular resistente, a um ligamento interno e a outros muitos ligamentos externos.

▶ **Músculos profundos do quadril direito**
Vista dorsal

▼ **Músculos diretamente implicados na posição bípede e a sua ação principal**

ESQUELETO E MÚSCULOS

A ARTICULAÇÃO DO JOELHO

Desempenha funções estáticas e dinâmicas, sustenta e movimenta o corpo. A estabilidade é mantida de diversas formas:

- em sentido transversal, por meio de ligamentos colaterais medianos (que se opõem ao deslizamento interno dos côndilos), de tratos capsulares e de alguns músculos, como o tensor da fáscia lata;
- em sentido anteroposterior, através de tratos posteriores da cápsula, do conjunto ligamentoso posterior e do quadríceps;
- em sentido rotativo, pelos ligamentos cruzados e colaterais.

O *menisco*, um corpo cartilaginoso, aumenta a superfície de descarga do fêmur sobre a tíbia e contribui para dar estabilidade. Quando falta, o peso é distribuído por uma área limitada do plano articular da tíbia, causando graves danos à cartilagem.

O fêmur e a tíbia formam um ângulo externo de 174° (mais marcado na mulher devido à sua pélvis mais ampla ➤66): dado que a linha estrutural da extremidade é reta (do centro da articulação coxofemoral ao centro do eixo intermaleolar do pé), o desgaste dos côndilos laterais e dos seus ligamentos é maior.

O joelho possui cápsulas que amortecem os golpes ➤57.

A ARTICULAÇÃO TIBIOTÁRSICA

O tornozelo descarrega o peso do corpo sobre as arcadas plantares do pé: aqui a estabilidade é mantida graças ao uso constante dos músculos gêmeo e sóleo.

O PÉ

Depois de perder a sua função preênsil, transformou-se num apoio e num mecanismo de movimento que funciona como uma alavanca, aumentando a força propulsora da perna. Ao mover-se, a abóbada das arcadas plantares aplana-se e volta a elevar-se, distribuindo o peso na arcada externa do pé.

Apesar de todos esses mecanismos esquelético-musculares, o problema do equilíbrio persiste. Para evitar a queda, sistemas sensoriais ➤82,88 sofisticados controlam a postura e as relações entre corpo e meio tridimensional, criando estímulos e transformando-os em sinais que permitem um "ajuste" constante dos músculos que controlam a postura.

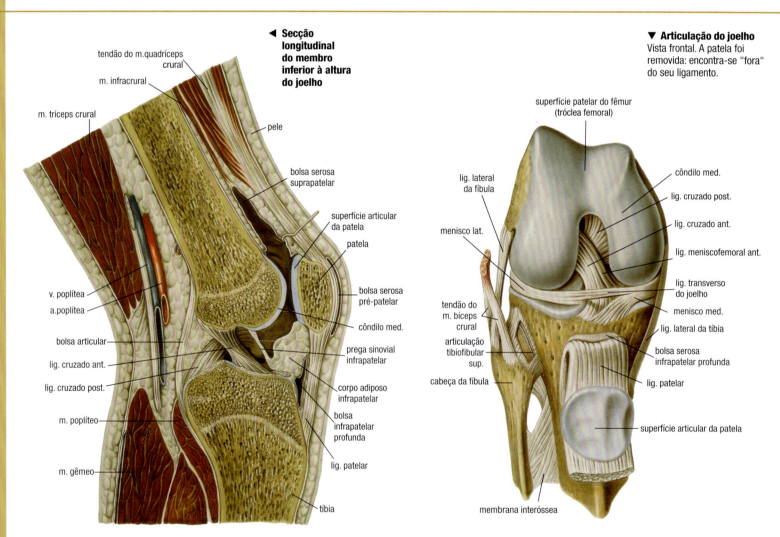

◄ **Secção longitudinal do membro inferior à altura do joelho**

▼ **Articulação do joelho**
Vista frontal. A patela foi removida: encontra-se "fora" do seu ligamento.

A POSIÇÃO BÍPEDE: QUADRIL, JOELHO E PÉ

▶ **Pé direito e os seus ligamentos principais**
Vista anterolateral

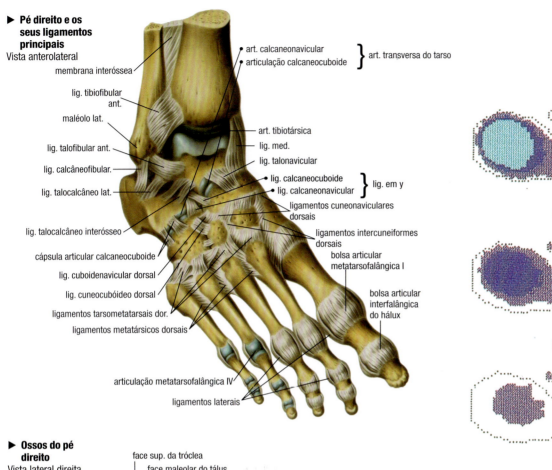

▶ **Ossos do pé direito**
Vista lateral direita

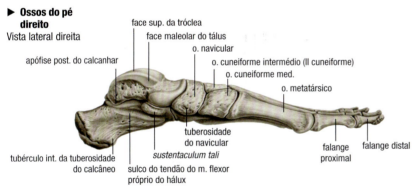

▶ **Ossos do pé direito**
Vista lateral esquerda

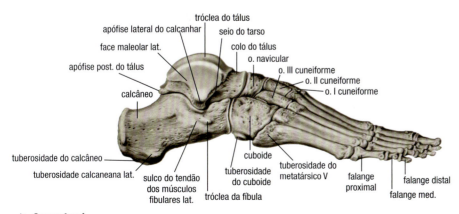

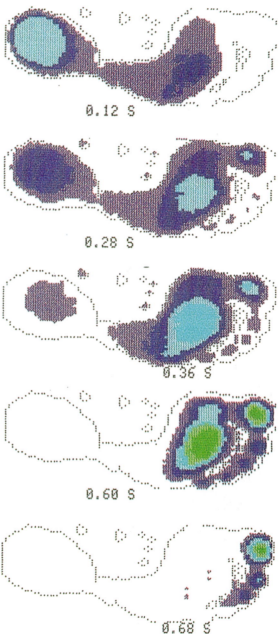

▲ **Pedibarigrafia**
Registrando as alterações de pressão exercida sobre cada parte do pé, é possível reconstruir os movimentos de cada passo. Este é um pé sadio e as cores (branco, violeta, verde) indicam uma pressão crescente. Esta técnica é utilizada tanto com o pé em movimento como com o pé imóvel, e é útil para detectar malformações inclusive num estado muito precoce.

73

Fraturas

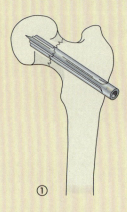

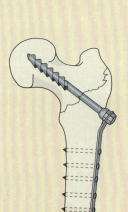

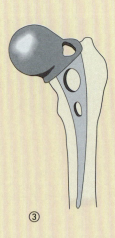

A ruptura total ou parcial de um osso é o problema mais comum em ortopedia. Uma fratura pode ser:

- **espontânea**, quando é produzida por um enfraquecimento fisiológico da estrutura óssea;
- **traumática**, quando é produzida por um agente externo que atua sobre o organismo de maneira violenta e rápida. Nesse caso é possível distinguir entre:
  - *fraturas diretas:* no ponto em que o trauma aconteceu;
  - *fraturas indiretas:* em pontos do corpo afastados daquele em que o trauma ocorreu, ou quando são consequências de movimentos violentos ou de deslocamentos repentinos dos ligamentos.

De acordo com o tipo de ruptura do osso, as fraturas podem ser divididas em:

- *fraturas incompletas*, se o osso não estiver totalmente partido;
- *fraturas transversais*, se a linha de ruptura for perpendicular ao eixo longitudinal do osso;
- *fraturas em espiral*, se a linha de ruptura tiver um desenvolvimento em espiral ou helicoidal em torno do osso;
- *fraturas oblíquas* ou *diagonais*, se a linha de ruptura estiver inclinada em relação ao eixo do osso;
- *fraturas longitudinais*, se a linha de ruptura for paralela ao eixo longitudinal do osso;
- *fraturas cominutivas*, se o osso estiver fragmentado.

As fraturas podem ser:

- **simples ou fechadas**, se o osso estiver partido sem produzir lesões nas partes moles que o rodeiam (não tiver perfurado a pele);
- **complicadas ou expostas**, se o osso tiver dilacerado as partes moles, produzindo uma ferida que o expõe. Este tipo de fratura envolve um maior risco de infecção e dificulta a cura completa.

Uma fratura é diagnosticada com bastante facilidade, embora o exame radiológico seja indispensável para guiar a precisa intervenção do traumatologista. Em geral, esta se desenvolve em duas fases:

1. REDUÇÃO DA FRATURA. As duas faces do osso partido são postas em contato, restabelecendo a sua forma original. Isso acontece através de uma redução fechada, ou seja, submetendo o osso a uma tração manual ou instrumental, ou com redução incruenta, isto é, através de intervenção cirúrgica durante a qual os elementos fraturados são fixados utilizando parafusos, fios, placas ou pregos metálicos de vários tipos. No caso de uma fratura exposta é sempre necessária uma intervenção cirúrgica.

2. CONTENÇÃO DA FRATURA. A área do corpo em que se encontra o osso fraturado é imobilizada a fim de que as partes separadas do osso permaneçam na posição correta durante o tempo necessário para que se unam. Para garantir a imobilidade da região, aplica-se gesso ou fixação com talas que recobrem as articulações que estão por cima e por baixo da fratura. Por exemplo, no caso da fratura da ulna, também são imobilizados o cotovelo e o punho [48].

O osso partido e reduzido forma um novo tecido ósseo (chamado "calo") ao longo da linha da fratura. Para favorecer o crescimento ósseo, é oportuno enriquecer a dieta com vitaminas e minerais (em particular, com vitamina D, cálcio, fósforo e magnésio).

Se as partes fraturadas se unirem adequadamente, o osso recupera completamente a sua capacidade de resistência normal.

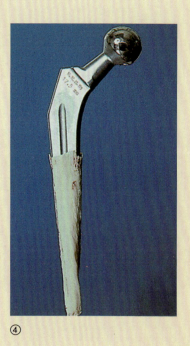

◀▲ **Tipos de fixação cirúrgica**
Em caso de fratura da epífise proximal do fêmur, frequente quando se sofre de osteoporose:
① a fratura está muito próxima da cabeça do fêmur: é usado um pino de fixação;
② a fratura está mais longe: além de um parafuso metálico, é necessário um suporte;
③ se a cabeça do fêmur estiver muito danificada, é preciso substituí-la por uma prótese metálica revestida de materiais plásticos inertes;
④ a "alma" que proporciona o suporte à perna é introduzida na cavidade medular.

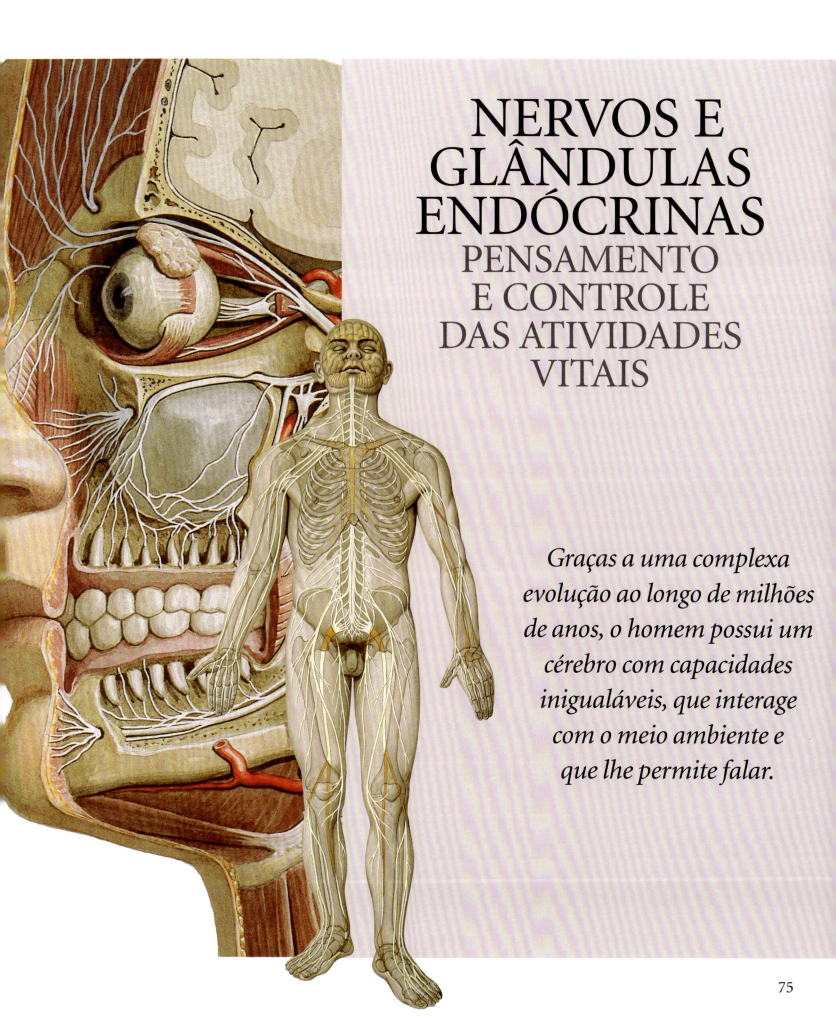

NERVOS E GLÂNDULAS ENDÓCRINAS
PENSAMENTO E CONTROLE DAS ATIVIDADES VITAIS

Graças a uma complexa evolução ao longo de milhões de anos, o homem possui um cérebro com capacidades inigualáveis, que interage com o meio ambiente e que lhe permite falar.

NERVOS E GLÂNDULAS ENDÓCRINAS

Durante a vigília e o sono, a vasta e complexa rede celular do sistema nervoso é responsável pelo controle de todas as atividades do nosso corpo: milhares de fibras nervosas e terminações sensitivas em ligação estreita entre si.

O SISTEMA NERVOSO

Qualquer aspecto da atividade do nosso corpo está sob o controle de uma vasta e complexa rede celular: milhares de fibras nervosas e terminações sensitivas recolhem dados e permitem o seu reconhecimento, classificação e elaboração. Outros tantos milhares de fibras nervosas levam a cada parte do corpo as ordens produzidas pelas unidades nervosas centrais, localizadas nas complicadas estruturas do encéfalo.

Embora seja muito semelhante ao dos macacos antropomorfos, o cérebro humano sofreu um considerável desenvolvimento durante a evolução da nossa espécie, tanto no que se refere ao tamanho (passou de pouco mais de 400 cm^3 para quase 1300 cm^3) como do ponto de vista funcional. O ser humano é o único animal tecnológico, e a nossa evolução, desde o primeiro utensílio de pedra e da descoberta do fogo, foi fundamentalmente influenciada pelo psiquismo.

Vejamos quais são as características gerais do sistema biológico que organiza e coordena as ações vitais do organismo e que lhe permite interagir com o mundo circundante e transformar as sensações em recordações, emoções, consciência de si próprio, sonhos, sentimentos, lógica, criatividade e inteligência.

A ESTRUTURA DO SISTEMA NERVOSO

A expressão «sistema nervoso» designa o conjunto de órgãos que intervêm nesse complexo grupo de atividades coordenadas:

- um *sistema de sensores* que registra as variações ambientais (externas e internas ao corpo) e as converte em estímulos nervosos. Permite a interação do organismo com o meio exterior e que o corpo adquira a percepção de si próprio;

- uma *rede de nervos* que chega a todas as partes do corpo humano. Liga os sensores e outros elementos corporais com os órgãos que elaboram os estímulos e que produzem «comandos» nervosos;

- um *sistema neuronal centralizado* que inclui órgãos que, conforme a necessidade, processam, memorizam e produzem uma resposta aos estímulos que chegam a eles através da rede nervosa. O sistema central é constituído pelo encéfalo, com cerca de 1300 g de massa neuronal compacta alojada na caixa craniana (no ser humano, esta é a parte do sistema nervoso que registrou a mais rápida e complexa evolução), e pela medula espinal ►[106], um pro-

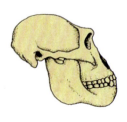
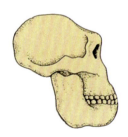
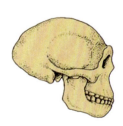
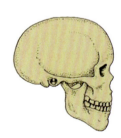

◄ **Aumento volumétrico**
Na evolução humana, o aumento de volume do encéfalo correspondeu ao desenvolvimento das faculdades psíquicas e técnicas.
Da esquerda para a direita, crânios fósseis de *Australopithecus afarensis* (3 milhões de anos): 400 cm^3; *Homo habilis* (2 milhões de anos): 650 cm^3; *Homo erectus* (1 milhão de anos): 1250 cm^3; *Homo sapiens* (100 000 anos): 1300 cm^3.

O SISTEMA NERVOSO

▼ **O sistema nervoso**
Esta complexa rede de células ramificada por todo o corpo divide-se em duas partes principais, com funções muito diferentes:
- o *sistema nervoso central,* formado pelo encéfalo, a medula espinal e uma rede de 12 pares de nervos cranianos e 32 pares de nervos espinais;
- o *sistema nervoso autônomo,* formado pelas fibras nervosas do simpático e do parassimpático.

longamento do encéfalo que transcorre pelo canal ou duto formado pelas vértebras da coluna vertebral;

- um *sistema nervoso periférico* ou *sistema nervoso autônomo* ou **sistema vegetativo,** constituído pelo conjunto de centros nervosos chamados gânglios, ligados ao sistema central, que produzem os estímulos nervosos involuntários. Os nervos que transmitem os impulsos que regulam as funções fisiológicas independentemente da nossa vontade são classificados em dois subsistemas, que frequentemente desenvolvem ações antagônicas:

- o *sistema nervoso simpático,* formado por duas longas cadeias de gânglios, pares e simétricas em relação à coluna vertebral, e constituído por fibras organizadas em plexos que se distribuem por todos os órgãos seguindo o percurso das artérias. Exerce funções de controle e de coordenação semelhantes e geralmente contrárias às do parassimpático;

- o *sistema nervoso parassimpático,* formado essencialmente pelo nervo vago, que controla, além da homeostase ➤[205], as funções dos órgãos internos (por exemplo, reduz a frequência cardíaca e respiratória, aumenta a secreção ácida do estômago e os movimentos peristálticos intestinais ➤[156]).

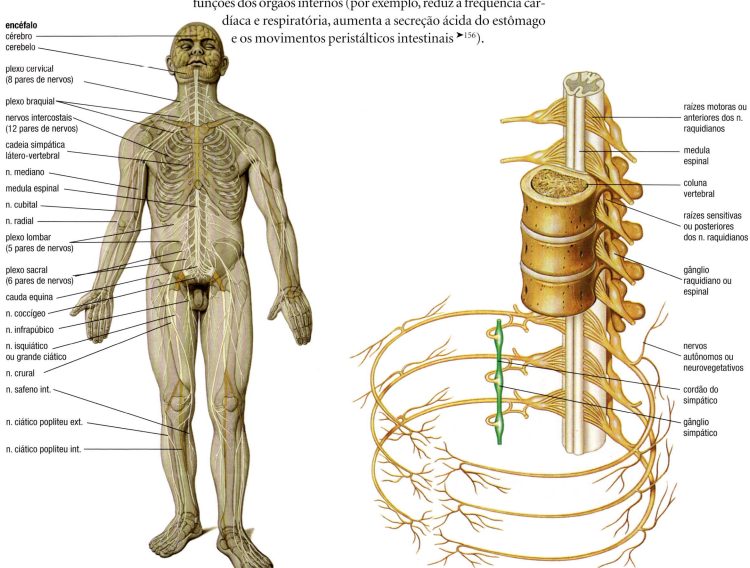

NERVOS E GLÂNDULAS ENDÓCRINAS

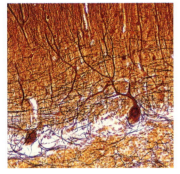

NERVOS

São tratos de células que transmitem impulsos nervosos ➤30, assegurando a comunicação entre as diferentes partes do corpo. Costumam dividir-se em:

- **nervos aferentes** ou **sensitivos,** que transportam até o sistema central as mensagens recolhidas pelos receptores sensitivos;
- **nervos eferentes** ou **motores,** que transportam os impulsos nervosos do sistema central até os órgãos do corpo (por exemplo, um músculo ou uma glândula endócrina).

▲ **Neurônios de Purkinje**
São característicos do cerebelo.

▲ **Neurônio bipolar**
É característico da retina.

CIRCUITOS NERVOSOS

As fibras nervosas (ou neurônios) estão interligadas entre si direta ou indiretamente. As fibras do sistema nervoso central estão agrupadas em certas regiões do corpo e organizam-se de forma que intensificam a onda de excitação, que tende a atenuar-se quando passa de uma fibra para outra. Desse modo, no córtex cerebral, células diversas (*piramidais, estreladas,* etc.), dispostas em camadas e ligadas entre si por numerosos dendritos, formam circuitos neuronais de complexidade diferente. As fibras da medula espinal ➤106 interligam-se aos músculos somáticos, cuja atividade é regulada por outros neurônios ligados a diversas áreas do sistema nervoso (*gânglios espinais* ou *dorsais, córtex cerebral,* etc.).

As fibras do sistema nervoso periférico também estão em estreito contato entre si; as do simpático formam em geral redes tão complexas *(plexos)* que se torna muito difícil seguir com precisão o percurso de um nervo em particular. As ligações nervosas podem ter efeitos diversos no impulso nervoso transmitido:

1. quando uma fibra nervosa estabelece contato com outras para transmitir «em cascata» o seu impulso nervoso, um *circuito nervoso divergente* ou *amplificador* é criado, o que permite uma ampla resposta do organismo;
2. quando um sinal nervoso é recolhido por neurônios ligados entre si «em pirâmide», um *circuito convergente* é originado. A resposta está garantida, é rápida e uniforme, embora os sinais sejam produzidos por estímulos diversos;
3. quando um sinal nervoso que percorre uma cadeia de neurônios encontra uma ramificação que o faz «retroceder», um *circuito recorrente* ou *reverberante* é criado: a mensagem nervosa transforma-se de simples impulso em descarga contínua; é o que ocorre, por exemplo, no estímulo de alguns músculos lisos;
4. quando um neurônio estimula outros ao mesmo tempo (através de terminações diversas), e estes convergem num neurônio terminal, é criado um *circuito em paralelo.* Em resposta a um único estímulo, o neurônio terminal recebe uma descarga de impulsos que o estimula de forma prolongada.

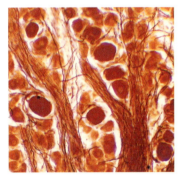

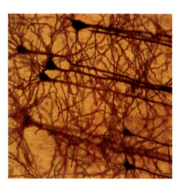

▲ **Neurônios de gânglio espinal**

▲ **Neurônios piramidais**
São característicos do córtex cerebral.

O SISTEMA NERVOSO

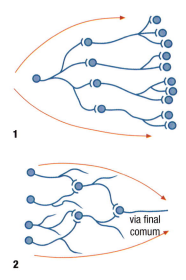

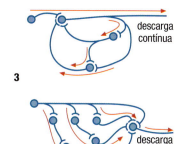

Esses são apenas alguns dos esquemas de funcionamento dos principais circuitos neuronais. No nosso corpo entrecruzam-se de mil maneiras, somando-se, inibindo-se e influenciando-se. Além da disposição dos neurônios e do tipo de ligações que se estabelecem entre eles, a atividade desses circuitos também é influenciada pelos umbrais de excitabilidade ➤30 que os distinguem, pela sua possível atividade espontânea, pela extensa e contínua presença de diversos estímulos sensoriais, etc. É impossível seguir a atividade nervosa de um corpo e, mais ainda, prevê-la, exceto em nível macroscópico. Se analisarmos a ação que consiste em agarrar uma maçã, sabemos quais são os impulsos que se dirigem ao encéfalo, onde são criados, a partir de que regiões do encéfalo regressam os sinais para o movimento correto e em que sequência se desenvolvem, mas é impossível fazer uma análise completa e rápida da transmissão nervosa a nível celular.

◀▲ **Esquemas de circuitos neuronais**
1. Circuito divergente (ex.: fibras eferentes)
2. Circuito convergente (ex.: fibras aferentes)
3. Circuito recorrente (impulso contínuo)
4. Circuito paralelo (descarga prolongada e intensa)

A EVOLUÇÃO DO CÉREBRO HUMANO

Quando falamos de evolução humana (em particular, da evolução do encéfalo, o órgão mais complexo do nosso corpo e, em muitos aspectos, ainda desconhecido) é difícil identificar uma única causa seletiva que possa justificar o seu rápido e eficaz desenvolvimento. Mais do que de «causas», seria apropriado falar de «elos de retroação»: uma cadeia de eventos que, ao agir de maneira positiva ou negativa sobre o fenômeno inicial, pode acelerar ou inibir o processo. O tipo de vida dos homens primitivos determinou o desenvolvimento do polegar oponível, que permitia tanto uma manipulação minuciosa como uma forte preensão. Embora essa modificação em relação aos «parentes» mais primitivos tenha tido uma grande importância, não foi a única. Na selva não havia predadores, e era vital reconhecer os frutos comestíveis à distância, podendo agarrá-los em voo sem cair do ramo. Por isso foram selecionados os primatas com olhos mais frontais, dotados de uma visão tridimensional graças à parcial sobreposição do campo visual. E mais: enquanto os seus antepassados eram noturnos, eles converteram-se em diurnos, sensíveis a um amplo espectro de cores. Simultaneamente, a sensibilidade aos cheiros tornou-se cada vez menos útil (na selva, os cheiros são quase excessivos), e o focinho foi se achatando progressivamente.

Sob a pressão seletiva de numerosos fatores concomitantes, e segundo complicados sistemas de retroação, os primatas adotaram o aspecto que hoje conhecemos.

Mas não só o seu aspecto externo se modificou: a quantidade de estímulos táteis proporcionada ao cérebro pela manipulação contínua de objetos aumentou em relação ao estímulo produzido por uma pata.

O fluxo de mensagens visuais e auditivas também se tornou enorme e cada vez mais articulado. Para assimilar essa torrente de estímulos, o cérebro teve de se adaptar e de conseguir elaborá-los rapidamente. Mas o sistema neuronal em que o cérebro se baseia não pode reger mais de uma certa quantidade de informação em cada ocasião: se aquilo que deve elaborar ultrapassar o limite, produz-se um curto-circuito.

O incremento de estímulos perceptivos determinou a reorganização das redes neuronais exercendo uma pressão seletiva que levou ao desenvolvimento de um cérebro maior e melhor organizado. A evolução do cérebro está ligada a alterações «internas» produzidas pelas modificações físicas sofridas pelos primatas.

A zona do cérebro onde se criam as percepções sensoriais (o córtex ➤82-87) sofreu uma lenta expansão. O desenvolvimento cerebral ocasionou uma rápida evolução nos comportamentos. Esse fato contribuiu para conservar a morfologia das partes restantes do corpo: se as alterações de comportamento são suficientes para enfrentar e superar os problemas de sobrevivência, o corpo deixa de se submeter a pressões seletivas. E isso, em longo prazo, ocasionou o desenvolvimento da cultura.

▶ **Encéfalos comparados**
Durante a evolução do encéfalo desenvolveram-se, principalmente, as estruturas cerebrais anteriores e superficiais:
1. Macaco;
2. Chimpanzé;
3. Gorila;
4. Homem.

- lobo frontal
- lobo parietal
- lobo temporal
- lobo occipital
- cerebelo
- tronco cerebral

 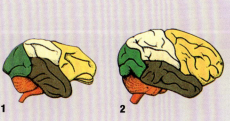 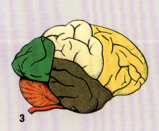 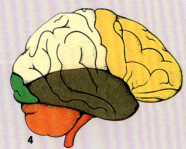

NERVOS E GLÂNDULAS ENDÓCRINAS

O SISTEMA NERVOSO CENTRAL É CONSTITUÍDO PELO ENCÉFALO, PELA MEDULA ESPINAL, POR 12 PARES DE NERVOS CRANIANOS E POR 31 PARES DE NERVOS ESPINAIS. TEM COMO FUNÇÃO A RECOLHA, O PROCESSO E A MEMORIZAÇÃO DOS ESTÍMULOS EXTERNOS E INTERNOS, REAGINDO A ELES COM IMPULSOS NERVOSOS.

O SISTEMA NERVOSO CENTRAL E OS ÓRGÃOS DOS SENTIDOS

O sistema nervoso central, uma estrutura anatômica enormemente complexa, recolhe milhões de estímulos por segundo, que são continuamente processados e memorizados, permitindo-lhe adaptar as respostas do corpo às condições externas ou internas.

Divide-se em diferentes partes, segundo a sua estrutura e funções: cada uma delas é subdividida em elementos que recebem diversos nomes, dependendo das funções desenvolvidas. O encéfalo subdivide-se em três partes: o rombencéfalo (que compreende o bulbo raquidiano, ou medula oblonga, o cérebro e a ponte), o mesencéfalo (teto mesencefálico) e o proencéfalo (cérebro, tálamo e hipotálamo).

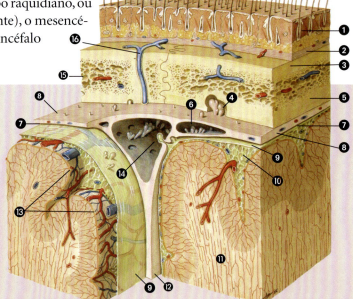

Os componentes do sistema nervoso central

O ENCÉFALO

O encéfalo é formado, em geral, por mais de dez bilhões de células 10 vezes mais numerosas. Neurônios e neuroglia formam o tecido cerebral, mole e gelatinoso, que apenas mantêm a sua forma porque está contido na caixa craniana.

O encéfalo está rodeado por três membranas, as meninges, cujas funções são de nutrição e de proteção: dura-máter, a mais externa e sólida; aracnoide, reticular e percorrida por numerosos canais de líquido cefalorraquidiano; e pia-máter, a mais delgada. As meninges prolongam-se até revestir toda a medula espinal[106]. Entre elas encontram-se fibras nervosas e vasos sanguíneos imersos no líquido cefalorraquidiano que circula também pelos ventrículos (cavidades) do encéfalo e pelo duto delgado que atravessa centralmente a medula espinal. O encéfalo divide-se em várias partes que correspondem a uma compartimentação anatômica e funcional:

o **CÉREBRO** abrange a maior parte do encéfalo (pesa 1200g); além de desempenhar algumas funções básicas de recepção e de elaboração dos estímulos, também é responsável pelas funções psíquicas humanas mais importantes;

o **CEREBELO** exerce principalmente um controle direto sobre os movimentos musculares de precisão;

o **SISTEMA LÍMBICO** está envolvido na memorização e na elaboração de emoções;

o **HIPOTÁLAMO** desenvolve uma atividade de controle da hipófise (a glândula endócrina mais importante) e de muitas outras funções vitais do corpo;

o **TRONCO CEREBRAL**, do qual faz parte o **TÁLAMO**, que «classifica» as mensagens de chegada e de saída das outras zonas encefálicas, prolonga-se na medula espinal ▶106 e desempenha uma função de controle de algumas condições internas como a pressão sanguínea ou ritmo respiratório, adequando-as continuamente às necessidades fisiológicas.

80

OS ÓRGÃOS DOS SENTIDOS

Apesar de não fazerem propriamente parte do sistema nervoso central, constituem o seu principal centro de captação de estímulos. Através das terminações nervosas da visão, da audição, da olfação, do paladar e do tato, das proprioceptivas e do equilíbrio, o cérebro recebe dados fundamentais acerca do seu desenvolvimento gerando sinais necessários para a sobrevivência. Os órgãos dos sentidos recolhem e transmitem estímulos para o cérebro através de nervos específicos. O cérebro capta, memoriza, reconhece e codifica os sinais; desse modo e em função disso, elabora as respostas mais adequadas. A afluência contínua de dados estimula a atividade cerebral: foi demonstrado que quanto maior for a quantidade de dados a serem processados, mais numerosas são as interligações entre células cerebrais, e mais a capacidade intelectual se desenvolve. Por isso, alguns antropólogos consideram que a nossa inteligência é consequência de uma maior afluência de estímulos produzida pelo emprego das mãos e pelo aperfeiçoamento da linguagem.

Se forem excluídas, a sensibilidade tátil e as que correspondem ao calor, à dor e à proprioceptiva típica da pele e extensa a todo o corpo, podemos dizer que os órgãos dos sentidos estão alojados na cabeça, bem protegidos pelos ossos do crânio.

◀ **Meninges em corte**
❶ pele - pelos, ❷ aponeurose, ❸ tábua externa, ❹ granulações ou vilosidades aracnóideas, ❺ tábua interna, ❻ veia colateral, ❼ espaço subdural, ❽ dura-máter, ❾ aracnoide, ❿ cavidade subaracnóidea, ⓫ encéfalo, ⓬ foice cerebral, ⓭ pia-máter, ⓮ seio sagital sup., ⓯ díploe, ⓰ v. emissária

▼ **O cérebro e os nervos cranianos**

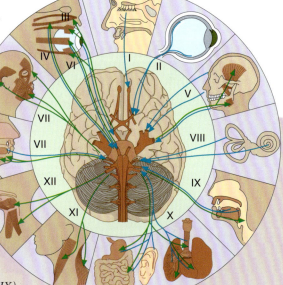

A MEDULA ESPINAL

É constituída por vários tipos de neurônios provenientes do encéfalo ou dirigidos a ele. Esses neurônios alojam-se no duto espinal (a cavidade que atravessa longitudinalmente a coluna vertebral). Com cerca de 45 cm de comprimento, tem uma forma cilíndrica e uma estrutura estratificada semelhante à do cérebro. Cumpre funções de transmissão de dados nervosos pelo e para o encéfalo; contém igualmente importantes centros de regulação do sistema nervoso autônomo. Ao nível da medula espinal[106] são criadas as respostas nervosas «reflexas» aos estímulos, nas quais o cérebro não intervém.

OS NERVOS CRANIANOS

Da face interior do encéfalo partem 12 nervos cranianos que enviam e recebem informações relativas à cabeça, ao pescoço e à maioria dos órgãos internos. São indicadas com um número romano. Desses nervos, três são exclusivamente aferentes, ou seja, levam para o encéfalo informações provenientes dos órgãos dos sentidos:
- *o nervo olfatório (I)*
- *o nervo óptico (II)*
- *o nervo acústico (VIII)*

Dois são unicamente motores:
- *o nervo espinal (XI), que leva instruções a dois músculos do pescoço;*
- *o hipoglosso (XII), que move a língua e outros pequenos músculos implicados na fonação.*

Os outros sete pares de nervos cranianos são formados por fibras tanto motoras como sensitivas (nervos mistos):
- *o trigêmeo (V), que inerva os músculos da mastigação e transmite as sensações do rosto;*

- *o facial (VII), que move os músculos mímicos e transmite as sensações provenientes das papilas gustativas de 2/3 da língua;*
- *o glossofaríngeo (IX), que transmite as informações táteis e gustativas recolhidas pela parte posterior da língua e da faringe, regula a deglutição;*
- *o vago ou pneumogástrico (X), interliga-se com os músculos do tórax e do abdome;*
- *os nervos patético ou troclear (IV), abducente ou motor ocular externo (VI) e oculomotor comum (III), que inervam a musculatura externa dos bulbos dos olhos: graças à sua constituição motora e sensitiva podem efetuar a contínua adaptação da posição do olho.*

OS NERVOS RAQUIDIANOS

São tratos de fibras nervosas que se originam na medula espinal e saem da coluna vertebral aos pares em intervalos regulares. Antes de sair através das aberturas vertebrais, cada nervo é formado por dois tratos de fibras ou raízes do nervo: uma posterior, aferente, e outra anterior, eferente. Distalmente, nos nervos espinais originam-se os nervos periféricos que se ramificam pelas diferentes partes do corpo.

81

NERVOS E GLÂNDULAS ENDÓCRINAS

O CÉREBRO

Constitui a massa principal do encéfalo: até ele chegam sinais dos órgãos dos sentidos, das terminações nervosas proprioceptivas e da dor. O cérebro processa, analisa e compara as informações provenientes do exterior e do interior do corpo, transforma-as em sensações e armazena-as como recordações. Nele desenvolvem-se os processos que levam à elaboração do pensamento e à reação motora ou endócrina do corpo. Embora o seu peso apenas corresponda a 2% do corpo, consome aproximadamente 20% do oxigênio em circulação.

Divide-se em dois hemisférios cerebrais separados em três lados por uma fissura profunda; são unidos na base pelo corpo caloso, um trato de fibras nervosas com cerca de 10 cm de comprimento que assegura a comunicação entre os hemisférios.

Em cada hemisfério é possível distinguir:

- o **córtex cerebral,** ou **substância cinzenta,** contém aproximadamente 60% dos neurônios encefálicos. Devido às numerosas dobras que apresenta, a superfície cerebral é cerca de 30 vezes maior do que a superfície disponível no espaço craniano.

As marcas das dobras visíveis por fora do córtex são circunvoluções cerebrais, sulcos e cisuras e, em geral, delimitam áreas com funções específicas;

- a **substância branca,** mais interna, é formada, principalmente, pelas fibras nervosas mielínicas ➤30 que chegam ao córtex.

A partir do **corpo caloso,** milhares de fibras nervosas ramificam-se no interior da substância branca. Se forem interrompidas, os hemisférios tornam-se independentes do ponto de vista funcional.

O CÓRTEX E A ELABORAÇÃO DOS DADOS SENSORIAIS

Trata-se de um tecido vivo, muito ativo e especializado, conforme a região, em selecionar, comparar, organizar e preparar as

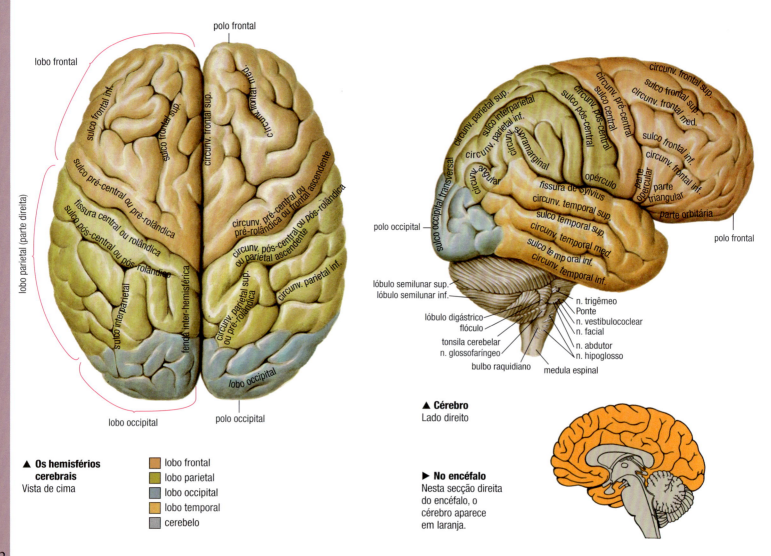

▲ **Os hemisférios cerebrais**
Vista de cima

- lobo frontal
- lobo parietal
- lobo occipital
- lobo temporal
- cerebelo

▲ **Cérebro**
Lado direito

▶ **No encéfalo**
Nesta secção direita do encéfalo, o cérebro aparece em laranja.

O CÉREBRO

informações de chegada, catalogando-as enquanto imagens, pensamentos ou emoções e armazenando-as como recordações. Essa parte do cérebro é constituída por cerca de oito milhões de neurônios comprimidos numa camada de poucos centímetros de espessura e imersos na *glia*, substância gelatinosa formada por uma quantidade de células oito vezes superior ao número de neurônios corticais.

A cisura de Rolando, longitudinal, e a cisura de Sylvius, transversal, circunscrevem os quatro lobos cerebrais em que o córtex cerebral se divide, separados e simétricos nos dois hemisférios. Cada lobo é formado por neurônios encarregados de receber informação e de transmiti-la. Os lobos adotam o nome dos ossos cranianos correspondentes, e neles localizam-se áreas com funções diversas: nos lobos parietais encontram-se centros de recepção e de elaboração dos estímulos táteis, nos occipitais estão os centros da visão, nos temporais os controles da percepção auditiva, etc.

Como é difícil que os dados provenientes de um único tipo de nervo sensitivo permitam originar um quadro completo da situação externa e interna do corpo, todos os impulsos que chegam ao córtex são integrados, modificados e elaborados ao mesmo tempo em que as outras informações de chegada. As regiões em que decorre esse rápido processo de modificação e de integração de mensagens sensoriais são denominadas *campos de associação* e estão distribuídas pelo córtex inteiro. Além disso, antes de ser enviada para o córtex, a informação proveniente dos órgãos dos sentidos é recolhida pelo hipotálamo ➤94.

Os núcleos cinzentos da base, agregados de substância cinzenta, encaixados entre os dois hemisférios, têm uma função análoga de classificação dos impulsos provenientes do córtex. A parte do córtex cerebral em que se encontram os centros que elaboram as sensações chama-se *córtex sensitivo*. Com exceção da percepção olfatória, todas as sensações chegam ao córtex através do tálamo, uma pequena estrutura situada no centro do encéfalo, que controla, integra e coordena os impulsos transportados pelas fibras nervosas que ligam os hemisférios às sensações recolhidas pelo eixo cerebrospinal.

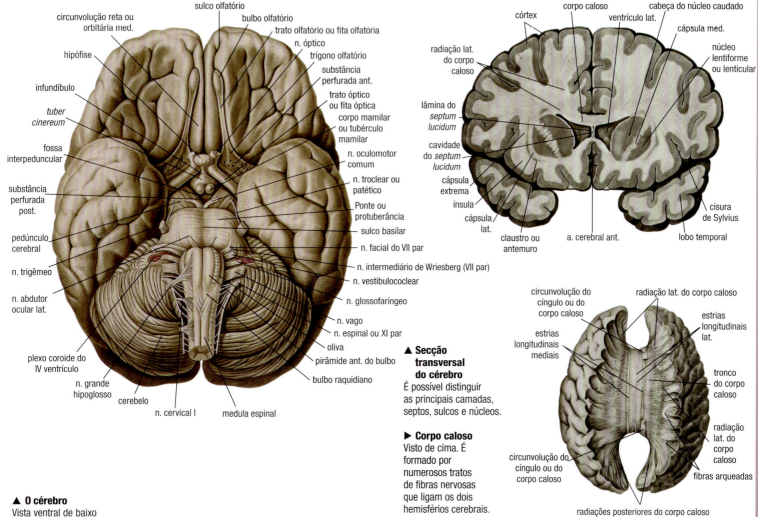

▲ **O cérebro**
Vista ventral de baixo

▲ **Secção transversal do cérebro**
É possível distinguir as principais camadas, septos, sulcos e núcleos.

▶ **Corpo caloso**
Visto de cima. É formado por numerosos tratos de fibras nervosas que ligam os dois hemisférios cerebrais.

83

NERVOS E GLÂNDULAS ENDÓCRINAS

O CÓRTEX VISUAL

A visão desempenhou um papel essencial na nossa evolução; por isso, o número de células sensitivas envolvidas supera o de qualquer outro sentido.

A imagem captada pelo olho ➤96 é transmitida pelo nervo óptico ao cérebro, onde se transforma em imagens, em movimento, multicores, reconhecíveis e que podem ser armazenados pela memória. No córtex visual também são criadas as cores, uma sensação produzida no cérebro por diferentes combinações de impulsos gerados pela luz com diferentes comprimentos de onda.

Aí também ocorre um dos processos fisiológicos mais extraordinários: transformação de milhares de impulsos nervosos, produzidos por imagens invertidas e em duas dimensões, em imagens direitas, tridimensionais e «íntegras» da realidade. O cérebro permite que vejamos os objetos como realmente são, apesar das deformações devido à perspectiva, à distância ou a outros fatores. A nossa mente completa as informações com a memória, com as imagens corretas encontradas ao longo da vida. Os movimentos contínuos dos olhos são indispensáveis para obtermos uma percepção real da profundidade, garantindo que a imagem perdure: se um olho for «tapado», a imagem visual desaparece rapidamente.

A visão é muito mais do que uma soma de informações: necessita de um patrimônio de informações adquiridas anteriormente inclusive através de outras sensações.

Essas inter-relações complexas talvez provoquem as «ilusões ópticas». Se os indícios perceptivos da imagem forem ambíguos, o cérebro os assimila de acordo com as suas próprias experiências, e os objetos são distorcidos ou convertidos em reais mesmo sendo construções impossíveis.

Ainda são desconhecidos, em grande medida, os mecanismos em que são baseadas essas criações visuais da mente; os cientistas ainda têm de descobrir qual é a parte deste complicado processo que é aprendida e qual é inata. Também se desconhecem em grande parte os mecanismos da percepção visual. Mas sabe-se que ao estimular o córtex cerebral numa área correspondente à região central da retina ➤96-97 distinguem-se clarões luminosos, e

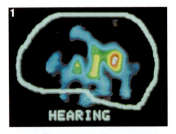
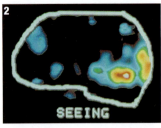
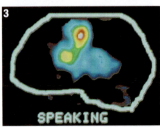
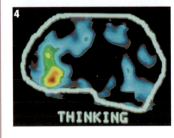

◄ **Áreas funcionais do córtex cerebral numa PET**
A tomografia computadorizada de emissão de pósitrons (PET) é uma técnica radiológica ➤17 que permite visualizar as funções do cérebro ativadas por tarefas cognitivas ou comportamentais, localizando a glicose marcada (radioativa) fornecida ao paciente. De fato, as regiões ativas do cérebro necessitam de um abastecimento extra de energia (açúcar).
1. ouvindo;
2. vendo;
3. falando;
4. pensando.

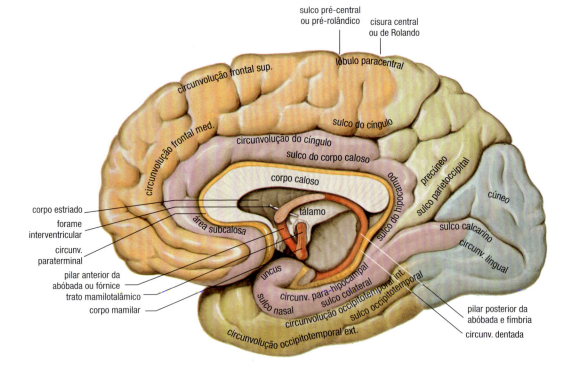

▲ **Face interna de um hemisfério cerebral**
Secção longitudinal do cérebro apresentando as principais divisões anatômicas.

84

O CÉREBRO

ao se estimular regiões cada vez mais periféricas produzem-se imagens precisas de formas e objetos, até estimular a visão com cenas de experiências passadas.

É provável que no interior do córtex visual exista uma «divisão» das funções cerebrais, e que algumas células reconheçam apenas objetos precisos (por ex., riscas verticais) ou movimentos em direções preferenciais do campo visual.

O CÓRTEX AUDITIVO

Os impulsos auditivos também são assimilados pelo córtex em conjunto com outras informações memorizadas: recordações visuais, olfatórias, táteis e sonoras contribuem para criar uma «imagem» completa do som percebido.

Os problemas do envelhecimento: cérebro, memória e doenças degenerativas

O cérebro, tal como os outros órgãos, também envelhece; em média, a partir dos 40 anos, o seu peso pode reduzir-se em 9 g anualmente. A diminuição de células ativas corresponde a uma progressiva degeneração cerebral que pode levar a uma perda mais ou menos consistente das faculdades intelectuais.

*A **demência senil** afeta, com nível mais ou menos grave, cerca de 4% da população com mais de 65 anos, e a percentagem sobe para 20% acima dos 80 anos.*

Esse problema ligado ao envelhecimento depende das condições físicas gerais. Por exemplo, um dos agentes que mais influenciam o seu aparecimento é a arteriosclerose (ou seja, o espessamento das paredes dos vasos sanguíneos, que provoca uma menor afluência de sangue e um aumento da tensão); são fatores preventivos o exercício mental contínuo, uma alimentação correta e o fato de não fumar.

*A **doença de Alzheimer** ainda desempenha um papel mais importante; afeta aproximadamente 50% de todos os casos de demência em pessoas com mais de 50 anos. Essa doença, com um evidente componente genético, provoca perturbações da memória e da formulação do pensamento, aos quais se somam problemas de personalidade, de afetividade, de linguagem e, nas fases mais agudas, até de manutenção da postura. Estas são consequências da formação de placas e de fibrinas devido à atividade de algumas enzimas a partir de elementos proteicos produzidos pelas células cerebrais sãs.*

A elaboração de uma vacina e de novos fármacos deveria permitir resolver ou, pelo menos, conter o problema. Atualmente, a farmacologia ainda não descobriu um modo de travar a crescente degeneração cerebral provocada por essa doença.

*A **doença de Parkinson**, que pode surgir até em idades não muito avançadas, não tem componentes genéticos, mas é lenta e progressiva como a de Alzheimer. Ao contrário desta última, a doença de Parkinson não diminui as faculdades mentais, exceto depois de muito tempo. Essa doença degenerativa é causada pela morte de neurônios particulares localizados na substância negra do mesencéfalo, que produzem dopamina, um neurotransmissor ➤30 essencial para a modulação dos movimentos. Os doentes de Parkinson apresentam rigidez muscular, tremores musculares persistentes até durante o sono e falta de expressividade no rosto. No entanto, já existem numerosos medicamentos contra a doença de Parkinson, embora o tratamento farmacológico tenha de ser acompanhado por um indispensável e adequado exercício físico.*

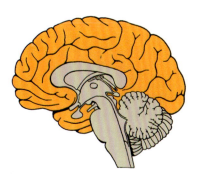
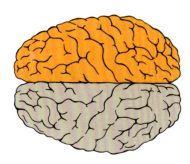

▲ **Hemisfério cerebral direito**
Localização do encéfalo e áreas de atividades específicas. Os conhecimentos que possuímos sobre a atividade desenvolvida pelo hemisfério cerebral direito são menores do que os relativos à atividade do hemisfério esquerdo.

① Tomografia com emissão de pósitrons de um cérebro sadio e ② de um cérebro de um doente com Alzheimer: as placas de tecido cerebral morto distinguem-se pelas cores falsas mais claras.

85

NERVOS E GLÂNDULAS ENDÓCRINAS

A memória é essencial para reconhecer os sons. Quando o centro da memória é danificado, os sons continuam a ser perfeitamente apreendidos, porém torna-se impossível codificá-los. O cérebro armazena recordações de sons desde o nascimento: considera-se que pode reconhecer até meio milhão de sinais sonoros.

Por um nervo auditivo «passam» numerosos impulsos elétricos que, através de elétrodos, podem voltar a ser transformados em sinais acústicos. A orelha[98] funcionaria como um microfone, que capta os estímulos e os transmite para o nervo e para o córtex, que decodifica esses estímulos tal como mensagens nervosas com informações complementares (sobre a intensidade, o timbre, etc.); o córtex auditivo codifica e executa de forma ainda desconhecida.

O CÓRTEX TÁTIL

Os sinais táteis [104] distribuem-se em diferentes setores do córtex sensitivo: estudos experimentais permitiram desenhar um «mapa» das áreas táteis do córtex e, como era previsível, as regiões do corpo mais sensíveis correspondem a uma quantidade maior de neurônios corticais (ou seja, a uma superfície mais extensa do córtex sensitivo).

Os dedos das mãos, por exemplo, enviam estímulos para uma área do córtex equivalente àquele que executa os estímulos do resto do corpo. Além disso, as fibras nervosas se entrecruzam ao nível do tronco encefálico[90], e o córtex sensitivo direito é inervado pelas fibras provenientes da metade esquerda do corpo e vice-versa.

COORDENAR OS MOVIMENTOS

O córtex motor é a parte do cérebro que organiza e determina os movimentos voluntários do nosso corpo. Tem muitas afinidades com o córtex sensitivo quanto à localização anatômica e à organização interna. De fato, o córtex sensitivo e o motor situam-se na parte superior dos hemisférios cerebrais. Além disso, do mesmo modo que o sensitivo, o córtex motor pode ser dividido em áreas que correspondem a uma parte específica do corpo: também nesse caso foi possível desenhar um «mapa dos campos motores», e as mais extensas e ricas em neurônios correspondem às zonas mais ativas do corpo. Porém, existe uma profunda diferença funcional entre esses dois tipos de córtex: enquanto no córtex sensitivo os

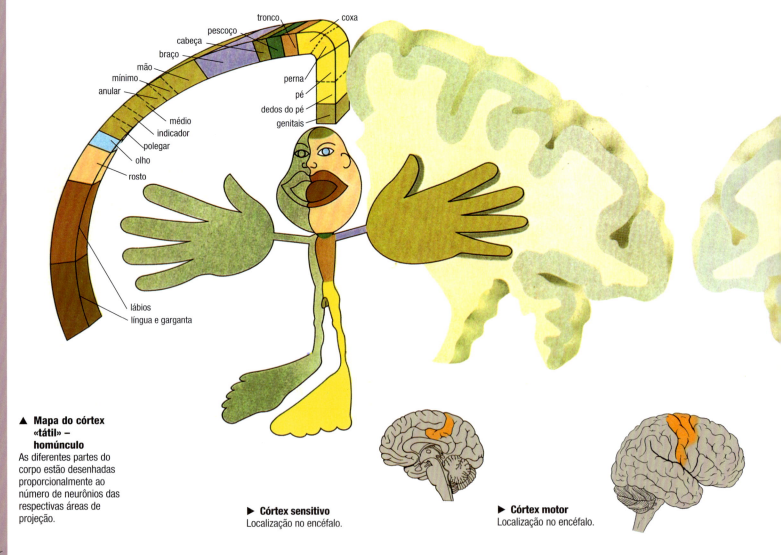

▲ **Mapa do córtex «tátil» – homúnculo**
As diferentes partes do corpo estão desenhadas proporcionalmente ao número de neurônios das respectivas áreas de projeção.

▶ **Córtex sensitivo**
Localização no encéfalo.

▶ **Córtex motor**
Localização no encéfalo.

86

O CÉREBRO

estímulos são de chegada, no motor partem dos neurônios corticais e chegam, através de fibras eferentes, aos músculos.

Para desenvolver a sua função, o córtex motor necessita que o corpo esteja «preparado para se mover». Além do cerebelo ►88, numerosas estruturas colaboram para alcançar e manter as condições favoráveis ao movimento:

- a **medula espinal**, com movimentos reflexos, contribui para relaxar cada músculo antagonista quando um músculo se contrai;

- o **tronco encefálico**, ao manter o tônus muscular, permite a ação imediata dos músculos;

- o **tálamo**, uma vez iniciado o movimento, assegura que este se desenvolva sem interrupção, de maneira gradual e progressiva.

Para que se realize um movimento é preciso passar por dois momentos diferentes; a elaboração dos movimentos e a sua execução, que se desenvolve em duas regiões diversas do campo motor: o *campo pré-motor* e o *campo primário*.

No campo pré-motor, os dados são elaborados e os impulsos motores, coordenados: situa-se junto ao lóbulo frontal, onde ocorrem os principais processos cerebrais ligados à reflexão, à elaboração de esquemas complexos, à programação, ao julgamento, etc. Além disso, os campos pré-motores dos dois hemisférios estão ligados entre si, com a finalidade de desenvolver um «programa motor global».

No campo primário, em contrapartida, as ordens combinam-se numa instrução global e coordenada com os músculos: os campos primários estão desligados quase por completo, de forma que permitem movimentos independentes nas duas metades do corpo. Os estímulos passam primeiro para a medula espinal e, uma vez modificados, para os músculos voluntários. Das raízes motoras da medula espinal partem também as fibras do sistema nervoso autônomo que conduzem a uma cadeia de gânglios adjacentes à coluna vertebral. Estas levam os impulsos que acionam a musculatura involuntária, os quais não são produzidos pelo córtex motor, embora em algumas situações possam ser influenciados por ele (por ex., a respiração ►162-163).

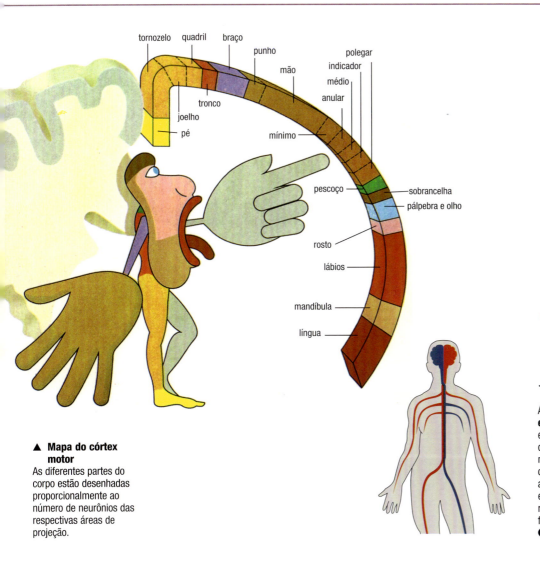

▲ **Mapa do córtex motor**
As diferentes partes do corpo estão desenhadas proporcionalmente ao número de neurônios das respectivas áreas de projeção.

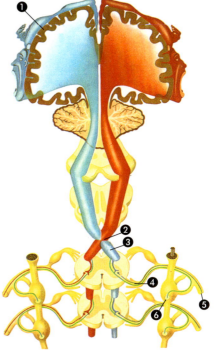

◄◄ **Cruzamentos de vias nervosas**
Áreas motoras: **em vermelho,** esquerda; **em azul,** direita. Os impulsos nervosos produzidos pelo córtex ❶ passam através das fibras que se entrecruzam no bulbo raquidiano ❷, chegam às fibras do músculo espinal ❸ e, através das raízes motoras espinais ❹ e dos nervos espinhais ❺, chegam aos músculos. Os movimentos dos músculos envolvidos são controlados pelas fibras do sistema nervoso autônomo **(em verde),** que passam da raiz motora espinal para a cadeia de gânglios nervosos ❻ adjacentes à coluna vertebral.

NERVOS E GLÂNDULAS ENDÓCRINAS

O CEREBELO

Situado na base do encéfalo, o cerebelo cresce (do nascimento até os dois anos) muito mais do que o cérebro, alcançando rapidamente o seu volume definitivo, cujo peso equivale a 11% da massa encefálica total. De forma ainda mais desconhecida, memoriza os esquemas motores que vão sendo aprendidos sob forma de «memórias de trabalho», as quais acessa com enorme rapidez. Essas memórias constituem uma espécie de «banco de dados» dos esquemas mecânicos ideais, ao qual o cérebro se remete sempre para controlar a exata execução de cada movimento.

O cerebelo é semelhante a um cérebro em miniatura: dividido em dois lóbulos (hemisférios cerebelares), exibe uma superfície dobrada em lâminas. A secção de cada lâmina apresenta uma parte superficial cinzenta (córtex), por baixo da qual se encontra a substância branca, composta por fibras nervosas aferentes e eferentes. Mas as suas semelhanças param aqui: ao contrário do que acontece no cérebro, os neurônios do córtex cerebelar estão distribuídos ordenadamente em três camadas com estrutura e funções diferentes:

- a ***camada molecular,*** formada por células estreladas e cristiformes que geram informações. É a mais externa;
- a ***camada intermediária,*** formada por células de Purkinje que levam as informações relativas ao movimento corporal para fora do cerebelo;
- a ***camada granulosa,*** formada por células granulares e de Golgi que filtram as informações de chegada. É a mais interna.

Além disso, o cerebelo apenas tem funções inibitórias. Graças à sua atividade, os impulsos rápidos gerados pelo córtex cerebral motor são ordenados e coordenados para conseguir o desenvolvimento correto do movimento. Isso não significa que o cerebelo seja lento: pode gerar dados em menos de um décimo de segundo.

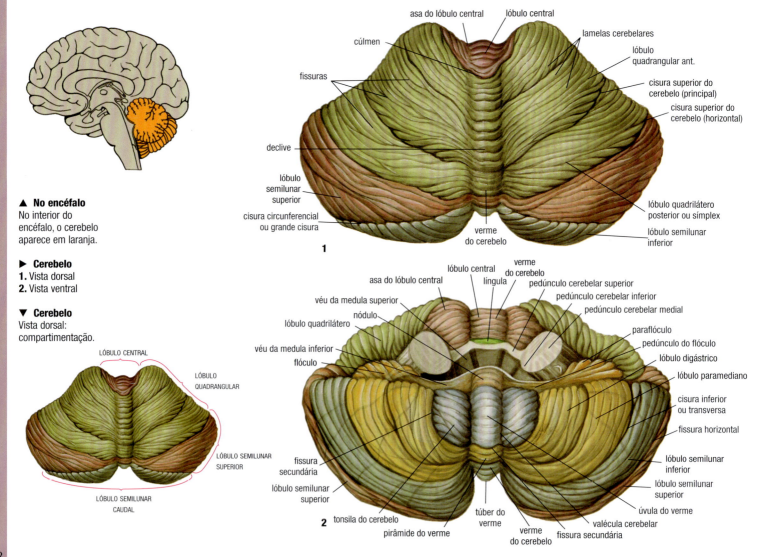

▲ **No encéfalo**
No interior do encéfalo, o cerebelo aparece em laranja.

▶ **Cerebelo**
1. Vista dorsal
2. Vista ventral

▼ **Cerebelo**
Vista dorsal: compartimentação.

88

O CEREBELO

As suas células não «perdem tempo» ao trocar informação: o impulso de chegada pode estar «correto» ou «errado» e, com um «sim» (via livre) ou um «não» (interrupção do impulso), o cerebelo modula os movimentos do corpo. Vejamos a seguir uma sequência motora:

1. o córtex pré-motor do hemisfério cerebral esquerdo formula a ideia de movimento: «levantar a mão direita e pegar a maçã»;
2. o córtex motor primário do hemisfério cerebral esquerdo recebe esse impulso e o converte num sinal complexo destinado a estimular os músculos do braço, do antebraço, do punho e da mão;
3. depois de sair do córtex primário, o sinal chega ao tronco encefálico: enquanto alguns sinais continuam para o braço, outros são transmitidos ao hemisfério direito do cerebelo que, em 1/15 de segundo a partir do momento em que o sinal sai do córtex cerebral, recebe uma informação motora completa;
4. enquanto o braço começa a mover-se, o cerebelo compara a informação motora recebida com a do seu «banco de dados» sobre o correto desenvolvimento desse movimento; de acordo com aquilo que memorizou, modifica a mensagem, permitindo-lhe prosseguir depois;
5. enquanto o braço continua a mover-se, o cerebelo recebe do tronco encefálico as informações provenientes da extremidade, dos receptores do equilíbrio e da posição espacial do corpo, que descrevem a amplitude e a velocidade do movimento. O cérebro continua a comparar as informações recebidas com as memorizadas e modifica os sinais segundo a atividade muscular.

Dessa forma, o braço levanta-se sem impulsos repentinos, o antebraço desloca-se progressivamente, a mão estende-se e os dedos fecham-se sobre a maçã. A atividade do cerebelo é constante: controla cada movimento garantindo tanto a perfeita posição do corpo como o equilíbrio.

Para desenvolver a sua função de controle, o cerebelo recebe contínuas informações da medula espinal ➤[106], da musculatura voluntária e involuntária, dos órgãos do equilíbrio e das terminações proprioceptivas distribuídas na pele.

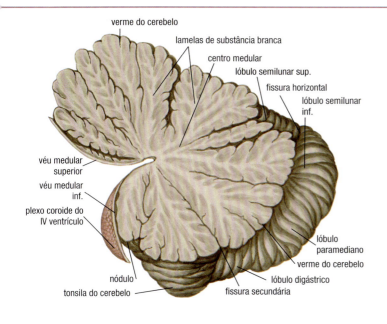

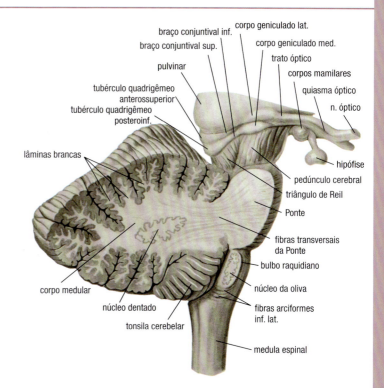

▲ **Secção longitudinal do cerebelo**
Lado direito

◀ **Cerebelo**
Secção vista de cima.

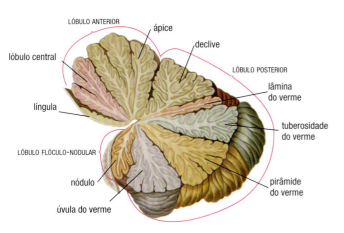

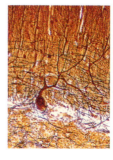

◀ **Célula de Purkinje**
Forma a camada intermediária do cerebelo, ramificando-se na camada molecular extensamente. Um eixo grosso sai do polo celular oposto, atravessa os grânulos e corre pela substância branca profunda.

89

NERVOS E GLÂNDULAS ENDÓCRINAS

O TRONCO CEREBRAL

Nem todas as funções cerebrais têm a mesma importância; as vitais, como a respiração e o controle do ritmo cardíaco e da pressão sanguínea, possuem maior importância. Na evolução dos animais, essas faculdades são as primeiras a serem desenvolvidas, e no homem têm o seu centro na parte mais «arcaica» do encéfalo: o tronco encefálico.

Localizada sob os hemisférios cerebrais, frontalmente em relação ao cerebelo, essa estrutura alongada está ligada a todas as restantes partes do encéfalo. Pelo tronco encefálico passam as principais vias motoras e sensitivas desde e para os centros cerebrais: é aqui que muitas delas se cruzam, permitindo que cada hemisfério cerebral controle principalmente o lado oposto do corpo.

Na parte anterior do tronco encefálico, o plexo coroide segrega o líquido cerebrospinal que é recolhido nos ventrículos cerebrais e na cavidade central do encéfalo e, a partir dali, através do aqueduto de Sylvius, percorre o ventrículo por cima do tronco encefálico, banhando a superfície externa do encéfalo e da medula espinal ▶[106].

Dentro do tronco encefálico encontra-se a formação reticular, uma rede com centenas de neurônios isenta de via nervosa pré-definida. É responsável pela manutenção das funções vitais e pela regulação do nível de consciência: algumas alterações podem ser produzidas ao nível de consciência e de vigilância

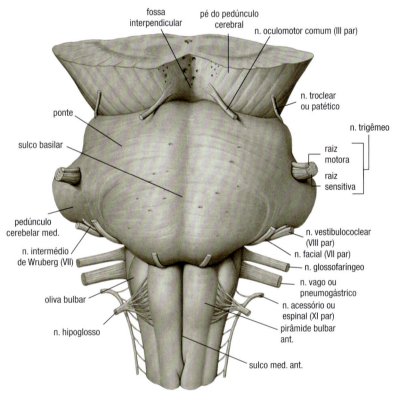

▲ **Anatomia do tronco encefálico**

▶ **Secção longitudinal**
Com apenas 6 cm de comprimento, disposto como um livro aberto, o tronco encefálico apresenta no seu interior a formação reticular. À esquerda encontram-se os núcleos motores dos nervos cranianos; à direita, os respectivos núcleos sensitivos. Acima, à direita, o tálamo e o mesencéfalo.

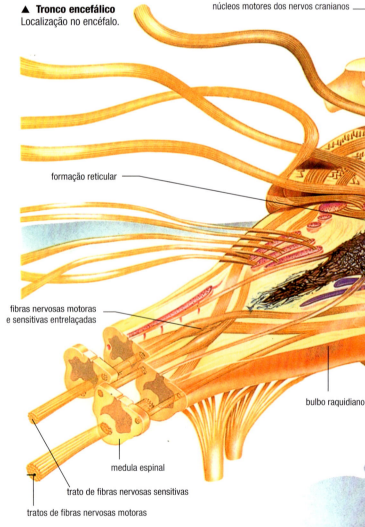

▲ **Tronco encefálico**
Localização no encéfalo.

O TRONCO CEREBRAL

devido a variações de excitação da formação reticular, que permanece ativa inclusive durante os estados de sono e de inconsciência. Esse controle é possível graças à posição estrategicamente central da formação reticular: até aqui chegam informações de todo o corpo; essas informações são transmitidas para todos os órgãos.

De fato, para realizar a mínima mudança física, é necessária uma série contínua de ajustes do ritmo cardíaco, da pressão sanguínea, da respiração, da atividade digestória, etc.

A formação reticular encarrega-se disso tudo. Fibras específicas que partem dali também regulam os movimentos musculares precisos: esse controle é muito importante uma vez que permite realizar as adaptações mínimas das quais depende a possibilidade de efetuar movimentos coordenados e regulares.

Anteriormente ao tronco encefálico encontra-se o tálamo. Quando as fibras dessa região são estimuladas, transmitem a excitação para grandes áreas do córtex cerebral, ativando assim a sua função de criação.

No tálamo distinguem-se núcleos, ou corpos talâmicos (agregados compactos de neurônios), que desenvolvem funções específicas correspondentes a zonas circunscritas do córtex cerebral.

Abaixo do tálamo encontra-se o mesencéfalo, que controla os movimentos oculares e o diâmetro da pupila.

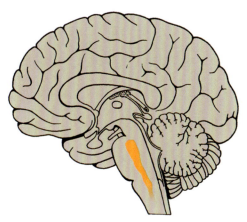

▲ **Formação reticular estimulante**
Localização no encéfalo.

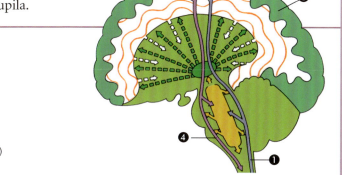

▲ **Percursos informativos**
Os sinais sensitivos ❶ aferentes ao córtex sensitivo ❷ estimulam a formação reticular **(em amarelo)** do tronco encefálico antes de chegarem ao cérebro. A formação reticular estimula assim «temporariamente» a atividade e a vigilância de todo o córtex. Por sua vez, as mensagens motoras que saem do córtex motor ❸, ao passarem para as fibras nervosas eferentes ❹, estimulam novamente a formação reticular.

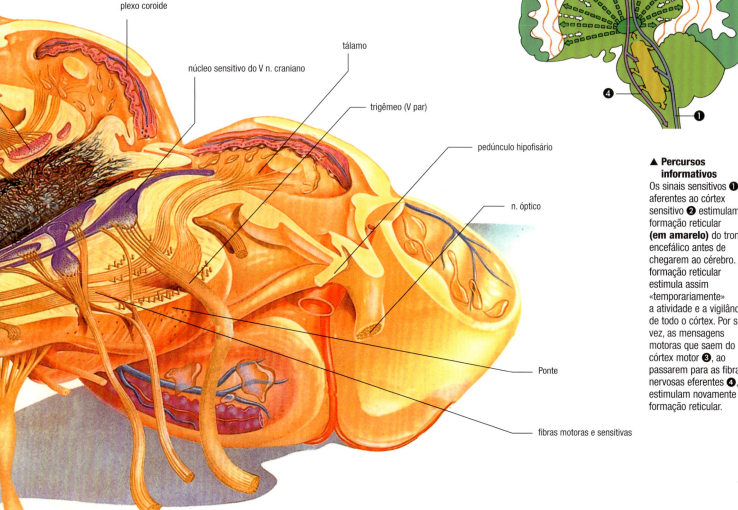

plexo coroide
tálamo
núcleo sensitivo do V n. craniano
trigêmeo (V par)
pedúnculo hipofisário
n. óptico
Ponte
fibras motoras e sensitivas

91

O SISTEMA LÍMBICO

A função desta estrutura que, curiosamente, se repete nos dois hemisférios e que se encontram por cima do tronco encefálico (com o qual está intimamente ligada), é de regular, em grande parte, tanto os comportamentos estereotipados (ou instintivos) como as funções e os ritmos biológicos vitais.

O sistema límbico, que antigamente se pensava estar intimamente ligado à percepção olfatória (e por isso era denominado rinencéfalo), mantém complexas interações nervosas e bioquímicas com o córtex cerebral, e atualmente é considerado o elemento encefálico responsável pela memória, emoções, atenção e aprendizagem. De fato, os doentes que possuem um hipocampo danificado, a parte mais próxima do tronco encefálico, apresentam transtornos de concentração, de atenção, de resposta emotiva, de processos perceptivos e de pensamento. Ao estimular eletricamente algumas áreas do sistema límbico (tonsila, *septum lucidum*, hipocampo) foram igualmente observadas reações de raiva, de agitação, de ansiedade, de excitação, de apetite sexual, visões coloridas, pensamentos profundos e relaxamento.

Dado que o sistema límbico funciona em estreita interdependência com o córtex cerebral, uma desordem nesse nível poderá desencadear algumas doenças mentais: as informações sensitivas que normalmente passam através dessa estrutura podem sofrer uma certa distorção até perderem totalmente o contato com a realidade. O hipocampo, que desempenha um papel importante na resposta emotiva,

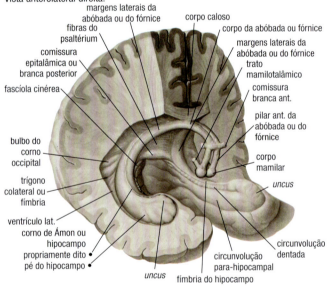

▼ **Hipocampo**
Vista anterolateral direita.

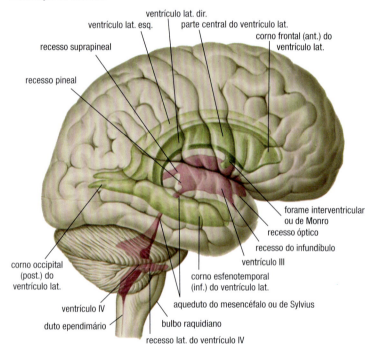

▲ **Sistema límbico**
Localização no encéfalo.

◄ **Estrutura e funções**
O sistema límbico é composto pelos corpos tonsilianos ou tonsilas ❶, ligados ao comportamento agressivo; o corno de Ámon ou hipocampo propriamente dito ❷, situado por cima da circunvolução hipocampal ❸ e implicado na memória; o *septum lucidum* ❹, associado ao prazer; a circunvolução do cíngulo ❺, o fórnice; ❻ e a comissura anterior ❼, que têm funções de comunicação interna entre as diferentes partes. Os corpos mamilares ❽ contribuem para essa função e desempenham um papel decisivo na memória.

▲ **Anatomia do sistema límbico**
Vista lateral direita.

O SISTEMA LÍMBICO

realiza uma comparação contínua dos dados sensitivos com um modelo aprendido, permitindo detectar qualquer mudança ambiental. Quando as condições ambientais variam, a sua ação inibidora é interrompida sobre a formação reticular, estimulando a vigilância do organismo, o que nos permite apenas distinguir, entre a massa de estímulos ou de memórias, os elementos importantes.

O sistema límbico também abriga os centros de «recompensa» e de «castigo» que nos permitem avaliar as nossas ações: entre as recordações importantes selecionadas na memória pelo hipocampo, a tonsila permite distinguir quais são as que convém avaliar positivamente e quais delas devem ser consideradas negativas.

A AÇÃO DAS DROGAS

Os estados de consciência podem ser alterados pela ingestão de fármacos e de drogas: substâncias que interferem de forma direta ou indireta na transmissão nervosa e que podem provocar dependência, hábito ou toxicomania. Algumas delas são indutoras de alterações mentais imediatas e de alucinações (LSD, cocaína, anfetamina), e outras provocam graves danos fisiológicos (cirrose hepática, perturbações cardiovasculares, progressiva destruição das células cerebrais, etc.) se forem ingeridas de forma prolongada. A dependência também leva ao aumento progressivo das doses ingeridas, o que pode conduzir à intoxicação aguda por overdose.

As drogas dividem-se em três grupos:
A. drogas lícitas (álcool, tabaco, cafeína, etc.), que são vendidas sem restrições, embora o seu abuso possa causar doenças graves ou mesmo a morte;
B. fármacos (excitantes, sedativos, soníferos, calmantes, etc.), vendidos em farmácias, quase sempre com receita médica, e que atuam diretamente no sistema nervoso central;
C. drogas ilícitas, como a heroína, a cocaína, as anfetaminas, a cannabis (maconha) e os alucinógenos (LSD, mescalina, ecstasy, etc.), que atuam no sistema nervoso central e que são exclusivamente vendidas por vias ilegais.

A principal causa do êxito das drogas, que inicialmente foram utilizadas com fins farmacêuticos, é a sensação de bem-estar que provocam logo depois de serem ingeridas. Mas todas elas criam dependência ou hábito: no primeiro caso, para obter o mesmo resultado, são necessárias doses cada vez maiores, e, no segundo, produzem-se graves problemas físicos e psíquicos sem o consumo regular de uma dose.

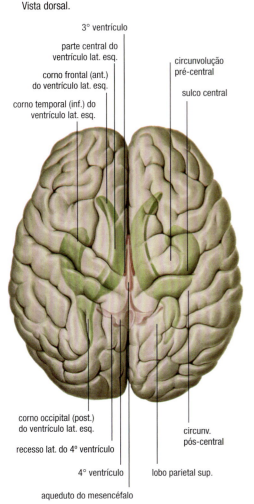

▼ **Anatomia do sistema límbico**
Vista dorsal.

3° ventrículo
parte central do ventrículo lat. esq.
corno frontal (ant.) do ventrículo lat. esq.
corno temporal (inf.) do ventrículo lat. esq.
circunvolução pré-central
sulco central
corno occipital (post.) do ventrículo lat. esq.
recesso lat. do 4° ventrículo
4° ventrículo
circunv. pós-central
lobo parietal sup.
aqueduto do mesencéfalo

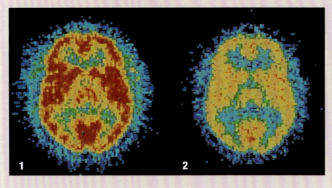

▲ **Áreas de influência de várias drogas**
- antidepressivos: mesencéfalo
- tranquilizantes: sistema límbico e formação reticular
- estimulantes: formação reticular e hipotálamo
- sedativos: formação reticular e córtex

▶ **Ação das anfetaminas**
PET ➤17, 84 de um cérebro normal (**1**) e de um cérebro depois da ingestão de doses crescentes de metanfetamina (**2**, **3**) que apresenta o aumento da atividade cerebral (área amarela).

▲ **Ação da cocaína**
PET ➤17, 84 de um cérebro normal (**1**) e de um cérebro depois da administração de cocaína (**2**) que apresenta a diminuição da atividade cerebral (áreas vermelhas).

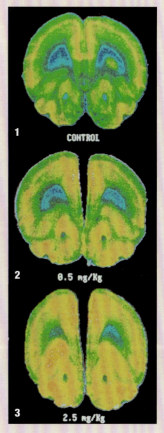

93

NERVOS E GLÂNDULAS ENDÓCRINAS

O HIPOTÁLAMO

Situado no centro da face inferior do cérebro, com o tálamo por baixo e a hipófise ➤128 por cima, o hipotálamo é uma formação nervosa ímpar e mediana ligada ao cérebro, ao tronco encefálico, ao sistema límbico e à medula espinal ➤106 por meio de numerosos canais nervosos.

Fazem parte do hipotálamo o quiasma óptico (constituído pelo cruzamento de nervos ópticos ➤81) e os canais ópticos, dois cordões brancos que rodeiam primeiro o *tuber cinereum* (que constitui o pavimento do ventrículo cerebral) e depois o pedúnculo hipofisário e a hipófise.

Também pertencem ao hipotálamo os corpos mamilares, duas pequenas protuberâncias arredondadas de cerca de 5 mm de diâmetro; a parte mediana da face superior do hipotálamo constitui igualmente o pavimento do 3º ventrículo cerebral.

No hipotálamo distinguem-se regiões funcionais diversas, chamadas núcleos hipotalâmicos, responsáveis pela regulação contínua dos impulsos fundamentais e das condições do ambiente interno do organismo (homeostase, nível de nutrientes, temperatura). O hipotálamo também está envolvido na elaboração das emoções e das sensações de prazer e de dor (ou pesar); na mulher controla o ciclo menstrual ➤130-134.

Esta parte do encéfalo funciona de maneira «automática», sendo inclusive sensível aos estímulos químicos do corpo: por

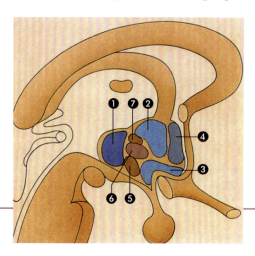

▲ **Estrutura e funções**
O hipotálamo divide-se em várias regiões que regulam aspectos diversos da atividade corporal: a região posterior ❶ controla os impulsos sexuais; a região anterior ❷ provoca a sensação de sede e regula a procura de água em colaboração com os núcleos supra-ópticos ❸; o núcleo pré-óptico ❹ ajusta continuamente a temperatura corporal interna; o núcleo ventromedial (também chamado «apetitivo») ❺ provoca a sensação de fome; o núcleo dorsomedial ❻ controla o comportamento agressivo e a zona dorsal ❼ é, provavelmente, o «centro do prazer».

▶ **Centro cerebral endócrino**
Em contato com o cérebro e a medula espinal, o hipotálamo é o principal elo entre o sistema nervoso central e o sistema endócrino graças ao controle direto que exerce sobre a produção hormonal da hipófise anterior. O seu funcionamento é automático: controla e vigia o sistema nervoso autônomo, o estado metabólico do organismo, as reações de defesa em situações de emergência e o ciclo menstrual.

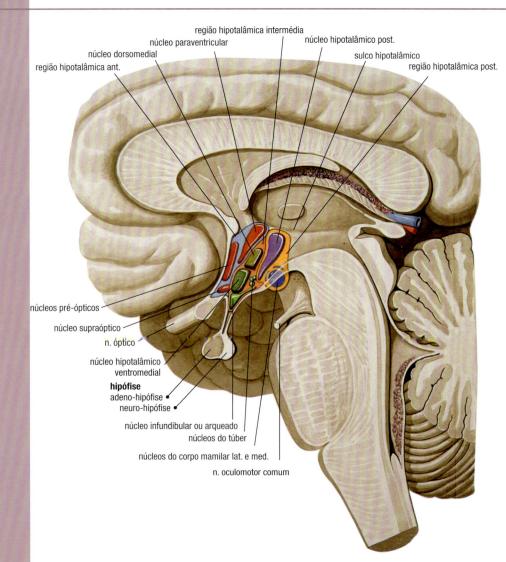

◀ **Hipotálamo**
Secção lateral, elementos anatômicos.

O HIPOTÁLAMO

exemplo, os osmorreceptores localizados na zona supraóptica do hipotálamo registram a carência de água e criam a sensação de sede; do mesmo modo, e em consequência de uma estreita colaboração entre núcleo ventromedial e hipotálamo lateral, é capaz de detectar a carência de substâncias alimentares (ou seja, a diminuição da quantidade de glicose no sangue), desenvolvendo a sensação de fome.

O hipotálamo também atua como ligação entre o sistema nervoso central e o sistema endócrino ➤[126]: de fato, tanto o núcleo supraóptico como o núcleo paraventricular e a chamada eminência mediana são constituídos por células neurossecretoras que produzem hormônios ➤[127-129].

Sabemos que os neurônios produzem substâncias quimicamente ativas: quase todas as células nervosas produzem neurotransmissores, indispensáveis nas sinapses químicas ➤[30]. Ao contrário do que ocorre com os neurotransmissores, os hormônios produzidos pelo hipotálamo não são liberados nos espaços interneuronais próximos; são transportados dentro da célula ao longo dos axônios do trato hipotálamo-hipofisário até a neuro-hipófise ➤[130-133]. Aí são acumulados para serem posteriormente liberados na corrente sanguínea, ou então para estimularem células endócrinas hipofisárias específicas.

Por conseguinte, através dessa atividade neuronal particular do hipotálamo, o encéfalo estabelece um controle direto da hipófise, uma das glândulas «chave» do sistema endócrino, o mecanismo de controle químico do corpo. Por sua vez, a atividade hipofisária e, em geral, a situação endócrina basal do corpo controla a atividade neurossecretora do hipotálamo ➤[94].

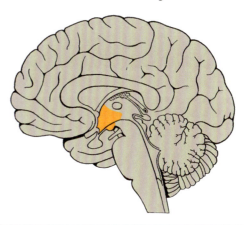

▲ **Hipotálamo**
Localização no encéfalo.

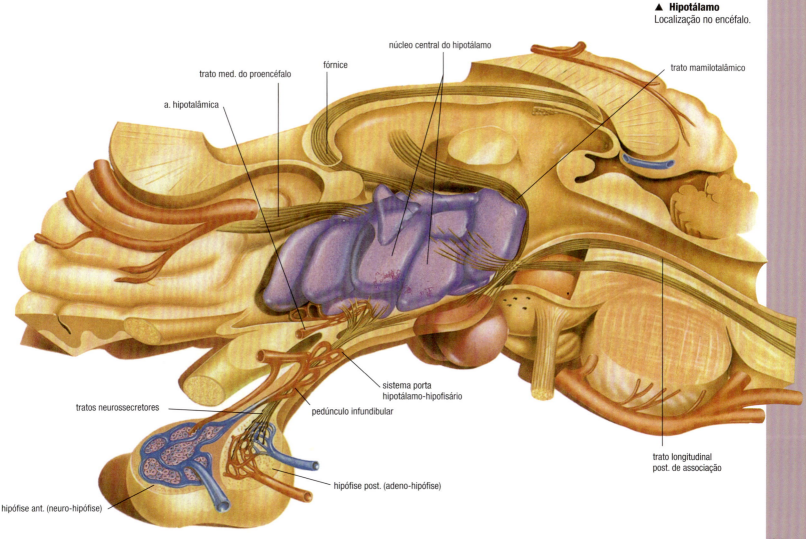

NERVOS E GLÂNDULAS ENDÓCRINAS

SISTEMA VISUAL

O sistema visual é constituído por dois órgãos, pares e simétricos, situados anteriormente no crânio: os olhos, ou bulbos dos olhos, que estão em ligação direta com o encéfalo através dos nervos ópticos.

Em cada bulbo do olho, dividido por dentro em três espaços cheios de líquido, distinguem-se pares diferentes segundo o tecido, a estrutura e as funções:

- a **túnica fibrosa externa**, a membrana mais externa, que se divide numa parte anterior perfeitamente transparente (*córnea*) e desprovida de vasos sanguíneos e linfáticos, e uma posterior esbranquiçada (*esclerótica*), pouco vascularizada mas muito resistente, com funções de suporte e de proteção, onde se inserem os tendões dos músculos extrínsecos do olho, e cuja parte mais externa está revestida de uma membrana transparente delgada (*conjuntiva*);

- a **túnica vascular** (*úvea*), a membrana intermediária que se divide numa parte posterior (*coroideia*) com abundantes vasos sanguíneos, numa intermediária (*corpo ciliar*), em cujo interior se insere o músculo ciliar que move indiretamente a lente, e numa anterior (*íris*) perfurada pelo forame pupilar ou *pupila*, com uma cor na parte anterior que varia segundo o grau de pigmentação e na posterior de aspecto enegrecido e aveludado. Essa parte está ricamente vascularizada e inervada (fibras parassimpáticas do músculo esfíncter da pupila e do músculo dilatador da pupila);

- a **túnica nervosa** ou **retina,** a membrana mais interna, formada por duas camadas (*externa*, ou *epitélio pigmentado*, e *interna*), está dividida numa parte posterior (eixo óptico), sede dos fotorreceptores, e numa anterior (*ponto cego*);

- a **lente** (antigamente chamada de cristalino), um elemento que tem a função de lente e que está ligado ao corpo ciliar, no interior da íris;

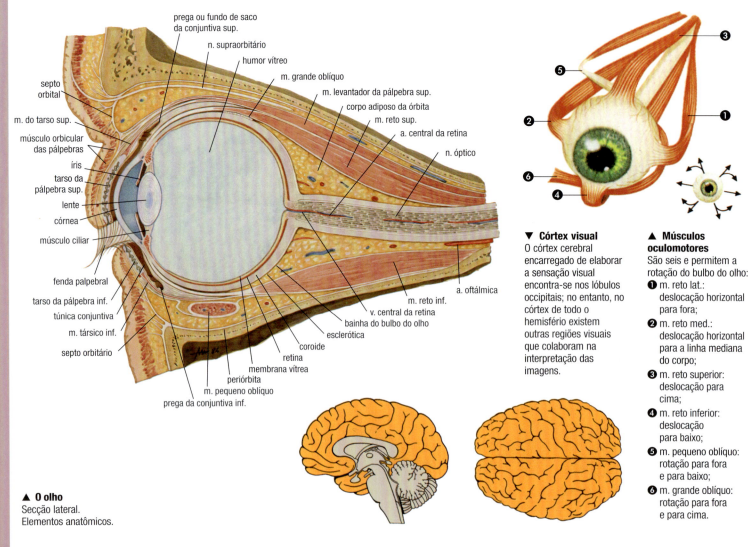

▲ **O olho**
Secção lateral.
Elementos anatômicos.

▼ **Córtex visual**
O córtex cerebral encarregado de elaborar a sensação visual encontra-se nos lóbulos occipitais; no entanto, no córtex de todo o hemisfério existem outras regiões visuais que colaboram na interpretação das imagens.

▲ **Músculos oculomotores**
São seis e permitem a rotação do bulbo do olho:
❶ m. reto lat.: deslocação horizontal para fora;
❷ m. reto med.: deslocação horizontal para a linha mediana do corpo;
❸ m. reto superior: deslocação para cima;
❹ m. reto inferior: deslocação para baixo;
❺ m. pequeno oblíquo: rotação para fora e para baixo;
❻ m. grande oblíquo: rotação para fora e para cima.

96

SISTEMA VISUAL

- a **câmara anterior,** compreendida entre a córnea e a íris;
- a **câmara posterior,** compreendida entre a íris e a lente;
- a **câmara vítrea,** atrás da lente.

Pelas câmaras anterior e posterior, circula o *humor aquoso*, e na câmara vítrea encontra-se o *humor vítreo*.

Os olhos movem-se por meio de um aparelho motor próprio, constituído por um conjunto de músculos ligados a áreas encefálicas específicas.

Cada olho «funciona» quase como uma câmara fotográfica: a lente e a córnea desempenham uma função de lente que projeta as imagens que passam através da íris, na superfície fotossensível da retina.

A íris, da mesma forma que o diafragma da câmara, regula a quantidade de luz que chega à retina e, com a lente, contribui para tornar nítida a imagem focada na retina.

Na retina, a luz chega a receptores especiais que transformam as imagens luminosas em estímulos nervosos. Estes alcançam o córtex cerebral ➤82-87 percorrendo as fibras dos nervos ópticos.

Devido à presença do quiasma óptico, uma parte dos sinais captados pelo olho direito chega ao lobo occipital esquerdo e vice-versa. Os nervos ópticos, de cerca de 50 mm de comprimento, dividem-se em porções: *infratubular, orbital, canalicular* e *intracraniana*. As porções orbital, canalicular e intracraniana estão rodeadas pelas meninges; em particular, a intracraniana é rodeada pela aracnoide e pia-máter.

✚ Defeitos da Visão

*Os mais comuns são os chamados defeitos «de refração», que podem ser corrigidos com o uso de óculos ou de lentes de contato e com intervenções cirúrgicas específicas. Nesses casos, um defeito do bulbo do olho, da córnea ou da lente impede que a imagem projetada na retina esteja focada. ① A **miopia** é geralmente devida ao comprimento excessivo do eixo ocular e/ou ao excesso de curvatura das estruturas ópticas do olho (córnea, lente): a imagem fica focada à frente da retina. ② A **hipermetropia** é causada por um eixo ocular muito curto e/ou um defeito da curvatura da córnea: a imagem forma-se atrás da retina. ③ O **astigmatismo** ocorre quando uma das superfícies do olho (geralmente a córnea) não tem uma forma esférica, mas ovalada; isso faz com que as imagens se alonguem numa dada direção, distorcendo os seus detalhes. ④ A **presbiopia** ou «vista cansada» é causada pela redução da elasticidade da lente; a capacidade de focagem diminui: a imagem fica focada atrás da retina quando os olhos focam objetos próximos.*

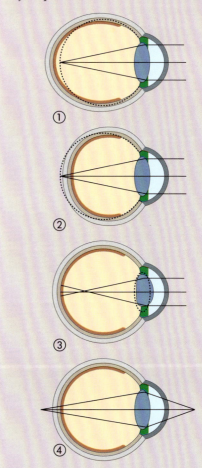

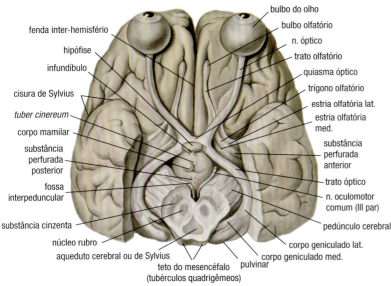

◄ **Nervos ópticos**
Vista ventral do encéfalo. Os nervos ópticos ligam os bulbos do olho ao cérebro. A porção *infratubular* é formada por fibras não mielínicas ligadas aos fotorreceptores da retina; a *orbital*, por fibras mielínicas flexíveis que impedem que o nervo se alongue durante os movimentos do olho; a *canalicular* atravessa o duto óptico do crânio; e a *intracraniana* chega ao quiasma óptico.

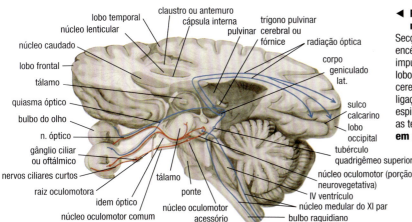

◄ **Percurso dos nervos ópticos**
Secção dorsolateral do encéfalo: seguimos o impulso visual até os lobos occipitais do córtex cerebral, observando as ligações com os nervos espinais. **Em vermelho,** as terminações motoras; **em azul,** as sensitivas.

97

NERVOS E GLÂNDULAS ENDÓCRINAS

SISTEMA AUDITIVO E DO EQUILÍBRIO

A orelha desenvolve três funções perceptivas diferentes: além de transformar as ondas sonoras (variações de pressão) em estímulos nervosos auditivos, informa o cérebro sobre a posição que o corpo adota em relação à sua própria vertical e ao espaço tridimensional que o rodeia.

Quase todas as estruturas que formam a orelha estão contidas no osso temporal do crânio e agrupadas nas três partes em que se divide este órgão:

- **orelha externa:** compreende o pavilhão auricular e o duto auditivo externo; tem a função de captar as ondas sonoras e de levá-las até o tímpano;

- **orelha média:** compreende a cavidade óssea do tímpano que acolhe a cadeia de ossículos da orelha (martelo, bigorna e estribo) e comunica-se com a faringe através da tuba auditiva, com cerca de 35-45 mm de comprimento; a membrana do tímpano, constituída por três camadas (uma externa à mucosa timpânica, um meio fibroso e uma interna que se prolonga no revestimento da cavidade da orelha interna); o processo mastoideo, constituído por cavidades que se interligam com a cavidade do tímpano e que contêm ar;

- **orelha interna:** inclui o labirinto ósseo, um sistema complexo de cavidades do osso temporal, e o labirinto membranoso, que ocupa os seus forames e está separado do labirinto ósseo por um espaço perilinfático cheio de um líquido denominado perilinfa. No labirinto ósseo distingue-se uma parte anterior ou acústica, formada pelo caracol, ou cóclea óssea, sede de re-

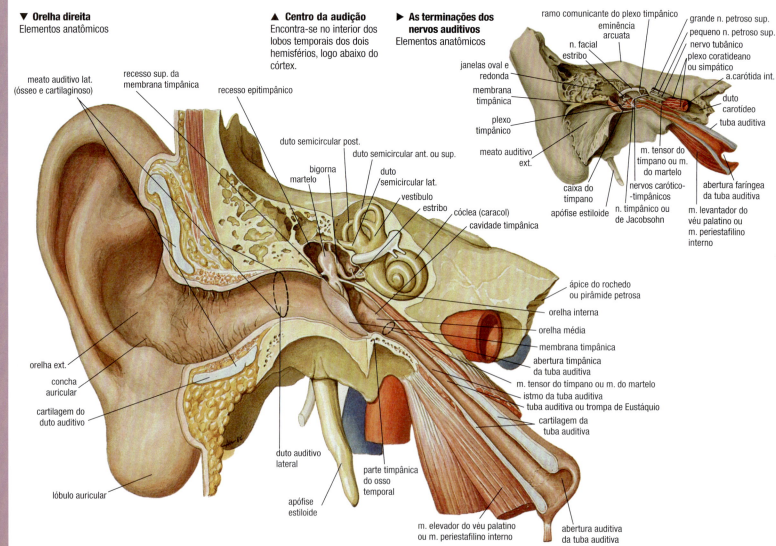

▼ **Orelha direita**
Elementos anatômicos

▲ **Centro da audição**
Encontra-se no interior dos lobos temporais dos dois hemisférios, logo abaixo do córtex.

▶ **As terminações dos nervos auditivos**
Elementos anatômicos

98

ceptores acústicos (órgão de Corti) e cheia de líquido (perilinfa), e pelo aqueduto do caracol; e uma parte posterior ou vestibular, que compreende o vestíbulo e os dutos semicirculares, sede dos receptores estático-cinéticos, e o aqueduto do vestíbulo.

EQUILÍBRIO E PERCEPÇÃO DA GRAVIDADE

Os sinais do equilíbrio são produzidos pelo movimento da endolinfa que circula pelos três dutos semicirculares: move os cílios dos receptores que se encontram nas ampolas da base dos dutos, conforme direções preferenciais, e estes, ao serem estimulados, enviam sinais ao cerebelo, que os transforma numa sensação espacial tridimensional.

Ao passo que os deslocamentos da cabeça ao longo do eixo horizontal produzem sinais que provêm do canal disposto horizontalmente, os movimentos nos planos vertical e oblíquo provocam sinais diferentes e numerosos, provenientes dos outros dutos, conforme a direção precisa do movimento.

Ao se mover a cabeça rapidamente e ao se parar de repente, produz-se uma sensação de desorientação temporária e de perda de equilíbrio: de fato, a percepção visual (e todos os estímulos proprioceptivos que derivam dela) envia para o cérebro uma imagem imóvel que contrasta claramente com as mensagens provenientes da orelha, onde a endolinfa demora um certo tempo para se estabilizar. Nessas condições, o cérebro não consegue elaborar uma resposta motora coerente.

A percepção da gravidade é produzida pelo movimento dos otólitos contidos nas duas ampolas internas da orelha (utrículo e sáculo): pela ação da gravidade, esses diminutos cristais de carbonato de cálcio exercem pressão sobre os receptores ciliados da superfície interna das ampolas.

Quando se move a cabeça, os corpúsculos mudam de posição de acordo com as necessidades impostas pela gravidade. Vão, portanto, pressionar uma região diferente das ampolas: os sinais enviados ao cerebelo permitem distinguir sempre o «alto» do «baixo» até com os olhos fechados ou a cabeça para baixo.

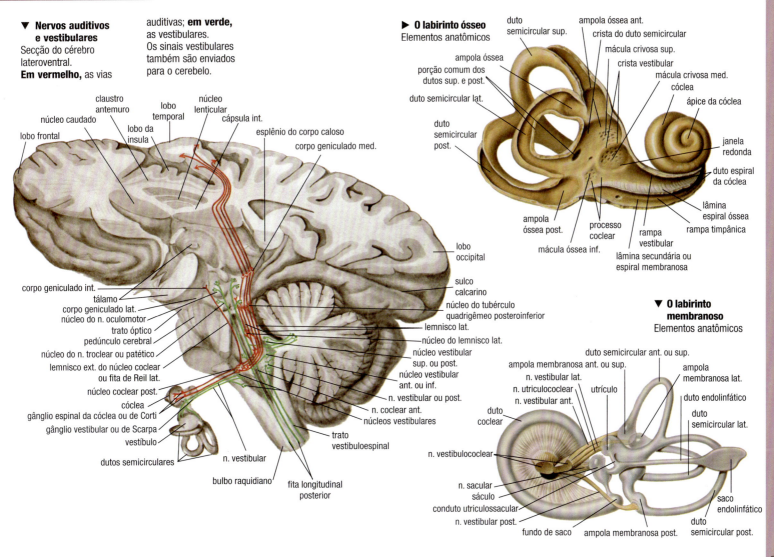

NERVOS E GLÂNDULAS ENDÓCRINAS

As fibras dos receptores do equilíbrio e da posição espacial não chegam ao cérebro. De fato, os nervos provenientes dos dutos semicirculares do vestíbulo (equilíbrio), do utrículo e do sáculo (posição) terminam nos núcleos vestibulares do cerebelo ➤88, onde são integrados e interpretados com a finalidade de efetuar a coordenação motora graças à produção de estímulos que ativam a musculatura de controle da postura.

A AUDIÇÃO

A membrana do tímpano movimenta-se pelas vibrações que são transmitidas a partir do pavilhão auricular até o duto auditivo externo. As vibrações do tímpano, com diferente frequência conforme o som, são transmitidas para a cadeia de ossículos que estão em contato com a parte interna da membrana timpânica, suspensos na parede superior da orelha média. A sua função consiste em amplificar as vibrações do tímpano, transformando-as em movimentos mais breves e intensos: o estribo vibra com a mesma frequência que o tímpano, mas com uma energia 20 vezes maior. Desse modo pode transmitir a vibração para o líquido que preenche o caracol, no qual se apoia distalmente.

No interior do caracol está o órgão de Corti: com 2,5 cm de comprimento, contém mais de 25.000 células ciliadas sensíveis às vibrações da membrana basal, na qual estão dispostas em filas paralelas. Ao mover-se segundo as vibrações transmitidas pela endolinfa, a membrana basal empurra estas de forma diferente contra a membrana tectória, estimulando os cílios celulares.

As fibras nervosas que partem das células de Corti transmitem o impulso às fibras do nervo auditivo. Os impulsos nervosos em que são convertidas as variações da pressão da endolinfa no caracol atravessam o nervo e chegam ao córtex sensitivo, onde são codificados ➤84.

Num indivíduo adulto, os receptores da orelha reagem a sons com frequências entre 16.000 e 20.000 ciclos por segundo, embora as capacidades ótimas ocorram com frequência entre os 1.000 e 2.000 ciclos por segundo. As crianças ouvem sons mais altos, mas essa capacidade diminui com a maturidade sexual, enquanto a sensibilidade a sons mais baixos é vitalícia.

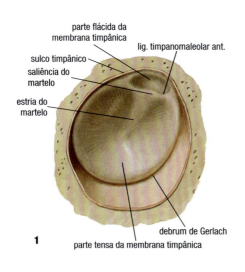

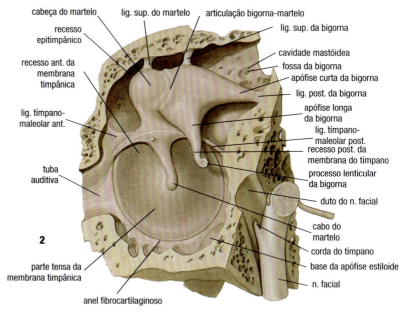

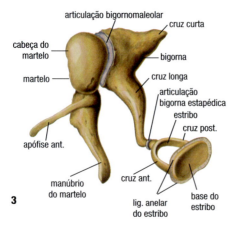

▲▶ Ossículos e membranas
Elementos anatômicos que transmitem as vibrações do ar aos receptores auditivos:
1. membrana timpânica (vista frontal): transmite a vibração ao líquido contido na cóclea;
2. conjunto da orelha interna (vista dorsal);
3. estribo, bigorna e martelo: estes ossículos estão articulados em diartrose e são unidos por ligamentos.

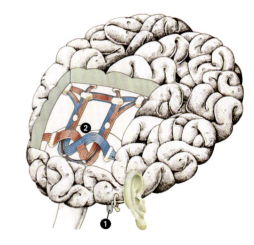

▶ As vias auditivas
Começam com as fibras nervosas do órgão de Corti (orelha média ❶) que provêm: em azul, da orelha direita; em vermelho, da orelha esquerda. Os impulsos chegam ao centro da orelha, mas ao nível do tronco encefálico, ❷ muitas fibras entrecruzam-se: desse modo, as mensagens provenientes de cada orelha chegam aos hemisférios.

SISTEMA AUDITIVO E DO EQUILÍBRIO

▶ **A cóclea**
Elementos anatômicos

▼ **Dinâmica da orelha**
A cóclea, ou caracol, é um duto dividido em três compartimentos: ❶ rampa média, coclear ou colateral; ❷ rampa timpânica; ❸ rampa vestibular. As ondas transmitidas ao longo da rampa vestibular chegam ao órgão de Corti ❹, à membrana basilar ❺, onde estimulam os receptores ciliados fixos na membrana tectória ❻.

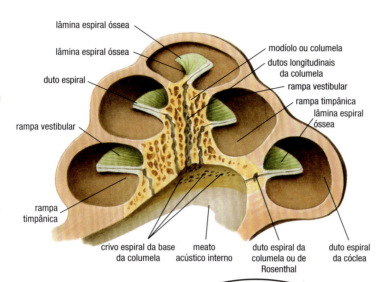

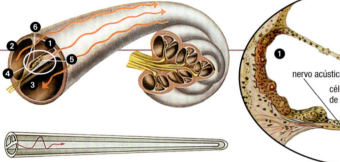

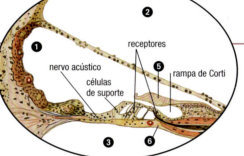

▲ **Secção de um ramo do espiral da cóclea e do órgão de Corti**
Elementos anatômicos

▲ **Funcionamento da cóclea**
Sons de frequências diferentes produzem ondas de formas diversas, estimulando a membrana basilar da cóclea em diferentes regiões. Isso produz estímulos sonoros modulados.

▶ **Nervos cocleares**
Elementos anatômicos

✚ DEFEITOS DA AUDIÇÃO

As audiometrias permitem detectar com precisão o nível de sensibilidade de cada orelha às ondas sonoras, com frequência diferente, assim como estabelecer o possível grau de surdez ou de **hipoacusia** *(diminuição da capacidade auditiva). Em 50% dos casos, a surdez é de origem genética; nos outros 50% pode depender de numerosos fatores que alteram a produção, a transmissão e a elaboração da mensagem nervosa auditiva. Desse modo, temos a surdez congênita (determinada geneticamente), a surdez central (devido a problemas cerebrais), a surdez de percepção (causada por uma alteração da orelha interna ou do nervo acústico) e a surdez de transmissão (causada por uma doença da orelha média ou do duto auditivo). A* **presbiocusia** *e a* **sociocusia** *são os termos que designam uma hipoacusia causada, respectivamente, pelo envelhecimento das estruturas acústicas e por traumas acústicos. Estímulos sonoros repentinos superiores a 120 decibéis (dB) ou a 100 dB prolongados durante oito horas podem provocar uma redução da capacidade auditiva. Esta pode ser temporária, se a exposição ao nível sonoro de risco se mantiver durante pouco tempo, ou permanente, se durar muito tempo.*

dB	SONS	OBSERVAÇÕES
10-20	murmúrio	
30-40	rua tranquila representação teatral	
50-60	voz alta telefone rádio e TV no volume alto	
70-80	despertador elétrico máquina têxtil tráfego médio	incômodo crescente
90-100	tráfego intenso motor pesado trem fundição	
110-120	serra circular lixadeira de madeira motocicleta buzina carro de corridas campainha	limiar da dor: capacetes protetores indispensáveis
130-140	canhão avião	
150-170	avião a jato metralhadora	
180	míssil ferraria	

101

NERVOS E GLÂNDULAS ENDÓCRINAS

ÓRGÃOS DO OLFATO E DO PALADAR: NARIZ E BOCA

O nariz e a boca têm receptores com a capacidade de perceber estímulos químicos diversos: os do nariz produzem as sensações olfatórias e os da boca dão lugar às sensações gustativas.

Num adulto, os receptores gustativos (em grupo de 100-200) são constituídos aproximadamente por 9.000 papilas, distribuídas, sobretudo, na face superior da língua, assim como no palato, na faringe e nas tonsilas. A sua quantidade diminui com a idade. Cada papila é formada por células ligadas a várias fibras nervosas. Por sua vez, cada fibra pode estar ligada a várias papilas: isso dificulta o reconhecimento do mecanismo que produz uma sensação de sabor específica. Considera-se que existam cinco sabores básicos: doce, salgado, azedo, amargo e umami. Através do exame das reações da língua foi estabelecido que este órgão apresenta uma sensibilidade diferente aos sabores dependendo das regiões gustativas: as sensações de doce e de salgado chegam principalmente da ponta, e as de azedo provêm da parte mediana. Em contrapartida, dos 2/3 anteriores da língua partem fibras nervosas que transmitem sensações térmicas, de dor e táteis: estas chegam ao cérebro separadamente, mas são elaboradas de forma conjunta. Os leites quente e frio têm sabores diferentes, como o pão desidratado e o fresco.

▼ **O nariz**
Elementos anatômicos da secção ventrilateral esquerda.

▶ **A cavidade bucal**
Elementos anatômicos.
❶ arcada dentária sup.
❷ véu palatino
❸ arcada palatofaríngea
❹ tonsila palatina
❺ arcada palatoglossa
❻ dorso da língua
❼ arcada dentária inf.
❽ lábio inf.
❾ istmo das fauces
❿ comissura dos lábios
⓫ úvula
⓬ palato mole
⓭ palato duro
⓮ lábio sup.
⓯ tubérculo do lábio sup.

▼ **A língua**
Elementos anatômicos e regiões gustativas.

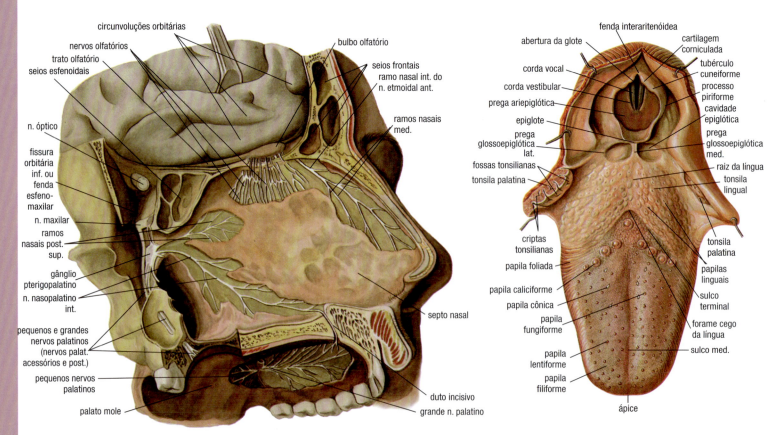

102

ÓRGÃOS DO OLFATO E DO PALADAR: NARIZ E BOCA

Não se sabe bem *por que* as substâncias têm sabores diferentes. Acredita-se que os diversos componentes químicos atuam sobre as papilas, alterando o seu metabolismo e provocando o impulso nervoso. O sabor das substâncias apenas é percebido se estas forem dissolvidas na água, e a percepção do gosto necessita do olfato. Aquilo que sentimos enquanto «sabor» talvez seja uma elaboração do cérebro a partir de um estímulo olfatório: de fato, em relação aos receptores gustativos, os olfatórios percebem uma quantidade de substâncias 25.000 vezes menor. Além disso, um adulto dotado de uma sensibilidade olfatória forte consegue distinguir até 10.000 cheiros diferentes e, algumas vezes, basta uma só molécula por metro quadrado de ar para permitir o seu reconhecimento. Por outro lado, torna-se evidente que o olfato é essencial para o paladar cada vez que uma constipação nos tapa o nariz.

Os receptores olfatórios apenas reconhecem substâncias em solução: estas devem dissolver-se na película úmida que reveste as fossas nasais. Porém, a forma como conseguem estimular a reação olfatória continua a ser um mistério.

Agrupados em apenas 5 cm² da parte superior das cavidades nasais, esses receptores produzem sinais nervosos que chegam à raiz do nariz, onde as fibras nervosas se reúnem nos bulbos olfatórios. As vias olfatórias prosseguem através do sistema límbico ►[92], até chegarem ao córtex dos lobos frontais do cérebro, onde ocorre a elaboração do impulso e do reconhecimento do cheiro.

O olfato talvez seja uma das formas mais primitivas de sensibilidade e também mais diretamente ligada aos estratos do subconsciente da psique e da memória; para muitos, é também a mais rica em capacidade evocadora imediata. É provável que para isso contribua o sistema límbico, influenciado, de alguma maneira, pelos estímulos olfatórios que viajam pelo córtex.

Por outro lado, os nervos gustativos, provenientes da língua, entrecruzam-se na medula e chegam ao córtex gustativo através do tálamo. Portanto, os sabores que provêm do lado direito da língua são elaborados pelo córtex cerebral do hemisfério esquerdo, e vice-versa.

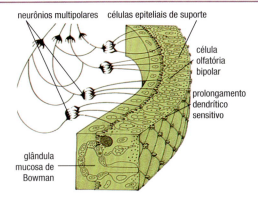

▲ **Olfato**
Esquema da estrutura da mucosa olfatória.

▶ **As vias olfatórias**
Elementos anatômicos em secção ventrolateral do encéfalo e do nariz.

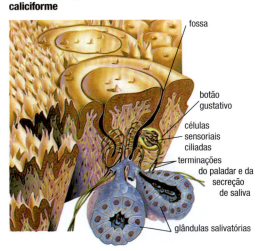

▼ **Secção transversal de uma papila gustativa caliciforme**

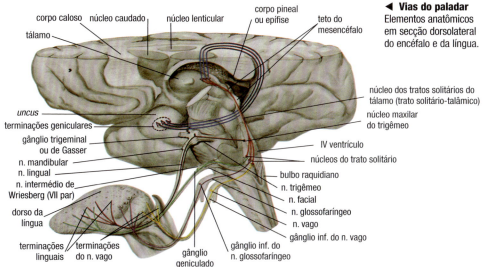

◀ **Vias do paladar**
Elementos anatômicos em secção dorsolateral do encéfalo e da língua.

NERVOS E GLÂNDULAS ENDÓCRINAS

AS SENSAÇÕES DA PELE

A sensibilidade tátil consegue reunir na superfície do corpo uma ampla gama de informações sobre o ambiente externo mais próximo de nós. Porém, encontram-se outros receptores na pele, além dos táteis, que têm uma função complementar: eles enviam para o córtex sensitivo informações sobre as condições de pressão e de temperatura da pele e, quando for o caso, sensações de dor que informam sobre algum perigo iminente. Esses receptores, distribuídos pela superfície do corpo, cooperam com os localizados no interior dos tendões, músculos e articulações, para permitir ao cérebro «ter sob controle» as condições do corpo e todo o movimento.

Os receptores localizados entre diferentes camadas da pele (epiderme, derme) têm aspecto e funções diferentes e, em geral, recebem o nome de ilustres pesquisadores que os estudaram:

- **bulbos terminais de Krause:** na derme, são formados por uma pequena cápsula que contêm uma terminação nervosa e produzem sensibilidade ao frio;

- **corpúsculos de Paccini:** na derme, são constituídos por anéis concêntricos de células capsulares que encerram termi-

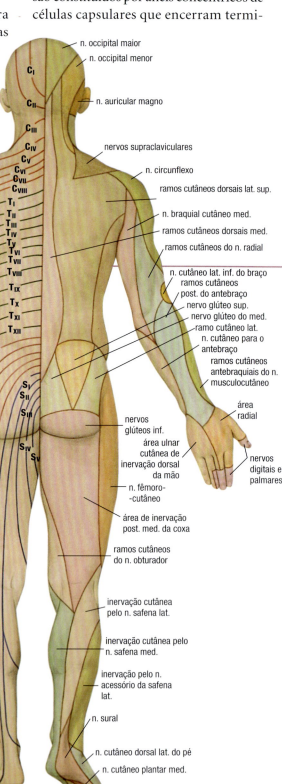

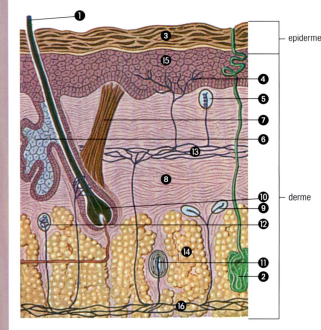

▲ **A pele**
Estrutura e receptores.
❶ pelo
❷ glândula sudorípara

Epiderme:
❸ camada córnea

Derme:
❹ terminações nervosas livres (dor)
❺ corpúsculo de Meissner
❻ glândula sebácea
❼ m. eretor do pelo
❽ tecido conjuntivo
❾ corpúsculo de Ruffini
❿ bulbo piloso
⓫ corpúsculo de Paccini
⓬ corpúsculo de Krause
⓭ plexo nervoso subpapilar
⓮ tecido celular subcutâneo
⓯ camada de Malpighi
⓰ plexo nervoso hipodérmico

▶ **Nervos cutâneos**
Vista dorsal.
C. Cervical
T. Torácico
L. Lombar
S. Sacral

104

AS SENSAÇÕES DA PELE

nações nervosas e produzem sensibilidade à pressão;

- *corpúsculos de Ruffini:* na derme profunda, são ramificações de fibras nervosas achatadas e encerradas em camadas de células capsulares, e produzem sensibilidade ao calor;

- *discos de Merkel:* na derme, são formados por uma bainha que envolve um disco biconvexo ligado a uma terminação nervosa; são sensíveis ao estímulo tátil contínuo;

- *corpúsculos de Meissner:* na derme superficial, são formados por um novelo de terminações nervosas rodeadas de uma bainha; são sensíveis a estímulos táteis.

Com faculdades receptivas, na pele encontram-se também:

- *terminações nervosas livres:* em geral na epiderme e, em menor medida, na derme, são sensíveis a estímulos dolorosos e táteis;

- *terminações nervosas dos folículos pilosos:* na derme profunda, revestem o folículo piloso; são estimuladas por qualquer contato com o pelo.

As fibras nervosas sensitivas que partem dos receptores têm diversos comprimentos: dos poucos centímetros das do crânio aos mais de 2 m das que ligam a ponta dos pés com o córtex cerebral.

Desde a sua superfície da pele, através da medula espinal ➤106, as fibras chegam reunidas em feixes (chamados de tratos) ao tronco encefálico ➤90, onde se entrecruzam para atravessar o tálamo e terminar no córtex. As respostas aos estímulos dolorosos são quase sempre reflexas ➤108-109: partem da medula espinal, inclusive antes de o cérebro perceber a sensação de dor.

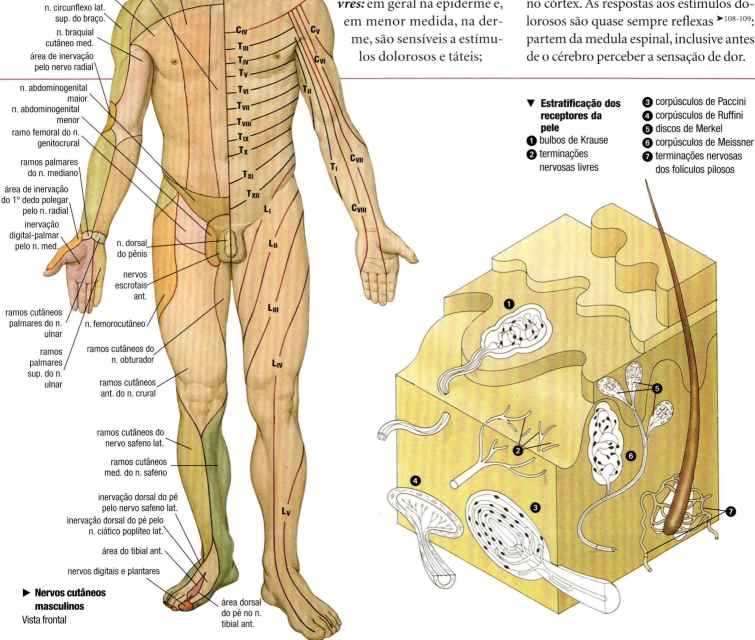

▶ **Nervos cutâneos masculinos**
Vista frontal

▼ **Estratificação dos receptores da pele**
❶ bulbos de Krause
❷ terminações nervosas livres
❸ corpúsculos de Paccini
❹ corpúsculos de Ruffini
❺ discos de Merkel
❻ corpúsculos de Meissner
❼ terminações nervosas dos folículos pilosos

NERVOS E GLÂNDULAS ENDÓCRINAS

MEDULA ESPINAL E NERVOS

A medula espinal também faz parte do sistema nervoso central. Apresenta uma compartimentação dos diferentes tipos de neurônios análoga à do cérebro. Porém, nesse caso, a substância cinzenta encontra-se internamente e a substância branca, constituída por tratos de fibras mielínicas de percurso principalmente longitudinal, forma uma camada que a rodeia. Por isso a medula espinal é mais flexível e elástica, e tem uma consistência maior do que a do cérebro.

Protegida pelas meninges e pelo líquido cefalorraquidiano, a medula encontra-se no interior do duto espinal, adaptando-se a todas as suas curvas, mas sem nunca estar em contato com as superfícies ósseas. Tem uma cor esbranquiçada e uma forma mais ou menos cilíndrica, possui um comprimento médio de 45 cm e é capaz de apresentar um ligeiro alongamento durante a flexão forçada do tronco. Divide-se num bulbo (que faz parte do tronco encefálico) e em neurômeros que correspondem às diferentes regiões vertebrais: cervical, torácica, lombar, sacral e coccígea. A sua função principal consiste em reunir estímulos ambientais, em transmiti-los ao córtex cerebral e reenviar as respostas elaboradas a nível central até a periferia. Ao nível espinal, também estão localizados numerosos e importantes elementos do sistema nervoso autônomo ➤110.

Na substância cinzenta, os neurônios estão organizados em grupos nos quais todos os elementos apresentam as mesmas ligações nervosas. Estas são denominadas *núcleos* ou *colunas* conforme a orientação (transversal ou longitudinal à medula) com que são estudadas. Apresentam uma organização laminar:

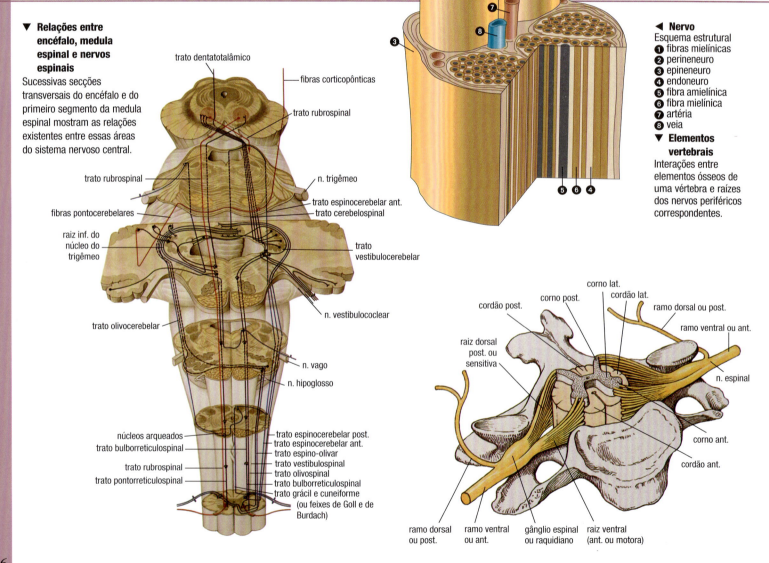

▼ **Relações entre encéfalo, medula espinal e nervos espinais**
Sucessivas secções transversais do encéfalo e do primeiro segmento da medula espinal mostram as relações existentes entre essas áreas do sistema nervoso central.

◀ **Nervo**
Esquema estrutural
① fibras mielínicas
② perineuro
③ epineuro
④ endoneuro
⑤ fibra amielínica
⑥ fibra mielínica
⑦ artéria
⑧ veia

▼ **Elementos vertebrais**
Interações entre elementos ósseos de uma vértebra e raízes dos nervos periféricos correspondentes.

106

MEDULA ESPINAL E NERVOS

muitas das nove lâminas que se distinguem dentro da substância cinzenta medular correspondem a núcleos ou colunas. Cada lâmina é formada por neurônios que desempenham uma função particular ou terminam numa área específica do corpo, ou pelos tratos de fibras nervosas provenientes do encéfalo ou dirigidas a ele.

No centro da substância cinzenta, que ocupa uma secção da medula em forma de «H» e que tem uma extensão variável segundo a distância a partir do encéfalo, encontra-se o duto central que contém uma quantidade reduzida de líquido cefalorraquidiano e que se estende ao longo de todo o seu comprimento. No interior da substância branca, os feixes ou tratos de fibras nervosas podem ser formados tanto por prolongamentos de neurônios dos gânglios anexos à raiz posterior dos nervos espinais ➤[116] como por prolongamentos de células da substância cinzenta da medula ou por neurônios localizados em centros axiais supramedulares ou em centros supra-axiais. Os tratos, portanto, podem ser percorridos por impulsos nervosos unidirecionais (*tratos de projeção*) ou por impulsos que sobem e descem pela medula (*tratos de associação*, formados por fibras de outro tipo que conduzem impulsos unidirecionais). Os tratos asseguram uma estreita ligação entre os diferentes segmentos medulares e desempenham um papel muito importante na organização dos reflexos espinais.

A medula espinal está ligada à periferia através de 33 pares de *nervos espinais:* as suas raízes (33 pares de cada lado) dividem-se numa *raiz anterior* (ou *motriz*) e numa *raiz posterior* (ou *sensitiva*). A raiz anterior tem a função de conduzir os estímulos provenientes do encéfalo ou dos centros da medula espinal até os músculos; a posterior leva os impulsos desde a periferia do corpo até o sistema central.

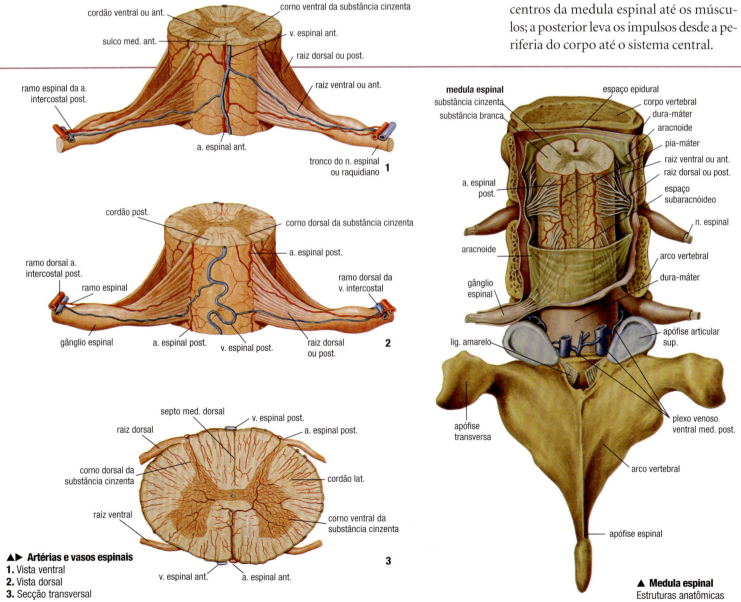

▲▶ **Artérias e vasos espinais**
1. Vista ventral
2. Vista dorsal
3. Secção transversal

▲ **Medula espinal**
Estruturas anatômicas

107

NERVOS E GLÂNDULAS ENDÓCRINAS

No trajeto de cada raiz posterior encontra-se um *gânglio espinal:* uma massa formada pelos corpos celulares que dão origem à própria raiz. Lateralmente ao gânglio, a raiz anterior e a posterior unem-se formando o nervo espinal. Distalmente a cada nervo espinal, origina-se um nervo periférico, cujas ramificações chegam a diferentes estruturas do corpo.

Os nervos espinais e periféricos estão reunidos, com bastante frequência, em plexos: entrelaçados de fibras ligadas entre si (por exemplo, o *plexo solar,* ou *celíaco,* em que numerosas ramificações nervosas e ramos nervosos eferentes dos gânglios semilunares se entrelaçam em torno do tronco celíaco e da artéria mesentérica superior).

ARCO REFLEXO

Este nome é dado a uma complexa estrutura neuromotora formada por receptores, fibras nervosas periféricas aferentes e eferentes e neurônios da medula espinal; pode dirigir reações musculares específicas de maneira reflexa, ou seja, sem a intervenção consciente do encéfalo.

Através dos receptores e das fibras aferentes dos nervos espinais, o estímulo (por exemplo, uma sensação de dor) chega à substância cinzenta da medula espinal. Aí, um «curto-circuito» estimula o neurônio motor responsável pelo movimento reflexo (a contração muscular). Este é um típico *arco reflexo simples.* Mas os reflexos podem ser mais complexos, como os que determinam a secreção de substâncias ou

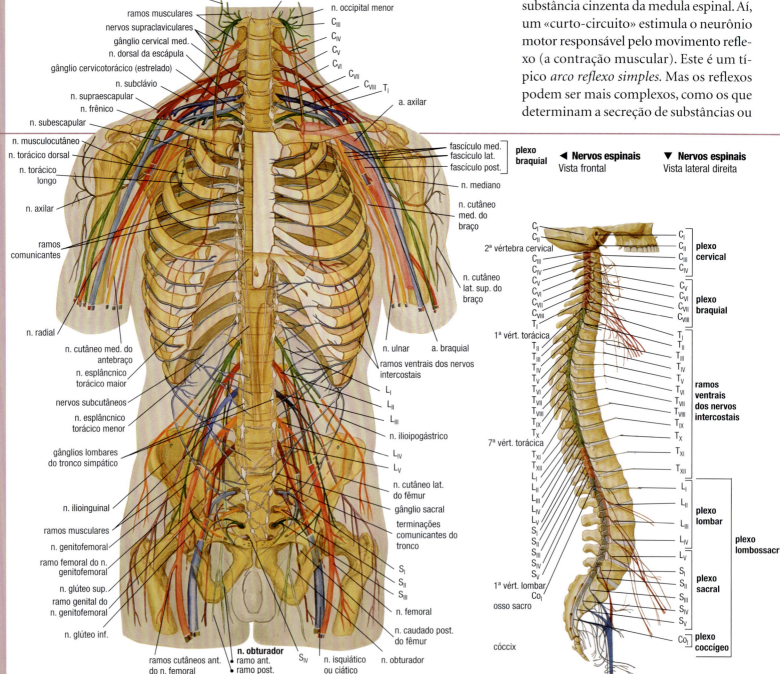

◀ Nervos espinais Vista frontal
▼ Nervos espinais Vista lateral direita

108

MEDULA ESPINAL E NERVOS

os que atuam em níveis inconscientes da memória, como os reflexos condicionados. Em muitos casos, através de fibras nervosas que ligam o sistema central e o sistema simpático, o arco reflexo também pode evocar respostas automáticas.

CIRCUITO GAMA

Trata-se de uma complexa estrutura neuromotora capaz de regular o tônus muscular pela via reflexa. É formado pelos *fusos neuromusculares,* fibras nervosas periféricas aferentes e eferentes e neurônios da medula espinal.

Com as suas neurites, os *motoneurônios gama* chegam, através das raízes anteriores dos nervos espinais, às fibras dos fusos neuromusculares e das placas motoras, estimulando a contração dos músculos. A sua atividade é induzida por estímulos periféricos (receptores cutâneos ou articulares) e, sobretudo, pelo cerebelo e pelo sistema extrapiramidal.

Quando as fibras musculares estimuladas por eles se contraem, as fibras musculares circundantes, não estimuladas de forma direta, distendem-se passivamente. Isso estimula os receptores que se encontram no seu interior e que enviam impulsos, através do gânglio espinal e da raiz posterior, aos *motoneurônios alfa.* Essas células da substância cinzenta medular estimulam diretamente todas as fibras do músculo implicado. A ação dos neurônios gama é inútil: passam à condição de repouso, dispostos a responder a um novo estímulo.

✚ LESÕES NA COLUNA VERTEBRAL

Ao aplicar elétrodos no córtex motor é possível captar um sinal elétrico que antecede o movimento: é o sinal que o córtex envia para um ou mais músculos voluntários para que estes se movam. Mas se houver uma lesão ao nível da medula espinal, esse sinal não consegue alcançar o seu objetivo: não se verifica o movimento voluntário. Para devolver a capacidade de movimento a milhões de pessoas imobilizadas por uma lesão na coluna vertebral, a pesquisa médica procura uma maneira de captar essa atividade elétrica «acima» da lesão, de amplificá-la, de transmiti-la aos nervos espinais ainda ativos e de enviá-la para os músculos em questão.

Este importante tipo de pesquisa será desenvolvido em diferentes direções e em vários campos: desde o celular ao mais puramente tecnológico. Assim, enquanto em alguns laboratórios se tenta descobrir a forma de estimular o crescimento dos neurônios espinais interrompidos pela lesão, ou inclusive de regenerá-los in vitro ▶228, em outros se tenta ultrapassar a dificuldade de ligar cabos elétricos (ou seja, metálicos) a fibras nervosas e musculares. Essas duas vias apresentam boas perspectivas: a primeira principalmente através do uso de células-tronco, que substituiriam as células perdidas, regenerando as células lesadas da medula espinal e permitindo a continuidade do impulso nervoso; a segunda através principalmente de pesquisas realizadas por um brasileiro, Miguel Nicolelis. Nesta, o cientista tem o objetivo de construir um exoesqueleto robótico comandado diretamente pelo cérebro permitindo que lesados medulares voltem a andar, é o projeto Walk Again. A segunda, em particular, já obteve alguns resultados positivos num casal de jovens voluntários que, vítimas de acidentes, recuperaram a possibilidade de caminhar.

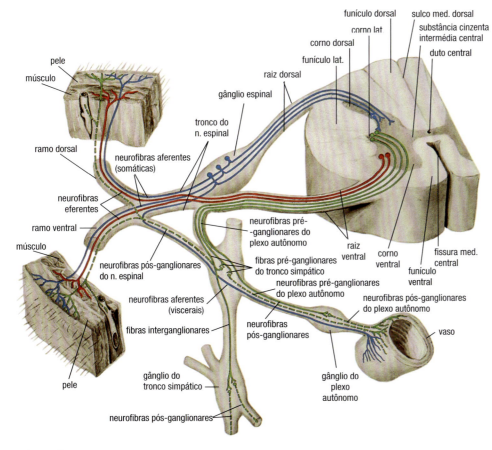

▲ **Arco reflexo**
Esquema de interações entre estímulos, sinais nervosos autônomos e sinais nervosos reflexos ao nível da medula espinal.

NERVOS E GLÂNDULAS ENDÓCRINAS

O SISTEMA NERVOSO PERIFÉRICO TAMBÉM É DENOMINADO AUTÔNOMO, PELA SUA ATIVIDADE INDEPENDENTE DO SISTEMA CENTRAL, E VEGETATIVO, PORQUE REGULA AS FUNÇÕES VITAIS «BÁSICAS». É FORMADO PELOS NERVOS PERIFÉRICOS E PELOS GÂNGLIOS E DIVIDE-SE EM SISTEMA PARASSIMPÁTICO E SISTEMA SIMPÁTICO.

O SISTEMA NERVOSO PERIFÉRICO

A ligação entre os diferentes órgãos do corpo e do sistema nervoso central é assegurada pelo *sistema nervoso periférico*. Também é denominado sistema autônomo porque induz alguns comportamentos independentes da consciência e das estruturas cerebrais superiores, e sistema vegetativo porque regula de forma automática as funções vitais «básicas».

O sistema nervoso periférico, além de ligar o resto do organismo ao sistema central, mantém sob controle algumas funções dos órgãos do corpo e a homeostase do organismo, estimulando ou inibindo atividades como a frequência cardíaca e respiratória, a secreção ácida do estômago, os movimentos intestinais, etc. É constituído por fibras nervosas e gânglios, órgãos formados por acúmulos de neurônios; conforme as suas características, os nervos e os gânglios dividem-se em dois grandes conjuntos: o *sistema parassimpático* e o *sistema simpático*. Ambos inervam os mesmos órgãos, e a sua função é antagônica em muitos casos: por exemplo, o nervo vago (parassimpático) permite que os músculos bronquiais se contraiam, ao passo que as terminações do simpático permitem que se relaxem.

O SISTEMA PARASSIMPÁTICO

É constituído por fibras nervosas que têm a sua origem nos centros bulbares e cranianos, sempre associadas a fibras de nervos somáticos encefálicos ou espinais. Formado principalmente pelo nervo vago (10º par dos nervos cranianos) e pelas suas ramificações, também inclui parte dos nervos dos 3º, 7º e 9º pares, assim como alguns núcleos da porção sacral da medula espinal. Todas as células são neurônios pré-ganglionares: o corpo encontra-se no núcleo de um nervo craniano ou na medula espinal, e a fibra chega a um gânglio, sempre contido na espessura das vísceras inervadas.

◄ **Plexo lombar**
Ligações entre sistema nervoso periférico e sistema nervoso simpático ao nível lombar da coluna vertebral e da pélvis.
❶ ramos dos músculos grande e pequeno psoas; ❷ n. genitofemoral; ❸ n. subcostal; ❹ n. ílio-hipogástrico; ❺ n. ilioinguinal; ❻ ramo do m. ilíaco; ❼ n. obturador acessório; ❽ n. cutâneo femoral lat.; ❾ n. obturador; ❿ n. femoral.

▼ **Ação do sistema parassimpático**
Principais canais nervosos do sistema parassimpático em relação aos órgãos nos quais atuam. Exercem com frequência ações antagônicas às do sistema simpático.

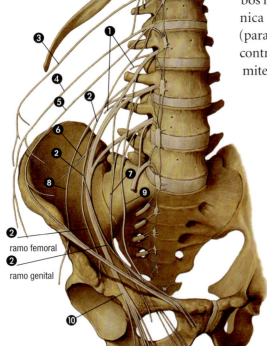

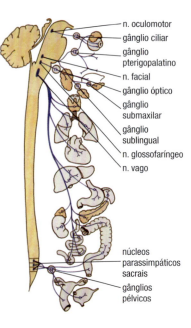

110

O SISTEMA NERVOSO PERIFÉRICO: PARASSIMPÁTICO E SIMPÁTICO

▼ **Elementos vertebrais**
Componentes do sistema nervoso central, periférico e autônomo na proximidade de uma vértebra. Secção axial.

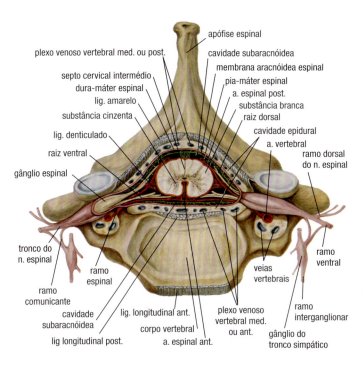

▼ **Ação do sistema simpático**
Os principais plexos do sistema simpático em relação aos órgãos nos quais atuam.

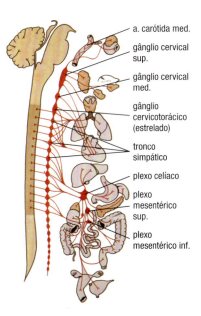

O SISTEMA SIMPÁTICO

É muito mais complexo do que o parassimpático; é formado por numerosos nervos diferentes e também apresenta abundantes redes neuronais chamadas *plexos*.

As fibras do simpático nascem das porções dorsolombares da medula e de gânglios formados pelos corpos celulares dos neurônios pós-ganglionares, alinhados à coluna vertebral e em duas longas fileiras laterais da medula. De cada gânglio partem fibras nervosas chamadas *ramos comunicantes* (se chegarem aos nervos espinais) ou *nervos viscerais* (se chegarem a um órgão). Os nervos viscerais, ao entrecruzarem-se, anastomosarem-se e enlaçarem-se com outros gânglios, formam as complexas redes de fibras nervosas dos plexos.

▲ **Sistema nervoso involuntário da mulher**
Observam-se os nervos do sistema central e os principais nervos simpáticos. Corte anterolateral direito.

NERVOS E GLÂNDULAS ENDÓCRINAS

NERVOS CRANIANOS

São os nervos que partem do encéfalo ou da medula espinal à altura das vértebras cervicais e que chegam à cabeça, ao pescoço, à parte do tronco e das extremidades superiores.

Dividem-se em:

- 12 pares de nervos *encefálicos simétricos,* que ligam o encéfalo a numerosas zonas periféricas (cabeça, pescoço, tórax e abdome). Cada par, indicado com um número progressivo (de cima para baixo) ou com um nome que alude à função, é formado por fibras diferentes das características dos nervos espinais: de fato, as fibras visceroefetoras desses nervos são apenas parassimpáticas, e as que compõem cada nervo apresentam muitas diferenças. Nos nervos espinais a sensibilidade somática e visceral é igualmente transmitida por neurônios localizados num mesmo gânglio espinal, enquanto nos nervos encefálicos, os neurônios encontram-se em gânglios diferentes (com exceção do gânglio geniculado).

Os nervos encefálicos transmitem, além de uma sensibilidade generalizada, estímulos sensoriais específicos: gustativos (nervos dos 7º, 9º e 10º pares), vestibulares e acústicos (nervos do 8º par), visuais (nervos do 2º par) e olfatórios (nervos do 1º par).

Em alguns casos, os nervos encefálicos que transportam o mesmo tipo de impul-

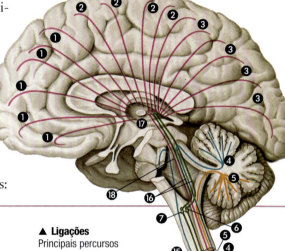

▲ Ligações
Principais percursos nervosos que ligam o encéfalo à medula espinal. Secção lateral esquerda.
❶ radiações talâmicas ant.
❷ radiações talâmicas centrais
❸ radiações talâmicas post.
❹ trato espinocerebelar ventral
❺ trato espinocerebelar dorsal
❻ núcleo grácil
❼ núcleo cuneiforme
❽ raiz ventral
❾ gânglio espinal
❿ raiz dorsal
⓫ medula espinal
⓬ n. espinal
⓭ fascículo cuneiforme
⓮ fascículo grácil
⓯ tratos espinotalâmicos ant. e lat.
⓰ fascículos grácil e cuneiforme
⓱ tálamo
⓲ tratos espinotalâmicos ventral e lat.

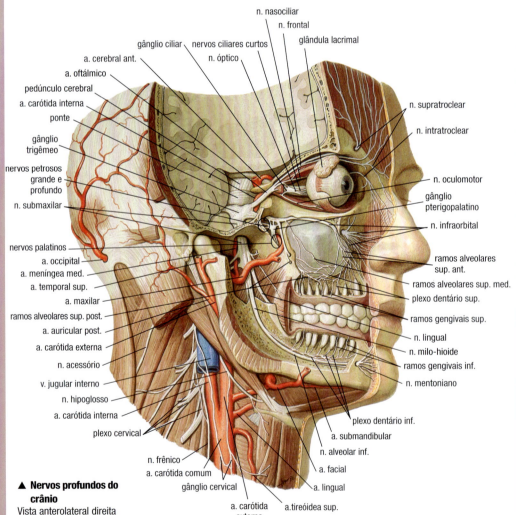

▲ Nervos profundos do crânio
Vista anterolateral direita

OS NERVOS ENCEFÁLICOS		
PAR	NERVOS	PROVENIÊNCIA
1.º	olfatório	bulbo olfatório
2.º	óptico	quiasma óptico
3.º	oculomotor	fossa interpeduncular
4.º	troclear	mesencéfalo sup. dorsal
5.º	trigêmeo	ponte sup. ventral
6.º	abdutor	sulco bulboponte
7.º	facial	bulbo, fossa pós-olivar
8.º	estatoacústico	bulbo, fossa pós-olivar
9.º	glossofaríngeo	bulbo, sulco lat. post.
10.º	vago	bulbo, sulco lat. post.
11.º	acessório	medula espinal, cordão lat.
12.º	hipoglosso	bulbo, sulco anterolat.

112

NERVOS CRANIANOS

sos são aferentes ao próprio núcleo cerebral: é o caso das fibras provenientes dos 5º, 7º, 9º e 10º pares, que transmitem a sensibilidade da cabeça e convergem no núcleo sensitivo do trigêmeo;

- 8 pares de **nervos cervicais,** todos eles provenientes da medula espinal.

São caracterizados, tal como os restantes nervos espinais, por quatro tipos de fibras: *motoras somáticas, efetoras viscerais, sensitivas somáticas e sensitivas viscerais*. Nesse tipo de nervo, a sensibilidade somática e visceral é transmitida por neurônios localizados no próprio gânglio espinal.

Cada nervo nasce da união, na proximidade do forame intervertebral por onde sai, de numerosas radículas agrupadas em duas raízes: uma anterior, formada por fibras motoras somáticas e efetoras viscerais, e outra posterior, de fibras sensitivas, que apresenta um gânglio espinal.

A direção das raízes muda e seu comprimento aumenta progressivamente em sentido cefalocaudal: os primeiros nervos têm raízes horizontais, ao passo que os seguintes têm uma direção cada vez mais oblíqua para baixo e para fora, até adquirirem a característica forma de «cauda equina» das raízes sacrais e coccígeas ➤116-119.

Depois de formado, o nervo espinal emite dois ramos colaterais: o *ramo meníngeo* (ou recorrente), que distribui fibras sensitivas às estruturas vertebrais, e o *ramo comunicante branco* (nervos torácicos e lombares), que chega a um gânglio do simpático com fibras medulares pré-ganglionares.

A partir do gânglio simpático, um ou vários *ramos comunicantes cinzentos* formados por fibras amielínicas inserem-se no nervo espinal, permanecendo com ele até as áreas específicas. A seguir, o nervo espinal divide-se num *ramo anterior* ou *ventral*, e num *ramo posterior* ou *dorsal*: o ramo posterior, geralmente mais curto, inerva um território circunscrito com fibras motoras dos músculos e fibras sensitivas cutâneas e conserva a sua própria individualidade, enquanto o ramo anterior se entrelaça com os ramos anteriores de outros nervos, estabelecendo com eles complicadas reações nervosas e formando complexas estruturas anatômicas denominadas *plexos*.

Os ramos anteriores ocupam-se da inervação motora e sensitiva da região an-

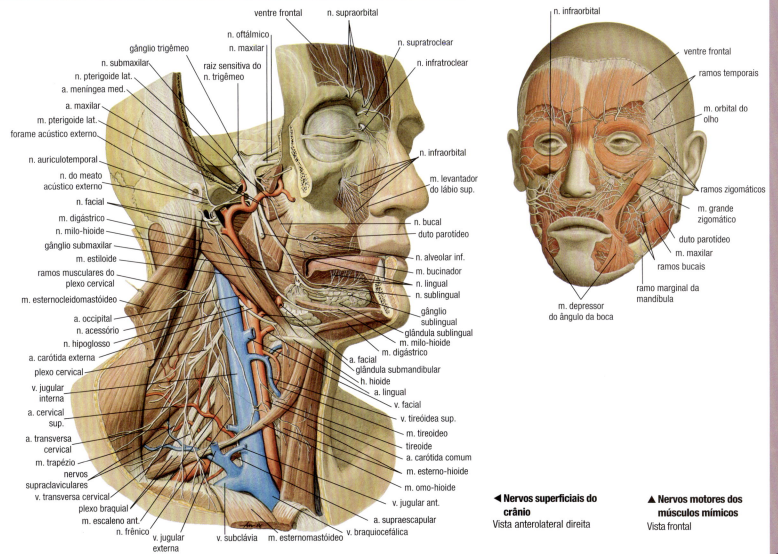

◄ **Nervos superficiais do crânio**
Vista anterolateral direita

▲ **Nervos motores dos músculos mímicos**
Vista frontal

NERVOS E GLÂNDULAS ENDÓCRINAS

terolateral do pescoço, do tronco e das extremidades superiores.

As características particulares dos ramos dorsais dos primeiros dois nervos cervicais (ou occipitais), do plexo cervical e do plexo braquial são:

- *ramo dorsal do primeiro nervo cervical (nervo suboccipital):* é mais volumoso do que o ramo ventral correspondente e tem funções exclusivamente motoras. Atravessa o duto vertebral juntamente com a artéria vertebral e depois se dirige para a cabeça, até onde chegam as fibras motoras (músculos suboccipitais). Um ramo descendente une-se ao posterior correspondente ao 2º nervo occipital;

- *ramo dorsal do 2º nervo cervical (grande nervo occipital):* trata-se do mais grosso dos ramos posteriores dos nervos espinais; sai do duto vertebral, entre o atlas ➤44-45 e o eixo, dobrando-se para cima. Medialmente, por baixo do músculo oblíquo inferior, perfura o músculo semiespinal e o trapézio, tornando-se subcutâneo na região occipital: não é por acaso que é formado principalmente por fibras sensitivas. No seu ramo inicial, algumas fibras musculares vão inervar os músculos oblíquo inferior, semiespinal, longo da cabeça, esplênio e trapézio, e dois colaterais (ascendente e descendente) ligam-se com os ramos dorsais dos 1º e 3º nervos cervicais, respectivamente;

- *plexo cervical:* é formado pelos 1º, 2º, 3º e 4º ramos anteriores dos nervos cervicais. Cada ramo anterior divide-se, por sua vez, em dois ramais (ascendente e descendente) que se unem aos ramos correspondentes dos nervos contíguos, dando lugar a três gânglios cervicais, dispostos um sobre o outro e chamados superior médio e inferior.

O plexo está situado profundamente no pescoço, e dele partem novas fibras

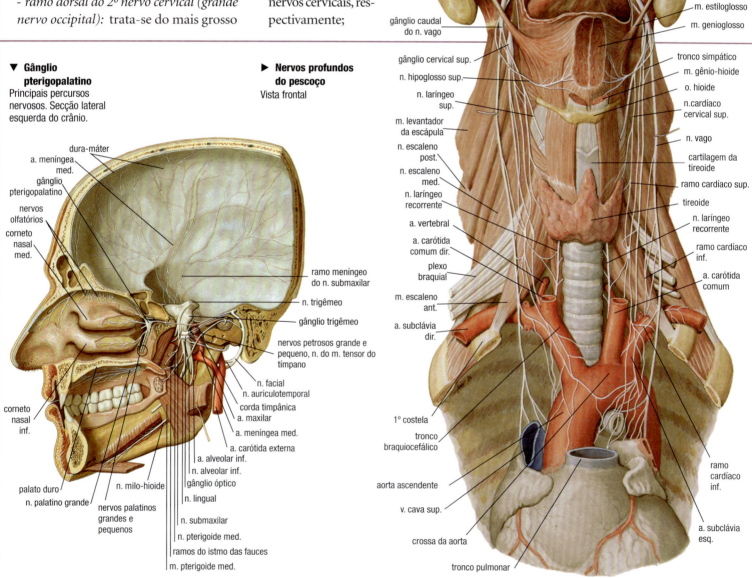

▼ **Gânglio pterigopalatino**
Principais percursos nervosos. Secção lateral esquerda do crânio.

▶ **Nervos profundos do pescoço**
Vista frontal

114

NERVOS CRANIANOS

nervosas divididas em ramos anastomosantes (que unem outras fibras nervosas), ramos cutâneos (sensitivos) e ramos musculares (motores e sensitivos). Entre estes últimos encontra-se o nervo frênico, que move o diafragma ►[63] e inerva com as suas fibras sensitivas a pleura, o pericárdio, a parede posterior do abdome e a superfície inferior do diafragma. Algumas das suas fibras atravessam o diafragma e chegam ao plexo celíaco;

- *plexo braquial*: é formado pelos ramos anteriores dos 5º, 6º, 7º e 8º nervos cervicais e do 1º nervo torácico, aos quais se unem fibras do 4º nervo cervical e do 2º nervo torácico. O plexo aloja-se nas cavidades axilar e supraclavicular; os nervos que o compõem, depois de entrarem em contato, saem dele sob a forma de troncos, continuando nas extremidades superiores ►[64, 120].

Na área craniocervical encontram-se também muitos nervos parassimpáticos e simpáticos: enquanto os primeiros prolongam os nervos espinais sensitivos, os segundos formam outros plexos, redes complexas e ramificações. Entre eles, o *plexo carotídeo*, o *plexo cavernoso*, o *plexo intercarotídeo* e o *plexo subclávio* são os principais. São formados pelos ramos perivasculares do segmento cervical do simpático, e acompanham a artéria carótida e as suas ramificações ao longo de todo o seu percurso.

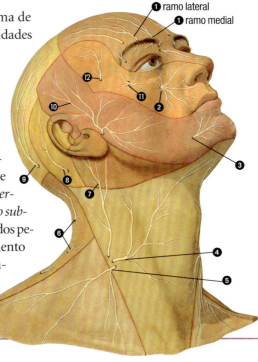

▲ **Nervos superficiais do pescoço**
Vista anterolateral direita.
❶ n. supraorbital
❷ n. infraorbital
❸ n. submaxilar
❹ n. transversal do pescoço
❺ nervos supraclaviculares
❻ ramos laterais ou dorsais dos nervos cervicais
❼ n. auricular grande
❽ n. pequeno occipital
❾ n. grande occipital
❿ n. auriculotemporal
⓫ ramo zigomaticofacial
⓬ ramo zigomaticotemporal

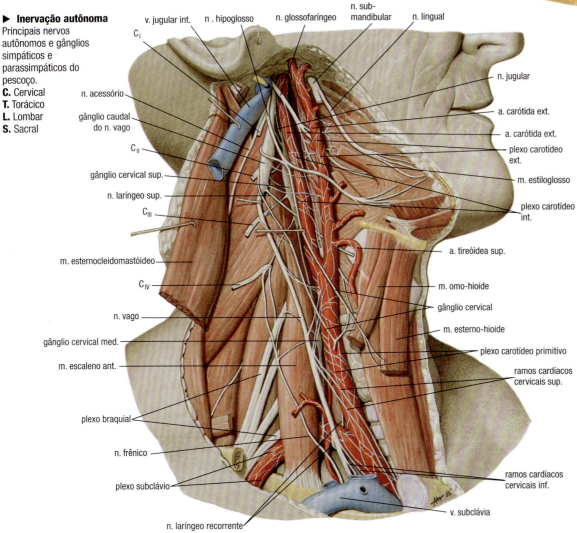

▶ **Inervação autônoma**
Principais nervos autônomos e gânglios simpáticos e parassimpáticos do pescoço.
C. Cervical
T. Torácico
L. Lombar
S. Sacral

115

NERVOS E GLÂNDULAS ENDÓCRINAS

NERVOS TORACOABDOMINAIS

Incluem as terminações nervosas dos segmentos torácico e lombar do simpático e os nervos espinais dos tratos torácico, lombar, sacral e coccígeo da coluna vertebral.

Os nervos simpáticos são numerosos nesta região, pois têm de regular as atividades de cada órgão interno. Uma vez que curtos ramais viscerais do simpático inervam o esôfago e o tubo digestório (ramais esofágicos, nervos esplânico maior e esplânico menor), outros estão organizados em plexos que recebem o nome de trato ou órgão inervado: *plexo aórtico, cardíaco, pulmonar e pré-aórtico.*

Plexo cardíaco: é formado por três nervos cardíacos (superior, médio e inferior) que descem desde o gânglio cervical correspondente, fibras dos primeiros quatro gânglios torácicos e três ramos cardíacos do nervo vago (parassimpático). Outras terminações parassimpáticas de proveniência cervical inervam a aorta, as paredes coronárias, as cavidades cardíacas e o pericárdio.

Plexo pré-aórtico: trata-se de um entrelaçado de fibras simpáticas que se estende desde a aorta abdominal até os gânglios. Divide-se em:

- *plexo celíaco,* ao qual estão ligados os *plexos secundários pares* (frênicos, supra-renais, renais, espermáticos, pélvicos) e *ímpares* (esplênico, hepático, gástrico superior, mesentérico superior);

- *plexo aórtico-abdominal,* sob a artéria mesentérica superior;

- *plexo hipogástrico,* à frente da artéria sacral média.

Os nervos espinais dividem-se em:

- 12 pares de **nervos torácicos:** o primeiro par emerge entre a 1ª e 2ª vértebras torácica e o último, entre a 12ª torácica e a 1ª lombar. Os ramos anteriores recebem o nome

◀ **Nervos toracoabdominais profundos**
Vista anterolateral esquerda

▲ **Nervos toracoabdominais intermédios**
Vista anterolateral direita

116

NERVOS TORACOABDOMINAIS

▶ **Inervação profunda do tronco costal**
Vista frontal

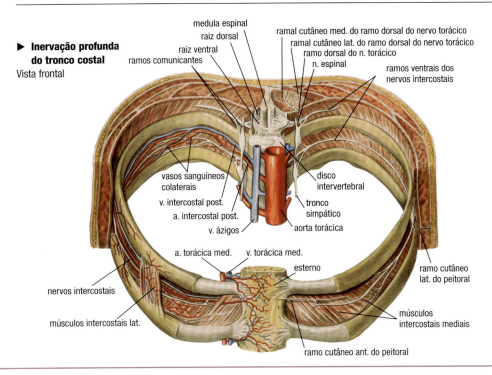

de nervos intercostais porque atravessam o espaço intercostal correspondente: inervam a musculatura intermédia do tórax, a parede toracoabdominal e a pele.

Depois de chegarem ao esterno, os seis primeiros atravessam a parede torácica para o exterior e, com o nome de ramos cutâneos anteriores, distribuem-se pela região anterolateral do tórax. Os 2º, 3º e 4º ramos cutâneos anteriores recebem o nome de ramos mamários mediais porque inervam a parte medial da mama.

Os últimos seis nervos intercostais inserem-se na parede abdominal, atravessando os músculos oblíquos medial e transverso do abdome até o músculo reto do abdome. Também terminam com ramais cutâneos anteriores.

▶ **Nervos toracoabdominais superficiais masculinos**
1. Vista frontal
2. Vista dorsal

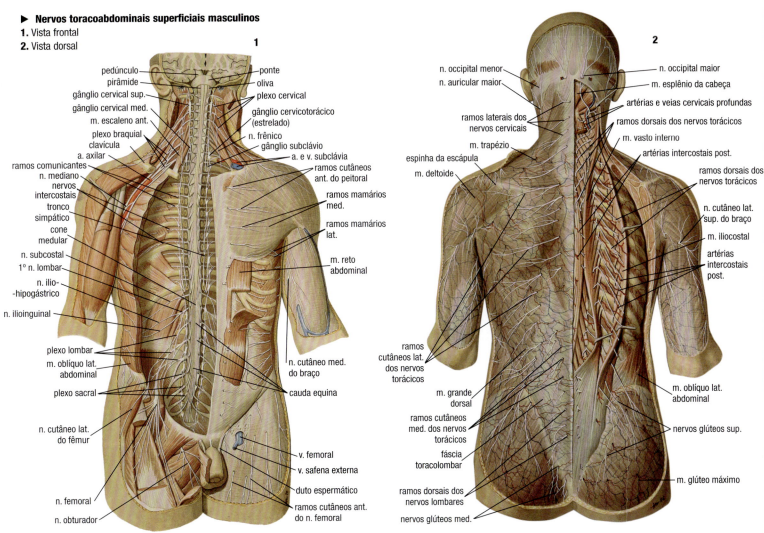

NERVOS E GLÂNDULAS ENDÓCRINAS

O 12º nervo passa por baixo da 12ª costela e por isso é denominado intercostal.

Os nervos torácicos emitem ramos anastomosantes de ligação e ramos colaterais musculares e cutâneos;

- cinco pares de *nervos lombares:* o primeiro par emerge entre a 1ª e 2ª vértebras lombar; o último, entre a 5ª lombar e o sacro.

O ramo anterior do primeiro nervo lombar, mais fino, dá origem ao nervo ílio-hipogástrico e ao nervo ílioinguinal; o do 2º nervo lombar divide-se em nervo cutâneo lateral do fêmur e nervo genitofemoral, e a partir do 2º ramo anastomasante originam-se as raízes superiores do nervo obturador e do nervo femoral.

O ramo anterior do 3º nervo lombar dá origem às raízes médias dos nervos obturador e femoral, e no do 4º nervo lombar originam-se as raízes inferiores dos mesmos nervos.

O ramo anastomosante que parte desse nervo lombar junta-se ao ramo anterior do 5º nervo lombar, formando o tronco lombar, que participa na formação do plexo sacral.

Por sua vez, os ramos anteriores dos 1º, 2º, 3º e 4º nervos lombares e um ramo do 12º nervo torácico formam o plexo lombar: com uma forma triangular, a base coincide com a coluna vertebral e o ápice na confluência das raízes do nervo femoral.

Desse plexo emergem:
- *ramos anastomosantes* de ligação;
- *ramos colaterais curtos* com função motora: nervos dos músculos do tronco transversos laterais, do músculo grande psoas, do músculo pequeno psoas e do músculo quadrado dos lombos;

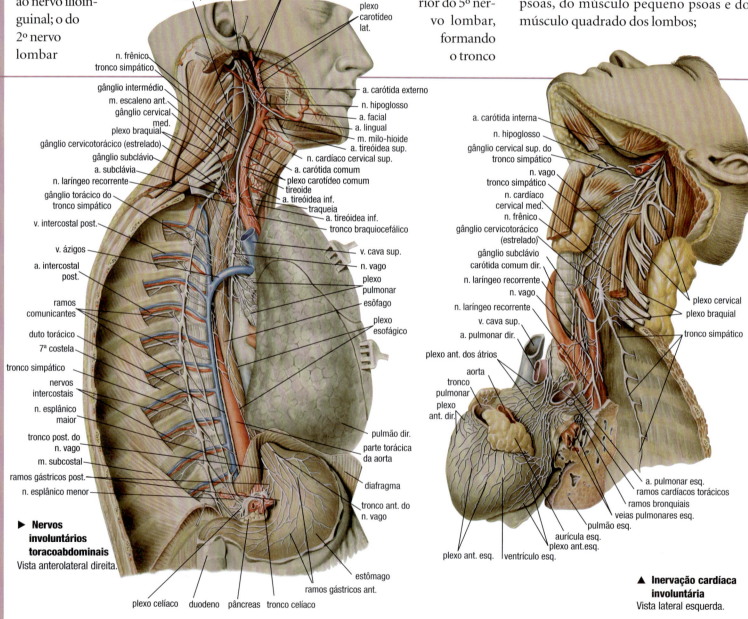

▶ **Nervos involuntários toracoabdominais**
Vista anterolateral direita.

▲ **Inervação cardíaca involuntária**
Vista lateral esquerda.

- *ramos colaterais longos* ➤122-123, geralmente de caráter misto, que chegam à parte inferior da parede abdominal, aos genitais e à extremidade inferior: os nervos ílio-hipogástrico, ilioinguinal, genitofemoral e cutâneo lateral do fêmur;
- *ramos terminais* ➤122-123, que saem da pélvis e se estendem pela pele e pelos músculos da extremidade inferior: nervo obturador e nervo femoral;
- cinco pares de **nervos sacrais:** saem pelos forames do sacro.

A união dos ramos anteriores dos 1º, 2º e 3º nervos sacrais com o tronco lombosacral que recolhe fibras do ramo anterior do 4º nervo lombar e todo o 5º nervo lombar dá origem ao plexo sacral, um conjunto achatado de nervos, de forma triangular, com base no osso sacro e com ápice no contorno inferior do forame isquiático. Aí se origina um espesso ramo terminal (nervo isquiático ➤122, mais conhecido por nervo ciático) e os ramos colaterais anteriores e posteriores.

Os ramos colaterais anteriores são todos motores e inervam os músculos gêmeo superior e inferior, obturador medial e quadrado do fêmur; os ramos colaterais posteriores compreendem três nervos motores que inervam os músculos glúteos, tensor da fáscia lata e piriforme, e um nervo sensitivo: o nervo cutâneo posterior do fêmur, que chega à face posterior da coxa e da perna e à região perineal.

Os 2º, 4º e, sobretudo, 3º nervos sacrais formam o **plexo pudendo,** que inerva os órgãos genitais e uma parte do intestino, das vias urinárias e dos músculos e a pele do períneo. Dele partem ramos viscerais (parassimpáticos), ramos somáticos musculares e somáticos cutâneos.

- três pares de *nervos coccígeos:* apenas o primeiro par mantém a sua individualidade; os outros se fundem com o filamento terminal da medula.

Nas laterais do cóccix, os ramos anteriores do 1º nervo coccígeo e do 5º nervo sacral e algumas fibras do 4º nervo sacral formam o plexo coccígeo.

Os ramos anteriores viscerais são fibras do parassimpático que chegam ao plexo hipogástrico ➤116; os ramos posteriores somáticos chegam ao músculo coccígeo e à pele.

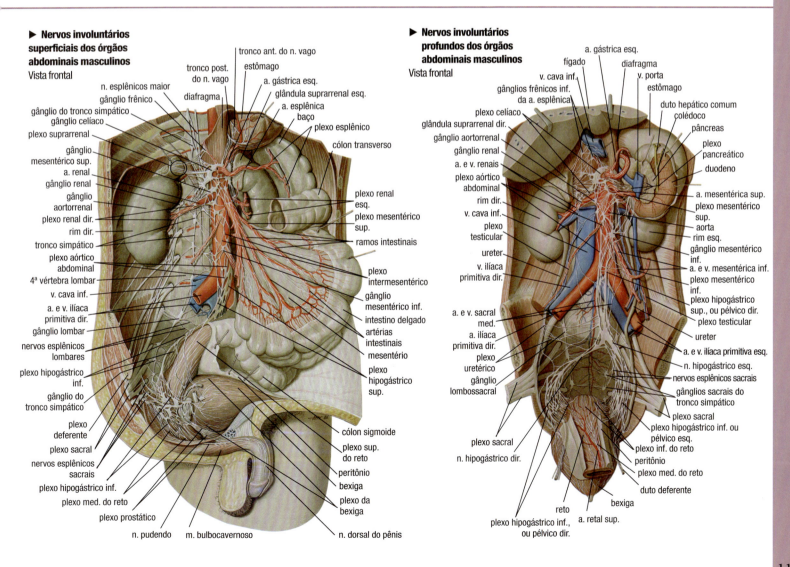

NERVOS E GLÂNDULAS ENDÓCRINAS

NERVOS DAS EXTREMIDADES SUPERIORES

São os nervos que, a partir do plexo braquial [115], atravessam o braço e o antebraço até a mão. No ombro, saindo do plexo braquial, distinguem-se três **troncos primários:**

- o *tronco primário superior,* formado pelos ramos anteriores dos 4º, 5º e 6º nervos cervicais;

- o *tronco primário médio,* formado pelo 7º nervo cervical, que é um nervo independente;

- o *tronco primário inferior,* formado pelos ramos anteriores do 8º nervo cervical e do 1º nervo torácico.

Junto da cavidade axilar, cada um dos três troncos primários divide-se num ramo anterior e num posterior. Por sua vez, os ramos anteriores e posteriores formam três **troncos secundários:**

- o *tronco secundário posterior,* formado pelos ramos posteriores dos três troncos primários, onde nascem o nervo radial e o nervo axilar;

- o *tronco secundário lateral,* formado pelos ramos anteriores dos três troncos primários superiores e dos três troncos primários médios.

Aqui nascem o nervo musculocutâneo e igualmente a raiz lateral do nervo mediano;

- o *tronco secundário mediano,* formado pelo ramo anterior do tronco primário inferior, que é independente. Aqui nascem a raiz mediana do nervo mediano, o nervo ulnar, o nervo cutâneo mediano do braço e o nervo cutâneo mediano do antebraço.

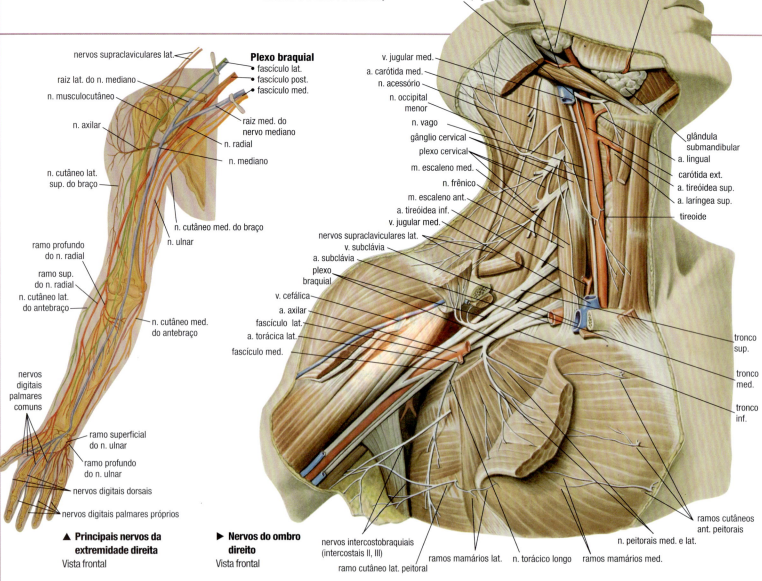

▲ **Principais nervos da extremidade direita**
Vista frontal

▶ **Nervos do ombro direito**
Vista frontal

120

NERVOS DAS EXTREMIDADES SUPERIORES

Todos esses nervos são *ramos terminais do plexo braquial,* nervos longos que se distribuem pelas partes terminais da extremidade. A eles se juntam inúmeros *ramos anastomosantes* de interligação entre diversos nervos e *ramos colaterais,* que chegam aos diferentes músculos dorsais e torácicos.

As principais terminações nervosas da mão procedem do nervo mediano e do nervo ulnar, que se ramificam em nervos cada vez mais finos até chegarem à ponta dos dedos.

▼ **Nervos da mão direita**
Vista lateral esquerda

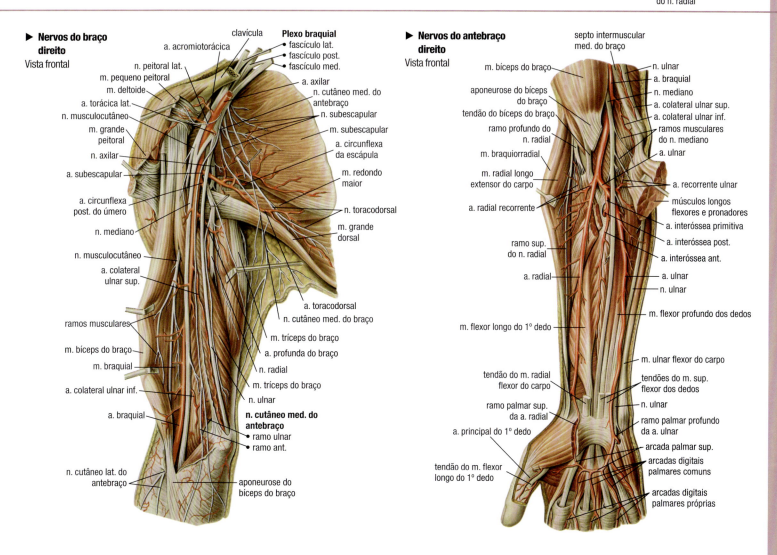

▶ **Nervos do braço direito**
Vista frontal

▶ **Nervos do antebraço direito**
Vista frontal

NERVOS E GLÂNDULAS ENDÓCRINAS

NERVOS DAS EXTREMIDADES INFERIORES

Os nervos que se distribuem pelas extremidades inferiores originam-se no plexo sacral ➤[119] e no plexo lombar ➤[118]: são os nervos ciático, o único prolongamento do plexo sacral, os *ramos colaterais longos* e os *ramos terminais* do plexo lombar.

Exceto os nervos safeno interno e cutâneo lateral do músculo, são todos nervos mistos: têm funções sensitivas e motoras, frequentemente compartimentadas em ramos cutâneos (sensitivos) e ramos musculares (motores) em cada nervo.

NERVO CIÁTICO

É o maior nervo do corpo; parte dos ramos anteriores dos 4º e 5º nervos lombares e dos 1º, 2º e 3º nervos sacrais. Os seus ramos colaterais e terminais inervam os músculos posteriores da coxa, da perna e do pé, a pele da perna e do pé, as articulações do quadril e do joelho. Os *ramos colaterais musculares* são constituídos pelos nervos do músculo bíceps femoral (cabeça longa), do bíceps femoral (cabeça curta), do semitendinoso, do semimembranoso e do abdutor.

O nervo ciático, que se forma junto ao osso sacro, sai da pélvis e, depois de atravessar a nádega, estende-se paralelamente à artéria isquiática por trás dos músculos gêmeo externo, gêmeo interno e quadríceps, até chegar ao ângulo superior do poplíteo, onde se bifurca superficialmente e se divide em dois *ramos terminais*:

- o *nervo tibial* dirige-se para o maléolo e divide-se em dois ramos: o nervo plantar mediano e o nervo plantar lateral. Com

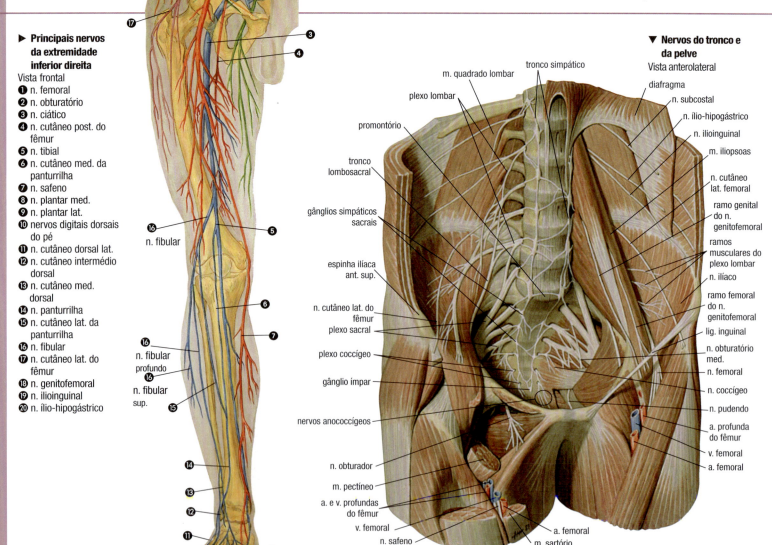

▶ **Principais nervos da extremidade inferior direita**
Vista frontal
❶ n. femoral
❷ n. obturatório
❸ n. ciático
❹ n. cutâneo post. do fêmur
❺ n. tibial
❻ n. cutâneo med. da panturrilha
❼ n. safeno
❽ n. plantar med.
❾ n. plantar lat.
❿ nervos digitais dorsais do pé
⓫ n. cutâneo dorsal lat.
⓬ n. cutâneo intermédio dorsal
⓭ n. cutâneo med. dorsal
⓮ n. panturrilha
⓯ n. cutâneo lat. da panturrilha
⓰ n. fibular
⓱ n. cutâneo lat. do fêmur
⓲ n. genitofemoral
⓳ n. ilioinguinal
⓴ n. ílio-hipogástrico

▼ **Nervos do tronco e da pelve**
Vista anterolateral

122

NERVOS DAS EXTREMIDADES INFERIORES

os seus ramos colaterais musculares e sensitivos inerva os músculos poplíteo, posteriores e superficiais da perna (gêmeos, sóleo, plantar, grácil), profundos posteriores da perna (tibial posterior, flexor longo dos dedos e flexor longo do hálux) e do pé, a articulação do joelho e do tornozelo e a pele do calcanhar e do pé. O nervo cutâneo mediano da panturrilha (ou safeno externo) é um dos seus ramos sensitivos que dão origem aos nervos da panturrilha, dorsal lateral do pé e cutâneo dorsal lateral do pé, que, por sua vez, fazem chegar a sensibilidade aos dedos e à pele posterolateral da parte inferior das extremidades;

- o *nervo peronial* comum estende-se ao longo da região interna do bíceps do fêmur até a região externa da perna, onde se divide em dois ramos terminais: o nervo fibular superficial, que inerva os músculos fibulares e a pele inferolateral da perna (nervos cutâneos intermédio e cutâneo dorsal mediano), e o nervo fibular profundo, que inerva os músculos profundos da perna e, através do pé, chega aos dois primeiros dedos. Os seus ramos colaterais musculares e cutâneos inervam os músculos superficiais e profundos da perna, a articulação do joelho e, com os ramos cutâneos do nervo tibial, formam o nervo da panturrilha.

RAMOS COLATERAIS LONGOS

- Nervo *genitofemoral*: nasce do 2º nervo lombar e, através do músculo grande psoas, chega ao ligamento inguinal, onde se divide em dois ramos terminais: o genital e o femoral, que sai da pelve, ao lado da artéria ilíaca externa, e se torna subcutâneo, inervando a parte ântero-superior da coxa.

- *Nervo cutâneo lateral do fêmur:* é apenas sensitivo, nasce no ramo anterior do 2º nervo lombar, atravessa o grande psoas, percorre a fossa ilíaca e sai pela pelve, tornando-se subcutâneo e dividindo-se no ramo glúteo e no femoral, que chega ao joelho pela zona anterolateral da coxa.

RAMOS TERMINAIS

- *Nervo obturatório*: origina-se nos 2º, 3º e 4º nervos lombares: as 3 raízes reúnem-se num tronco único. Esse tronco atra-

▼ **Nervos perineais femininos**
Vista frontal

▼ **Nervos perineais masculinos**
Vista frontal

123

NERVOS E GLÂNDULAS ENDÓCRINAS

vessa o grande psoas em direção à pelve, passa por cima da articulação sacroilíaca e chega ao duto obturador, onde termina num único *ramo colateral:* o nervo para o músculo obturatório lateral.

Depois de sair pelo duto obturatório com os vasos principais, divide-se em dois ramos:

- o *ramo anterior,* o maior, que desce ao longo do músculo obturatório lateral, inerva os músculos grande e pequeno abdutores da coxa e o músculo grácil, e termina como ramificação cutânea na região inferomediana da coxa;

- o *ramo posterior,* que inerva o músculo obturatório lateral e o grande abdutor, e envia ramos articulares para o quadril e para o joelho.

- *nervo femoral:* é o mais grosso do plexo lombar; tem três raízes nos ramos anteriores dos 2º, 3º e 4º nervos lombares e algumas fibras anteriores do primeiro nervo lombar.

Ao nível da 5ª vértebra lombar, as raízes fundem-se num tronco único, e o nervo sai do grande psoas em direção à pelve. Chegando ao ligamento inguinal, prossegue pelo músculo psoas ilíaco, dividindo-se depois nos seus *ramos terminais,* que chegam à extremidade do membro.

Nas regiões abdominal e pélvica, o nervo femoral tem inúmeros *ramos colaterais,* principalmente motores:

- os nervos para o iliopsoas;
- os nervos para o músculo ilíaco;
- os nervos para o músculo pectíneo;

- os nervos para a artéria femoral, que seguem o percurso do vaso até o meio da coxa.

Entre os nervos terminais estão:

- o *nervo musculocutâneo lateral,* com ramos musculares de fibras motoras do músculo sartório e ramos cutâneos sensitivos da superfície anterior da coxa, que se dividem nos nervos perfurante anterior e médio, e acessório do safeno interno;

- o *nervo musculocutâneo mediano,* com *ramos cutâneos* e *musculares* que inervam o músculo pectíneo, o grande abdutor e a região superior e mediana da coxa;

- o *nervo do músculo quadríceps,* o mais profundo, quase totalmente motor, dividido em quatro *ramos musculares* que

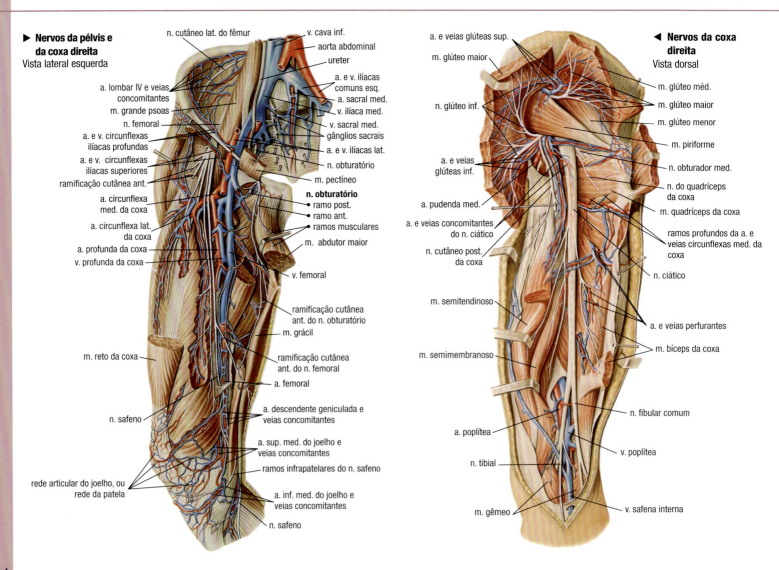

▶ Nervos da pélvis e da coxa direita
Vista lateral esquerda

◀ Nervos da coxa direita
Vista dorsal

124

NERVOS DAS EXTREMIDADES INFERIORES

inervam os músculos reto anterior, vasto lateral e intermediário do quadríceps.

Os ramos sensitivos, em número reduzido, inervam o periósteo do fêmur, a patela e a articulação do joelho;

- o *nervo safeno interno,* sensitivo, chega ao pé.

Alguns ramos colaterais inervam a pele da face interna da coxa, do joelho e da perna. Atravessando o músculo sartório, o nervo safeno divide-se em dois ramos terminais:

- o *ramo patelar* (ou *infrapatelar*), que inerva a pele do joelho;

- o *ramo tibial,* que, com os seus ramos laterais, inerva as regiões mediana e posteromediana da perna, assim como o maléolo e a margem mediana do pé.

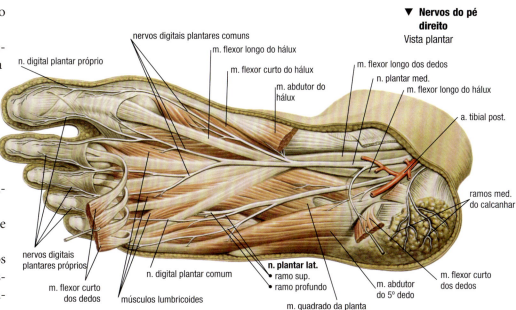

▼ Nervos do pé direito
Vista plantar

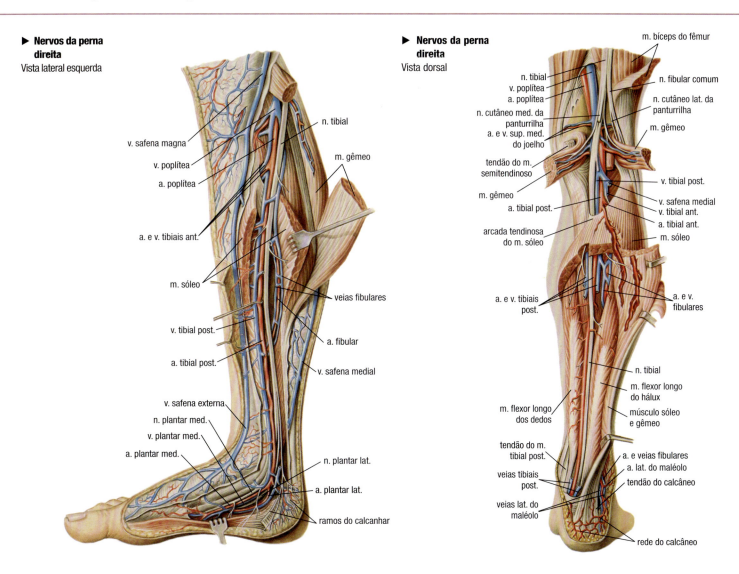

▶ Nervos da perna direita
Vista lateral esquerda

▶ Nervos da perna direita
Vista dorsal

125

NERVOS E GLÂNDULAS ENDÓCRINAS

É O SISTEMA MAIS HETEROGÊNEO, SENDO COMPOSTO POR INÚMEROS ÓRGÃOS GLANDULARES QUE SE LOCALIZAM EM DIFERENTES REGIÕES DO CORPO. ESTAS GLÂNDULAS EXERCEM, DE DIVERSAS MANEIRAS, UM CONTROLE QUÍMICO ESTRITO DE TODAS AS PARTES DO ORGANISMO.

O SISTEMA ENDÓCRINO

Como se pode observar na imagem ao lado, os órgãos que compõem este sistema anatômico são muito diferentes entre si: tanto na estrutura e nos elementos como nas substâncias que produzem.

Dessa forma, por que então são considerados partes de um único sistema? O fato de serem glândulas desprovidas de canais excretores e percorridas por uma densa rede de capilares sanguíneos não os unifica; a sua atividade fundamental é também produzir substâncias (hormônios) que vão diretamente para a circulação sanguínea ➤[176].

Essas glândulas, embora estejam anatomicamente separadas e tenham uma origem embrionária e características morfológicas e funcionais muito diferentes, mantêm importantes relações funcionais entre si: constituem uma «rede química» de sinais que, num contínuo equilíbrio de ações e retroações, controla o funcionamento «básico» do corpo. Tal como acontece, em nível macroscópico, no caso da rede neuronal, que regula, mediante sinais antagônicos, a atividade dos órgãos e dos músculos, intervindo rapidamente onde é necessário, a «rede» de mensagens químicas produzidas pelos órgãos endócrinos equilibra e regula, em nível celular, todas as atividades metabólicas vitais.

Ao contrário da ação nervosa, a hormonal ➤[180-181] é mais lenta (há exceções: por exemplo, a adrenalina produzida pelas glândulas suprarrenais tem uma ação quase imediata sobre todos os órgãos envolvidos), mas pode constituir um estímulo continuado, cuja influência é sentida durante longos períodos. De fato, o corpo não necessita apenas de estímulos e reações rápidas e eficazes; requer, igualmente, equilíbrios precisos, um crescimento lento e constante, a regeneração e destruição dos tecidos, a assimilação de substâncias e a eliminação de resíduos, ou seja, processos ininterruptos, em constante equilíbrio, que sejam regulados e mantidos sob controle. Além disso, do mesmo modo que o controle nervoso exercido sobre a atividade muscular varia continuamente em resposta às informações provenientes da periferia que chegam ao sistema central, a atividade das glândulas endócrinas também é moldada continuamente de acordo com as informações de caráter nervoso, hormonal e químico que recebem, respectivamente, do hipotálamo, das outras glândulas endócrinas e dos órgãos do corpo.

No entanto, o sistema nervoso e o endócrino não só são muito semelhantes como também colaboram continuamente no controle das atividades corporais. Basta pensar, por exemplo, na digestão: enquanto o sistema nervoso autônomo se encarrega dos aspectos musculares do movimento involuntário dos sistemas digestório e circulatório, o sistema nervoso central coordena as suas atividades e regula, em parte, a secreção gástrica, cooperando, para isso, com o sistema endócrino, que organiza diretamente a absorção das substâncias

O SISTEMA ENDÓCRINO

◀ **O sistema endócrino de uma criança**
Formado por elementos muito heterogêneos (em cores), se bem que todos eles constituídos por tecido epitelial endócrino, contribui para regular as atividades vitais.
❶ hipófise
❷ tireoide
◼ glândula suprarrenal
　❸ medula
　❹ córtex
❺ testículo
❻ corpo aórtico
❼ pâncreas
❽ glândula suprarrenal
❾ fígado
❿ corpos paraórticos
⓫ timo
◼ parótida
　⓬ inf.
　⓭ sup.
⓮ corpo carotídeo
⓯ corpo pineal

nutritivas, determina as atividades secretoras e de assimilação das células dos diversos órgãos e condiciona o intercâmbio entre os tecidos. Esta «colaboração» ocorre em todos os processos vitais: qualquer atividade corporal é permanentemente mantida sob controle pelo sistema nervoso central, gerida de forma autônoma pelo sistema nervoso periférico e continuamente estimulada e regulada pelas glândulas endócrinas.

UM SISTEMA QUE ABRANGE TODO O CORPO

De certo modo, pode-se considerar que todas as células do nosso organismo fazem parte do sistema endócrino: os seus produtos metabólicos terminam no sangue e têm, frequentemente, uma função reguladora da atividade de outras células (por exemplo, o aumento da concentração de anidrido carbônico estimula os neurônios do centro respiratório e os quimiorreceptores da crossa da aorta e dos seios carotídeos e exerce uma ação direta sobre a musculatura lisa dos vasos sanguíneos). Ademais, todas as células do corpo produzem «mensagens químicas» (como o intérferon ou as interleucinas) que induzem reações específicas nas células circundantes e, além de desempenharem importantes papéis em diversas atividades celulares, regulam a resposta imunitária ➤[180-181].

▼ **Insulina**
Enquanto as novas tecnologias biomédicas não conseguirem elaborar um método seguro e preciso para dosificar a insulina que seja uma alternativa à injeção, os diabéticos terão de continuar dependendo das seringas para sobreviver.

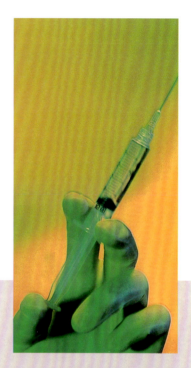

✚ PROBLEMAS ENDÓCRINOS: DIABETES E SÍNDROME PRÉ-MENSTRUAL

Muitas glândulas endócrinas permanecem ativas durante toda a vida: são as **glândulas endócrinas perenes,** *como a hipófise, a tireoide e as glândulas suprarrenais. Outras, como as gônadas femininas, cumprem a sua função durante um determinado período de tempo: são as* **glândulas endócrinas transitórias.**

O mau funcionamento das glândulas endócrinas (ou seja, a produção excessiva ou insuficiente de hormônios) e as variações naturais da atividade endócrina determinam alterações físicas e psíquicas evidentes, dando, frequentemente, origem a doenças e disfunções.

Os problemas devidos à falta de um hormônio são mais fáceis de resolver: introduzindo no organismo o hormônio ausente em doses adequadas, é possível reduzir significativamente os sintomas e as complicações. Um bom exemplo dessa situação é o diabetes (ou diabetes mellitus), cada vez mais frequente nos países industrializados. É causado pelo mau funcionamento do pâncreas ➤[176], *que produz uma quantidade de insulina insuficiente para metabolizar a glicose presente no sangue, ou seja, o açúcar derivado dos alimentos. Essa substância acumula-se no sangue, dando origem a muitos problemas: embora o coma só se verifique em casos extremos, são frequentes as náuseas e o mal-estar geral, a falta de apetite, a desidratação da pele, a limitação da pupila e o hálito com um característico odor de acetona.*

Essa doença pode afetar muitos órgãos: pode haver perda da visão e alterações das funções dos rins, coração, vasos sanguíneos e sistema nervoso: às nefropatias e às afecções coronárias estão associadas perturbações graves, como gangrena das extremidades inferiores e alteração da sensibilidade tátil e da capacidade motora. Todas essas complicações podem ser evitadas com o tratamento adequado.

A **síndrome pré-menstrual** *é um bom exemplo de como as alterações fisiológicas da atividade endócrina influenciam no corpo e na mente. Embora faça parte do ciclo fisiológico normal da mulher, a intensidade dos sintomas pode variar consideravelmente. Até a metade do ciclo menstrual, manifestam-se estados de ansiedade e emotividade, cuja intensidade aumenta à medida que a menstruação se aproxima. Além dessas alterações (irritabilidade acentuada, instabilidade emocional, crises de choro, agressividade), surgem também sintomas físicos: enxaquecas, câimbras abdominais, aumento do volume do peito e inchaço das pernas.*

NERVOS E GLÂNDULAS ENDÓCRINAS

ATIVIDADE ENDÓCRINA DAS PRINCIPAIS GLÂNDULAS

GLÂNDULAS	HORMÔNIOS	EFEITOS
hipófise anterior ou adeno-hipófise	hormônio tireotrófico (TSH) ou tireotrofina	estimula a atividade hormonal da tireoide
	hormônio adrenocorticotrófico ou corticotrofina (ACTH)	ativa a secreção hormonal do córtex suprarrenal
	prolan A ou hormônio foliculoestimulante (FSH)	estimula a maturação dos folículos ováricos e controla a espermatogênese
	prolan B ou hormônio gonadotrofina luteinizante (LH)	estimula: ovulação, formação do corpo lúteo, produção de gametas; síntese e secreção de testosterona
	prolactina (*luteotopic hormone*, LTH)	estimula a formação do leite
	hormônio somatotrófico (STH ou GH), do crescimento ou somatotrofina	intervém no crescimento dos tecidos ósseos e musculares
	melanotropina ou *melanocyte stimulating hormone* (MSH)	estimula os melanócitos ativados pelos raios ultravioleta ou os hormônios sexuais a produzir melanina
hipófise posterior ou neuro-hipófise	oxitocina	estimula as contrações musculares (em particular, as uterinas do parto) e a produção do leite
	hormônio antidiurético (ADH) ou vasopressina	induz a retenção de líquido pelos rins
	fator inibidor da prolactina ou *prolacting inhibiting factor* (PIF)	neurormônio (talvez dopamina) que induz a secreção de prolactina
epífise ou glândula pineal	melatonina	atua sobre o hipotálamo, contribuindo para determinar o ciclo do sono e da vigília, do repouso e da atividade, bem como o ciclo menstrual
tireoide	tiroxina (T_4)	intervém na compensação energética, na termorregulação, no crescimento, etc., acelerando o metabolismo
	tri-iodotironina (T_3)	regula o mecanismo basal, mantém a homeotermia e influi no crescimento
	calcitonina ou hormônio hipocalcemiante	reduz o cálcio na corrente sanguínea, atuando de forma oposta à do paratormônio (PTH)
paratireoide	paratormônio (PTH)	aumenta o nível de cálcio no sangue
pâncreas	insulina	reduz o nível de glicose no sangue
	glucagon	eleva o nível de glicose no sangue
glândula suprarrenal, córtex corticosteroides	glicocoticoides (hidrocortisona, cortisol, cortisona, desidrocorticosterona)	regulam e gerem o metabolismo das proteínas, dos polissacarídeos
	mineralocorticoides (aldosterona, desoxicorticosterona)	regulam e gerem o metabolismo dos eletrólitos e da água (concentração de líquidos nos tecidos)
glândula suprarrenal, medula	adrenalina ou epinefrina	atua sobre a musculatura dos vasos sanguíneos
	noradrenalina	aumenta o ritmo cardíaco e respiratório, mobiliza as reservas energéticas (para o ataque ou fuga)
gônadas masculinas	hormônios esteroides andrógenos (testosterona, androsterona, androstenediona, desidroepiandrosterona)	regulam o desenvolvimento das gônadas masculinas, induzem os caracteres secundários masculinos
gônadas femininas	progesterona ou luteína	favorece a implantação do zigoto, modificando a estrutura do endométrio uterino
	hormônios esteroides estrógenos ou hormônios foliculares	produzem os fenômenos que precedem, acompanham e seguem a ovulação, preparam o útero para a gravidez, induzem os caracteres secundários femininos

ÓRGÃOS COM ATIVIDADE ENDÓCRINA

ÓRGÃOS	HORMÔNIOS	EFEITOS
rim	eritropoetina	estimula a maturação dos glóbulos vermelhos na medula óssea
estômago	gastrina	estimula a produção dos sucos gástricos das glândulas gástricas
hipotálomo hormônios pépticos	*hormônios liberadores* (RH)	estimula a atividade da glândula hipofisária
	fatores liberadores (RF)	estimulam a adeno-hipófise a produzir e/ou a colocar em circulação determinados hormônios
	hormônio liberador de tireotropina (TRH)	controla a secreção do hormônio tireotrópico (TSH) pela adeno-hipófise
	hormônios inibidores (RIH)	inibe a atividade da glândula hipofisária (como a somatostatina)
	fator de liberação do hormônio do crescimento (GHRF) ou *fator de liberação da somatotrofina* (SRF)	regula a atividade adeno-hipofisária
	hormônio liberador de gonadotropina (GnRH)	induz a síntese e excreção na adeno-hipófise da gonadotrofina luteinizante (LH)
cavidade pilórica	gastrina	estimula principalmente a secreção do ácido clorídrico do estômago
duodeno	secretina	estimula a secreção no pâncreas de bicarbonatos e água e inibe a produção de gastrina
	pancreozimina	estimula a secreção das enzimas pancreáticas
	colecistoquinina	estimula a secreção das enzimas pancreáticas, a contração da vesícula biliar e a motilidade intestinal
duodeno e jejuno	*gastric inhibitory polypeptide* (GIP)	inibe a mobilidade gástrica e a excreção cloropéptica; estimula a secreção endócrina do intestino e do pâncreas
	vasoactive intestinal polypetide (VIP)	poderoso vasodilatador, facilita a secreção de água e eletrólitos ao nível intestinal
placenta	hormônio somatotrópico coriônico (*human chorionic somatotropic hormone*, HCS)	hormônio do crescimento
	gonadotrofinas coriônicas (*human chorionic gonadotropin*, HCG)	estimulam o desenvolvimento da placenta
	lactógeno placentar, somatotrofina mamária ou hormônio somatotrópico placentar (*human placental lactogen*, HPL)	tem função galactogênica ou luteotrópica e estimula o crescimento fetal

O SISTEMA ENDÓCRINO

Na maior parte dos casos, essas substâncias exercem a sua ação numa área relativamente restrita nas imediações da célula que as produziu: por isso, são também denominados «hormônios localizados». Algumas células produzem substâncias específicas, com uma intensa atividade fisiológica: são os paratormônios, como a histamina (que provoca a dilatação dos capilares sanguíneos e o aumento da permeabilidade dos tecidos e das secreções gástrica, salivatória e sudorípara) ou a serotonina (com inúmeras funções antagônicas), ambas ativas nas respostas alérgicas ➤[181].

COMO FUNCIONAM OS HORMÔNIOS

Um hormônio é uma molécula, uma proteína, uma cadeia de aminoácidos ou um composto do colesterol, produzido por **células secretoras** especializadas que costumam se reunir em glândulas endócrinas, embora estejam frequentemente repartidas por diversos órgãos (cérebro, rins, tubo digestório, etc.).

O hormônio liberado pela célula secretora chega, por difusão direta ou através da corrente sanguínea, a células especiais que fazem parte dos órgãos aos quais o estímulo hormonal se destina: de fato, só na membrana dessas células se encontram receptores capazes de se unirem com o referido hormônio.

A interação entre hormônios e membrana desencadeia na célula receptora uma reação que pode ter efeitos energéticos, produtivos ou plásticos, ou seja, a interação pode modificar o metabolismo da célula, sua atividade de síntese proteica e sua estrutura.

O mesmo acontece se o hormônio se encontra em concentrações infinitamente maiores (**ação oligodinâmica**). Nesse caso, o hormônio faz as vezes de «mensageiro químico» que provoca reações específicas.

Esse processo é esquematizado na imagem ao lado.

① No sangue circulam diferentes hormônios, produzidos por glândulas que têm funções de regulação distintas. Cada hormônio é «destinado» apenas a certo tipo de célula. De fato, ele consegue interagir exclusivamente com receptores específicos.

② Quando os receptores da membrana da célula em questão não interagem com o hormônio, a célula permanece inativa.

③ Estabelecida a interação, costuma produzir-se uma «reação em cadeia» dentro da célula, que implica a produção de AMP por parte do ATP: esse processo põe imediatamente à disposição uma quantidade considerável de energia química que é utilizada pela célula para desenvolver as diferentes funções metabólicas.

④ O hormônio é depois desativado pela célula ou, caso permaneça em circulação, pelo fígado. Os produtos de sua decomposição são excretados ou utilizados de novo na síntese das substâncias vitais.

Mas como pode um hormônio induzir uma reação em cadeia numa célula, unindo-se simplesmente a sua superfície? Ela pode desenvolver diferentes ações de acordo com as características químicas que possui e com o tipo de interação que estabelece com a célula receptora. Na imagem abaixo pode-se ver o esquema simplificado de uma membrana celular plasmática. A espessura da dupla camada de fosfolipídios é atravessada e interrompida por proteínas e conjuntos proteicos que desempenham diferentes papéis: ao unir-se com uma dessas proteínas, o hormônio modifica a sua forma e, consequentemente, a sua atividade. Pode, por exemplo, alterar a permeabilidade da membrana a certas substâncias ou a sua estrutura. O conjunto hormônio-receptor pode também penetrar na célula, ativando (ou inibindo) funções e processos específicos.

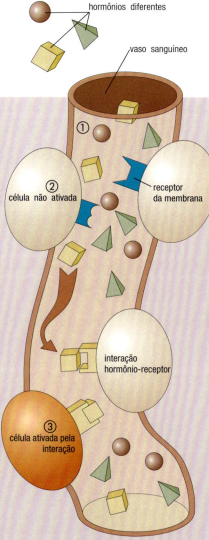

▼ **Esquema do funcionamento de um hormônio**

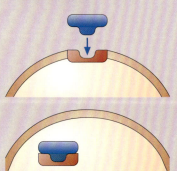

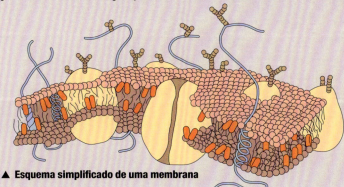

▲ **Esquema simplificado de uma membrana**

129

NERVOS E GLÂNDULAS ENDÓCRINAS

A ATIVIDADE ENDÓCRINA DO ENCÉFALO: HIPOTÁLAMO, HIPÓFISE E EPÍFISE

A atividade endócrina cerebral circunscreve-se aos três corpos do hipotálamo, à hipófise e ao corpo pineal, que desenvolvem atividades e segregam diversos hormônios.

O HIPOTÁLAMO

Esta parte do encéfalo serve de ligação entre o sistema nervoso central e o sistema endócrino ➤126. A sua atividade neurossecretora circunscreve-se aos núcleos supraóptico e paraventricular e à eminência mediana.

As células neurossecretoras localizadas nessas regiões produzem, respectivamente, vasopressina, oxitocina e **RF** (*releasing factors*, moléculas que ativam a fabricação específica de hormônios por parte da hipófise e da tireoide). Essas substâncias são transportadas através dos axônios do trato hipotálamo-hipofisário até a neuro-hipófise, onde são acumuladas para serem, posteriormente, lançadas na corrente sanguínea, estimulando ou inibindo a atividade da tireoide.

FUNÇÕES DE REGIÕES HIPOTALÂMICAS ESPECÍFICAS	
região talâmica	
núcleo hipotalâmico anterior e zona pré-óptica	regulação da temperatura corporal, da sudorese e da atividade respiratória; produção de **RF-TSH** e **RF-LH**
núcleo supraóptico	produção de vasopressina
núcleo paraventricular	produção de oxitocina, centro da sede
região infibulotuberiana	
núcleo ventromedial	centro da sede, centro da saciedade
núcleo dorsomedial	estimulação das funções gastrintestinais
núcleo posterior	aumento da pressão sanguínea, dilatação das pupilas, centro do calafrio, produção de **RF-ACHT**
núcleo perifornígeo	centro da fome, aumento da pressão sanguínea, centro da ira
núcleo infundibular	produção de **RF-ACHT** e de **RF-FSH**
núcleo hipotalâmico lateral	centro da fome
núcleos tuberculares	produção de **RF**
região mamilar	
núcleo mamilar	atividades vegetativas reflexas e atividades emotivas e instintivas

◀ **Hipófise**
Vista externa, de baixo

(labels: quiasma óptico; a. comunicante ant.; trato olfatório; carótida int.; tuber cinereum; a. hipofisária sup.; a. comunicante post.; pedúnculo cerebral; a. sup. do cerebelo; a. do labirinto; ponte; a. cerebral ant.; n. óptico; a. cerebral med.; infundíbulo; hipófise; a. cerebral post.; n. oculomotor; a. basilar)

▶ **Formação da hipófise**
Forma-se durante o desenvolvimento embrionário e pode dividir-se em três fases principais. As duas partes (adeno-hipófise e neuro-hipófise) unem-se a partir de tecidos diferentes: a primeira origina-se na ectoderme que forma a cavidade bucal do embrião; a segunda, na vesícula diacefálica, que dará lugar ao cérebro, com o qual a hipófise permanece em contato:
1 a vesícula diacefálica e a cavidade bucal estão apenas esboçadas;
2 uma parte dobrada da ectoderme bucal solta-se e emigra para cima;
3 os dois tipos de tecidos formam a hipófise.

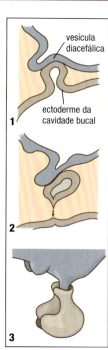

(labels: vesícula diacefálica; ectoderme da cavidade bucal)

A ATIVIDADE ENDÓCRINA DO ENCÉFALO: HIPOTÁLAMO, HIPÓFISE E EPÍFISE

A HIPÓFISE OU GLÂNDULA PITUITÁRIA
É uma glândula com pouco mais de 1 cm de diâmetro que se encontra na base do cérebro, alojada na sela turca do crânio. Divide-se em duas partes, os *lobos,* que têm origem embrionária e uma estrutura e uma função endócrina diferentes: a hipófise posterior, ou neuro-hipófise, e a hipófise anterior, ou adeno-hipófise.

A *neuro-hipófise,* ou a *hipófise-posterior*, origina-se nos mesmos tecidos que, no embrião, formarão o encéfalo. É constituída por *pituítas,* um tipo especial de glia cujos prolongamentos formam uma densa rede de fibras nervosas. Muitas delas provêm do hipotálamo e apresentam espessamentos irregulares ao longo do seu percurso: são os grânulos de secreção que se formam nos núcleos hipotalâmicos e seguem em direção à hipófise, até se descarregarem em presença dos abundantes vasos sanguíneos que a irrigam. Essa parte da hipófise resume a sua atividade ao armazenamento e distribuição da oxitocina e do hormônio antidiurético (**ADH**) ou vasopressina, ambos polipeptídeos produzidos pelo hipotálamo.

A *adeno-hipófise,* ou *hipófise-anterior,* deriva de tecidos que, no embrião, formarão o epitélio da boca e não recebe fibras nervosas do hipotálamo: está ligada a ele por uma densa rede sanguínea (o sistema *porta-hipofisário*) que garante a chegada à hipófise dos *releasing factors* (**RF**) produzidos pelo hipotálamo. Para cada hormônio segregado pela adeno-hipófise há um **RF** produzido pelo hipotálamo e pelos neurormônios que têm função antagônica. A atividade da adeno-hipófise resulta do equilíbrio constante entre os neurormônios de origem hipotalâmica. É formada por células diversas (acidófilas, basófilas, cromófobas), que produzem sete hormônios, todos eles de natureza proteica:

- o *hormônio somatotrópico* (**STH**), somatotrofina ou hormônio do crescimento (**GH**), estimula a atividade da tireoide e a síntese das proteínas, reduz a utilização de glicose por parte das células e influi no crescimento e desenvolvimento dos tecidos ósseos e musculares;
- o *hormônio tireotrópico* (**TSH**), ou tireotrofina, estimula a elaboração e se-

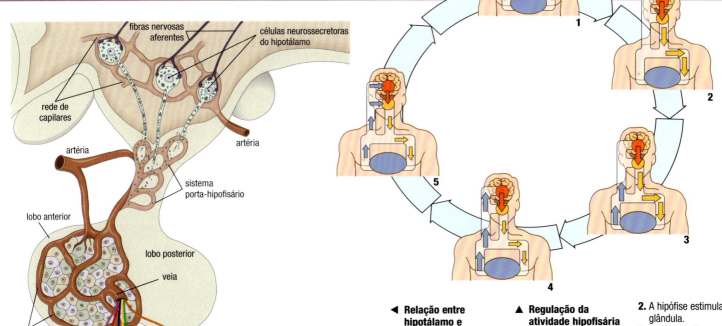

◀ **Relação entre hipotálamo e adeno-hipófise. Ação dos hormônios hipofisários**
A adeno-hipófise, embora sob o controle do hipotálamo, representa o centro de coordenação e gestão de todo o sistema endócrino.
■ TSH; ■ ACTH; ■ FSH;
■ LH; ■ LTH; ■ STH

▲ **Regulação da atividade hipofisária**
A produção de hormônios hipofisários é regulada pela presença de outros hormônios e substâncias na circulação sanguínea ▶176. Por exemplo, a secreção da adeno-hipófise é controlada tanto pelo hipotálamo como pelas glândulas «interessadas» pelos hormônios adeno-hipofisários num equilíbrio de retroação.
1. O hipotálamo produz um hormônio que estimula a atividade hipofisária.
2. A hipófise estimula uma glândula.
3. A glândula libera um hormônio no sangue.
4. Este hormônio atua não apenas no corpo, mas também no hipotálamo e na hipófise.
5. O hipotálamo e a hipófise diminuem a sua atividade.

○ hipófise
○ hipotálamo
○ glândula
⇒ atividade secretora
⇒ hormonal

131

NERVOS E GLÂNDULAS ENDÓCRINAS

▶ **Estrutura da hipófise**
Secção lateral esquerda

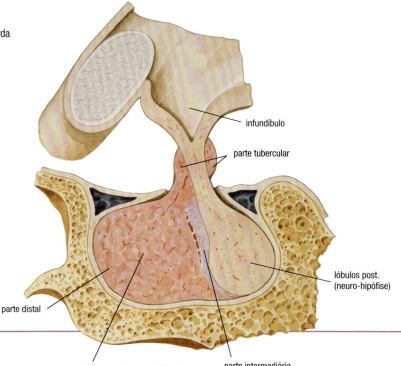

creção dos hormônios tireóideos. A insuficiência desse hormônio causa a atrofia da tireoide. O seu nível está regulado pelo *feedback* negativo da tiroxina (um produto da atividade tireoideana ▶134);

- o *hormônio adrenocorticotrófico* (**ACTH**), ou corticotrofina, estimula o desenvolvimento e a secreção do córtex da glândula suprarrenal; nesse caso, um produto suprarrenal (o cortisol) inibe o **RF** hipotalâmico que induz a secreção do hormônio hipofisário;

- o *hormônio folículo-estimulante* (**FSH**), ou ***prolan A,*** é uma gonadotrofina que estimula a maturação dos folículos ováricos e controla a espermatogênese;

- o *hormônio luteinizante* (**LH**) é uma gonadotrofina que estimula a ruptura do

▼ **Relação entre hipotálamo e neuro-hipófise**
A neuro-hipófise desempenha o papel de órgão de depósito que recebe materiais elaborados por neurônios específicos (oxitocina e hormônio antidiurético, ou **ADH**) e os distribui por todo o organismo, lançando-os no sangue.

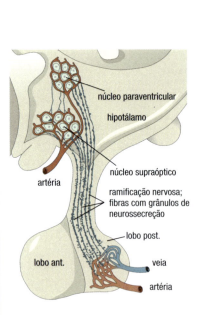

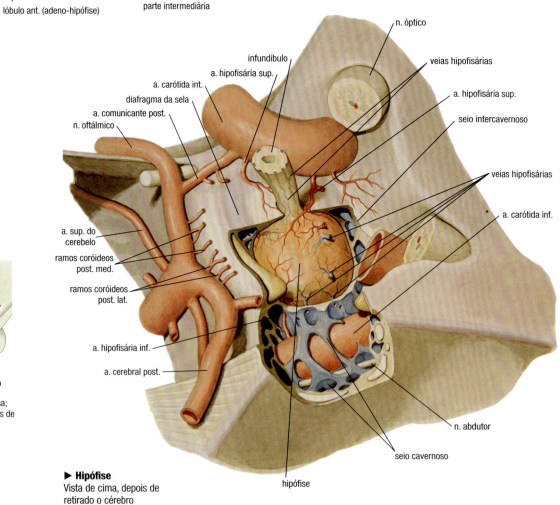

▶ **Hipófise**
Vista de cima, depois de retirado o cérebro

132

A ATIVIDADE ENDÓCRINA DO ENCÉFALO: HIPOTÁLAMO, HIPÓFISE E EPÍFISE

folículo e a libertação do óvulo maduro, a transformação do folículo em corpo lúteo (se houve fecundação) e a secreção de testosterona por parte das células intersticiais do testículo. Associada ao prolan A, estimula a secreção de estrógenos;

- a *prolactina*, ou *luteotropic hormone* (**LTH**), estimula a secreção do leite;

- a *melanotropina*, ou *melanocyte stimulating hormone* (**MSH**), estimula os melanócitos, ativados por raios ultravioletas ou por hormônios sexuais, a produzir melanina.

A região intermediária, entre a hipófise-anterior e a hipófise-posterior, também denominada «lobo intermédio» da hipófise, segrega o fator inibidor da prolactina (**PIF**), ou dopamina, que inibe a secreção de prolactina.

A EPÍFISE, GLÂNDULA PINEAL OU CORPO PINEAL

É uma pequena glândula com uma forma que se assemelha à de uma pinha (daí o adjetivo «pineal»).

Não se sabe muito sobre a sua atividade endócrina, podendo, contudo, afirmar-se com segurança que produz a melatonina que atua no hipotálamo. A produção desse hormônio é estimulada pela noradrenalina (produzida pelas glândulas suprarrenais ►138) e controlada pelo sistema nervoso simpático, ativado, por sua vez, por estímulos visuais. A atividade desse hormônio contribui para regular o ciclo do sono e da vigília, o do repouso e da atividade, bem como o ovariano. O mau funcionamento dessa glândula tem sido relacionado com certas formas de depressão e com a desordem afetiva sazonal (DAS).

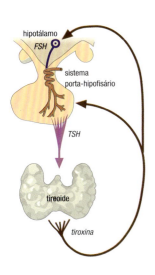

▲ **Feedback entre adeno-hipófise e tireoide**
O hormônio tireotrófico (**TSH**), ou tireotrofina, produzido pela adeno-hipófise, estimula a ação da tireoide. Por sua vez, a tiroxina (um dos hormônios produzidos pela tireoide) abranda a atividade adeno-hipofisária.
— estímulo
— inibição

▶ **Corpo pineal**
Secção lateral esquerda

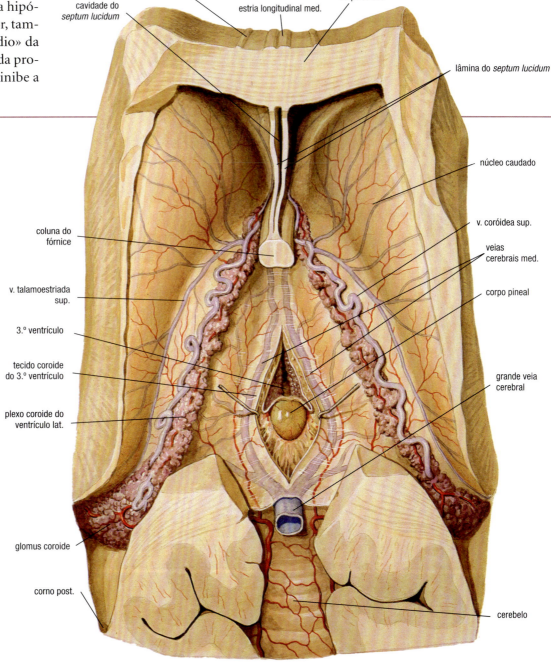

133

NERVOS E GLÂNDULAS ENDÓCRINAS

TIREOIDE E PARATIREOIDES

Estas glândulas situam-se no pescoço: uma delas, dividida em dois lobos (de 5 x 2,5 cm e 15 g cada um) reunidos por um istmo que se estende transversalmente, está situada à frente da traqueia; as outras, quatro pequenas glândulas do tamanho de uma ervilha, situam-se na face posterior dos lobos da tireoide: duas em cima (paratireoides superiores) e duas embaixo (paratireoides inferiores). Estão incluídas, com maior ou menor profundidade, no tecido tireoide.

A TIREOIDE
É uma das glândulas endócrinas mais importantes, pois, através da atividade dos hormônios que produz, regula todos os processos metabólicos do organismo.

A tireoide é formada por células epiteliais cúbicas que formam um conjunto de cavidades chamadas folículos que se enchem de coloide ➤27, uma proteína iodada que, por hidrólise, dá origem aos três hormônios produzidos por essa glândula:

- a *tiroxina*, ou *tetriodotironina* (T_4), é um hormônio que participa na compensação energética, na termorregulação, no crescimento, etc., acelerando o metabolismo basal;

- a *tri-iodotironina* (T_3) é um hormônio que contribui para regular o metabolismo basal, mantém a homeotermia e influi no crescimento;

- a *calcitonina*, ou *hormônio hipocalcemiante*, reduz o cálcio no sangue através de uma ação oposta à do paratormônio (**PTH**) produzido pelas glândulas paratireóideas:

Dificulta a absorção do cálcio a nível intestinal, impede a sua reabsorção a nível ósseo e facilita também a sua excreção a nível renal.

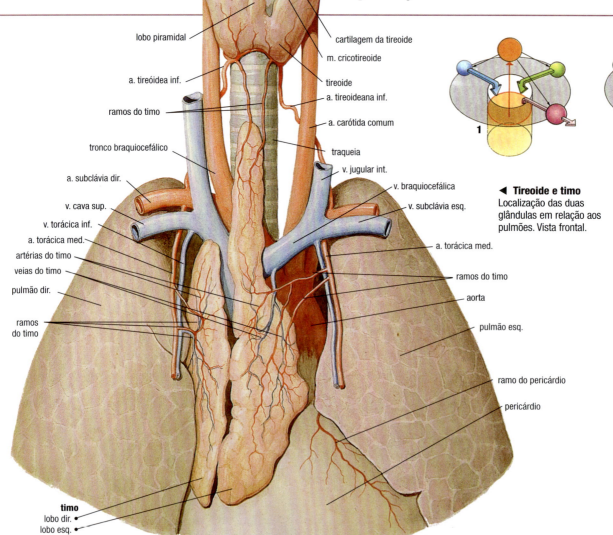

◄ **Tireoide e timo**
Localização das duas glândulas em relação aos pulmões. Vista frontal.

▲ **Ação das paratireoides**
Estas glândulas segregam o paratormônio (PTH), que contribui para regular o nível de cálcio no sangue e, indiretamente, o de fósforo.
1. O baixo nível de cálcio (coluna central laranja) aumenta a produção de PTH, que retira o cálcio do tecido ósseo (em azul) e estimula a sua absorção ao nível intestinal (em verde) e renal (em rosa). O cálcio aumenta na circulação.
2. Um elevado nível de cálcio na circulação inibe a secreção da PTH. O cálcio é depositado nos ossos, diminuindo a reabsorção intestinal e renal.

TIREOIDE E PARATIREOIDES

AS PARATIREOIDES

Produzem um único hormônio, o *paratormônio* (**PTH**), ou *hormônio paratireóideo*, que desempenha, essencialmente, uma função de controle dos processos metabólicos que regulam o nível de cálcio e fósforo no corpo.

Em particular, o *paratormônio* aumenta o nível de cálcio no sangue, favorecendo a sua absorção ao nível intestinal e a sua reabsorção ao nível ósseo e impedindo a sua excreção ao nível renal, ao exercer uma ação contrária à da calcitonina. Esse hormônio é segregado sempre que diminui o nível de cálcio no sangue.

A sua carência provoca graves problemas neuromusculares e ósseos.

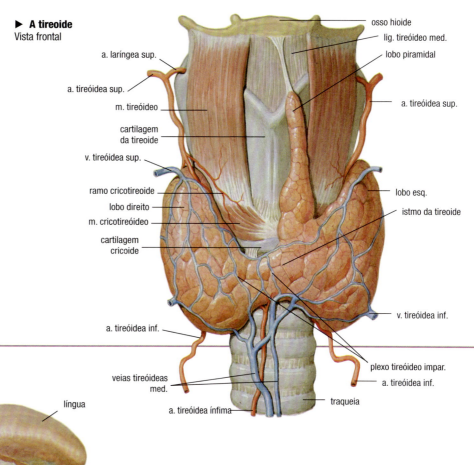

▶ **A tireoide**
Vista frontal

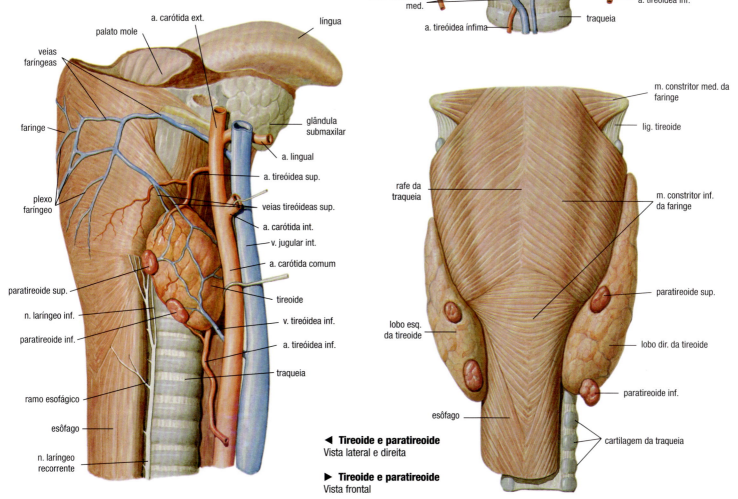

◀ **Tireoide e paratireoide**
Vista lateral e direita

▶ **Tireoide e paratireoide**
Vista frontal

135

NERVOS E GLÂNDULAS ENDÓCRINAS

O PÂNCREAS

Dispersas no interior do tecido exócrino do pâncreas, que segrega o suco pancreático necessário para a digestão das gorduras ▶155, encontram-se agrupamentos irregulares de células de tamanho variável que cumprem uma função endócrina. Essas células receberam o nome do cientista que as identificou: são as chamadas «ilhotas de Langerhans», que estão rodeadas de capilares sanguíneos nos quais lançam os seus produtos hormonais. As ilhotas de Langerhans são formadas por três tipos de células «produtoras»:

- as *células alfa*, que segregam *glucagon*, um hormônio proteico, antagonista da *insulina*, que aumenta a concentração de glicose no sangue, estimulando o sistema enzimático do fígado, que transforma o glucagon em glicose, e reduzindo o consumo de glicose por parte das células;

- as *células beta*, que segregam insulina, um hormônio proteico que exerce uma ação essencial no metabolismo dos açúcares.

Faz diminuir o nível de glicose no sangue (*glicemia* ou *taxa de glicemia*), permitindo a este açúcar «entrar» nas células do corpo, estimulando a sua utilização (oxidação) e favorecendo a sua transformação em glucagon. Em condições normais, a quantidade de glicose em circulação mantém-se constante graças à ação da insulina

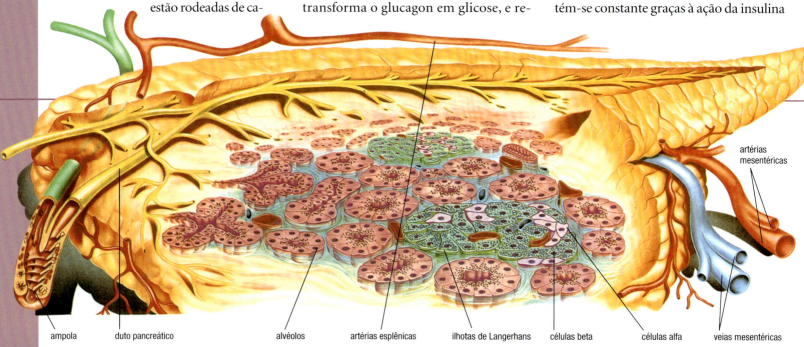

ampola | duto pancreático | alvéolos | artérias esplênicas | ilhotas de Langerhans | células beta | células alfa | artérias mesentéricas | veias mesentéricas

▲ **Estruturas e funções**
Em média, 99% do tecido pancreático é formado por tecido epitelial glandular exócrino que segrega um suco digestório alcalino que, através do duto pancreático, chega ao intestino delgado ▶156-157. As demais regiões com função endócrina, cerca de um milhão de agregados celulares chamados ilhotas de Langerhans (do nome do pesquisador que as identificou), são formadas por dois tipos de células: as alfa, que fabricam glucagon, e as beta, que produzem insulina. Esses dois hormônios têm funções antagônicas na regulação do nível de glicose (açúcar) no sangue. A insulina reduz a produção de glicose por parte do fígado e promove a absorção e utilização da glicose por parte dos tecidos (em especial, do tecido adiposo e muscular esquelético). O glucagon exerce uma ação contrária no fígado, favorecendo a secreção da glicose.

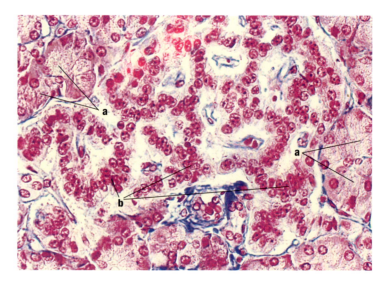

◀ **Pâncreas endócrino**
No interior do tecido epitelial glandular exócrino(a), distingue-se uma ilhota endócrina de Langerhans, constituída por células dispostas em cordões (b).

O PÂNCREAS

e de outros mecanismos nos quais também intervêm o fígado e o sistema nervoso periférico, assim como outras glândulas endócrinas;

- as *células delta,* que segregam somatostatina, um hormônio que regula a secreção das outras duas, inibindo a sua produção.

A produção de somatostatina não é o único mecanismo que regula a atividade endócrina do pâncreas. De fato, a produção de insulina mantém-se constantemente sob controle, mediante um *feedback positivo:* o aumento de glicose no sangue estimula a sua produção; a diminuição a inibe.

A produção de insulina deve equilibrar continuamente a ação de outros hormônios hiperglicemiantes (como o **STH,** a *adrenalina,* etc.). As descompensações na produção de insulina ocasionam, entre outras doenças, *diabetes mellitus,* que pode surgir por diversas causas:

- o *diabetes insulinodependente (tipo I),* que afeta principalmente os jovens, ocorre pela ausência total de células beta;
- o *diabetes não insulinodependente (tipo II),* que ataca sobretudo os adultos; ocorre pela produção insuficiente de insulina por parte das células beta:
- o *diabetes gestacional,* que surge durante a gravidez, é provocado por uma necessidade maior de insulina devido à gestação;
- o *diabetes secundário* deve-se a qualquer agente que deteriore o pâncreas, reduzindo significativamente as suas habilidades endócrinas.

A carência mais ou menos acentuada de insulina impede que os glicídeos (os açúcares) alimentem as células, se oxidem e se transformem em glucagon; as reservas dessa substância (no fígado e nos músculos) esgotam-se rapidamente, o que altera, com maior ou menor gravidade, o metabolismo das proteínas e das gorduras.

Como acontece nas outras glândulas endócrinas, a produção hormonal excessiva do pâncreas pode causar perturbações graves: o hiperinsulinismo, ou síndrome hipoglicêmica, surge quando as células beta produzem insulina em grandes quantidades.

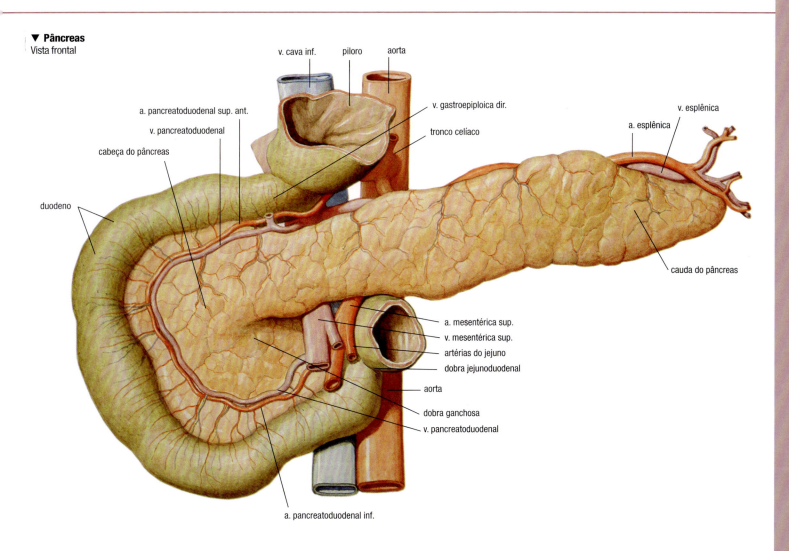

▼ **Pâncreas**
Vista frontal

137

NERVOS E GLÂNDULAS ENDÓCRINAS

AS GLÂNDULAS SUPRARRENAIS

Também chamadas glândulas adrenais devido à sua posição relativa a estes órgãos (situam-se junto aos rins), medem aproximadamente 5 x 2,5 cm. Cada glândula é composta de duas partes, que se distinguem facilmente tanto pela estrutura como pelas funções endócrinas que desempenham: o *córtex suprarrenal (externo)* e a *medula suprarrenal* ou *substância medular (interna)*.

O CÓRTEX SUPRARRENAL

Esta parte da glândula suprarrenal divide-se em três camadas concêntricas, que se diferenciam quanto ao aspecto, aos agrupamentos e à atividade endócrina:

- a mais externa é a *zona glomerular*, que segrega a *aldosterona*, um mineral corticoide que regula o metabolismo do sódio e do potássio, estimulando a reabsorção do sódio por parte dos túbulos renais e incrementando a secreção de potássio na urina.

A secreção de aldosterona é regulada, principalmente, pelo sistema renina-angiotensina ►128, pelo hormônio hipofisário **ACTH** e por um *feedback* positivo do potássio presente na circulação sanguínea;

- a segunda camada é a *zona fascicular*: as células estão dispostas em cordões largos orientados radialmente. Nessa camada, sob a influência do hormônio hipofisário **ACTH**►130, são produzidos os glicocorticoides (cortisona e cortisol): esses hormônios exercem uma importante ação no metabolismo dos carboidratos, acelerando a síntese da glicose; além disso, ativam o metabolismo proteico e removem as gorduras dos locais onde se depositam. O cortisol, em particular, tem propriedades que previnem as reações inflamatórias;

- a parte mais profunda do córtex suprarrenal é denominada *zona reticular* e constitui apenas uma zona de passagem entre o córtex e a medula suprarrenal: de fa-

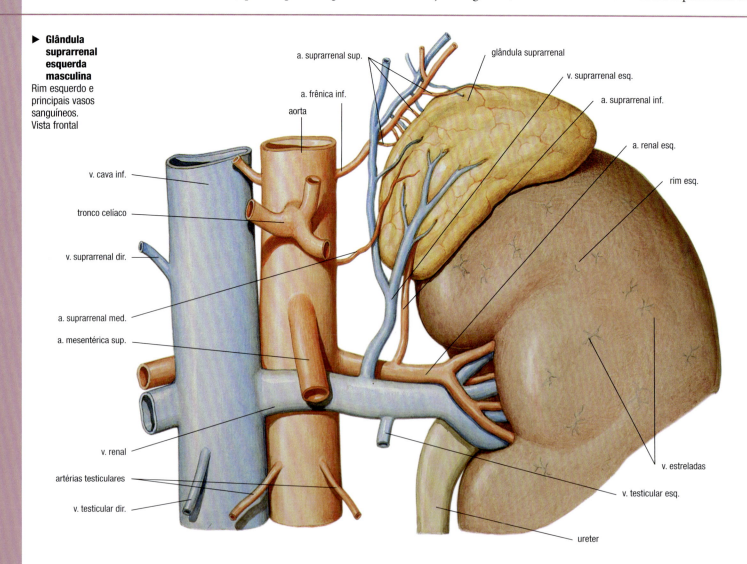

▶ **Glândula suprarrenal esquerda masculina**
Rim esquerdo e principais vasos sanguíneos.
Vista frontal

138

AS GLÂNDULAS SUPRARRENAIS

to, limita com esta última através de um sistema de trabéculas e não tem atividade endócrina.

A MEDULA SUPRARRENAL
É formada por células que contêm grânulos que se coram com substâncias oxidantes que contenham cromo: é por isso que se dá o nome de *cromófilo* ao tecido por elas formado.

Essa parte da glândula suprarrenal produz dois hormônios: a *adrenalina* e a *noradrenalina*, que têm funções similares. Ambas são segregadas em resposta a estímulos procedentes de fibras pré-ganglionares do simpático[111]. De fato, são inúmeras as fibras nervosas simpáticas que inervam as glândulas suprarrenais. A adrenalina e a noradrenalina exercem uma poderosa ação vasoconstritora nas artérias periféricas do sistema circulatório[182], determinando um aumento da pressão sistólica[187]; influem no metabolismo dos glicídios, estimulando a diminuição do glicogênio e aumentando a glicemia; além disso, modificam o funcionamento da maioria dos órgãos viscerais: estimulam o ritmo cardíaco[185], inibem a atividade peristáltica do intestino[156-157], relaxam os músculos brônquios[168], aceleram os movimentos respiratórios[163], etc.

Essas modificações, em conjunto, são denominadas «reações de fuga», já que são, frequentemente, estimuladas em situações de ataque ou fuga e predispõem o corpo para uma utilização rápida de energia e uma sensibilidade periférica reduzida.

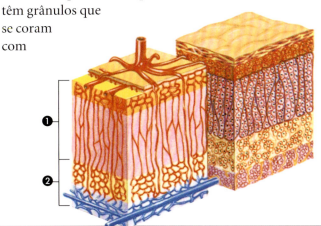

▲ **Córtex e medula**
Nas glândulas suprarrenais, abundantemente vascularizadas e inervadas pelas terminações do simpático, distinguem-se duas regiões: o córtex ❶, sensível ao hormônio hipofisário ACTH, e a medula ❷, que atua como uma glândula em si mesma sob os estímulos do sistema nervoso autônomo simpático.

▶ **Glândulas suprarrenais**
1. Face anterior
2. Face posterior

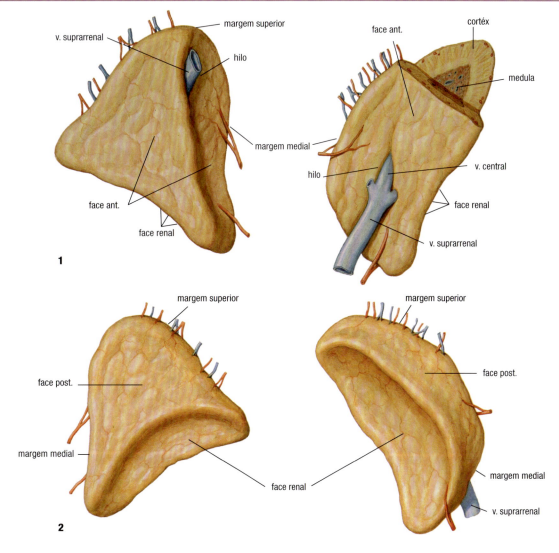

NERVOS E GLÂNDULAS ENDÓCRINAS

AS GÔNADAS

Nos órgãos que produzem as células reprodutoras (masculinas e femininas), algumas células especializadas elaboram hormônios que exercem uma ação específica em determinados órgãos que participam na reprodução.

NO HOMEM
As células intersticiais dispersas no tecido conjuntivo do testículo (*células de Leydig*) não constituem uma glândula propriamente dita, mas segregam, sob o controle direto do hormônio hipofisário **LH**, vários **hormônios esteroides andrógenos,** como a *testosterona* (o hormônio com maior atividade andrógena), a *androsterona* e a *desidroepiandrosterona*. Enquanto a testosterona influi no metabolismo (especificamente, no anabolismo das proteínas), a todos esses hormônios, em conjunto, deve-se o funcionamento e desenvolvimento dos órgãos genitais masculinos, bem como o aparecimento e a manutenção dos caracteres masculinos secundários ➤222.

NA MULHER
As células granulosas dos folículos ovarianos em crescimento segregam *hormônios*

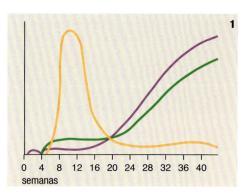

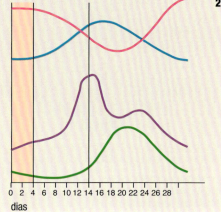

▲ **Ciclo hormonal**
Variações recíprocas nas concentrações médias no sangue de alguns hormônios sexuais femininos durante a gravidez **(1)** e a ovulação **(2)**. No segundo gráfico, a faixa cor-de-rosa indica o período menstrual.

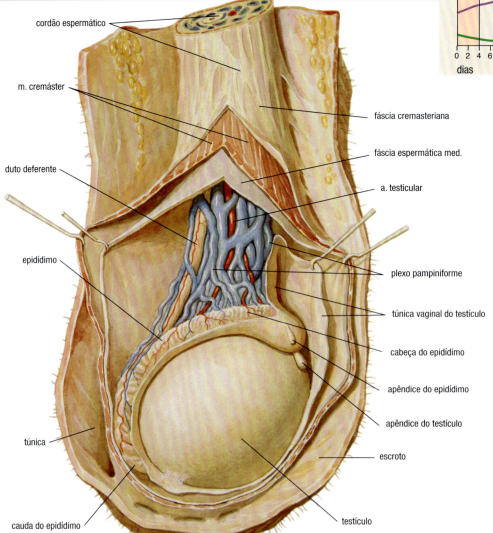

◄ **Gônada masculina direita**
Vista frontal

140

AS GÔNADAS

esteroides estrogênicos (ou *hormônios foliculares*), como o *estradiol*, a *estrona*, o *estriol* e a *foliculina*.

Sob o controle da hipófise, os referidos hormônios induzem todos os fenômenos do ciclo menstrual; além disso, preparam e mantêm as características do útero na gravidez e influem (sobretudo o *estradiol*) nos caracteres secundários femininos.

Imediatamente depois da ovulação, o folículo transforma-se em tecido endócrino transitório que segrega a *progesterona* (ou *luteína*), outro hormônio que favorece a implantação do zigoto, modificando a estrutura do endométrio uterino, e determina alterações estruturais nas glândulas mamárias, que tornam possível a lactação.

▼ **Gônada feminina esquerda**
Vista frontal

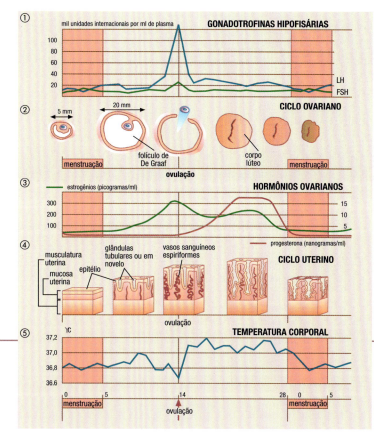

◄ **Atividade hipofisária e ciclo menstrual**
① flutuação da produção hormonal hipofisária.
② desenvolvimento e diminuição do folículo ovariano.
③ flutuação da produção hormonal ovariana.
④ desenvolvimento e degeneração do endométrio uterino.
⑤ aumento da temperatura corporal média.

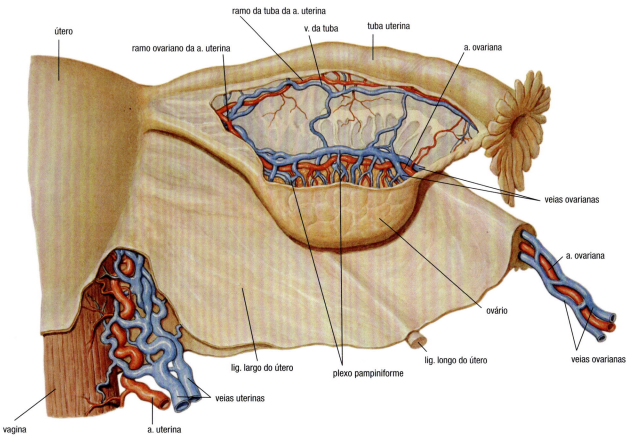

141

A BIOPSICOLOGIA

Nos últimos anos foi confirmada cientificamente a suspeita de que existe uma relação estreita entre a nossa condição psíquica e o nosso bem-estar físico. Foi a estatística que despertou o interesse pela biopsicologia, uma disciplina que, embora adotando o método de investigação da medicina, tenta identificar ou qualificar a influência da mente sobre as funções orgânicas (e vice-versa), prestando uma atenção especial aos componentes imunitários [180]. Verificou-se, por exemplo, que os indivíduos que perderam recentemente um ente querido recorrem com mais frequência ao médico e apresentam uma incidência significativamente mais elevada de tumores e doenças circulatórias, como se estivesse deprimida não apenas a psique, mas também as defesas imunológicas.

Uma profunda investigação laboratorial demonstrou que nesse grupo de pessoas a quantidade de linfócitos [178-179] é claramente inferior à normal, tornando-os, assim, mais sensíveis ao ataque de bactérias, vírus e células tumorais.

O vínculo entre «mente» e «corpo» é muito complexo e implica um conjunto de fatores tão heterogêneos que a sua investigação se torna muito complicada. Apesar disso, já conhecemos alguns dados. Descobriu-se, por exemplo, que alguns hormônios produzidos pelo hipotálamo (os CRF [128, 130-132]) podem exercer uma influência direta sobre o sistema defensivo do corpo – ao se ligarem aos receptores da membrana dos glóbulos brancos, os atravessariam, predispondo-os a reagir ao primeiro contato com um antígeno. No entanto, à parte os hormônios produzidos pelas células nervosas hipotalâmicas e hipofisárias, o sistema nervoso central pode exercer uma influência direta sobre a defesa do corpo – os órgãos linfáticos [202] têm uma ligação neuronal direta com o cérebro e com a medula espinal e, através das fibras nervosas, são estimuladas por substâncias ativas segregadas in situ. É o que acontece, por exemplo, no intestino, onde os neurônios produzem um peptídeo que, ao se unir aos glóbulos brancos presentes nos linfonodos, regula a sua distribuição e atividade.

Por outro lado, a atividade imunitária do nosso corpo também exerce uma clara influência sobre a psique: foi descoberto, por exemplo, que a produção de interleucina-I (uma espécie de mensageiro químico que coordena a atividade defensiva dos glóbulos brancos) estimula uma série de alterações funcionais e bioquímicas no cérebro, determinando perda de apetite, sonolência e tendência para a irritabilidade. Do mesmo modo que os fatores psicológicos podem ativar ou estimular as defesas do organismo, as atividades de defesa podem influir no bem-estar psicológico.

◀ **Macrófago fagocitando um grupo de bactérias**
Estas células imunitárias são as menos seletivas e englobam células «estranhas», células do corpo «degradadas» e resíduos diversos. Nesta imagem distinguem-se alguns pseudópodes (os «tentáculos») que atraem para o interior da célula as bactérias capturadas (fotografia de microscópio eletrônico).

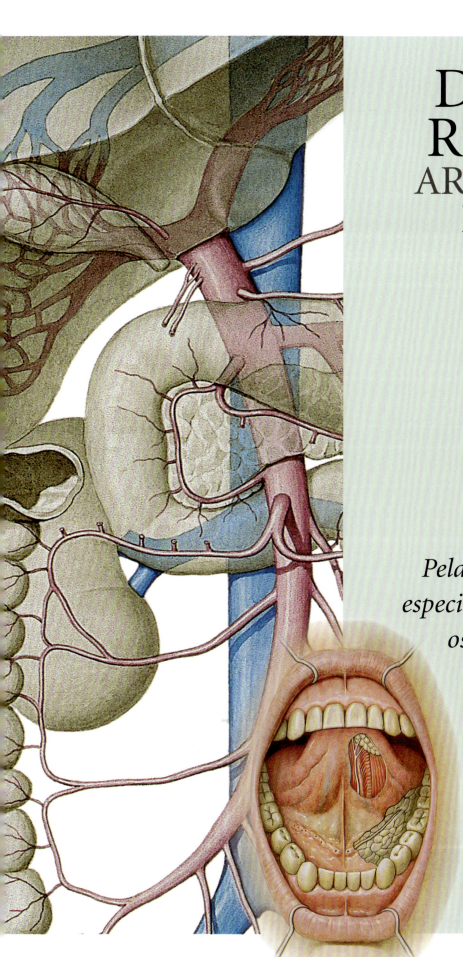

DIGESTÃO E RESPIRAÇÃO
ARMAZENAMENTO DE MATERIAIS E ENERGIAS

*Pela boca, através de dois sistemas
especializados, chegam ao nosso corpo
os «materiais de construção»,
as substâncias energéticas,
o oxigênio e a água
indispensáveis
para a vida.*

DIGESTÃO E RESPIRAÇÃO

Doze metros de tubo muscular em movimento, umedecidos por secreções mucosas, ácidas e enzimáticas de glândulas tão grandes como o fígado ou tão pequenas como as células, um revestimento de vilosidades que absorvem águas e substâncias nutritivas. Eis o sistema digestório, através do qual o corpo se abastece de energia e matérias-primas.

O SISTEMA DIGESTÓRIO

Para sobreviver, o nosso corpo deve renovar continuamente as células, repor as energias consumidas pelo funcionamento dos diversos órgãos, manter constantes os níveis das substâncias de que o organismo necessita e ingerir novas para se desenvolver ou crescer (o crescimento do cabelo ou das unhas, por exemplo, requer «materiais» adicionais).

O que comemos e bebemos encarrega-se de tudo isso: a alimentação, ou seja, a ingestão de alimentos, combina-se com a digestão; esse conjunto de processos físico-químicos que transforma a comida em «matérias-primas» assimiláveis pelas células do nosso corpo. A digestão ocorre no sistema digestório, um tubo muscular no qual inúmeras glândulas e órgãos glandulares fazem fluir as substâncias produzidas conseguindo «degradar» as complexas estruturas químicas que compõem os alimentos e transformando-os em estruturas elementares, fáceis de assimilar ao nível celular.

A comida, introduzida na boca, atravessa o istmo das fauces e a faringe até chegar ao esôfago e ao estômago, a parte mais dilatada do sistema digestório. Aí se desenrola a parte mais «laboriosa» da digestão; em seguida, a comida, já bastante modificada, passa através do esfíncter pilórico e chega ao intestino. Este se divide em duas partes com dimensões e funções diferentes: o

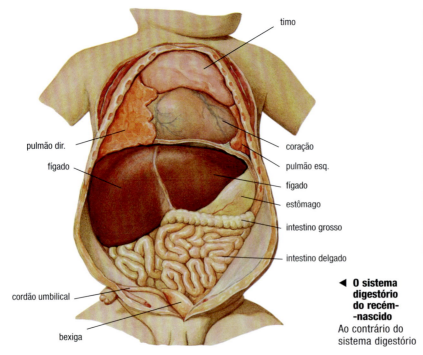

ENZIMAS DIGESTÓRIAS			
SECREÇÃO	ENZIMA	SUBSTRATO	PRODUTO
saliva	ptialina	amido	dextrina
			maltose
suco gástrico	pepsina	proteínas	proteinase
			peptonas
	coalho	caseinogênio	caseína
suco pancreático	tripsina	proteínas	aminoácidos
	lipase	gorduras	ácidos graxos
			glicerina
suco intestinal	amilase	amido	maltose
	dissacarase	dissacarídeos	monossacarídeos
	enteroquinase	tripsinogênio	tripsina
	peptidase	polipeptídeos	aminoácidos
	amilase	amido	maltose
	lipase	gorduras	ácidos graxos
			glicerina

◀ **O sistema digestório do recém-nascido** Ao contrário do sistema digestório do adulto, o do feto não desempenha funções digestórias até o momento do nascimento. O estômago e o intestino são bastante reduzidos e, proporcionalmente, o fígado (que têm funções hematopoiéticas) está mais desenvolvido.

144

O SISTEMA DIGESTÓRIO

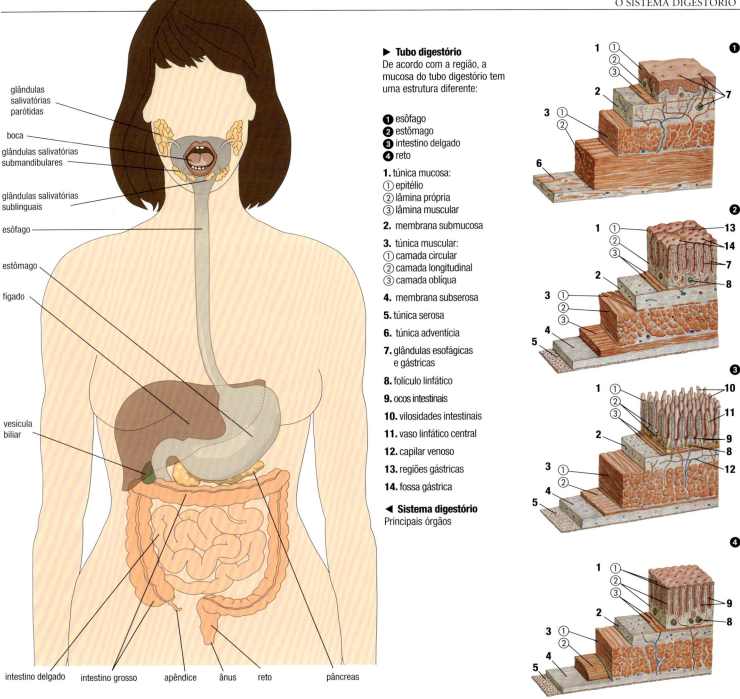

▶ **Tubo digestório**
De acordo com a região, a mucosa do tubo digestório tem uma estrutura diferente:

❶ esôfago
❷ estômago
❸ intestino delgado
❹ reto

1. túnica mucosa:
   ① epitélio
   ② lâmina própria
   ③ lâmina muscular
2. membrana submucosa
3. túnica muscular:
   ① camada circular
   ② camada longitudinal
   ③ camada oblíqua
4. membrana subserosa
5. túnica serosa
6. túnica adventícia
7. glândulas esofágicas e gástricas
8. folículo linfático
9. ocos intestinais
10. vilosidades intestinais
11. vaso linfático central
12. capilar venoso
13. regiões gástricas
14. fossa gástrica

◀ **Sistema digestório**
Principais órgãos

intestino delgado (com cerca de 6,80 m) e o intestino grosso (com cerca de 1,80 m). O intestino delgado, por sua vez, divide-se em três secções: o duodeno, que recebe o suco pancreático e a bile produzida pelo fígado, o jejuno e o íleo, agregado ao intestino grosso através da válvula ileocecal.

O intestino grosso também se divide em três partes: o cólon ascendente, o cólon descendente e o reto, que se abre para o exterior através do esfíncter anal. Embora o cólon tenha pouca importância do ponto de vista digestório, seu papel é fundamental para a produção de vitaminas (graças à flora bacteriana que o povoa) e a reabsorção de líquidos.

DIGESTÃO E RESPIRAÇÃO

A BOCA

É a cavidade onde se encontra a língua, compreendida entre as arcadas dentárias e a região malar. Apresenta paredes ósseas e musculares e abre-se para o exterior através dos lábios. O istmo das fauces é o limite que as separa na região posterior da faringe. Na parte anterior do istmo, encontram-se as tonsilas palatinas e, no centro, a úvula. A boca tritura a comida (mastigação), impregna-a com saliva produzida pelas glândulas salivatórias (parótidas, situadas na parte superior do pescoço, debaixo da orelha; submandibulares, na face interna do osso maxilar; sublinguais, um pouco mais acima) e deglute-a (envia-a para a faringe). Uma vez mastigados e salivados, os alimentos adquirem o aspecto de uma massa que recebe o nome de *bolo alimentar*. A mastigação é um ato voluntário, comandado pelos centros do córtex cerebral temporal e do bulbo. A deglutição é ocasionada por uma série de sinais reflexos que provocam a contração dos músculos da faringe, a elevação do véu palatino, a descida da epiglote e a elevação simultânea do osso hioide; ao mesmo tempo, a respiração é interrompida automaticamente (apneia de deglutição). Evita-se, assim, que passem para a faringe líquidos ou partículas sólidas destinados ao estômago, o que poderia dificultar ou impedir a respiração.

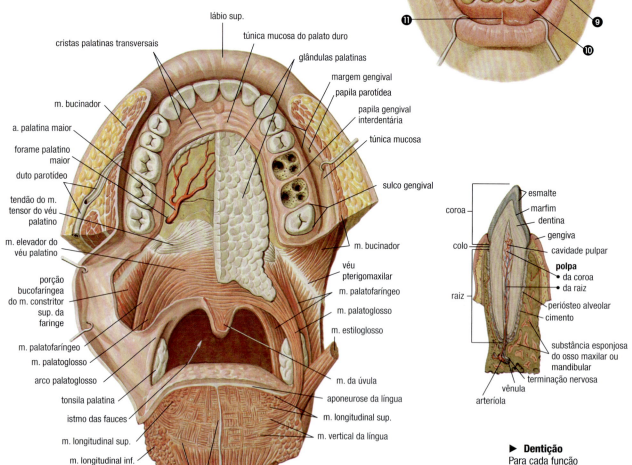

◀ **A boca**
❶ freio do lábio sup.
❷ gengiva sup.
❸ glândula lingual
❹ margem lingual
❺ n. lingual
❻ m. longitudinal inf.
❼ freio da língua
❽ glândula salivatória sublingual
❾ duto submandibular
❿ gengiva inf.
⓫ freio do lábio inf.
⓬ carúncula sublingual
⓭ prega sublingual
⓮ face inferior da língua
⓯ comissura labial
⓰ prega anterior
⓱ face dorsal da língua

▶ **A boca**
Elementos anatômicos internos

▶▲ **Dente**
Elementos anatômicos

▶ **Dentição**
Para cada função uma forma específica:
1. Incisivos, cortar
2. Caninos, rasgar
3. Pré-molares, esmagar
4. Molares, triturar

A BOCA

A DIGESTÃO DOS CARBOIDRATOS

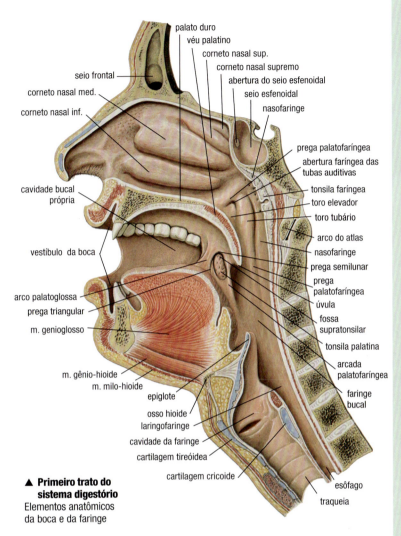

▲ **Primeiro trato do sistema digestório**
Elementos anatômicos da boca e da faringe

▼ **Os movimentos da mastigação**

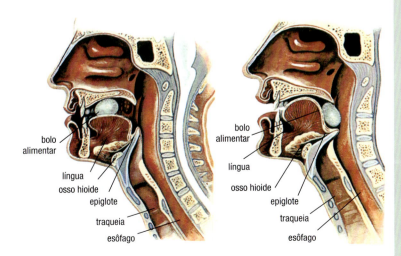

Na boca ocorre a primeira e importante elaboração enzimática dos alimentos por ação da **saliva**.

Essa substância é produzida pelas glândulas salivatórias, cuja localização está indicada na imagem da direita. Nem todas elas produzem o mesmo tipo de saliva: as parótidas têm uma secreção muito rica em ptialina, a enzima mais ativa na decomposição do amido; as glândulas sublinguais produzem uma saliva muito viscosa, rica em mucina e sem ptialina; as glândulas submandibulares segregam uma saliva de tipo misto.

Contudo, esses componentes representam menos de 0,5% do peso da saliva, que se baseia essencialmente em água (98,7%).

As substâncias orgânicas (**mucina** e **amilase,** as enzimas da saliva que decompõem o **amido**) constituem apenas 0,5%, sendo 0,8% representado por sais minerais (bicarbonatos, fosfatos e, sobretudo, cloretos), indispensáveis para ativar as amilases e manter constante o pH da saliva.

O amido, um polímero da glicose, é um carboidrato complexo, no qual as plantas «depositam» energia química, sendo o mais utilizado na alimentação. A atividade enzimática das amilases rompe as ligações que mantêm unidas entre si inúmeras moléculas de carboidratos. O processo pode continuar até todas as submoléculas do amido serem reduzidas à dextrina ou maltose; de fato, com essas moléculas a enzima não tem possibilidade de desfazer outras ligações e deixa de estar ativa.

Esse processo de decomposição do amido é desenvolvido por todas as amilases; a ptialina, em particular, continua a sua atividade até chegar ao estômago, onde é desativada devido à elevada acidez.

A hidrólise do amido desencadeada pelas enzimas da saliva é mais fácil se o amido estiver cozido: nessas condições, os grânulos de amido deixam de estar protegidos pelo seu invólucro natural de celulose (impossível de destruir pelo ser humano) e passam a não constituir um obstáculo ao ataque enzimático.

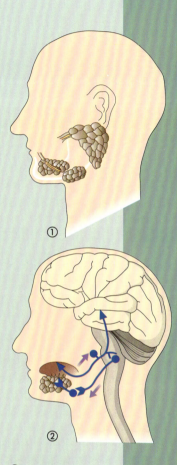

① Localização anatômica dos principais grupos de glândulas salivatórias.
② Mecanismos nervosos na produção de saliva. Embora a saliva seja produzida continuamente, a quantidade varia tendo em conta a presença ou não de comida e a natureza dela.
A secreção de saliva é regulada por um reflexo produzido pelos estímulos mecânicos da mastigação e químicos do paladar e do olfato, assim como da visão ou da lembrança dos alimentos. De fato, as glândulas são inervadas por fibras do parassimpático e do simpático, em ligação com o bulbo raquidiano.

147

DIGESTÃO E RESPIRAÇÃO

O ESÔFAGO

Aproximadamente com 25-26 cm de comprimento, é o duto muscular que se estende, quase verticalmente, desde a faringe, à altura da 6.ª vértebra cervical, até o estômago, depois de ter atravessado o diafragma. Divide-se em quatro porções que recebem o nome da região do corpo na qual se encontram: porção cervical (4-5 cm), porção torácica (16 cm), porção diafragmática (1-2 cm) e porção abdominal (3 cm). Apresenta quatro estreitamentos: o cricoide, no início do esôfago; o aórtico e o bronquial, próximo da crossa da aorta e do brônquio esquerdo; e o diafragmático, à altura do diafragma. Entre esses estreitamentos, o esôfago é ligeiramente dilatado e tem um aspecto fusiforme. Este órgão, rico em glândulas mucíparas (função lubrificante) e muito inervado pelo nervo vago e pelo simpático ➤[110-111], empurra a comida para o estômago com uma contração rítmica da túnica muscular (movimentos peristálticos). Enquanto o segmento que precede o bolo alimentar permanece contraído, o que lhe segue relaxa-se, permitindo que a comida avance rapidamente. Assim, os movimentos peristálticos propagam-se pelo tubo digestório.

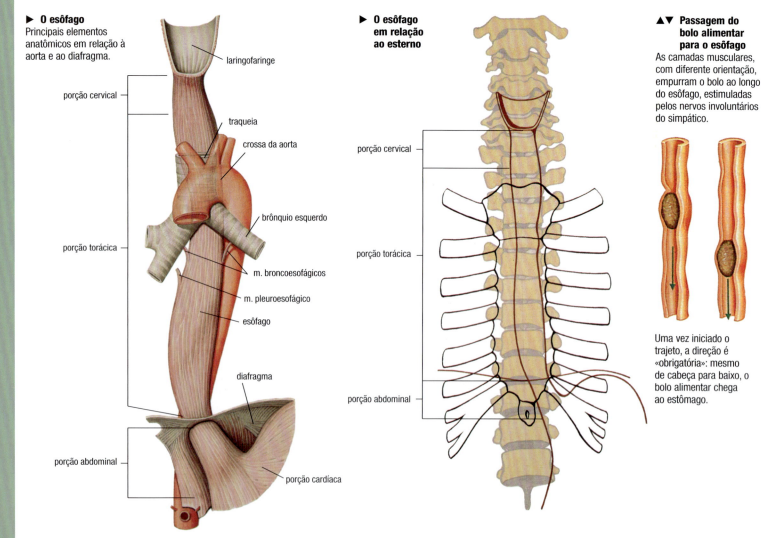

▶ O esôfago
Principais elementos anatômicos em relação à aorta e ao diafragma.

▶ O esôfago em relação ao esterno

▲▼ Passagem do bolo alimentar para o esôfago
As camadas musculares, com diferente orientação, empurram o bolo ao longo do esôfago, estimuladas pelos nervos involuntários do simpático.

Uma vez iniciado o trajeto, a direção é «obrigatória»: mesmo de cabeça para baixo, o bolo alimentar chega ao estômago.

O ESÔFAGO - O ESTÔMAGO

O ESTÔMAGO

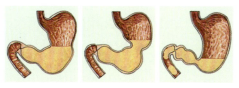

Situado na cavidade abdominal, precisamente por baixo do diafragma, o estômago do adulto tem uma capacidade média de 1200 cm³, embora possa se dilatar de acordo com os hábitos alimentares de cada indivíduo (os vegetarianos, por exemplo, têm um estômago maior). De fato, todos os alimentos ingeridos aqui se acumulam e permanecem durante certo tempo, submetidos à ação digestória dos sucos gástricos: são necessárias 3-4 horas para digerir uma comida normal; se tiver muita gordura, a digestão é mais lenta.

As paredes do estômago são constituídas por várias túnicas sobrepostas; a *túnica muscular*, que segue os movimentos peristálticos do esôfago assegurando tanto a mistura dos alimentos com os sucos gástricos como a passagem do bolo alimentar ao intestino, é constituída por três camadas: uma externa com fibras longitudinais, uma intermediária de fibras circulares concêntricas em relação ao eixo longitudinal do estômago e uma mais profunda de fibras oblíquas. Pelo fato de os movimentos realizados pelo estômago serem tão diversos, o bolo alimentar fica bem homogêneo. Além disso, à medida que a digestão avança, a alteração da forma do estômago empurra progressivamente os alimentos até o intestino, onde, graças a sucos

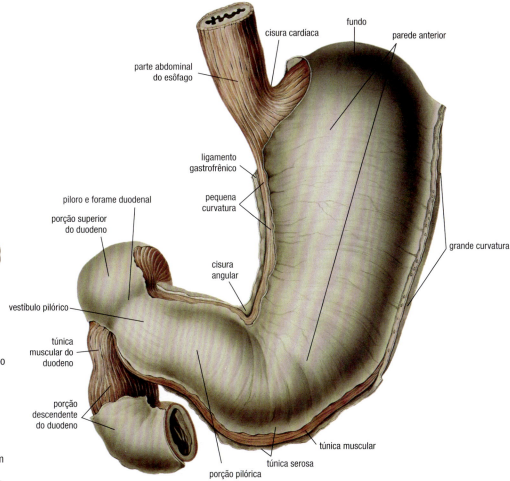

▲ **Estímulos que intervêm na secreção dos sucos gástricos**
Estímulos visuais e gustativos ativam o centro secretor do bulbo raquidiano e dão início à secreção gástrica graças às terminações nervosas do nervo vago. Chegado ao piloro, o bolo alimentar estimula a produção de sucos gástricos: de fato, a mucosa pilórica segrega um hormônio (gastrina) que mantém ativas as glândulas do estômago.

▲▲ **O estômago em atividade**
O estômago funciona como um depósito de aproximadamente um litro e meio de comida, que se mistura com sucos gástricos ao longo de 3 cm, transformando-se numa massa semilíquida que recebe o nome de quimo. Quando o estômago se enche, a sua parede começa a contrair-se de forma ondulatória para baixo. Quando o quimo está suficientemente digerido, o esfíncter, que fecha distalmente o estômago, abre-se para deixar passar o quimo para o duodeno.

▲ **A musculatura do estômago**
As paredes do estômago estão cobertas por três camadas musculares:
1. A camada externa longitudinal;
2. A camada intermediária circular;
3. A camada interna oblíqua.

◄ **O estômago**
Elementos anatômicos superficiais

149

DIGESTÃO E RESPIRAÇÃO

✠ A ÚLCERA GÁSTRICA

Costuma-se dar este nome a um "gap" da mucosa do estômago: as paredes da zona afetada, expostas à ação erosiva do ácido clorídrico e das enzimas digestórias, alteram-se profundamente. Na mucosa desprovida de proteção, cria-se uma área inflamada que pode abranger uma superfície de vários centímetros de diâmetro.

Os sintomas desta doença tão comum são náuseas, vômitos, anorexia, sensação de estômago cheio e de tensão gástrica, contrações estomacais e espasmos.

Até há pouco tempo, pensava-se que a úlcera ocorria, sobretudo, por causas psicossomáticas. Atualmente, porém, considera-se que é causada pela infecção de uma estirpe agressiva da bactéria **Helicobacter pylori,** *normalmente presente na flora intestinal, propiciada pela debilitação simultânea das defesas naturais. Por exemplo, a diminuição temporária de muco gástrico, de ácido clorídrico ou das enzimas gástricas poderá facilitar o desenvolvimento do habitat desses microrganismos.*

Há outros fatores que provocam a irritação da mucosa gástrica e que podem favorecer o aparecimento da úlcera: entre outros, recordamos o refluxo de enzimas do pâncreas e da bile do duodeno para o estômago, a demora em esvaziar o estômago, o abuso de álcool e café, a dependência do tabaco e a utilização de fármacos (sobretudo, de anti-inflamatórios ingeridos com o estômago vazio ou de preparados esteroides tomados durante períodos de tempo muito prolongados).

Também o estresse, que contribui com frequência para piorar o estado das defesas naturais e as condições de vida em geral, é uma das causas do aparecimento de úlceras.

Uma vez diagnosticada, a úlcera pode ser tratada com antibióticos específicos, uma alimentação correta, a eliminação de substâncias irritantes (tabaco, álcool, comidas picantes, café, fármacos, etc.) e uma terapia adequada com medicamentos específicos que aumentam as defesas da mucosa e reduzem a secreção gástrica agressiva.

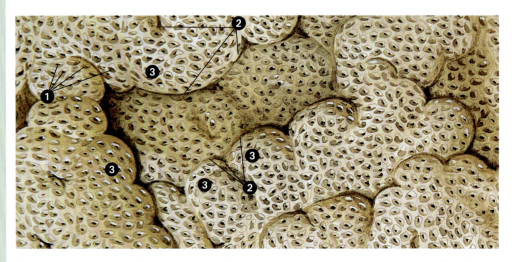

digestórios de outro tipo, sofrerão a última transformação. A mucosa gástrica, que reveste a superfície interna do estômago, é muito rica em *glândulas gástricas* – tubulares, simples ou ramificadas –, que desembocam na zona mais baixa das *fossas gástricas* ❶, no interior das *zonas gástricas* ❷ delimitadas pelas *pregas* ❸

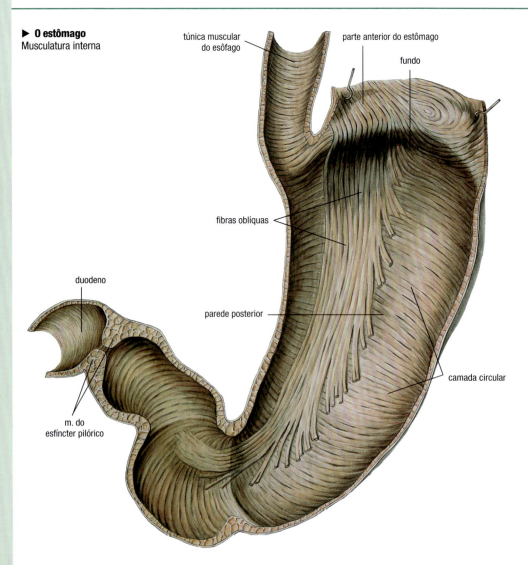

▶ **O estômago**
Musculatura interna

150

O ESTÔMAGO

da mucosa. As glândulas são formadas por células caliciformes mucíparas, células principais ou alelomórficas que produzem *pepsinogênio* (um precursor inativo da enzima pepsina), e células parietais ou delomorfas, que segregam ácido clorídrico sob o estímulo da *gastrina*. Esse hormônio, produzido pelas *células G* existentes na mucosa gástrica, não é segregado apenas pelo estômago: as células A produzem *glucagon*, que mobiliza o glicogênio hepático, e as células enterocromoafins produzem serotonina, que estimula a contração na musculatura lisa.

Cerca de dois litros de suco gástrico produzidos diariamente pelas glândulas gástricas são uma mistura, em proporções variáveis, de diversas substâncias: as enzimas capazes de decompor as proteínas (como a *pepsina*) e as gorduras *(lipases)* funcionam em harmonia com o pH garantido pelo ácido clorídrico, que também exerce uma ação capaz de alterar as proteínas e transformar o pepsinogênio em pepsina.

A fina camada de muco gástrico que reveste toda a superfície interna do estômago impede que a mucosa se «autodigira». O estômago, profusamente vascularizado e inervado pelas fibras do nervo vago e do simpático do 5.º ao 8.º segmento torácico, está rodeado de plexos parassimpáticos e simpáticos (gástrico anterior, posterior, superior e inferior, celíaco e mesentérico) que regulam tanto a atividade motora muscular como a atividade secretora.

A DIGESTÃO NO ESTÔMAGO

No estômago ocorre uma primeira digestão das proteínas por ação da **pepsina,** uma enzima que catalisa a hidrólise das ligações pépticas existentes entre aminoácidos aromáticos. As moléculas proteicas, grandes e insolúveis, são transformadas em moléculas solúveis muito menores, chamadas peptídeos.

Segregada sob a forma de pepsinogênio pelas células principais das glândulas gástricas, a pepsina torna-se rapidamente ativa por ação do ácido clorídrico. Uma vez formada, ela mesma ativa outro pepsinogênio.

Essa enzima é muitíssimo eficiente: em condições normais (37ºC e pH 1,5), pode digerir numa hora uma quantidade de proteínas equivalente a mil vezes o seu peso.

O ácido clorídrico tem uma função essencial em toda a digestão gástrica. É fundamental para ativar as primeiras moléculas de pepsina e manter o pH do suco gástrico dentro dos limites ideais da ação enzimática. Tem também propriedades antissépticas, impedindo, assim, a invasão do corpo por parte de agentes patogênicos por via oral. Por último, pode desnaturalizar as moléculas proteicas: ao «desenovelar» os complexos proteicos, facilita a ação da pepsina.

No estômago dos lactentes, participa na digestão das proteínas uma outra enzima: a **quimosina,** que provoca a coagulação do leite. Para isso, permanece muito mais tempo no suco gástrico, o que permite que a pepsina exerça facilmente a sua ação de decomposição das proteínas do leite.

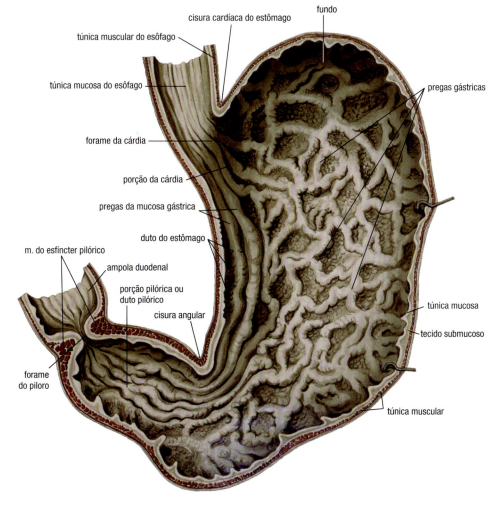

▲ **Mucosa gástrica**

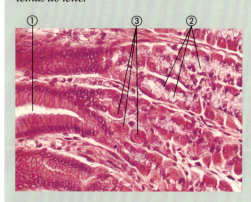

Mucosa gástrica ao microscópio: ① fossa gástrica, ② células principais, ③ células parietais.

151

DIGESTÃO E RESPIRAÇÃO

O FÍGADO

É a glândula mais volumosa: de cor vermelho-acastanhada, situa-se na parte superior da cavidade abdominal, por baixo do diafragma, à direita. Pesa cerca de 1,5 kg e divide-se em dois *lobos (direito e esquerdo),* um dos quais é três vezes maior do que o outro e apresenta a forma dos órgãos que o rodeiam.

Possui uma vascularização rica e está unido ao tubo digestório, à altura do duodeno, através dos canais excretores: as vias biliares extra-hepáticas. É um órgão indispensável: responsável pela regulação do metabolismo, desempenha inúmeras funções, algumas das quais bastante complexas. Além de segregar a *bile,* um suco digestório de grande importância para a absorção dos alimentos, produz e armazena proteínas, regula e controla a formação da maioria dos subprodutos do metabolismo proteico determinando a formação da ureia, armazena e utiliza as gorduras e a glicose (sob a forma de glicogênio) regulando a taxa de glicemia, «filtra» o sangue a fim de eliminar eventuais substâncias tóxicas e desintoxicar o corpo, produz protrombina e outros fatores que regulam a coagulação do sangue e sintetiza e armazena inúmeras substâncias importantes para a formação de glóbulos vermelhos e outros componentes sanguíneos.

A microestrutura do fígado baseia-se nos *lobos hepáticos:* delimitados por uma fina camada de tecido conjuntivo, são formados por um elevado número de *lâminas celulares* que rodeiam um sistema de espaços percorridos por inúmeros canais que constituem uma densa rede de capilares sanguíneos e bilia-

▲ **Posição do fígado em relação aos órgãos internos limítrofes**
Vista dorsal
❶ cólon, ❷ estômago,
❸ esôfago, ❹ v. cava inf.,
❺ cápsula suprarrenal dir.,
❻ rim dir., ❼ duodeno,
❽ vesícula biliar

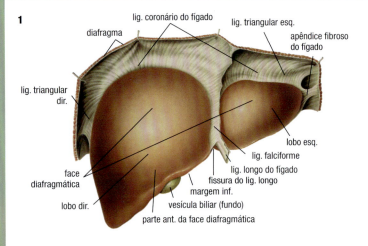

▲ **O fígado**
Elementos anatômicos externos
1. Vista frontal
2. Vista dorsal

▼ **Estrutura microscópica do fígado**
Em verde, canais biliares.
Em azul, veias.
Em rosa, vasos interlobares.
Em vermelho, artérias.

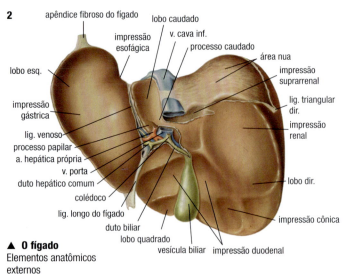

O FÍGADO

res. Os primeiros têm um percurso tortuoso (sinuosidades) e uma disposição radial, da periferia em direção ao centro do lobo, onde se encontra um vaso venoso. Na confluência de vários lóbulos (espaços porta ou porta-biliares) encontram-se os ramos da veia porta e os da artéria hepática, os dútulos biliares interlobulares, os vasos linfáticos e os nervos hepáticos. A bile, segregada pelas células hepáticas nos canais biliares que formam uma rede labiríntica tridimensional no interior de cada lóbulo, conflui para os dútulos biliares, que vão dar a canais de um diâmetro cada vez maior, até formar os dois grandes dutos intra-hepáticos do lobo direito e do lobo esquerdo. Estes, por sua vez, seguem ao duto hepático comum que conflui com o duto biliar procedente da vesícula, no colédoco. Este interliga-se ao duodeno por uma diminuta fissura muscular e uma abertura circular na mucosa, através da qual também passa o duto pancreático.

◀ **Vesícula e duto biliar**
Este depósito anexo às vias biliares acumula e concentra a bile, reabsorvendo a água.
1. Elementos anatômicos externos
2. Secção

▲ **Lobos do fígado e irrigação sanguínea**
Vista dorsal com o duodeno contraposto

▲ **A circulação porta**
Esquema frontal

✚ OS CÁLCULOS BILIARES

A bile, segregada pelo fígado, é indispensável para efetuar a digestão: ativa a lipase pancreática, acentuando a ação digestória do pâncreas, neutraliza o ácido clorídrico procedente do estômago, facilita a absorção intestinal das gorduras, estimula os movimentos peristálticos do intestino e exerce uma ação antisséptica na flora intestinal. Na **vesícula biliar** *acumula-se aproximadamente um litro de bile por dia. Aí se enriquece de muco segregado pela mucosa biliar e se concentram, pela reabsorção de grande parte da água e dos sais minerais, a bilirrubina (um pigmento biliar derivado da transformação da hemoglobina ▶[180]), os sais minerais (sais de sódio dos ácidos glucólico e taurocólico), as enzimas e as gorduras que formam a bile.*

As disfunções biliares provocam problemas de digestão: são muito frequentes as inflamações, as infecções bacterianas, as perturbações funcionais da vesícula ou o mau funcionamento do esfíncter do colédoco que, não se contraindo, impede a saída da bile. A colecistectomia é a intervenção cirúrgica mais comum. No entanto, são os **cálculos biliares** *que afetam um maior número de pessoas: de origem química ou formados pelo acúmulo de colesterol, aparecendo espontaneamente ou devido a uma infecção, atingem 25% das mulheres e 12% dos homens com menos de 60 anos. A sua presença nem sempre tem consequências relevantes: muitas pessoas padecem dessa afecção sem apresentar qualquer sintomatologia. Por vezes, no entanto, um cálculo pode obstruir um duto biliar ou bloquear o esfíncter da vesícula, impedindo a bile ou o suco pancreático de chegar ao duodeno. Nesse caso, e se surgirem náuseas, icterícia, inflamação aguda ou outros sintomas, são, então, indicadas a intervenção cirúrgica ou a litotripsia (fragmentação do cálculo por meio de ultrassons).*

153

DIGESTÃO E RESPIRAÇÃO

O PÂNCREAS

É uma glândula mista: exócrina (com túbulos e dutos de secreção serosa) e endócrina. De forma alongada e disposto transversalmente na parte superior do abdome, o pâncreas divide-se em:
- *cabeça*, mais volumosa, em contato com a alça duodenal e «separada» do corpo do pâncreas por um istmo, uma zona restringida limitada por duas fissuras;
- *corpo*, ligeiramente oblíquo de baixo para cima e disposto frontalmente em relação à aorta e à veia cava inferior;
- *cauda*, em contato com o baço e revestida pelo peritônio parietal.

Inervado por fibras que derivam do plexo celíaco, o pâncreas tem uma estrutura distinta segundo a função de cada uma das suas partes. Da secreção endócrina encarregam-se as *ilhotas de Langerhans*, que produzem os hormônios que regulam o metabolismo dos açúcares ►[147]. Não têm qualquer ligação com os dutos excretores, aos quais chegam, por sua vez, os dutos pancreáticos, as regiões de produção exócrina. Estimulados por mecanismos nervosos e por dois hormônios (a *secretina* e a *pancreocimina-colecistoquinina*) produzidos pela mucosa duodenal, os dutos pancreáticos lançam as suas secreções em canais que desembocam:
- no *duto principal* ou *de Wirsung*, que atravessa o pâncreas longitudinalmente e se abre na grande ampola duodenal *(ampola de Vater)*, junto ao colédoco, com o qual se une distalmente;
- no *duto acessório* ou de *Santorini*, que, por sua vez, desemboca na pequena ampola duodenal.

O *suco pancreático*, produzido continuamente pelo pâncreas em pequenas quantidades ou em abundância devido a estímulos neuroendócrinos (vago, hormônios duodenais), chega ao duodeno e exerce uma ação digestória de enorme importância. Além de ser rico em íons de bicarbonato, que, com a bile, contribuem

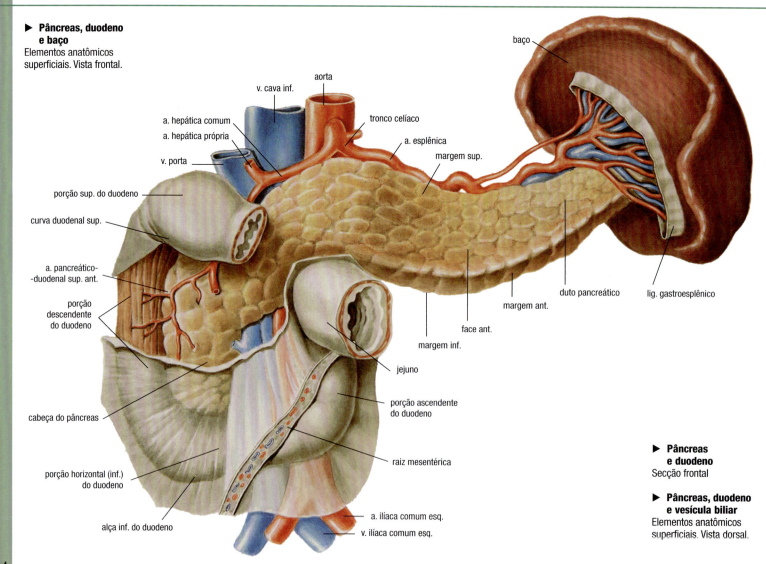

► **Pâncreas, duodeno e baço**
Elementos anatômicos superficiais. Vista frontal.

► **Pâncreas e duodeno**
Secção frontal

► **Pâncreas, duodeno e vesícula biliar**
Elementos anatômicos superficiais. Vista dorsal.

O PÂNCREAS

para absorver a acidez do bolo alimentar procedente do estômago, o suco pancreático contém várias enzimas. As mais importantes são o *tripsinogênio*, a *amilase* e a *lipase*: o primeiro, transformado em tripsina pela enteroquinase intestinal, atua sobre as proteínas e os peptídeos, reduzindo-os a aminoácidos; a segunda ataca os carboidratos ainda não transformados pela ptialina da saliva[>147] e os converte em dissacarídeos; a terceira, auxiliada pela bile, atua sobre as gorduras neutras e as cinde nos seus componentes (ácidos graxos e glicerina).

A bile é indispensável para a ação da lipase: de fato, os sais biliares ligam-se às gorduras, constituindo as chamada *micelas*, que apresentam um aspecto gorduroso-aquoso sobre o qual a enzima pancreática pode atuar.

A ação dessas enzimas é facilitada pelos movimentos do intestino delgado que, em vez de provocar o avanço do bolo alimentar, o mistura continuamente.

As enzimas do suco pancreático

*As células exócrinas do pâncreas contêm inúmeros **grânulos cimogêneos** formados por enzimas que são ativas apenas quando chegam ao tubo digestório. Essas enzimas, excretadas na luz dos canais pancreáticos, chegam ao duodeno, onde são ativadas por outras enzimas e substâncias duodenais, dando início a sua ação química específica.*

Amilase: *catalisa a hidrólise das ligações alfa na cadeia de glicídios e transforma todos os polissacarídeos que chegam ao duodeno numa mistura de açúcares elementares (glicose e maltose) que atravessam com facilidade a mucosa intestinal e passam para a circulação sanguínea.*

Lipase: *catalisa a hidrólise das gorduras que formam as micelas, transformando-as em ácidos graxos livres e glicerol, fácil de assimilar pelas células.*

Ribo- e desoxirribonuclease: *são enzimas dos tipos alfa e beta que decompõem os ácidos desoxirribonucleicos (DNA) e ribonucleicos (RNA), catalisando a hidrólise das pontes de fosfolipídios presentes nessas macromoléculas.*

Tripsina: *catalisa a hidrólise das ligações peptídicas nas quais um resíduo de lisina ou de arginina facilita a função cabonílica: quanto maior for a quantidade desses aminoácidos na estrutura de uma proteína, mais elevado é o grau de fragmentação da proteína.*

Quimotripsina: *catalisa a hidrólise das ligações peptídicas nas quais um resíduo de fenilalanina, tiroxina ou triptofano facilita a função cabonílica. Também nesse caso, quanto maior for a quantidade desses aminoácidos, maior será a fragmentação.*

Carboxipeptidase: *catalisa a hidrólise das ligações peptídicas do aminoácido COOH-terminal. Contrariamente à tripsina e à quimotriosina, a carboxipeptidase continua a «digerir» a proteína, separando um aminoácido terminal do aminoácido seguinte.*

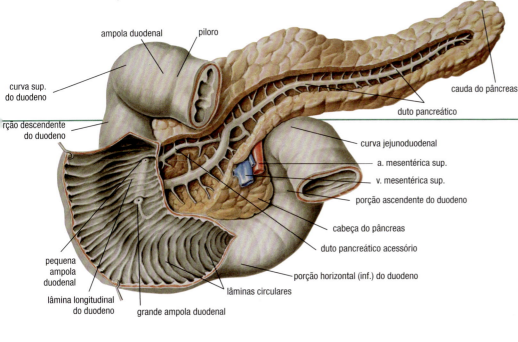

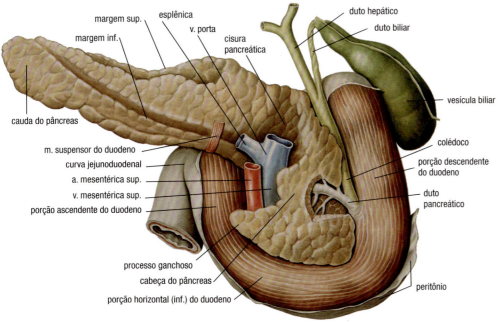

DIGESTÃO E RESPIRAÇÃO

O INTESTINO

Divide-se em seis partes com estrutura e função diferente, agrupando-se três a três em duas partes principais:

- o **intestino delgado** (com cerca de 6,80 m de comprimento) apresenta uma superfície interna com abundantes pregas e vilosidades intestinais, cuja densidade aumenta progressivamente à medida que se aproximam do intestino grosso (onde não existem). Compreende:

- o *duodeno* (com 25-30 cm de comprimento), a primeira parte do intestino logo a seguir ao piloro. Tem forma de um anel incompleto que abraça a cabeça do pâncreas e divide-se em quatro partes ou porções: *superior, descendente, horizontal* e *ascendente*. A porção descendente recebe o suco pancreático ▶[155] e a bile ▶[152-153], que concluem a digestão, em colaboração com as secreções da mucosa duodenal (sobretudo, das glândulas mucosas de Brunner e das entéricas de Galeazzi-Lieberkühn). O suco entérico segregado pela mucosa duodenal é alcalino e contém inúmeras enzimas: uma delas, a *enteroquinase*, é indispensável para ativar as enzimas pancreáticas e a produção de uma enorme quantidade de muco. A mucosa duodenal, que é estimulada pelo *quimo ácido* procedente do estômago, segrega dois hormônios: a *secretina*, que estimula a produção pancreática de bicarbonatos e água, inibindo a ação da gastrina, e a *pancreocimina-colecistoquinina*, que estimula a produção de enzimas pancreáticas, a contração da vesícula biliar e o peristaltismo intestinal;

▼ **Intestino**
1. Elementos anatômicos superficiais
2. Elementos anatômicos profundos

▶ **Intestino delgado**
Elementos anatômicos superficiais
❶ a. e v. jejunais
❷ nódulos linfáticos
❸ tecido submucoso
❹ túnica mucosa
❺ camada circular da túnica muscular
❻ camada longitudinal da túnica mucosa
❼ tecido subseroso
❽ túnica serosa

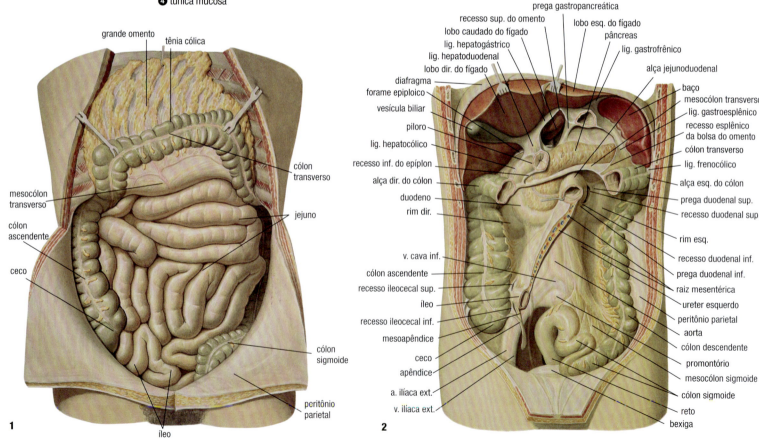

156

O INTESTINO

- o *jejuno*, com abundantes vilosidades intestinais que absorvem os nutrientes;
- o *íleo*, ainda mais rico em vilosidades com funções de assimilação: contém umas 1000/cm^2 e a sua ação é regulada pelas leis físico-químicas e pela atividade seletiva do epitélio especial que as reveste. O epitélio é constituído por células dotadas de microvilosidades com movimentos próprios

A ABSORÇÃO DE NUTRIENTES

Através do intestino delgado, absorvemos açúcares, ácidos graxos, aminoácidos, água, sais minerais, vitaminas e demais substâncias indispensáveis para o crescimento e para a sobrevivência de todas as nossas células. Para maximizar as possibilidades de absorção, as paredes do intestino apresentam inúmeras pregas que aumentam a superfície de contato entre o corpo e os alimentos digeridos, disponível para as trocas. Além de apresentar grandes **pregas da mucosa**, o interior do intestino está coberto de **vilosidades** rodeadas, por sua vez, por um epitélio cilíndrico de células providas de **vilosidades microscópicas.**

Num centímetro quadrado de parede intestinal encontram-se cerca de mil vilosidades e mais de um bilhão e meio de microvilosidades, o que permite desenvolver, no interior do percurso intestinal, uma superfície de absorção de mais de 300 m^2: cerca de 200 vezes mais extensa do que a pele. As vilosidades intestinais, quase imperceptíveis (têm uma altura aproximada de 1 mm), possuem uma estrutura particular que permite a passagem imediata dos nutrientes absorvidos para a circulação sanguínea e linfática. Cada uma delas contém uma rede de capilares sanguíneos e um vaso linfático (**duto quilífero**): aminoácidos, glicose, vitaminas,

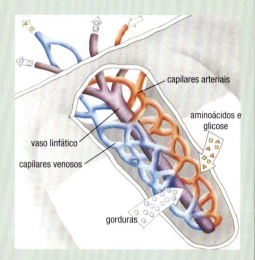

sais minerais e demais substâncias hidrófilas passam diretamente para os vasos sanguíneos e daí para as veias mesentéricas, para a veia porta e, por último, para o fígado. A maior parte dos ácidos graxos, algumas vitaminas e o glicerol, insolúveis na água, passam para o vaso linfático e, posteriormente, para a circulação sanguínea.

O processo de absorção de substâncias nutritivas por parte das vilosidades é muito complexo e ocorre com a participação das membranas celulares tanto no transporte ativo de alguns nutrientes como na difusão passiva (osmose) de outros. Também contribui o movimento rítmico de alargamento e encurtamento das vilosidades estimulado pela **viloquinina,** um hormônio que se forma na mucosidade intestinal durante a digestão e estimula a circulação linfática intestinal ao nível dos vasos.

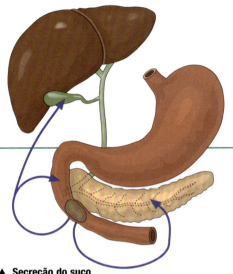

▲ **Secreção do suco péptico e da bile**
Quando a comida parcialmente digerida transita para o duodeno, a mucosa duodenal produz secretina, um hormônio que estimula a secreção de sucos gástricos por parte do pâncreas e do fígado: respectivamente, o suco pancreático e a bile. A secretina foi um dos primeiros hormônios a serem descobertos.

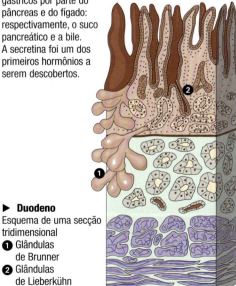

▶ **Duodeno**
Esquema de uma secção tridimensional
❶ Glândulas de Brunner
❷ Glândulas de Lieberkühn

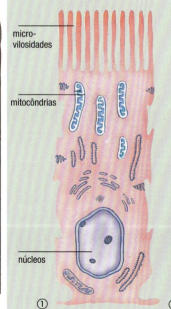

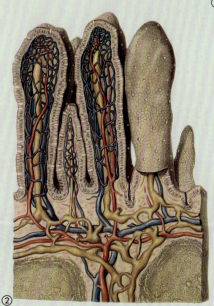

① Esquema da estrutura de uma célula epitelial de uma vilosidade intestinal com as características microvilosidades na sua superfície, na luz do intestino.

② Esquema da mucosa intestinal em secção, onde se vê a rede de capilares sanguíneos e linfáticos.

③ Microfotografia de vilosidades aumentadas em 300 vezes.

DIGESTÃO E RESPIRAÇÃO

(as vilosidades intestinais alongam-se e encurtam-se ritmicamente) que contribuem para fazer passar os nutrientes para os vasos subjacentes. O íleo interliga-se com o intestino grosso através da *válvula ileocecal*;

- O **intestino grosso** (com cerca de 1,80 m de comprimento) tem funções de absorção da água da massa fluida (quilo) procedente do intestino delgado e, com movimentos peristálticos, empurra os dejetos para o exterior. A flora bacteriana nele presente provoca processos de putrefação e fermentação. O intestino grosso não tem vilosidades e compõe-se de:

- *ceco*, que representa a próxima porção após a válvula ileocecal, da qual parte o apêndice;

- *cólon ascendente*, que parte do ceco e sobe verticalmente até a face inferior do fígado;

- *cólon transverso*, que se estende ao longo da face inferior do fígado, até chegar à margem inferior do baço;

- *cólon descendente*, que parte da margem inferior do baço e se dirige para baixo até a crista ilíaca;

- *cólon ileopélvico* ou sigmoide, que une o cólon descendente ao reto mediante uma pequena curva;

- *reto*, situado em profundidade ao nível ileogástrico, em posição retrossubperineal, que se abre para o exterior através do *esfíncter anal*. No seu interior termina a reabsorção da água e produz-se o acúmulo das fezes. Os movimentos peristálticos do reto, regulados por estímulos procedentes tanto do parassimpático como do simpático, contribuem para a defecação.

O *peritônio*, que reveste quase completamente o intestino, assim como outros órgãos internos, facilita os movimentos dos órgãos, mantendo-os no local, e protege a cavidade abdominal de agentes patogênicos graças às propriedades secretora e absorvente do seu epitélio.

Ricamente vascularizado, o intestino permite a passagem da circulação sanguínea mesentérica de aminoácidos, monossacarídeos, glicerina, vitaminas, água e sais minerais; os ácidos graxos vão para os vasos linfáticos.

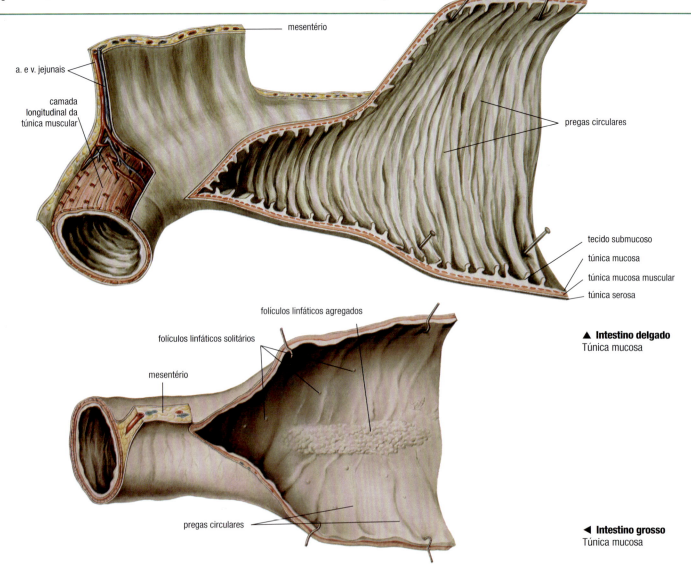

▲ **Intestino delgado**
Túnica mucosa

◀ **Intestino grosso**
Túnica mucosa

O INTESTINO

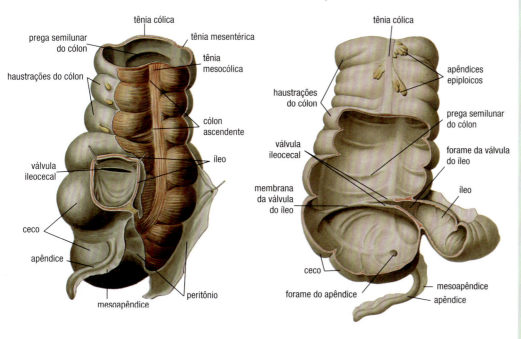

▼ **Ceco, apêndice e cólon ascendente**
Elementos anatômicos superficiais e musculares. Vista frontal.

▼ **Ceco, apêndice e cólon ascendente**
Elementos anatômicos superficiais. Vista dorsal e secção.

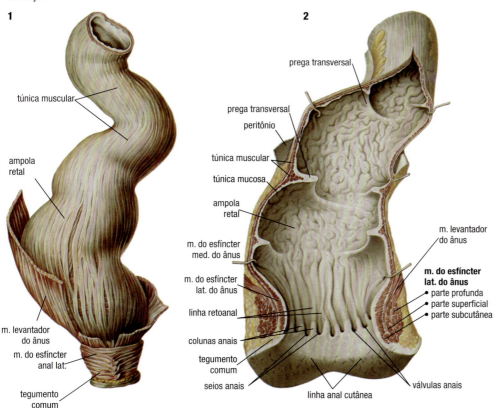

▼ **Reto**
1. Musculatura
2. Secção

✚ ÚLCERA DUODENAL E COLITE

*Embora a terapia seja muito similar e recentemente se tenha descoberto o importante papel desempenhado pela Helicobacter pylori, a **úlcera duodenal**, contrariamente à úlcera gástrica* ►[150]*, ocorre, principalmente, pela hipersecreção de ácido clorídrico pelo estômago.*

A úlcera duodenal, 10 vezes mais frequente do que a gástrica, afeta mais homens do que mulheres e pode aparecer por volta dos 30 anos. Os seus componentes psicossomáticos estão perfeitamente identificados: as pessoas mais expostas são enérgicas, dinâmicas, muito emotivas, insatisfeitas, frustradas, submetidas a estresse social e carregadas de responsabilidades.

*A **colite** é uma inflamação do cólon. Pode ser provocada por um ataque de vírus, bactérias ou parasitas (**colite disentérica**), uma insuficiência do fornecimento de sangue ao intestino (**colite isquêmica**), uma excessiva exposição a radiações ionizantes (**colite radioterapêutica**) ou uma ingestão de fármaco, que alteram a flora bacteriana intestinal, propiciando o desenvolvimento anormal da bactéria Clostridium difficile, que produz uma toxina capaz de provocar graves necrobioses localizadas (**enterocolite pseudomembranosa**).*

Às vezes, a causa da inflamação é desconhecida, como acontece no caso do cólon irritável, estritamente relacionado a problemas psicossomáticos e recorrente em indivíduos inseguros ou submetidos ao estresse. É também o caso da colite ulcerosa, uma inflamação crônica da mucosa e da submucosa do cólon descendente, do sigmoide ou do reto, que provoca hemorragias, diarreia, dores e contrações abdominais, perda de peso e febre. É frequente serem afetadas outras partes do corpo, como a pele, o osso sacro e outras articulações periféricas, os rins, o fígado e, inclusive, os olhos (desenvolvem-se conjuntivites).

Os tratamentos são tão diversos quanto os tipos de colite e respectivas causas.

DIGESTÃO E RESPIRAÇÃO

Cerca de 400 alvéolos correspondem a uma superfície eficaz de intercâmbio de 100-150 metros^2. O sistema respiratório é, substancialmente, a zona de contato mais extensa do corpo com o mundo exterior, inclusive mais espaçosa do que a pele.

O SISTEMA RESPIRATÓRIO

Quase sem perceber, respiramos aproximadamente 15 vezes por minuto (um recém-nascido respira até 70 vezes por minuto) e, em média, num dia, inspiramos e expiramos cerca de 13 500 l de ar: o objetivo é eliminar do corpo o gás carbônico, a substância que sobra da produção de energia de todas as células do corpo, substituindo-o por oxigênio, que é indispensável para realizar os processos celulares que permitem extrair a energia química contida nas substâncias nutritivas.

O sistema respiratório desempenha a função principal dessa importante troca gasosa, colaborando estreitamente com o sistema circulatório ➤[176], que se encarrega tanto de apreender do corpo o gás carbônico, levá-lo aos pulmões e eliminá-lo para o exterior, como de distribuir a todo o corpo o oxigênio. Além disso, graças a algumas estruturas especializadas das vias aéreas, desempenha funções de fonação.

AS ESTRUTURAS DO SISTEMA RESPIRATÓRIO

O sistema respiratório é constituído por um conjunto de órgãos ocos *(boca e nariz, laringe e faringe, pulmões)* e canais *(traqueia, brônquios e bronquíolos)* pelos quais o ar circula, permitindo ao corpo efetuar as trocas gasosas contínuas com o meio circundante. Divide-se em:

- **vias aéreas** ou **respiratórias,** formadas pelas *cavidades nasais,* pelos *seios paranasais,* pela *boca,* pela *faringe,* pela *laringe,* pela *traqueia* e pelas *vias brônquicas (brônquios e bronquíolos)* que se ramificam e espalham pelos pulmões; todas essas estruturas têm um esqueleto ósseo ou cartilaginoso que garante a sua acessibilidade e facilita a passagem do ar. A mucosa que reveste as paredes desses órgãos ocos tem várias funções: *aquece* o ar inspirado graças a sua abundante vascularização, *umidifica-o* com a secreção das glândulas profusamente distribuídas no seu interior e *filtra-o* devido à presença de muco, ao qual «adere» o pó inspirado, que é eliminado para o exterior pelo movimento contínuo de células ciliadas;

- **pulmões:** têm um aspecto esponjoso, uma vez que são compostos de muitas cavidades pequenas *(alvéolos pulmonares ou células respiratórias)* às quais chega o ar inspirado através das vias pulmonares.

A parede dos alvéolos é muito fina, tal como a dos capilares sanguíneos provenientes das artérias e das veias pulmonares que os envolvem: isto facilita a difusão passiva (segundo gradientes de concentração) dos gases respiratórios.

Os pulmões são órgãos muito elásticos, capazes de se expandirem e retraírem, estando cada um deles envolto por uma pleura, uma membrana serosa dividida num folheto visceral, que adere à superfície externa do pulmão, e um folheto parietal, que reveste as paredes da cavidade torácica, em contato estreito com a caixa torácica e a face superior do diafragma.

Cada pulmão está rodeado por um espaço *(cavidade pleural)* cheio de uma fina camada de líquido *(líquido pleural)* a uma pressão inferior à atmosférica. Além de lubrificar os folhetos pleurais facilitando os movimentos de escorrimento, garante, diretamente, a adesão entre os folhetos e, indiretamente, entre o pulmão, a caixa torácica e o diafragma, permitindo, assim, a transmissão dos movimentos torácicos ao pulmão. Se por qualquer razão penetra ar na cavidade pleural *(pneumotórax),* a elasticidade do tecido pulmonar provoca o colapso do pulmão, cujo volume diminui, dando origem à perda importante da capacidade respiratória pela incapacidade de expansão do pulmão colapsado no lado do pneumotórax.

O SISTEMA RESPIRATÓRIO

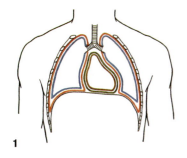

▲ **As duas pleuras pulmonares**
1. Vista frontal
2. Secção vista de cima

▶ **Sistema respiratório no adulto**

- corneto nasal sup.
- seio esfenoidal
- corneto nasal med.
- corneto nasal inf.
- palato duro
- abertura faríngea das tubas auditivas
- palato mole
- faringe bucal
- prega vestibular
- corda vocal
- cartilagem cricoide
- **nariz externo**
  - raiz
  - dorso
  - ponta
  - asa
- maxilar
- lábio sup.
- cavidade bucal
- língua
- lábio inf.
- mandíbula inf.
- epiglote
- osso hioide
- lig. hioepiglótico
- lig. tiroiodeo medial
- ventrículo da laringe
- cartilagem da tireoide
- cavidade da laringe
- carina da traqueia
- brônquio principal dir.
- a. pulmonar dir.
- veias pulmonares dir.
- lobo sup.
- brônquios interlobares e extralobares
- lobo inf.
- pulmão dir.
- lobo med.
- traqueia
- brônquio principal esq.
- a. pulmonar esq.
- lobo superior
- veias pulmonares esq.
- lobo inf.
- pulmão esq.

▼ **Pneumotórax artificial unilateral direito**

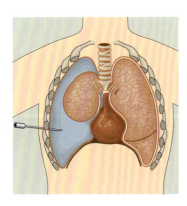

161

DIGESTÃO E RESPIRAÇÃO

▼ **Os movimentos respiratórios**
1. Relações entre pulmões (**azul**) e diafragma (**vermelho**) dentro da caixa torácica; **2.** durante a inspiração; **3.** durante a expiração.

A INSPIRAÇÃO

Os pulmões encontram-se dentro da caixa torácica ➤46, uma estrutura extensível e muito articulada: costelas, esterno e vértebras podem se mover reciprocamente graças à atividade da musculatura torácica ➤60-62. Na região inferior, os pulmões estão em contato com o diafragma ➤63, que se contrai ritmicamente sob o estímulo do nervo vago ➤110. Como a contração do diafragma ocorre concomitantemente com a expansão da caixa torácica, os pulmões expandem-se: graças às pleuras, que garantem a sua adesão à cavidade torácica, são estirados para baixo pelo diafragma e para o exterior pela caixa torácica.

Assim, cria-se nos pulmões uma pressão inferior à exterior, que é equilibrada com a inspiração de ar através da boca e do nariz. Daí, o ar passa para a faringe (a cavidade onde desembocam tanto as fossas nasais como a cavidade bucal), atravessa a laringe e chega aos brônquios e aos alvéolos mais recônditos.

A inspiração é determinada pelos impulsos nervosos produzidos no centro inspiratório do bulbo raquidiano e transmitidos através da rede parassimpática do nervo vago e da rede simpática toracolombar (plexo pulmonar) ➤116.

Enquanto o nervo vago leva estímulos broncoconstritores e vasodilatadores, os nervos do simpático transmitem estímulos broncodilatadores e vasoconstritores: na inspiração, a ação do vago prevalece ao nível dos vasos e a do simpático ao nível dos brônquios.

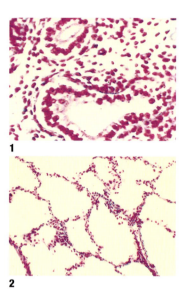

▲ **Tecido pulmonar fetal adulto**
No feto, que ainda não respirou, os pulmões estão cheios de líquido amniótico e os alvéolos ainda não se expandiram.
1. Secção de um pulmão fetal: o epitélio cúbico simples ainda não se distendeu;
2. secção de um pulmão adulto: o epitélio cúbico simples distendeu-se, transformando-se em epitélio pavimentoso simples.

A EXPIRAÇÃO

Ao contrário da inspiração, este movimento é passivo: a musculatura torácica e o diafragma distendem-se e os pulmões, por serem elásticos, esvaziam-se espontaneamente, voltando ao seu estado inicial. O ar neles contido, já pobre em oxigênio e rico em gás carbônico devido às trocas ocorridas ao nível alvéolo capilar durante a inspiração, é eliminado para o exterior e segue uma trajetória contrária à da inspiração. A expiração também é determinada pelos impulsos nervosos produzidos no bulbo raquidiano *(centro expiratório)*, transmitidos pelo nervo vago e pela rede simpática toracolombar ➤116, 122: na expiração, a ação do vago prevalece ao nível dos brônquios *(broncoconstrição)* e a ação do simpático ao nível dos vasos sanguíneos *(vasodilatação)*.

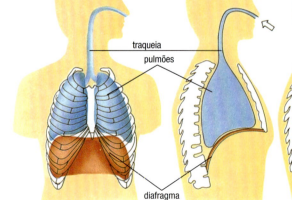

O SISTEMA RESPIRATÓRIO

▶ **Esquema respiratório do recém-nascido**
❶ meato superior do nariz; ❷ meato médio do nariz; ❸ meato inferior do nariz; ❹ faringe; ❺ língua; ❻ tireoide; ❼ traqueia; ❽ pulmão esquerdo; ❾ coração; ❿ diafragma; ⓫ pulmão direito; ⓬ timo; ⓭ cavidade bucal; ⓮ palato; ⓯ cavidade nasal.

A RESPIRAÇÃO

A *frequência respiratória* depende principalmente da concentração de gás carbônico e de oxigênio no sangue: com efeito, o aumento de gás carbônico ou a diminuição de oxigênio estimulam os centros respiratórios cerebrais, glossofaríngeos e vagos, provocando a aceleração da respiração; a diminuição de gás carbônico, ao contrário, provoca o seu abrandamento. A ação respiratória espontânea pode ser modificada voluntariamente, atuando sobre os músculos torácicos. Assim, as quantidades de ar são classificadas em três categorias:

- ***ar corrente:*** obtém-se com a inspiração e a expiração normal, dirigidas autonomamente pelo sistema nervoso secundário;
- ***ar complementar de reserva:*** obtém-se com a inspiração e a expiração forçada;
- ***ar residual:*** é constituído pelo ar que fica dentro do pulmão depois da expiração forçada.

Somando o ar corrente, o ar complementar e o ar residual, obtém-se a ***capacidade pulmonar total*** (em média, 6 litros no homem, e 4 litros na mulher); a soma do ar corrente e do ar complementar é a ***capacidade vital do pulmão***.

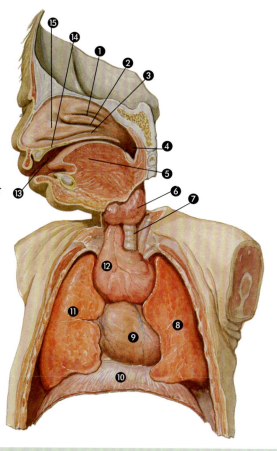

▼ **Movimentos involuntários**
1. Espirro **2.** Soluço

Soluço, riso, choro, tosse, bocejo e espirro

Estas são formas excepcionais de respiração provocadas por estímulos tanto físicos como psíquicos. Um corpo estranho, odores intensos e fumaça são fatores físicos que, ao irritar as fossas nasais ou os brônquios, podem provocar espirros e tosse. No primeiro caso, a irritação do revestimento das fossas nasais estimula um movimento reflexo que faz com que a glote se feche (na imagem, em vermelho) e a caixa torácica se contraia. Assim, o ar fica comprimido e é expulso com força no momento em que a glote se abre: muitas vezes a língua bloqueia a parte posterior da boca e o ar sai violentamente pelo nariz.

A tosse é produzida por movimentos semelhantes, causados por um corpo estranho ou por uma produção excessiva de muco: a irritação da traqueia ou dos brônquios estimula o reflexo que faz com que a glote se feche, os pulmões se contraiam e o ar seja expulso com força (acesso de tosse).

O bocejo tem diversas origens: se estiver relacionado com fome ou sono, é de origem física; se for produzido por um tédio ou por ver outra pessoa bocejar, é de origem psicossomática. O mesmo se passa com o riso e o choro, que consistem numa inspiração normal seguida de uma rajada de expirações curtas.

O soluço é fruto de uma contração espasmódica do diafragma, estimulada pelo nervo vago. Distendido inicialmente (na imagem, em verde), o diafragma contrai-se de repente, provocando ao mesmo tempo a inspiração forçada e o fechamento da glote.

1

2
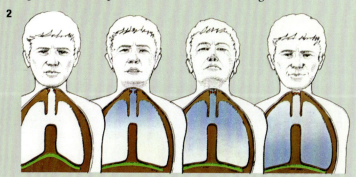

163

DIGESTÃO E RESPIRAÇÃO

BOCA E NARIZ

A boca e o nariz são as cavidades das vias aéreas em contato direto com o meio externo. Enquanto a boca é utilizada ocasionalmente para respirar, o nariz é a via de inspiração preferencial. À entrada das cavidades nasais (duas vias paralelas, separadas por um septo ósseo e cartilaginoso) encontram-se as fossas nasais, cobertas de pelos *(vibrissas)* que agarram as partículas de pó maiores.

A membrana respiratória é caracterizada por um epitélio rico em células ciliadas, intercaladas por glândulas de secreção na parte serosa e na parte mucosa, na qual, além de reter partículas menores, exerce uma ação anti-infecciosa devido ao elevado conteúdo de lisozina e imunoglobulina ▶[178, 199].

Em cada uma das fossas nasais pode-se considerar quatro paredes - uma abóbada, um pavimento, uma parte medial e uma lateral, que se abre posteriormente na parte anterior da faringe com os *cornetos* – e as cavidades paranasais, que desempenham a função de caixa de ressonância para os sons e de alicerce do crânio, mais do que de respiração. De fato, aliviam o peso de inúmeros ossos do conjunto facial: o esfenoide, o frontal, o etmoide, o lacrimal, o maxilar superior e o palatino. Dessas cavidades principais partem outras cavidades secundárias menores.

▼ **Cavidade nasal**
Secção lateral esquerda

▶ **Vestíbulo bucal**
Secção lateral esquerda

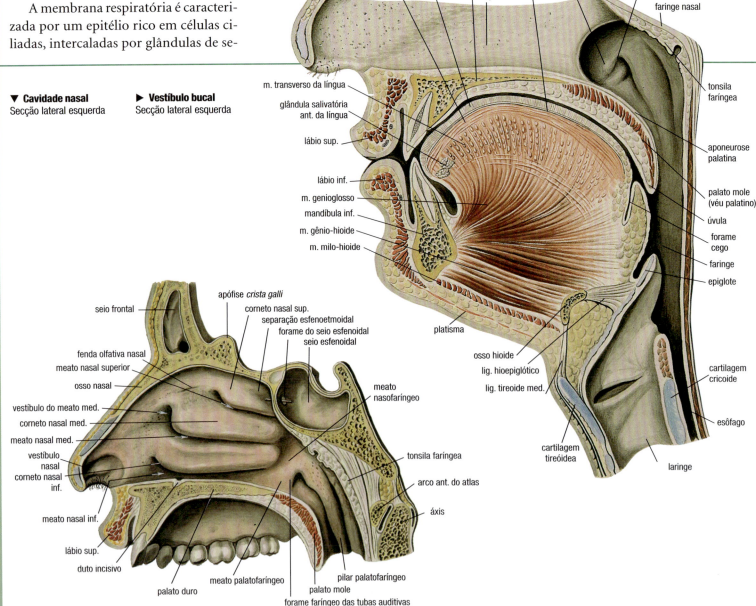

164

FARINGE E LARINGE

Trata-se de canais ímpares e medianos do pescoço que seguem um percurso convergente.

A faringe está ligada frontalmente com as cavidades nasais (delimitadas pelos cornetos), com a boca (delimitada pelo istmo das fauces), com a laringe (através do forame faríngeo) e com as tubas auditivas (que, através dos forames faríngeos, estabelecem a comunicação entre a caixa do tímpano e o exterior: é por isso que, ao engolir ou variando a pressão respiratória, é possível compensar a sensação provocada nas orelhas por alterações da pressão ambiental, como ao entrar num túnel em grande velocidade, ou numa imersão).

Embora a faringe esteja incompleta na região anterior devido aos inúmeros forames que a caracterizam, divide-se numa parte nasal (*rinofaringe* ou *nasofaringe*), numa bucal *(orofaringe)*, numa laríngea *(laringofaringe)*, numa *abóbada* (o extremo superior), numa parede anterior e numa posterior, em duas paredes laterais que delimitam o espaço maxilofaríngeo por onde passam as artérias, as veias e as principais fibras nervosas do pescoço, num extremo superior ou fórnice, em relação à base do crânio, e num extremo inferior, que coincide dorsalmente com a 6.ª vértebra cervical.

A faringe desempenha uma função importante: é o órgão que determina que uma quantidade de comida continue até o esôfago (até onde se prolonga ➤148) ou que o ar engolido se dirija para a faringe. Rodeada de músculos, a faringe é inervada pelas ramificações do plexo faríngeo do simpático e pelas fibras do nervo vago (parassimpático), que gerem de forma sincronizada e progressiva todos os movimentos da deglutição. Na mucosa faríngea encontram-se inúmeros vasos linfáticos, muitos dos quais se interligam com as *tonsilas*, que exercem uma ação preventiva de infecções nas primeiras vias aéreas e digestórias iniciais.

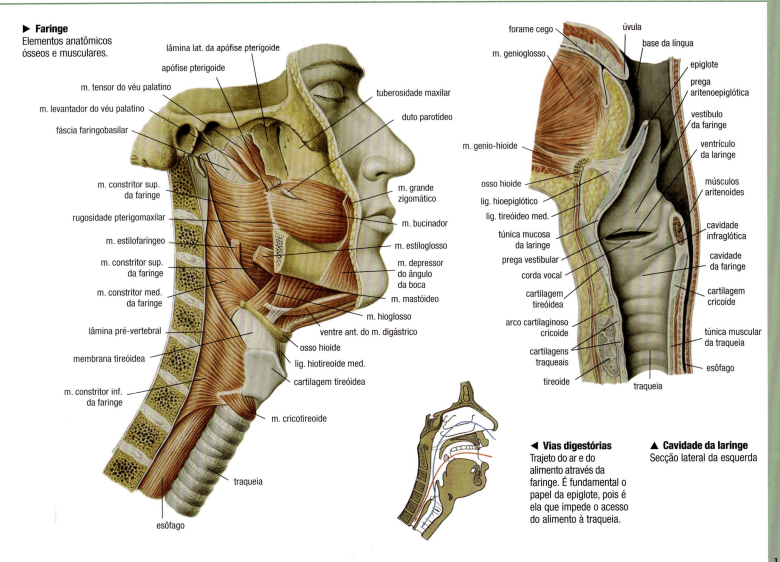

▶ **Faringe**
Elementos anatômicos ósseos e musculares.

◀ **Vias digestórias**
Trajeto do ar e do alimento através da faringe. É fundamental o papel da epiglote, pois é ela que impede o acesso do alimento à traqueia.

▲ **Cavidade da laringe**
Secção lateral da esquerda

DIGESTÃO E RESPIRAÇÃO

Para essa ação contribuem também as tonsilas palatinas, as linguais e as faríngeas. A laringe começa na parte anterior da faringe, por trás da língua, e continua na traqueia. A abertura do forame faríngeo deste órgão é regulada por uma cartilagem específica: a epiglote que, ao fechar-se, impede a inalação do alimento durante a deglutição e, conforme o espaço que deixa aberto, contribui para produzir sons.

A laringe, além de constituir o meio de acesso às vias respiratórias mais profundas, é o órgão responsável pela produção de sons. Formada por inúmeros ossículos cartilaginosos unidos por ligamentos e músculos fortes, a laringe é revestida por uma túnica mucosa e pode subir ou descer, ativa ou passivamente, durante a deglutição, a respiração e a fonação, de acordo com os sinais nervosos provenientes do sistema nervoso central ►[80](estímulos voluntários) ou do periférico ►[110] (estímulos involuntários do nervo vago e do simpático).

As cartilagens que formam a laringe são: a *cartilagem tireóidea* (a maior), a *cricoide* (que sustenta as outras e à qual se unem os músculos mais importantes), as *aritenoides* (que mantêm em tensão as cordas vocais), a *epiglote* (em forma de folha oval com a parte convexa dirigida para a faringe) e as *cartilagens acessórias corniculadas* (ou de Santorini) e *cuneiformes* (de Wrisberg ou de Morgagni).

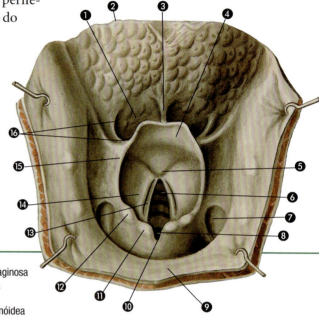

▶ **Epiglote**
Vista Frontal

▼ **Ligamentos e articulações da laringe**
1. Vista por trás
2. Vista frontal
3. Vista lateral direita

cartilagem epiglótica
tubérculo epiglótico

▶ **Abertura da faringe**
Vista de cima
❶ prega epiglótica
❷ base da língua
❸ pilar glossoepiglótico
❹ epiglote
❺ tubérculo epiglótico
❻ parte intermembranosa da fenda glótica
❼ recesso piriforme
❽ parte intercartilaginosa da fenda glótica
❾ faringe
❿ cisura interaritenóidea
⓫ tubérculo corniculado
⓬ tubérculo cuneiforme
⓭ prega vocal
⓮ prega vestibular
⓯ prega aritenoepiglótica
⓰ prega glossoepiglótica lat.

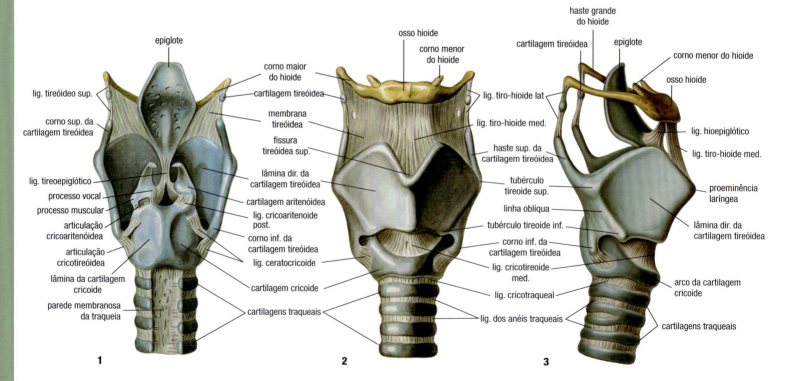

166

A FALA

Se considerarmos que a linguagem é um sistema de comunicação, podemos afirmar que muitos animais falam. Todavia, nenhum animal é, nem poderá jamais ser, capaz de conversar conosco, nem sequer o chimpanzé, que consegue usar símbolos abstratos para se comunicar com os cientistas que o estudam.

Tudo se deve à anatomia. De fato, a laringe desempenha funções fundamentais de produção de sons e modulação da caixa de ressonância que os modifica (faringe).

A cavidade interna da laringe, delimitada por cartilagens, ligamentos e músculos, tem dimensões muito reduzidas em relação à circunferência externa. Duas saliências horizontais anteroposteriores, chamadas **pregas (ventricular** ou superior e **vocal** ou inferior) ou **cordas vocais,** dividem-na em três segmentos:

- o **segmento superior** ou **vestíbulo,** que limita a face posterior da epiglote e interliga-se com a faringe;
- o **segmento médio** (a parte mais estreita), que compreende as pregas: no interior da prega ventricular encontra-se a fenda do vestíbulo e dentro das pregas vocais a fenda da **glote.** A amplitude e a forma da fenda da glote variam de acordo com o sexo do indivíduo e as fases de respiração e fonação;
- o **segmento inferior,** que se prolonga até abaixo, adotando uma forma cilíndrica.

Do comprimento, da espessura e da tensão das cordas vocais (e, portanto, da fenda da glote) dependem a qualidade e a altura da voz; a intensidade é determinada pela pressão da corrente de ar e o timbre se deve quase exclusivamente às vias aéreas supralaríngeas: a **língua,** o **palato mole** e os **lábios** são essenciais para articular a linguagem, ao passo que a **faringe** constitui uma autêntica caixa de ressonância. Ao mudar a posição do pescoço (levantando-o ou baixando-o), a laringe varia a amplitude da dita caixa, modificando a emissão sonora de forma radical.

A posição da laringe no pescoço também influencia a forma de respirar e de deglutir: num animal como o macaco ou num lactente humano está na parte superior do pescoço e bloqueia a rinofaringe, permitindo beber e respirar ao mesmo tempo. No entanto, uma laringe tão elevada reduz a «caixa de ressonância» faríngea ao ponto de tornar impossível a fala: para articular diferentes sons, o macaco usa, sobretudo, os lábios e a boca.

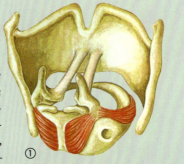

No lactente, a situação é igual, só que, com o crescimento, a laringe desloca-se progressivamente para baixo: num período de dois anos, a forma de deglutir e de respirar mudam radicalmente, sendo adquirida a capacidade de vocalizar. É um processo ainda misterioso no qual participam, além das estruturas laríngeas e faríngeas, as outras estruturas vitais: a linguagem falada é tão essencial para o homem que, para falar, altera-se, inclusive, a frequência respiratória ►163; o gás carbônico é expulso a um ritmo tão diferente do normal que, se respirássemos dessa forma quando estamos calados, nos encontraríamos rapidamente em situação de hiperventilação. Além disso, quando alteramos o ritmo do discurso, nem sequer nos precavemos: ninguém se «cansa» de falar.

Mas há mais. A linguagem articulada, como a nossa, é, fundamentalmente, um ato mental. Se observarmos uma criança de poucos meses enquanto falamos com ela, veremos que, em resposta às nossas palavras e independentemente do idioma utilizado, ela agita os braços, olha-nos fixamente, balbucia e, inconscientemente, mexe os lábios. O seu corpo é sacudido por ligeiríssimos movimentos musculares coordenados, indício claro da intensa atividade cerebral que a linguagem verbal requer.

As atividades cerebral, motora e verbal também estão intimamente ligadas no adulto: todos costumamos pressionar a língua contra os dentes ao fazer algo difícil ou traduzir em palavras e descrever as ações que estamos desenvolvendo manualmente, mesmo que estejamos sós.

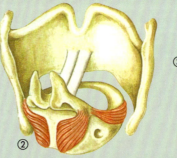

◄ **Fonação**
Durante a respiração ①, as cordas vocais estão separadas; para falar ②, as cartilagens da laringe movidas por músculos voluntários aproximam-se e criam uma fissura ou modificam a inclinação das cordas: as notas altas são emitidas por cordas em tensão ③, e as cordas pouco esticadas ④ emitem notas baixas.

▼ **Cone elástico**
São poucos os elementos da laringe envolvidos na linguagem falada:
❶ cartilagem tireóidea;
❷ fenda da glote;
❸ processo vocal;
❹ cartilagem aritenoide;
❺ lig. cricoaritenoide post.; ❻ cartilagem cricoide; ❼ cone elástico;
❽ lig. vocal.

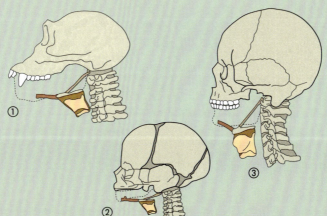

◄ **Posição da laringe e capacidade de falar**
A posição da laringe difere no macaco ①, na criança ②, por um lado, e no homem ③, por outro; o mesmo acontece com as possibilidades de vocalizar.

DIGESTÃO E RESPIRAÇÃO

TRAQUEIA E BRÔNQUIOS

De 10-12 cm de comprimento e 16-18 mm de diâmetro, a traqueia, o duto quase vertical que se situa por baixo da laringe e se bifurca nos troncos bronquiais, é um tubo elástico e extensível, fixo no ponto da bifurcação (unido ao centro do frênico do diafragma) e móvel no extremo superior, que segue os movimentos de deglutição e de fonação da laringe. A sua acessibilidade é garantida por uma sucessão de anéis cartilagíneos, chamados *anéis da traqueia*, intercalados com ligamentos anelares que se unem, na parte de trás, à parede membranosa da traqueia. Esta divide-se em cervical, que compreende os primeiros 5-6 anéis da traqueia e contém os gânglios linfáticos (linfonodos) pré-traqueais ➤[200], e torácica, que contém os gânglios linfonodos traqueais ➤[200].

À altura da 4.ª e 5.ª vértebras torácicas, a traqueia divide-se em dois troncos, um com uma inclinação aproximada de 20° e outro com uma inclinação de 40-50°: são, respectivamente, o brônquio direito e o brônquio esquerdo. Com uma estrutura característica de anéis cartilagíneos análoga à da traqueia, têm diâmetros diferentes: o do primeiro tem uns 15 mm e o segundo, cerca de 11 mm. É essa a razão pela qual o pulmão direito ocupa mais espaço do que o esquerdo e tem mais capacidade respiratória. O comprimento também é diferente: antes de se bifurcar, o brônquio direito mede 2 cm e o esquerdo, 5 cm. Depois da primeira bifurcação, os brônquios ramificam-se formando uma árvore que, na sua maior parte, está contida nos pulmões: os ramos «secundários» são denominados brônquios segmentares e adotam o nome da região do pulmão na qual se encontram. Os brônquios são revestidos por uma mucosa rica em glândulas mucíparas e células ciliadas que produzem uma corrente contínua de muco até o exterior. Os músculos involuntários que os envolvem estão sob o controle do plexo pulmonar ➤[116] e do vago.

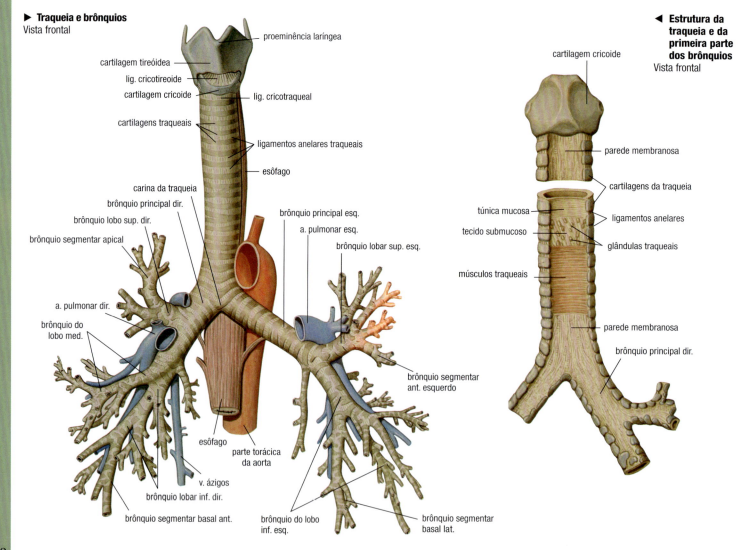

▶ **Traqueia e brônquios**
Vista frontal

◀ **Estrutura da traqueia e da primeira parte dos brônquios**
Vista frontal

168

OS PULMÕES

Neles se produzem as trocas gasosas entre ar e sangue: a estrutura particular destes órgãos, repletos de cavidades altamente vascularizadas, está relacionada precisamente com essa função. O pulmão direito, mais volumoso, divide-se em três lobos e o esquerdo, em dois; ambos estão alojados na caixa torácica, separados por um espaço compreendido entre o esterno e a coluna vertebral (chamado *mediastino*), no qual se encontram o coração, o timo, a traqueia, os brônquios, o esôfago e os vasos sanguíneos maiores (como a aorta). Cada pulmão está envolvido pela pleura, uma membrana serosa formada por dois folhetos (o visceral, que adere à superfície do pulmão, e o parietal, que está em contato com a superfície interna da caixa torácica) que delimitam a cavidade pleural, em cujo interior se produz uma pressão negativa que determina a dilatação dos pulmões durante a respiração ►[163].

Em cada pulmão distinguem-se:
- uma base, ou *face diafragmática*, inclinada para baixo e para trás, de forma semilunar e côncava, que se molda à convexidade do diafragma;
- uma *face lateral* ou *costoventral*, convexa e com numerosas marcas costais;
- uma *face medial* ou *mediastínica*, côncava e vertical, compreendida entre a margem anterior e a posterior, que apresenta uma zona deprimida chamada *hilo*, por onde os nervos e os brônquios penetram no pulmão e os vasos sanguíneos saem dele. No hilo encontram-se também alguns linfonodos (chamados *hilares*) ►[199]. À frente e debaixo do hilo está a superfície deprimida da fossa cardíaca, mais pronunciada no pulmão esquerdo. Perto da margem posterior estão impressas as marcas dos grandes vasos: a veia ázigos, a aorta, a veia cava superior e a veia braquiocefálica esquerda;
- o *ápice*, constituído por toda a parte redonda do pulmão, situada acima da margem superior da 2.ª costela; à direita, o ápi-

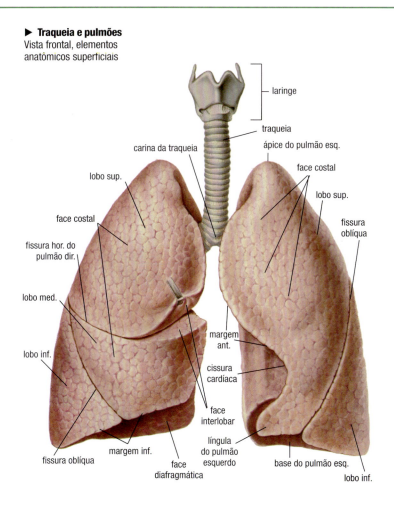

► **Traqueia e pulmões**
Vista frontal, elementos anatômicos superficiais

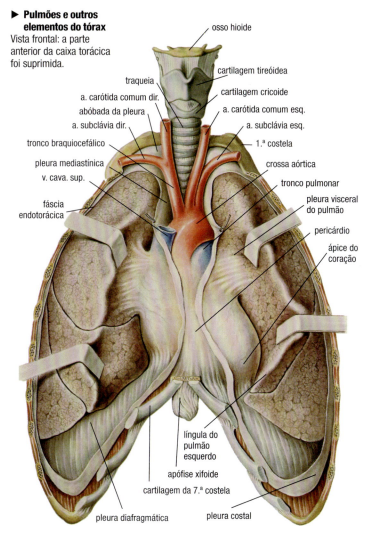

► **Pulmões e outros elementos do tórax**
Vista frontal: a parte anterior da caixa torácica foi suprimida.

DIGESTÃO E RESPIRAÇÃO

ce curva para frente e para o meio; à esquerda, distingue-se uma pequena porção do órgão. Assinalado pela marca da artéria subclávia, o ápice está em ligação com a artéria intercostal suprema e com a membrana interna; na parte posterior, estabelece contato com o gânglio cervical inferior do simpático ►[111].

A superfície de cada pulmão é atravessada por *fissuras* que vão até o hilo e delimitam os lobos. No pulmão direito as fissuras são duas: a *oblíqua,* que vai até a base cruzando o órgão obliquamente de cima para baixo, e a *horizontal,* que se separa da primeira ao nível da 6.ª costela e atravessa a face lateral horizontalmente, chegando ao hilo em direção oblíqua para cima. No pulmão esquerdo, a única fissura existente é semelhante à oblíqua do pulmão direito. Cada lobo do brônquio principal é atravessado por um ramo do tronco bronquial, chamado *brônquio de primeira ordem.*

Os lobos também se dividem em áreas, chamadas *zonas* ou *segmentos pulmonares,* de forma piramidal, com a base para fora e o ápice para o hilo. Cada lobo está estruturado ao redor de um *brônquio segmentar* (zonal ou de segunda ordem) e de uma artéria segmentar e é drenado por uma veia perissegmentar.

Cada segmento compreende centenas de lóbulos pulmonares, visíveis inclusive no exterior, delimitados por finas linhas poligonais de conjuntivo pigmentado e providos de brônquios lobulares (1 mm de diâmetro). No interior do lóbulo, cada brônquio ramifica-se em brônquios intralobulares (0,3 mm), ramificados, por sua vez, em 10-15 bronquíolos terminais ou mínimos que culminam numa *vesícula pulmonar.*

Em cada vesícula, o bronquíolo terminal dá origem a dois bronquíolos *respiratórios* ou *alveolares* que, ao longo de seu percurso, apresentam algumas pregas hemisféricas chamadas *alvéolos pulmonares.* Estes se tornam cada vez mais numerosos à medida que se avança em direção ao extremo distal do bronquíolo, e terminam se dividindo em dois a dez *dutos alveolares.*

A sua parede é formada por uma sucessão de alvéolos que terminam em um alvéolo. Essa parte terminal das vias res-

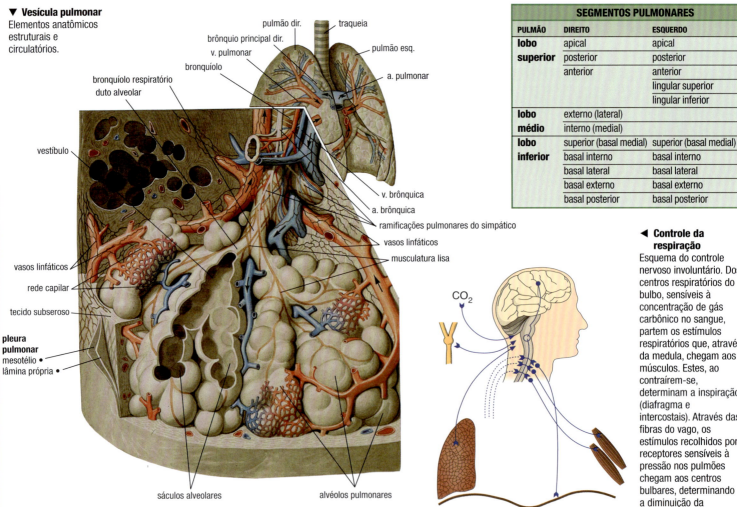

▼ **Vesícula pulmonar**
Elementos anatômicos estruturais e circulatórios.

SEGMENTOS PULMONARES		
PULMÃO	**DIREITO**	**ESQUERDO**
lobo superior	apical	apical
	posterior	posterior
	anterior	anterior
		lingular superior
		lingular inferior
lobo médio	externo (lateral)	
	interno (medial)	
lobo inferior	superior (basal medial)	superior (basal medial)
	basal interno	basal interno
	basal lateral	basal lateral
	basal externo	basal externo
	basal posterior	basal posterior

◄ **Controle da respiração**
Esquema do controle nervoso involuntário. Dos centros respiratórios do bulbo, sensíveis à concentração de gás carbônico no sangue, partem os estímulos respiratórios que, através da medula, chegam aos músculos. Estes, ao contraírem-se, determinam a inspiração (diafragma e intercostais). Através das fibras do vago, os estímulos recolhidos por receptores sensíveis à pressão nos pulmões chegam aos centros bulbares, determinando a diminuição da expansão torácica.

OS PULMÕES

As trocas gasosas

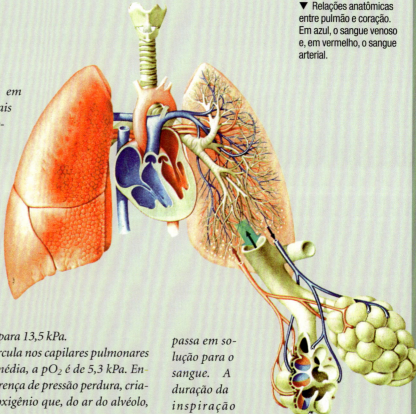

▼ Relações anatômicas entre pulmão e coração. Em azul, o sangue venoso e, em vermelho, o sangue arterial.

A superfície alveolar útil para as trocas gasosas equivale a cerca de 40 vezes a superfície externa do nosso corpo: aí ocorre uma passagem contínua de gases (interessam-nos os respiratórios: o oxigênio, O_2, e o gás carbônico, CO_2, que seguem as mesmas regras que todos os gases, incluindo os contaminantes) dos líquidos fisiológicos (como o sangue, o interior das células e o muco) para o ar e vice-versa. Em geral, a passagem de um gás através de uma membrana depende tanto da permeabilidade desta como da pressão parcial do gás sobre um ou sobre o outro lado da membrana. A permeabilidade das duas membranas (o epitélio alveolar e o endotélio capilar) que separam o sangue do ar que chega ao alvéolo é o suficiente para não representar um fator que limite a difusão dos gases. Assim, todas as trocas são reguladas pelas diferentes pressões parciais dos gases exercidas, em cada momento, sobre um ou sobre o outro lado das membranas alveolares.

O oxigênio

Na atmosfera, em condições normais (pressão e temperatura ambiente), a pressão parcial do oxigênio (pO_2) é de 21,2 kPa. Mas, ao entrar nos pulmões, esse ar mistura-se com ar «já respirado», mais pobre em oxigênio: a pO_2 desce para 13,5 kPa.
O sangue que circula nos capilares pulmonares é venoso e, em média, a pO_2 é de 5,3 kPa. Enquanto essa diferença de pressão perdura, cria-se um fluxo de oxigênio que, do ar do alvéolo, passa em solução para o sangue. A duração da inspiração permite, geralmente, trocas suficientes para elevar a pO_2 sanguínea quase ao nível registrado no alvéolo: 13,3 kPa (sangue arterial recém-oxigenado).

Gás carbônico

Na atmosfera, em condições normais (1 atm e 37 °C), a pressão parcial do gás carbônico (pCO_2) é de 0,04 kPa. Ao entrar nos pulmões, esse ar mistura-se com o ar «já respirado», mais rico em gás carbônico: a pCO_2 sobe, aproximadamente, para 5,2 kPa.
O sangue que circula nos capilares pulmonares é venoso e, em média, a pCO_2 é de 6,1 kPa. Enquanto se mantém essa diferença de pressão, cria-se um fluxo de gás carbônico que, da solução sanguínea, passa para o ar do alvéolo. A duração da inspiração permite, normalmente, trocas suficientes para reduzir a pCO_2 sanguínea quase ao nível registrado no alvéolo: 5,3 kPa (sangue arterial recém-oxigenado).

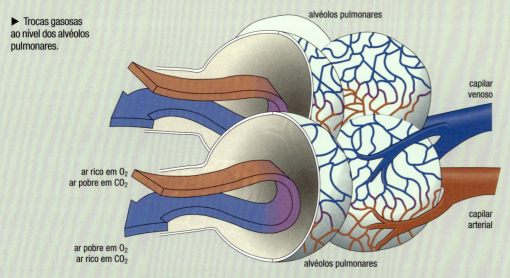

▶ Trocas gasosas ao nível dos alvéolos pulmonares.

▶ kPa = quilopascal

| PRESSÕES PARCIAIS DOS GASES RESPIRATÓRIOS |||||||
| GÁS | AR ATMOSFÉRICO || ALVEOLAR || SANGUE VENOSO | SANGUE ARTERIAL |
	%	kPa	%	kPa	kPa	kPa
O_2	20,94	21,2	14,2	13,5	5,3	13,3
CO_2	0,04	0,04	5,5	5,2	6,1	5,3
N_2	79,02	80,0	80,3	76,4	76,4	76,4
TOTAL	100,00	101,24	100,0	95,1	87,8	95,0

DIGESTÃO E RESPIRAÇÃO

piratórias recebe o nome de *infundíbulo* ou *saco alveolar*. No ponto de união de cada alvéolo, a parede dos bronquíolos é envolvida por tratos musculares que formam uma espécie de bainha reguladora do fluxo de ar que entra e se movem por impulsos involuntários procedentes dos *plexos pulmonares anterior e posterior* do vago e dos nervos toracolombares ►[116] do simpático: como os brônquios, os nervos, os vasos sanguíneos e os vasos linfáticos também se ramificam até os alvéolos.

A CIRCULAÇÃO PULMONAR E A CIRCULAÇÃO BRONQUIAL

Os dois ramos da artéria pulmonar, por exemplo, entram nos pulmões ao nível do hilo e, seguindo a ramificação dos brônquios, dividem-se até se transformarem em *arteríolas alveolares*. A densa rede de capilares por elas formada atravessa a parede dos alvéolos, confluindo nas *vênulas* que percorrem os *septos interlobares* e reunindo-se em ramos venosos. Estes, seguindo a trajetória dos brônquios (geralmente, pelo lado oposto às artérias), constituem as duas *veias pulmonares* que, ao saírem pelo hilo, confluem no átrio esquerdo do coração ►[185].

No entanto, os vasos sanguíneos que entram nos pulmões constituem dois sistemas distintos: um *funcional* **(pequena circulação)**, que acabamos de descrever e permite a troca gasosa entre sangue e ar, e outro *nutritivo* **(grande circulação)**, que trans-

▲ **Circulação**
Esquema da pequena e da grande circulação. Ao contrário das veias corporais, pelas veias pulmonares corre sangue rico em oxigênio. Ao contrário das artérias do corpo, pelas pulmonares corre sangue pobre em oxigênio. Por esse motivo, as cores que indicam os vasos pulmonares estão invertidas em relação às cores utilizadas para indicar os vasos corporais.

◄ **Pulmão direito**
Principais vasos sanguíneos e elementos anatômicos.

OS PULMÕES

porta substâncias nutritivas às estruturas celulares dos pulmões e dos brônquios. É formado pelas artérias brônquicas que partem da aorta e se ramificam pela parede dos brônquios em duas redes capilares (uma profunda, para músculos e glândulas, e uma superficial, para a mucosa). As arteríolas, por sua vez, confluem até constituir as veias brônquicas, que saem pelo hilo e desembocam nas veias ázigos e hemiázigos. Não obstante, os dois sistemas circulatórios pulmonares não são totalmente independentes: algumas veias brônquicas desembocam nas veias pulmonares e alguns ramos das artérias pulmonares estão unidos aos das artérias brônquicas por meio de pequenos ramos transversais, por vezes também ligados às veias brônquicas.

Por último, o sangue que circula pelos capilares alveolares pode ocorrer pelas vênulas brônquicas e pelas pulmonares.

OS ALVÉOLOS

A parede alveolar constitui a barreira entre o ar e o sangue. É formada por:
- *epitélio alveolar*, constituído por pneumócitos de 1º e 2º tipos e por macrófagos. Em particular, os pneumócitos de 2º tipo apresentam microvilosidades dirigidas para a luz do alvéolo e produzem lipoproteínas de ação tensoativa que são segregadas e se estratificam na superfície interna do alvéolo. Os macrófagos ►178-179 alveolares, dotados de movimentos ameboides, encontram-se nos septos intra-alveolares, no epitélio ou livres, na luz alveolar: desempenham funções de defesa e limpeza (contêm grânulos fagocitados, geralmente de carvão);
- *lâmina basal do epitélio alveolar;*
- *lâmina basal do endotélio capilar;*
- *endotélio do capilar sanguíneo.*

Os capilares são muito finos: têm uma luz de 5 a 6 mm, pela qual pode passar um único glóbulo vermelho. O endotélio que os delimita é contínuo e não possui poros nem aberturas; o estroma pericapilar é mínimo, sendo constituído por fibras elásticas e de colágeno, assim como por células conjuntivas. Em alguns pontos, as lâminas basais estão fundidas e, em outros, estão separadas por fibras ou células conjuntivas: a espessura total da parede alveolar pode variar de 0,2 a 0,7 mm.

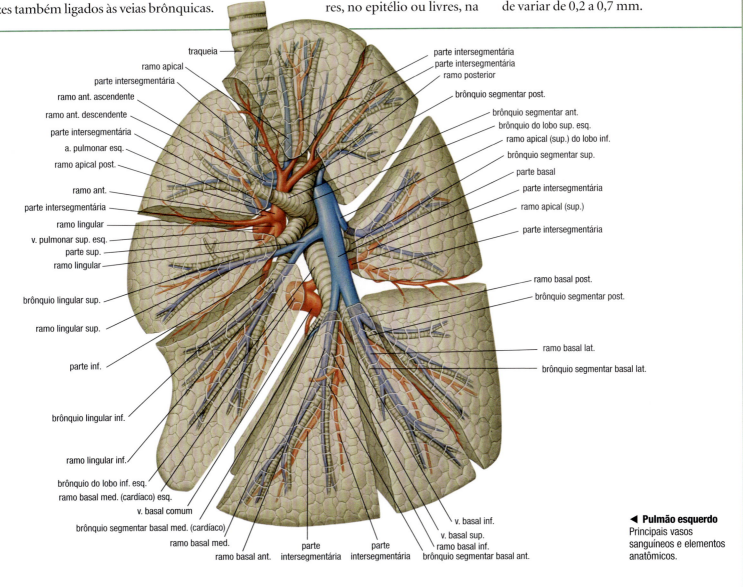

◄ **Pulmão esquerdo**
Principais vasos sanguíneos e elementos anatômicos.

173

A DENTIÇÃO

Entende-se por dentição o processo que dá origem ao nascimento dos primeiros dentes (temporários, decíduos ou de leite) no bebê. O seu desenvolvimento começa por volta da 7ª semana de gestação e, quando o bebê nasce, os germes dos dentes de leite e dos permanentes já estão presentes nos alvéolos dentários. A erupção dos dentes começa, geralmente, por volta dos 6 a 7 meses, se bem que o aparecimento do primeiro dente pode variar.

Quando um dente desponta, a salivação aumenta e o bebê saliva continuamente; a intensa salivação é acompanhada de uma necessidade frenética de morder (o bebê leva à boca tudo o que pode, mordendo com força), uma maior irritabilidade e agitação, bem como uma tendência para chorar com mais frequência. Algumas vezes, notam-se, também, alterações de sono. Todos esses sintomas se manifestam de forma evidente poucos dias antes de romper o primeiro dente. Por volta dos 18 meses, em média, já nasceram todos os dentes de leite.

A dentição é um processo normal. Por isso, as alterações ou doenças ocorridas durante esse período devem ser atribuídas a outras causas e, portanto, investigadas.

Posteriormente, até o 5º ou 6º ano de vida, surge, em várias fases, uma nova dentição que substitui os dentes de leite. No interior dos ossos das arcadas dos maxilares de uma criança dessa idade já se podem observar, além dos 20 dentes de leite, os germes dos 20 dentes permanentes que os substituirão e os de oito novos dentes que não têm relação com os de leite: são os pré-molares (1º e 2º) e os molares (1º e 2º).

Esse processo, que leva à implantação na boca de um número elevado de dentes de maiores dimensões, está ligado ao desenvolvimento do crânio e ao consequente crescimento progressivo do espaço bucal disponível. Os dentes permanentes ocupam o lugar dos dentes de leite. De fato, a raiz destes últimos é reabsorvida lentamente pela pressão exercida pelos germes dos dentes permanentes correspondentes, ao passo que a coroa enfraquece e cai. Geralmente, isso acontece quando o novo dente começa a surgir.

▼ **Dentes fetais**
Ao nascer, apenas uma percentagem muito baixa de crianças apresenta dentes já formados (normalmente, os dois incisivos inferiores). Nesta imagem, pode-se observar o desenvolvimento dos germes dentários que darão origem à dentição primária (ou «de leite»).

▼ **Dentes de uma criança de seis anos**
O lado externo das arcadas dentárias foi parcialmente suprimido para mostrar a disposição dos dentes permanentes que ainda não romperam.

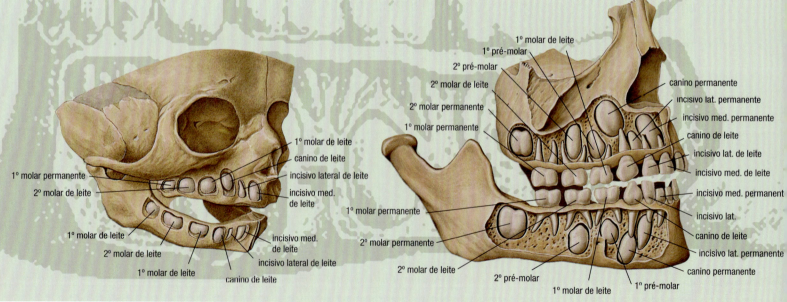

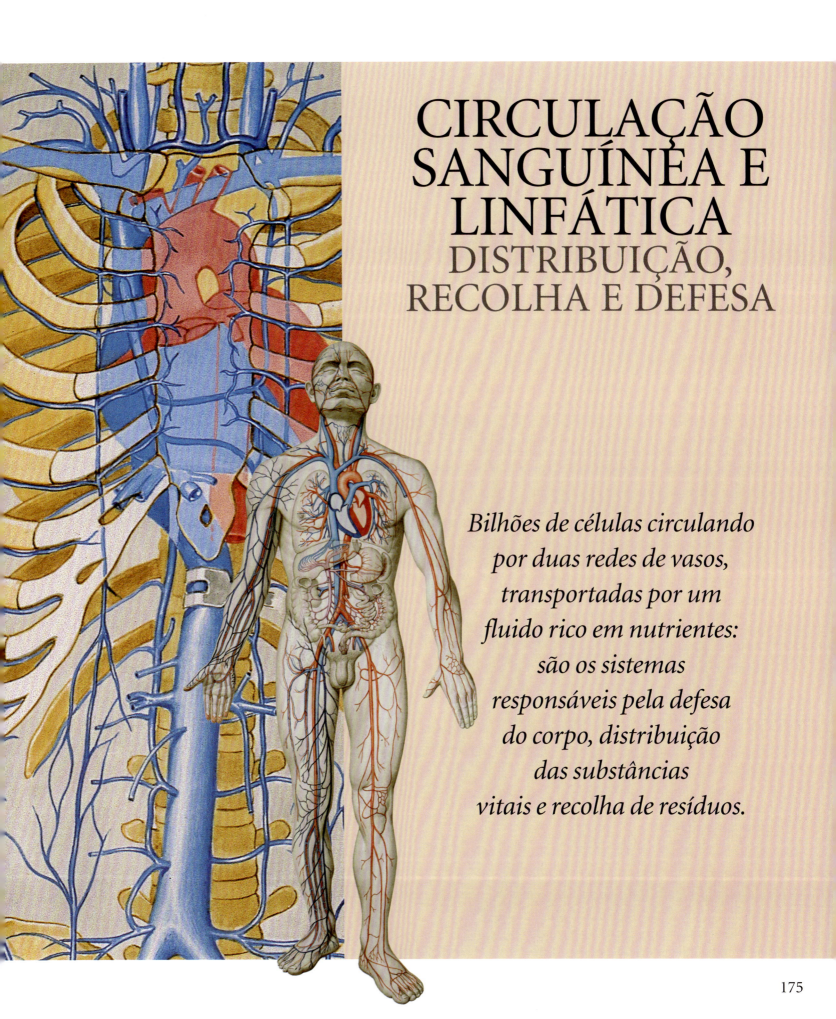

CIRCULAÇÃO SANGUÍNEA E LINFÁTICA
DISTRIBUIÇÃO, RECOLHA E DEFESA

Bilhões de células circulando por duas redes de vasos, transportadas por um fluido rico em nutrientes: são os sistemas responsáveis pela defesa do corpo, distribuição das substâncias vitais e recolha de resíduos.

CIRCULAÇÃO SANGUÍNEA E LINFÁTICA

Coração, artérias, veias, abundantes capilares, vasos e linfonodos...
Bilhões de células transportadas por um tecido conjuntivo fluido (plasma
ou linfa) constituem os dois sistemas (circulatório e linfático) que
desempenham inúmeras funções vitais.

O SISTEMA CIRCULATÓRIO E O SISTEMA LINFÁTICO

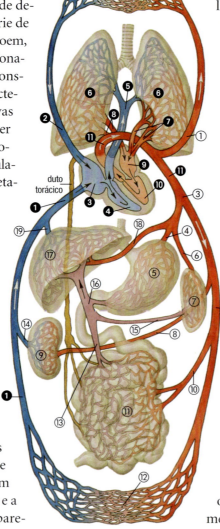

Para sobreviver, o nosso corpo tem de desempenhar continuamente uma série de atividades: renovar as células que se destroem, repor as energias consumidas pelo funcionamento dos diferentes órgãos, manter constantes os níveis das substâncias que caracterizam o meio interno, incorporar novas substâncias para se desenvolver ou crescer e eliminar todos os «resíduos» que não podem ser aproveitados e que, ao se acumularem, poderiam deteriorar as funções metabólicas normais.

Posto que as funções de armazenamento de substâncias e energia, bem como a de excreção, são desempenhadas principalmente por órgãos e sistemas especializados (digestório, respiratório, excretor, etc.), é necessário um aparelho que recolha e distribua para todo o corpo as substâncias vitais e que transporte os resíduos inutilizados de todas as partes do corpo para os órgãos excretores.

A função de recolha e distribuição é desempenhada pelo *sistema circulatório* e pelo *sistema linfático*: duas complexas redes de dutos de diferente calibre (os *vasos*), pelos quais circulam dois fluidos ricos em células (o *sangue* e a *linfa*, respectivamente). Enquanto o aparelho circulatório é um circuito fechado no qual o sangue é impelido a circular continuamente pelas contrações de um órgão oco (*o coração*), o sistema linfático é um circuito aberto que drena «passivamente» o líquido intersticial dos tecidos: a linfa, conduzida pelos movimentos musculares do corpo, percorre os vasos linfáticos desde a periferia até os dutos principais, que desembocam nas grandes veias da base do pescoço.

Além disso, enquanto o sistema circulatório é constituído pelo coração e por vasos de calibre e funções diferentes (*artérias, veias e capilares*), o sistema linfático apresenta, ao longo do percurso dos vasos, os *linfonodos*, órgãos muito pequenos (às vezes microscópicos, sobretudo na periferia, chamados *linfonodos interruptores*) ou muito grandes, frequentemente agrupados em centros linfáticos aos quais aflui a linfa de extensas regiões do corpo.

Outros órgãos estreitamente relacionados com o sistema circulatório e o sistema linfático são os ossos, o timo e o baço: na medula óssea originam-se os vários tipos de células que povoam a linfa e o sangue (glóbulos brancos, linfócitos, glóbulos vermelhos ou eritrócitos, macrófagos) e no timo ocorre uma primeira diferenciação dos linfócitos, que adquirem características morfológicas e funcionais particulares (*linfócitos T*). O baço contribui para regular o volume da massa sanguínea na circulação (aqui começa o processo de destruição dos glóbulos vermelhos

O SISTEMA CIRCULATÓRIO E O SISTEMA LINFÁTICO

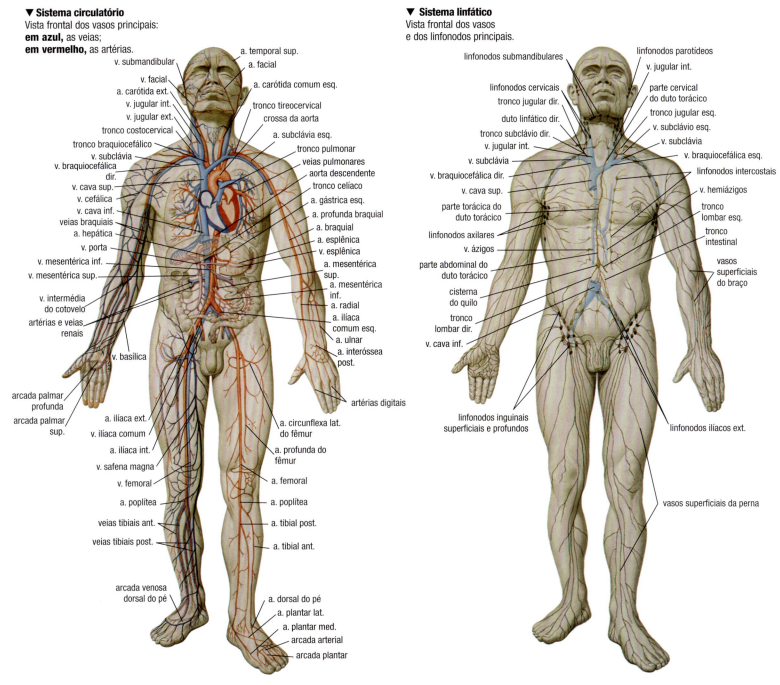

▼ **Sistema circulatório**
Vista frontal dos vasos principais:
em azul, as veias;
em vermelho, as artérias.

▼ **Sistema linfático**
Vista frontal dos vasos e dos linfonodos principais.

◀ **Grande circulação e pequena circulação.**
A primeira origina-se na parte esquerda do coração e a segunda, na parte direita.
Azul: sangue pobre em oxigênio; **vermelho:** sangue oxigenado; **lilás:** o sistema porta; **amarelo:** os dutos linfáticos. Pequena circulação (ou pulmonar). ❶ veia cava inf.; ❷ veia cava sup.; ❸ átrio dir.; ❹ ventrículo dir.; ❺ tronco pulmonar; ❻ ramificações pulmonares; ❼ veias pulmonares esq.; ❽ veias pulmonares dir.; ❾ átrio esq.; ❿ ventrículo esq.; ⓫ aorta.

«envelhecidos») e desenvolver as defesas do organismo, promovendo a proliferação e a diferenciação dos *linfócitos B*.

O sistema circulatório e o sistema linfático não estão relacionados exclusivamente pela função de recolha e distribuição, mas também pela função de defesa: vários componentes celulares (macrófagos, linfócitos T e B, plaquetas, etc.) e inúmeras substâncias dispersas no sangue e na linfa (anticorpos, complementos, etc.) são indispensáveis para as reações de cicatrização das feridas e proteção contra as infecções causadas por protozoários, bactérias e vírus.

Grande circulação (ou geral):
① a. carótida comum; ② ramificações cerebrais; ③ tronco celíaco;
④ a. gástrica; ⑤ ramificações gástricas;
⑥ a. esplênica; ⑦ ramificações esplênicas; ⑧ a. renal;
⑨ ramificações renais;
⑩ a. mesentérica;
⑪ ramificações intestinais;
⑫ ramificações periféricas;
⑬ v. mesentérica; ⑭ v. renal;
⑮ v. esplênica; ⑯ v. porta;
⑰ a. hepática comum;
⑱ ramificações hepáticas;
⑲ veias hepáticas.

177

CIRCULAÇÃO SANGUÍNEA E LINFÁTICA

O SANGUE E A LINFA

São os dois fluidos que circulam no nosso corpo através dos vasos sanguíneos e linfáticos. São formados por uma parte celular e uma líquida, que apresentam funções diversificadas.

A PARTE LÍQUIDA

Chamada *plasma* no caso do sangue, é uma solução aquosa de proteínas, sais e outras substâncias (açúcares, gorduras, ureia, aminoácidos, vitaminas, etc.).

No plasma, a percentagem de proteínas é de 7% e a de gordura é inferior a 1%.

Na linfa, invertem-se as proporções: há menos proteínas e mais gorduras. A concentração de substâncias presentes varia de acordo com a atividade metabólica, a região do corpo, a função celular, as condições gerais, etc. É por isso que da análise morfológica e química do sangue pode-se obter muitas informações sobre o estado de saúde.

ELEMENTOS CELULARES DO SANGUE

Compõem-se de células propriamente ditas e partes de células que representam 45% do volume de sangue em circulação. Dividem-se em grupos, com características funções e origens distintas:

- os *leucócitos* ou *glóbulos brancos* (ou ainda granulócitos, porque é frequente apresentarem o núcleo lobulado e colorido com grânulos escuros) originam-se nos mieloblastos da medula óssea e dividem-se, segundo as características histológicas, em neutrófilos (cerca de 65%/mm³), eosinófilos (3%/mm³) e basófilos (1%/mm³). Movem-se de forma autônoma (movimentos ameboides) e fagocitam partículas e células que digerem: assim, participam da defesa do organismo;

- os *monócitos* e *macrófagos* ou *histiócitos* (no total, 6%/mm³) apresentam um grande núcleo esférico em forma de ferradura e, ao que parece, são produzidos no

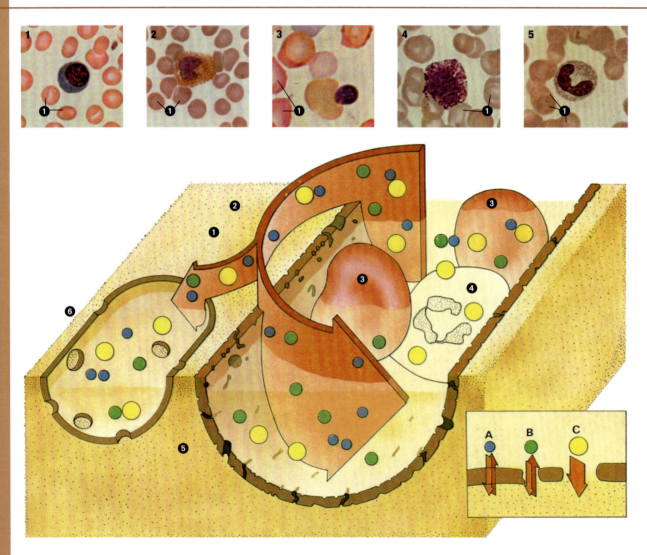

◀ **Elementos celulares do sangue e da linfa**
1. Linfócito
2. Eosinófilo
3. Formação de um eritrócito: o núcleo (violeta) é eliminado
4. Basófilo
5. Neutrófilo
Em todas as imagens veem-se eritrócitos maduros ❶.

◀ **Formação da linfa**
A pressão sanguínea conduz uma parte do plasma através das *paredes dos capilares* (❶) até os espaços intersticiais do tecido circundante (❷), enquanto os eritrócitos (❸) e outros elementos celulares (❹) permanecem no interior dos vasos sanguíneos. Algumas substâncias, como, por exemplo, a água (**A**), atravessa livremente o endotélio; outras, em compensação, passam através dos poros (❺) de tamanhos diferentes (**B**, **C**) que existem nas paredes dos vasos sanguíneos; no entanto, cada substância ajusta-se à diferença de pressão.
A maior parte do líquido intersticial em excesso é reabsorvida no local onde a pressão diminui nos vasos; o resto é drenado pelos vasos linfáticos (❻).

O SANGUE E A LINFA

sistema endotelial disseminado por todo o organismo. Podem se mover de um tecido para outro passando pelos espaços intercelulares e também fagocitam e digerem partículas e células, tanto estranhas como anômalas: desempenham um papel fundamental de defesa e «limpeza» do corpo;

- os *linfócitos* (cerca de 25%/mm³) apresentam um grande núcleo esférico e pouco citoplasma e formam-se a partir dos linfoblastos presentes no tecido linfoide e no baço. São depositários da memória imunológica e ocupam-se da produção em massa de anticorpos, com os quais o organismo consegue eliminar substâncias estranhas (*antígenos*) e elementos agressivos.

As paredes das células que se encontram em circulação no sangue são:

- os *eritrócitos*, *glóbulos vermelhos* ou *hemácias*, células produzidas pela medula óssea que, depois de cheias de hemoglobina, expelem o núcleo; encarregam-se do transporte de oxigênio e gás carbônico;

- as *plaquetas* são fragmentos citoplasmáticos irregulares, de aproximadamente 2 mm de comprimento, que se soltam de células da medula óssea e participam no processo de coagulação do sangue.

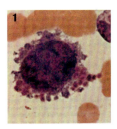
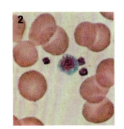

◀ 1. Um megacariócito dá origem a inúmeras plaquetas.

◀ 2. Plaquetas de duas dimensões.

ELEMENTOS CELULARES DA LINFA

Além de *macrófagos*, a linfa contém inúmeros *linfócitos* de origem ganglionar, ou seja, produzidos pelos linfonodos.

Estes sofrem transformações complexas durante a sua permanência nos órgãos linfáticos (timo e baço ▶202), tornando-se os principais protagonistas das defesas ativas do organismo (linfócitos T e B).

Origem e fim das células sanguíneas e linfáticas

As células sanguíneas, na sua maioria, originam-se de células embrionárias alojadas na medula óssea; por isso, as regiões mais «produtivas» correspondem às áreas onde a medula óssea vermelha é abundante ▶32, 38-39: *no adulto, principalmente os ossos cranianos, as vértebras, as costelas, a pelve, o esterno e os fêmures; durante toda a infância, encontra-se em todos os tipos de ossos e, no período fetal, inclusive no fígado e no baço.*

Aí, através de grandes séries de divisão celular e posterior diferenciação, estão continuamente em formação os glóbulos brancos basófilos, neutrófilos e eosinófilos, muitos linfócitos, inúmeros monócitos e macrófagos.

Formam-se também e alcançam a sua completa «maturação» os glóbulos vermelhos e as plaquetas, os elementos celulares que, no sangue, desempenham funções precisas e específicas de transporte de gases e coagulação. Os linfócitos, especialmente abundantes na linfa, são também produzidos no fígado, no baço e nos linfonodos.

Todas as células do sangue e da linfa têm uma «duração» determinada: por exemplo, um glóbulo vermelho, depois da sua passagem da medula espinal para a circulação sanguínea, tem uma vida média de aproximadamente 120 dias. Durante esse período, percorre 1500 km através do sistema circulatório e acaba por se destruir, normalmente no fígado ou no baço, que permite reciclar o ferro contido na hemoglobina ▶180.

Ao se considerar que, em média, num adulto, circulam quatro milhões e meio de hemácias, e que a quantidade de glóbulos vermelhos é renovada todos os 120 dias, é fácil imaginar quão rápidos e eficazes são os processos de reprodução celular que ocorrem continuamente na medula óssea e até que ponto esse tecido pode estar exposto a danos produzidos por substâncias mutantes.

Os outros componentes celulares também têm uma vida limitada: depois de uma existência relativamente curta (mais curta ainda se intervierem processos infecciosos, inflamatórios ou outras patologias), são fagocitados pelos macrófagos presentes no baço, no fígado e nos linfonodos, digeridos pelas suas enzimas e «reciclados» como matéria-prima.

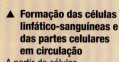

▲ **Formação das células linfático-sanguíneas e das partes celulares em circulação**
A partir de células embrionárias não diferenciadas presentes na medula óssea ①, desenvolvem-se as células embrionárias totipotentes ②, que dão lugar às duas linhas, linfoide e mieloide. A primeira produz linfócitos ③ e plasmócitos; a segunda hemácias ④, megacariócitos produtores de plaquetas ⑤, glóbulos brancos basófilos ⑥, neutrófilos ⑦, eosinófilos ⑧ e monócitos ⑨. Estes últimos dão origem aos macrófagos.

◀ **Regiões de formação dos componentes celulares do sangue e da linfa**
Ponteado em preto: principal distribuição da medula óssea vermelha.
Em vermelho: o fígado.
Em violeta: o baço.
Em amarelo: os principais linfócitos.

179

CIRCULAÇÃO SANGUÍNEA E LINFÁTICA

Transporte de gases e defesas do corpo

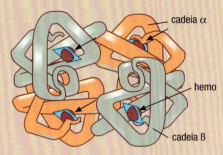

◀ **Uma molécula de hemoglobina**
As duas cadeias (α e β) estão em cores diferentes; as setas indicam o local de ligação com o oxigênio.

Estas duas atividades fundamentais do sistema linfocirculatório baseiam-se nas características particulares de algumas proteínas «especiais»: a **hemoglobina** e os **anticorpos**.

A hemoglobina, formada por dois pares de cadeias proteicas distintas e quatro grupos prostéticos chamados «hemo» e que contêm, cada um deles, um átomo de ferro bivalente, é o pigmento que dá a cor vermelha às hemácias. O ferro tem uma grande afinidade com o oxigênio (O_2) e menos afinidade com o gás carbônico (CO_2): quando a pressão parcial do oxigênio (ppO_2) é maior do que a do gás carbônico ($ppCO_2$), condição que se verifica nos alvéolos pulmonares, o ferro da hemoglobina liga-se ao O_2, abandonando o CO_2 ao qual estava ligado; diferentemente, se a $ppCO_2$ for maior que a do O_2, condição que se verifica nos dutos periféricos, o ferro liga-se, preferencialmente, ao CO_2 e abandona o O_2 que passa para as células circundantes.

Também os anticorpos (gamaglobulinas) são formados por quatro cadeias proteicas; duas longas e duas curtas dispostas em espiral uma ao redor da outra em forma de «Y». Ao contrário das quatro cadeias da hemoglobina, que diferem duas a duas por poucos aminoácidos, os anticorpos têm uma zona de altíssima variabilidade nas cadeias curtas e nas longas, localizada em todas as cadeias da parte terminal dos «braços» do Y: é a zona na qual cada anticorpo «reconhece» quimicamente a substância à qual se liga de forma específica, o seu próprio **antígeno**.

O corpo, principalmente graças à atividade dos linfócitos B e T, produz uma infinidade de tipos distintos de anticorpos, cada um dos quais pode ligar-se – mediante os braços do Y - a uma substância particular, a uma proteína, a uma toxina ou a um elemento da superfície de uma célula.

Os anticorpos, que «afloram» na superfície dos linfócitos que os produzem, também passam para a corrente sanguínea. Circulando pelo sangue ou pelo sistema linfático, cerca de dois trilhões de linfócitos estão prontos, a qualquer momento, para produzir anticorpos específicos para as mais diferentes substâncias. Enquanto os anticorpos em circulação se ligam aos antígenos, permitindo às outras defesas do corpo (os macrófagos) fagocitar e digerir as substâncias estranhas e aos complementos do sangue deteriorar e destruir as células de organismos hostis, os que se encontram na superfície dos linfócitos exercem uma ação de «memória imunológica», incentivando essas células a produzir grandes quantidades de globulinas em caso de necessidade.

Os processos implicados na defesa específica do corpo, na qual intervém, a diferentes níveis, os vários tipos de anticorpos, são extremamente complexos: como se cria a «memória imunológica», como consegue o corpo distinguir as suas próprias células das estranhas e como se pode modular uma resposta imunológica «ilimitada» (cada tipo de substância consegue estimular a produção de anticorpos) são algumas das perguntas às quais a pesquisa científica continua tentando dar uma resposta definitiva.

▶ **Um anticorpo**
Esta reconstrução, realizada a partir de uma análise da sequência de aminoácidos, mostra a característica forma em «Y». Em vermelho, o antígeno liga-se ao anticorpo.

cadeia curta — local de ligação
cadeia longa

▲ **Esquema estrutural do anticorpo**

▶ **Especificidade para os antígenos**
Um anticorpo pode reagir especificamente com:
a. um elemento da superfície de uma célula específica;
b. uma zona de uma proteína específica;
c. uma pequena parte de uma proteína, inclusive fora do seu contexto químico.

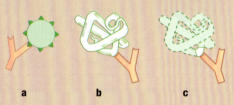

▲ **Esquema de uma defesa mediada por anticorpos**
❶ Invasão bacteriana.
❷ Reconhecimento dos antígenos por parte dos anticorpos presentes na membrana dos linfócitos B, ativação da produção em massa de anticorpos e aglutinação das bactérias por ação dos anticorpos livres no plasma.
❸ Intervenção dos macrófagos e destruição das bactérias.

180

O SANGUE E A LINFA

✚ Grupos sanguíneos

A reação de defesa do corpo também se produz quando este entra em estreito contato com um tecido estranho, se bem que humano: de fato, cada pessoa é diferente das demais não só pela aparência e pelas características psicológicas, mas também pela estrutura das células que a formam. Em particular, na membrana dos glóbulos vermelhos podem ser encontradas, além das glicoproteínas e dos fosfolipídios normalmente presentes nas membranas celulares, algumas moléculas que o corpo consegue reconhecer como antígenos e que induzem à produção de anticorpos específicos. As «variantes» das proteínas atualmente identificadas são mais de 20 e estão determinadas geneticamente. As mais conhecidas e importantes do ponto de vista das transfusões são as variantes A e B do sistema ABO e as do sistema Rh. Se nos fazem uma transfusão, a menos que tenhamos o mesmo grupo sanguíneo que o doador, produziremos anticorpos específicos para as hemácias recebidas: ao aderirem aos glóbulos vermelhos «estranhos», os nossos anticorpos determinam a sua aglutinação e fagocitose por parte dos macrófagos, o que pode ocasionar graves problemas que podem provocar a morte.

O sistema ABO, descrito pela primeira vez em 1900 pelo austríaco Karl Landsteiner, distingue quatro possibilidades relacionadas com a presença de antígenos nos eritrócitos: A, B, AB e O. Uma vez que cada indivíduo só pode produzir anticorpos específicos para antígenos diferentes dos próprios, a pessoa que possui o antígeno A reage apenas ao sangue que contém antígenos B e assim sucessivamente (ver quadro). Os indivíduos cujo grupo sanguíneo é o O são doadores universais porque as suas hemácias carecem de antígenos; os que pertencem ao grupo AB são receptores universais porque possuem todos os antígenos e não produzem anticorpos.

No sistema Rh (de Rhesus, gênero de macacos nos quais foi encontrado pela primeira vez esse tipo de antígeno), as hemácias podem ter ou não o fator Rh. Tal como ocorre no sistema ABO, a presença do antígeno Rh nas hemácias procedentes de uma transfusão determina a produção de anticorpos por parte dos indivíduos que carecem deles (Rh⁻).

DOADOR		RECEPTOR	
GRUPO SANGUÍNEO	ANTÍGENOS PRESENTES	GRUPO SANGUÍNEO	ANTICORPOS PRODUZIDOS
A	A	A	nenhum
B	B	A	anti-B
AB	A e B	A	anti-B
O	nenhum	A	nenhum
A	A	B	anti-A
B	B	B	nenhum
AB	A e B	B	anti-A
O	nenhum	B	nenhum
A	A	AB	nenhum
B	B	AB	nenhum
AB	A e B	AB	nenhum
O	nenhum	AB	nenhum
A	A	O	anti-A
B	B	O	anti-B
AB	A e B	O	anti-A e anti-B
O	nenhum	O	nenhum

✚ Vacinação e alergias

A reação do corpo a elementos estranhos está sempre garantida, embora nem sempre seja eficaz. Para estarmos seguros de uma reação eficiente e positiva, inclusive durante o primeiro contato com os agentes patogênicos de doenças para as quais não existem tratamentos específicos (virais) ou que podem acarretar outros riscos, recorre-se à **vacinação**. Com esta técnica «treinamos» o nosso corpo para reconhecer os vírus e as bactérias que sabemos ser perigosos, pondo-o em contato com os ditos organismos (inativos ou mortos) ou com partes deles. Graças às novas técnicas de engenharia genética, podem ser produzidos organismos artificiais que apresentam uma série de antígenos característicos de diferentes organismos patogênicos: essas «bactérias inexistentes», uma vez injetadas no corpo, provocam uma resposta imunológica diversificada que determina a imunidade a uma ampla gama de doenças sem pôr em perigo a saúde (como ocorre, em percentagens baixas, ao usar patogênios inativos).

Em alguns casos, ao contrário, é necessário travar a reação imunológica: o corpo reage de forma exagerada à presença de uma substância estranha, ainda que não seja necessariamente prejudicial para o corpo e esteja presente em concentrações mínimas. Nesses casos produz-se uma **alergia** a essa substância (alérgeno). A **reação alérgica**, que pode chegar a ter consequências mortais (choque anafilático), desenvolve-se em quatro fases principais:

a. o alérgeno penetra no corpo por contato, inalação, ingestão ou injeção;
b. liga-se ao anticorpo específico presente na superfície de alguns linfócitos B;
c. isto estimula a imediata produção de histamina por parte dos linfócitos;
d. a histamina determina o surgimento dos sintomas de alergia que, dependendo do modo de penetração, poderão ser: prurido, asma, urticária, etc.

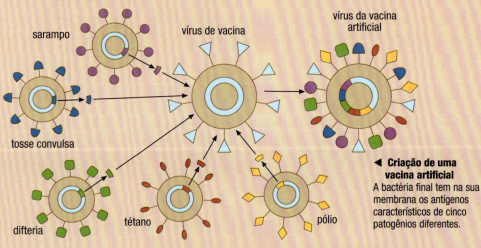

◀ **Criação de uma vacina artificial**
A bactéria final tem na sua membrana os antígenos característicos de cinco patogênios diferentes.

181

CIRCULAÇÃO SANGUÍNEA E LINFÁTICA

ARTÉRIAS, VEIAS E VASOS LINFÁTICOS

São os dutos do sistema circulatório e do sistema linfático, pelas quais circulam, respectivamente, o sangue e a linfa, fluidos corporais de composição e conteúdo celular.

AS ARTÉRIAS

São os vasos que transportam o sangue em movimento centrífugo a partir do coração: por isso, com exceção das *artérias pulmonares* (que levam sangue pobre em oxigênio do ventrículo direito do coração para os pulmões), em todas as outras circula sangue rico em oxigênio. Nas artérias, o sangue está submetido a uma forte pressão, sendo mantido e transferido para a periferia graças às paredes desses vasos ligeiramente elásticas. A onda de pressão que se segue a cada contração do coração propaga-se facilmente: as paredes cedem levemente à passagem do sangue, contribuindo para mantê-lo em movimento.

A artéria maior é a aorta; com cerca de 2,5 cm de diâmetro, sai do ventrículo esquerdo, arqueando-se em direção às costas (crossa da aorta). Ramifica-se nas grandes artérias que levam o sangue para a cabeça (*carótidas*) e para os braços (*subclávias, subclaviculares e braquiais*). Desce depois pela frente da coluna vertebral até o abdome, dividindo-se em ramos que alimentam os rins, o fígado, os intestinos e as extremidades inferiores.

Todas as artérias se dividem em ramificações de diâmetros cada vez menores, dando lugar a uma densa rede de arteríolas, onde circula o sangue rico em oxigênio.

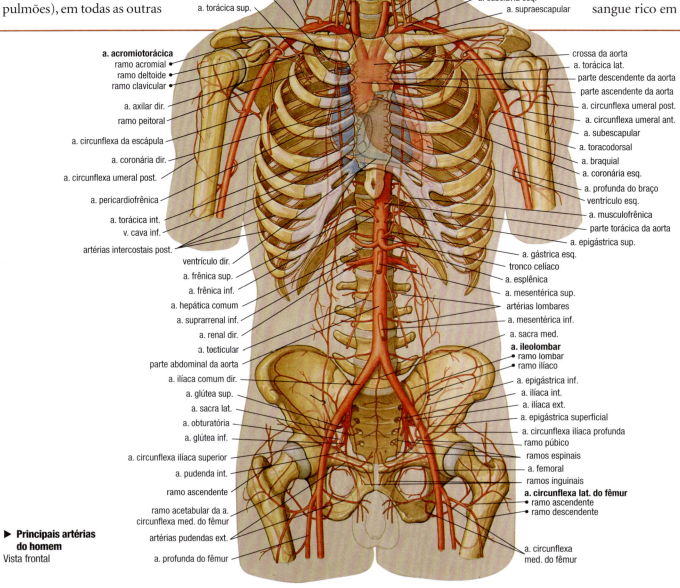

▶ **Principais artérias do homem**
Vista frontal

182

ARTÉRIAS, VEIAS E VASOS LINFÁTICOS

As arteríolas terminam numa rede de capilares arteriais. É através das paredes desses capilares que ocorrem as trocas de substâncias e de gases do sangue para as células e vice-versa. As fibras musculares que constituem as paredes das arteríolas contraem-se e dilatam-se independentemente das pulsações cardíacas, contribuindo para regular o afluxo de sangue para as diferentes partes do corpo, de acordo com as necessidades: a sua atividade é regulada pelo sistema nervoso periférico e por alguns hormônios, como a adrenalina produzida pelas glândulas suprarrenais ➤[138].

AS VEIAS

São os vasos que levam o sangue para o coração: por isso, com exceção das *veias pulmonares* (que transportam sangue rico em oxigênio do pulmão para a aurícula direita do coração), em todas as outras circula sangue pobre em oxigênio.

Pelas veias corre entre 50 e 60% do volume de sangue: aqui a pressão é menor do que nas artérias e o fluxo sanguíneo para o coração é provocado, sobretudo, pelos movimentos dos músculos e das artérias adjacentes aos vasos venosos.

As veias são compartimentadas por *válvulas semilunares* que permitem que o sangue corra numa única direção e apresentam uma parede muscular mais fina e dilatável do que as artérias. As veias também se dilatam e se contraem durante a passagem do sangue.

A circulação venosa ocorre através de uma sucessão de vasos de diâmetro cada vez maior: os *capilares venosos*, que se anastomosam com os capilares arteriais, recolhem sangue pobre em oxigênio e nutrientes e rico em substâncias residuais.

Esses capilares confluem nas *vênulas*, que formam veias cada vez maiores, até serem formadas as veias principais

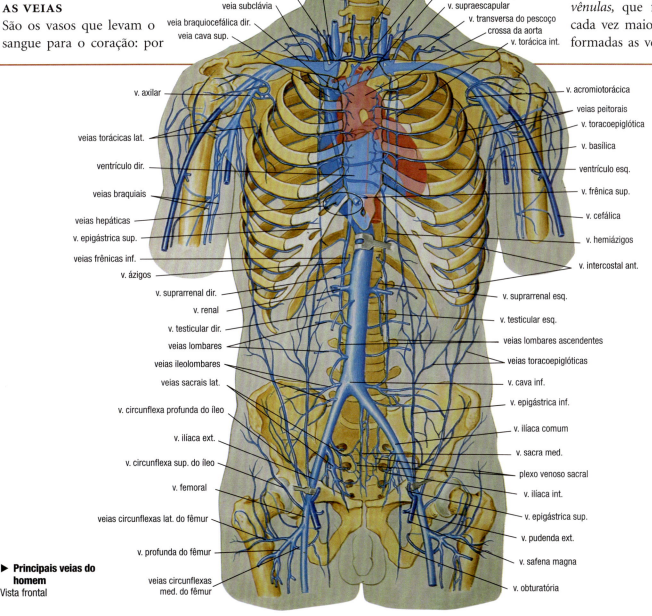

▶ **Principais veias do homem**
Vista frontal

183

CIRCULAÇÃO SANGUÍNEA E LINFÁTICA

que levam o sangue ao coração. A veia cava, por exemplo, recolhe o sangue venoso proveniente do tronco, as jugulares, o da cabeça e as subclávias, dos braços.

OS VASOS LINFÁTICOS
Transportam a linfa da periferia do corpo até a confluência entre a veia jugular e a veia subclavicular.

Contrariamente aos vasos sanguíneos, os linfáticos apresentam um diâmetro bastante semelhante entre si. Além disso, não estão distribuídos de forma uniforme pelo corpo, como os vasos sanguíneos: não existem no fígado, em redor dos túbulos renais, nos septos dos alvéolos pulmonares, etc., e são bastante numerosos no intestino e ao redor das artérias.

Os *capilares linfáticos,* de diâmetro idêntico ao dos capilares sanguíneos, têm, contudo, uma parede mais delgada do que esses. Começam por drenar os líquidos dos tecidos e confluem nos pré-coletores, troncos de união, finos e curtos, entre redes periféricas absorventes e o sistema de refluxo das vias linfáticas. Os pré-coletores dividem-se em pré-ganglionares e pós-ganglionares, conforme chegam a um gânglio linfático ou saiam dele.

Os *linfonodos* são órgãos linfoides distribuídos na rede linfática: ligados entre si, desempenham um papel importantíssimo na maturação dos linfócitos ➤ 178-179. Os coletores eferentes dos grupos de linfonodos mais importantes confluem nos *troncos linfáticos principais,* que vertem a linfa no sistema circulatório através do duto torácico.

Os vasos linfáticos têm uma parede mais flexível do que as veias (a túnica muscular é muito reduzida): a linfa é conduzida até a confluência sanguínea pelos movimentos dos músculos pelos quais passam os vasos linfáticos. *Válvulas semilunares* semelhantes às das veias, contribuem para facilitar esse movimento unidirecional, mas distribuídas com uma frequência maior ao longo dos vasos linfáticos.

No seu percurso até a circulação sanguínea, a linfa atravessa alguns *órgãos linfoides* (timo, baço ➤ 202) que participam da maturação das células linfáticas.

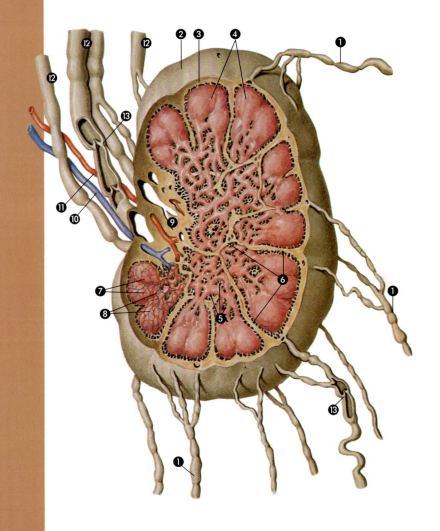

◀ **Estrutura de um linfonodo e ligação com vasos linfáticos e sanguíneos**
① vasos aferentes
② cápsula
③ seio linfático marginal
④ folículo da zona cortical
⑤ cordões medulares
⑥ trabéculas
⑦ capilares arteriais
⑧ capilares venosos
⑨ hilo
⑩ vênula
⑪ arteríola
⑫ vaso eferente
⑬ válvula semilunar

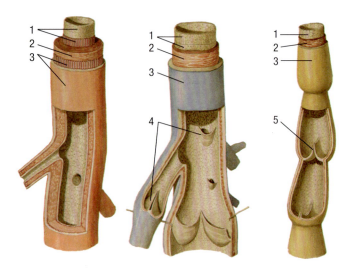

▲ **Estruturas comparadas de uma artéria, uma veia e um vaso linfático**
1. túnica interna
2. túnica média
3. túnica externa
4. válvula venosa
5. válvula linfática

O CORAÇÃO

É um músculo oco que bombeia o sangue. Em 24 horas passam por ele cerca de 4000 litros; em média, em 70 anos de vida, contrai-se e dilata-se 2,5 bilhões de vezes, bombeando 5,5 l de sangue corporal através de 96 mil km de vasos sanguíneos.

A sua estrutura é perfeita para essa função: o tecido cardíaco ▶28-29 tem aspectos do tecido muscular (tanto estriado como liso), peculiaridade esta que garante uma atividade contínua, duradoura e fatigante.

Situado no centro de um circuito em formato de «8», está compartimentado, estrutural e funcionalmente, de forma que constitui uma bomba dupla: a metade esquerda conduz para o interior da *aorta* e para o corpo o sangue oxigenado procedente das veias pulmonares; a metade direita impulsiona o sangue pobre em oxigênio que chega pelas veias cavas às artérias pulmonares e aos pulmões.

Cada metade do coração divide-se em duas cavidades: a superior, o *átrio*, recolhe o sangue que chega; a inferior, o *ventrículo*, dá ao sangue o impulso necessário para efetuar, conforme o caso, a circulação geral ou pulmonar. Como a circulação geral é mais desenvolvida do que a pulmonar, o ventrículo esquerdo tem uma massa muscular maior: é a sua contração que imprime a pulsação apical ao coração.

De cada ventrículo parte uma artéria, cujo acesso é regulado por uma valva semilunar que impede o refluxo do sangue.

As duas metades cardíacas (direita e esquerda) estão separadas por uma membrana que na parte superior se chama *septo interauricular* e na inferior *septo interatrial*. Átrio e

▶ **Coração**
Vista frontal
① a. carótida comum esq.
② tronco braquiocefálico
③ crossa da aorta
④ v. cava sup.
⑤ a. pulmonar dir.
⑥ veias pulmonares sup. e inf. direitas
⑦ átrio dir.
⑧ v. cava inf.
⑨ sulco coronário
⑩ ventrículo dir.
⑪ face diafragmática ou inf.
⑫ ventrículo esq.
⑬ seio coronário
⑭ átrio esq.
⑮ veias pulmonares sup. e inf. esquerdas
⑯ a. pulmonar esq.
⑰ lig. arterial
⑱ aorta
⑲ a. subclávia esq.

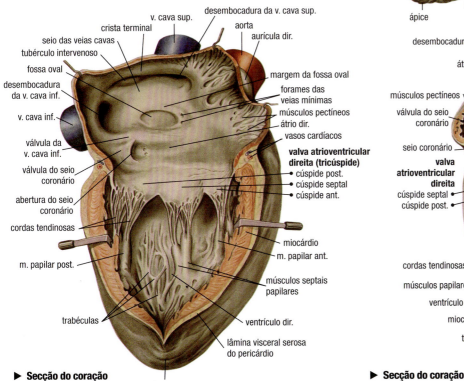

▶ **Secção do coração**
Vista frontal direita

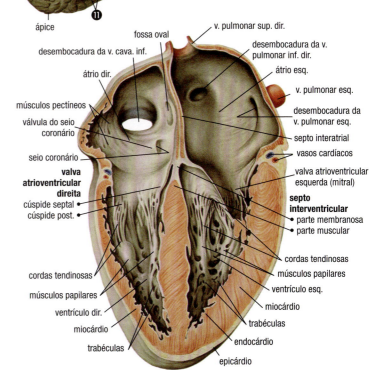

▶ **Secção do coração**
Vista frontal esquerda

185

CIRCULAÇÃO SANGUÍNEA E LINFÁTICA

ventrículo estão separados por uma *valva atrioventricular*: uma membrana que dá inserção a cordas tendíneas não elásticas que a mantêm em posição e que são ramificações de *músculos papilares*, constituídos por uma extensão das paredes do ventrículo. No momento da contração do ventrículo, os músculos papilares contraem-se, fechando as válvulas e impedindo o refluxo de uma cavidade para outra.

O CICLO CARDÍACO

É a sucessão de fases que se repetem no coração e caracterizam a sua atividade. A cada pulsação corresponde uma sucessão de períodos de contração *(sístole)* ou distensão *(diástole)* de acordo com a seguinte sequência:

1. Os átrios, distendidos, enchem-se de sangue;

2. A pressão dentro dos átrios aumenta à medida que elas vão se enchendo, provocando a abertura das valvas atrioventriculares;

3. Os átrios contraem-se e os ventrículos enchem-se de imediato;

4. Os ventrículos começam a se contrair, provocando o fechamento das valvas atrioventriculares;

5. A pressão dentro dos ventrículos aumenta consideravelmente em relação à pressão sanguínea existente nas artérias;

6. Isso provoca a abertura das valvas semilunares: o sangue sai dos ventrículos, que ao se esvaziarem se distendem, e passa para as artérias;

7. Os átrios, já distendidos, voltam a se encher de sangue e o ciclo continua.

A contração das células musculares cardíacas é espontânea: ainda que sejam interrompidos todos os nervos que chegaram ao coração, ele continua a se contrair. A contração coordenada e progressiva de todas as células é regulada pelo nó sinoatrial, um grupo de células cardíacas situadas nas zonas superiores do átrio direito, que «dão início» ao ciclo cardíaco. Elas produzem uma «onda de excitação», que se propaga pelos dois átrios, provocando a sua contração simultânea; ao chegar ao nó atrioventricular, a onda atenua-se, permitindo aos átrios contraírem-se totalmente antes de os ventrículos começarem a se contrair.

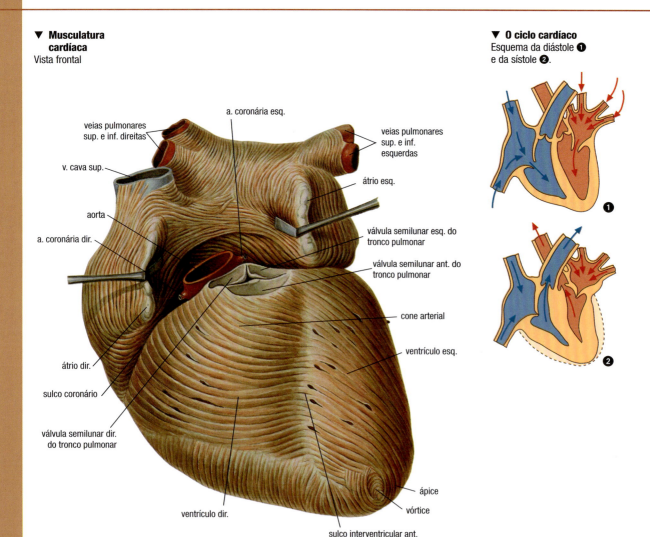

▼ **Musculatura cardíaca**
Vista frontal

▼ **O ciclo cardíaco**
Esquema da diástole ❶ e da sístole ❷.

▶ **Secções do coração**
Vista axial de cima das sucessivas secções obtidas cortando o coração transversalmente segundo as linhas indicadas no detalhe.
1. Tronco pulmonar;
2. Aorta;
3. Coronária direita;
4. Coronária esquerda;
5. Átrio esquerdo;
6. Veia pulmonar superior esquerda;
7. Valva atrioventricular esquerda;;
8. Ventrículo esquerdo;
9. Ápice;
10. Septo interventricular;
11. Ventrículo direito;
12. Valva atrioventricular direita;
13. Veia cava inferior;
14. Veia cava superior;
15. Átrio direito;
16. Septo interauricular;
17. Veia pulmonar superior direita;
18. Cone arterial;
19. Valva da aorta;
20. Face anterior;
21. Face pulmonar ou lateral;
22. Margem direita;
23. Face diafragmática ou inferior.

O CORAÇÃO

A pressão sanguínea

A pressão que o sangue exerce no interior dos vasos pelos quais circula não é igual em todo o sistema circulatório, variando de uma pressão máxima no início das artérias (à saída dos ventrículos) a uma mínima nos vasos capilares.

Também varia de acordo com o ciclo cardíaco: é máxima durante a sístole (pressão sistólica ou «*máxima*») e mínima durante a diástole (pressão diastólica ou «*mínima*»): a diferença entre esses dois valores é denominada pressão diferencial ou do pulso.

O valor da pressão sanguínea, portanto, é proporcional à força imprimida pela sístole cardíaca e depende de outros fatores, como o estado de elasticidade das artérias, o seu calibre, a quantidade total de sangue e a sua composição. O estado das artérias (a sua elasticidade e espessura) é o fator que mais influencia na pressão sanguínea: é fácil intuir que, se as artérias fossem totalmente rígidas (como um tubo metálico), a pressão ascenderia rapidamente ao nível máximo durante a sístole, para cair de forma instantânea durante a diástole, assim como ao fechar uma torneira. Também é evidente que, quando a luz de um vaso se estreita (por um processo patológico ou pela normal ramificação de uma artéria), a pressão «por cima» da restrição é mais alta do que «por baixo». Assim, a pressão que se mede no sistema venoso é muito inferior à existente no sistema arterial.

A quantidade total de fluido sanguíneo em circulação (volemia) também é importante: de fato, em igualdade de extensão da rede circulatória, quanto maior é o volume de líquidos presentes, mais alta é a pressão; quanto menor é o volume, menor é a pressão.

A dilatação e constrição dos vasos sanguíneos é mantida constantemente sob controle pelo sistema nervoso involuntário e a volemia é controlada continuamente pelo sistema endócrino, que regula a secreção e a excreção de água ▶[212].

Em particular, no caso de hemorragia (redução do volume), as células renais reagem produzindo uma enzima que provoca «maturação» de angiotensina, um hormônio com funções vasoconstritoras e estimulante da secreção de aldosterona ▶[128], que ativa a reabsorção renal de sódio e água.

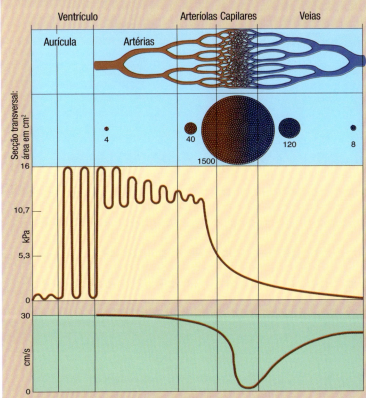

◀ **Pressão e velocidade do sangue**
Dimensões dos vasos sanguíneos e variações de pressão e velocidade do sangue a diferentes níveis da circulação geral.

187

CIRCULAÇÃO SANGUÍNEA E LINFÁTICA

A CIRCULAÇÃO NA CABEÇA

As artérias e as veias da cabeça, como as do resto do corpo, têm um desenvolvimento paralelo. Frequentemente, os movimentos ativos das artérias contribuem para fazer circular o sangue nas veias adjacentes. Esses vasos recebem com frequência o nome das regiões do corpo pelas quais se ramificam.

AS ARTÉRIAS

O *tronco braquiocefálico:* é o maior ramo da aorta e dirige-se obliquamente para cima, para trás e para a direita, passando primeiro à frente da traqueia e depois pelo seu lado direito. Divide-se nas artérias carótidas comuns direitas (externa e interna) e na artéria subclávia direita. Das carótidas que se dirigem para a cabeça e para o pescoço, partem a artéria tireóidea superior (que se ramifica no pescoço), a artéria faríngea ascendente (comprimida e fina, que se ramifica na alta faringe e chega às meninges), a artéria lingual e a facial, que dá origem, entre outras, à artéria occipital e às artérias auricular posterior, temporal superficial, maxilar (que constitui o ramo mais volumoso dos dois terminais da carótida externa), oftálmica, lacrimal, etmoidal, coróidea, cerebrais e muitas outras.

A *artéria subclávia esquerda* parte da aorta e ramifica-se ao nível do tronco e dos braços, formando as artérias vertebrais, torácica (ou mamária) interna, transversa do pescoço e dos troncos (artérias curtas e grossas) tireocervicais e costocervicais.

A *artéria axilar* estende-se desde a 1.ª costela ao músculo peitoral maior (onde se converte em artéria braquial) e depois ao braço, onde dá origem a muitos ramos colaterais ▶[193-194]. Dela partem também as artérias torácicas e a artéria subescapular.

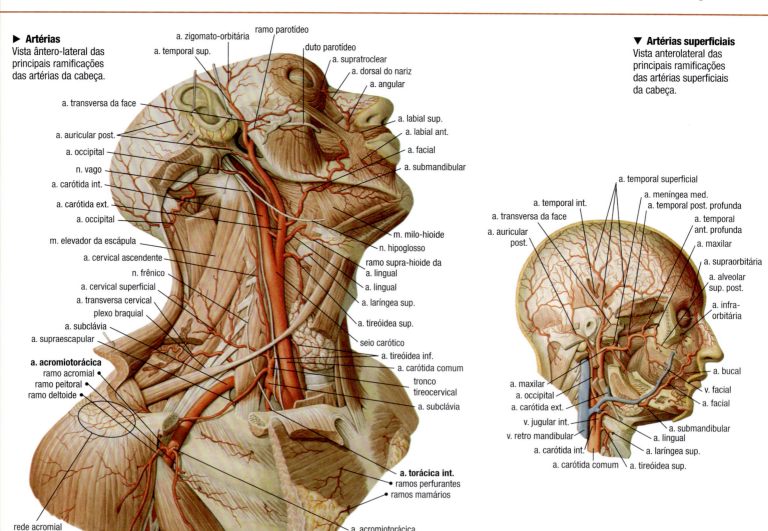

▶ **Artérias**
Vista ântero-lateral das principais ramificações das artérias da cabeça.

▼ **Artérias superficiais**
Vista anterolateral das principais ramificações das artérias superficiais da cabeça.

188

A CIRCULAÇÃO NA CABEÇA

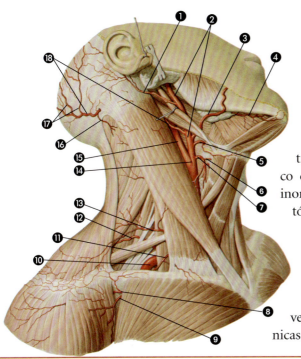

AS VEIAS

A *veia cava superior* é um vaso grande que leva até a aurícula direita o sangue procedente da cabeça, do pescoço e das extremidades superiores, recolhido pelos troncos venosos braquiocefálico direito e esquerdo (ou veias inominadas), e o das paredes do tórax, recolhido pela veia ázigos ➤190-191. Cada tronco venoso é formado pela confluência de uma veia jugular interna e uma veia subclávia e recebe muitas outras veias (tireóideas, torácicas, frênicas, vertebrais, intercostais).

O sistema venoso também é formado por inúmeros *plexos* e *seios*.

Os plexos são formações de vasos anastomosados e cisternas que recolhem sangue venoso procedente de diferentes regiões do corpo e que ocorre até as grandes veias (jugulares, ázigos, hemiázigos, lombares, etc.). Os seios são dutos de secção triangular, circular ou semicircular, com lagunas irregulares (lagos sanguíneos ou lagunas venosas) que percorrem a espessura da dura-máter encefálica ➤106.

Os plexos principais são posteriores (plexos vertebrais externos e internos e plexo faríngeo); aos seios, que recebem o nome dos ossos cranianos sob os quais se encontram, chegam às veias do cérebro, do cerebelo, da ponte e do bulbo raquidiano.

▲ **Artérias da cabeça**
Vista lateral direita.
❶ a. auricular post.
❷ a. carótida ext.
❸ a. facial
❹ a. submandibular
❺ a. lingual
❻ a. laríngea sup.
❼ a. tireóidea sup.
❽ ramo acromial da a. acromiotorácica
❾ ramo deltoide da a. acromiotorácica
❿ a. subclávia
⓫ a. supraescapular
⓬ a. transversa da cervical
⓭ a. cervical superficial
⓮ bifurcação da carótida
⓯ a. carótida int.
⓰ ramo descendente da a. occipital
⓱ ramos occipitais da a. occipital
⓲ a. occipital

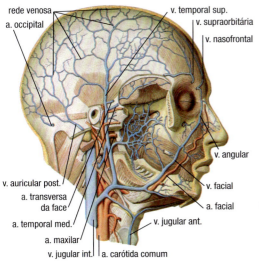

▲ **Veias da cabeça**
Vista lateral direita.

▶ **Veias**
Vista anterolateral das principais ramificações das veias da cabeça.

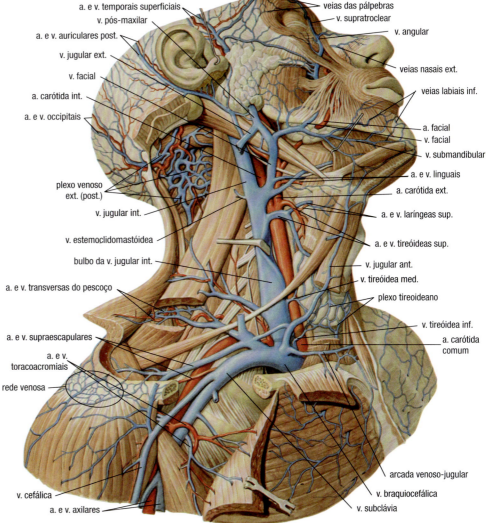

189

CIRCULAÇÃO SANGUÍNEA E LINFÁTICA

A CIRCULAÇÃO NO TÓRAX E ABDOME

É na zona toracoabdominal que se encontram os vasos maiores e mais importantes do sistema circulatório: os que participam na circulação pulmonar (responsável pela oxigenação de todo o sangue), os que ligam os principais órgãos internos (fígado, rins, intestino, pâncreas, baço) ao coração e os que dão origem a todas as ramificações que se dirigem para a cabeça ➤[188] e para as extremidades superiores ➤[193] e inferiores ➤[195]. Vejamos os principais.

A CIRCULAÇÃO PULMONAR

É formada por artérias que transportam sangue venoso (pobre em oxigênio) e veias que transportam sangue arterial (rico em oxigênio). O *tronco pulmonar* leva sangue venoso do ventrículo direito aos pulmões: com aproximadamente 5 cm de comprimento, divide-se nas artérias pulmonares direita e esquerda, que se ramificam no pulmão correspondente, seguindo paralelamente até as veias pulmonares e o tronco bronquial. Depois de oxigenado nos capilares pulmonares, o sangue passa às veias pulmonares, que o levam ao átrio esquerdo do coração.

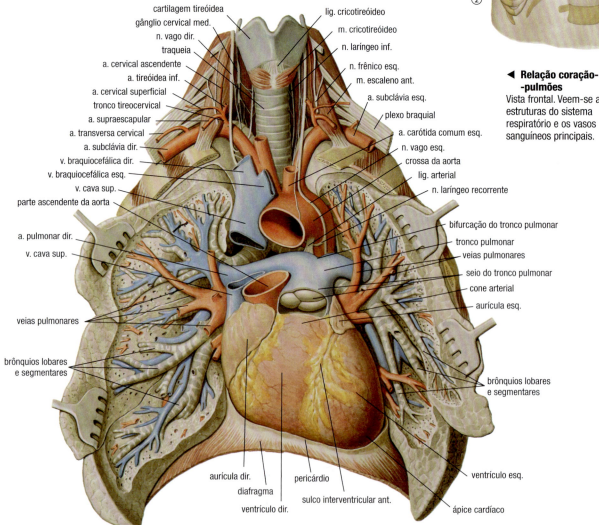

◀ **Relação coração-pulmões**
Vista frontal. Veem-se as estruturas do sistema respiratório e os vasos sanguíneos principais.

▲ **Vasos torácicos e coração**
Vista frontal. São visíveis as relações anatômicas com as principais partes ósseas do tórax.
① a. tireóidea sup. dir.
② a. carótida ext.
③ v. jugular int.
④ tireoide
⑤ a. tireóidea inf.
⑥ plexo tireoidiano ímpar
⑦ tronco tireocervical
⑧ v. braquiocefálica esq.
⑨ crossa da aorta
⑩ tronco da pulmonar
⑪ brônquio principal esquerdo
⑫ ápice cardíaco
⑬ v. subclávia dir.
⑭ a. subclávia dir.
⑮ tronco braquiocefálico
⑯ a. tireóidea inferior
⑰ a. carótida comum dir.
⑱ traqueia
⑲ v. tireóidea sup. dir.
① valva do tronco da pulmonar
② valva atrioventricular esquerda
③ valva atrioventricular direita
④ valva da aorta

A CIRCULAÇÃO NO TÓRAX E ABDOME

O SISTEMA DA VEIA PORTA

A veia porta é um grande tronco venoso que leva ao fígado todo o sangue proveniente da porção subdiafragmática do tubo digestório, do baço, do pâncreas e da vesícula biliar, mediante contribuição das veias gástricas esquerda e direita, císticas, mesentéricas e esplênica.

Dela partem as ramificações da rede venosa que atravessa o fígado ▶152-153 e desemboca na veia cava inferior.

OUTRAS VEIAS IMPORTANTES

Além da veia *cava superior*, da qual partem as veias braquiocefálicas (que vão até as extremidades superiores), as jugulares (até o pescoço e a cabeça) e as cardíacas (até o coração), recordamos:

- a *veia ázigos*, que recolhe o sangue venoso das paredes do tórax na confluência das veias torácicas, hemiázigos, brônquicas, intercostais, esofágicas e frênicas superiores;

- a *veia subclávia*, que começa como continuação direta da veia axilar e, ao unir-se à jugular interna, dá origem ao tronco venoso braquiocefálico;

- a *veia cava inferior*, a mais volumosa que existe no corpo, na qual confluem todos os vasos venosos das regiões subdiafragmáticas: as veias ilíacas comuns procedentes das extremidades inferiores, as veias lombares e as frênicas inferiores (chamadas *parietais*) e ainda as renais, suprarrenais, sacrais, ileolombares, obturatórias, glúteas, pudendas, espermáticas e hepáticas (chamadas *viscerais*). São inúmeros os *plexos*.

AS ARTÉRIAS

A *aorta* é, sem dúvida, o vaso principal: atravessa todo o tórax e desce pelo abdome até a altura da 4.ª lombar, onde se divide, formando as artérias ilíacas direita e esquerda, prolongando-se até as extremidades inferiores.

Da aorta partem também todas as demais artérias principais: as que se dirigem para o pescoço e para a cabeça (carótidas e subclávias), as do braço (braquiocefálicas) e as dos órgãos abdominais (coronárias, mesentéricas, renais, hepáticas, gástricas, esplênicas, genitais, costais, lombares e sacrais).

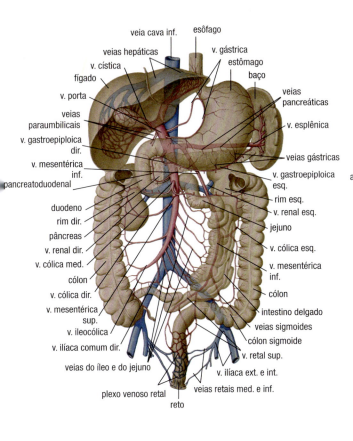

▲ **Sistema porta**
Vista frontal.
Em rosa: vasos do sistema porta.
Em azul: veia cava inferior e suas ramificações.

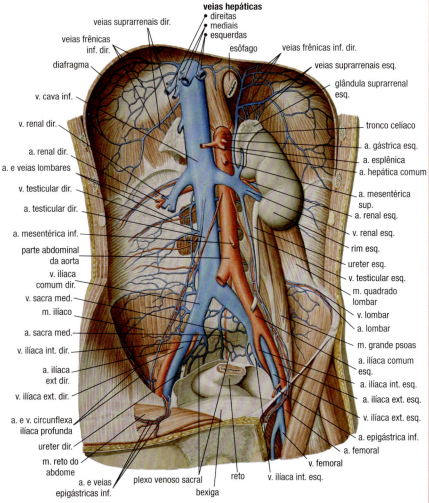

▶ **Principais vasos abdominais masculinos**
Vista frontal. Também são visíveis um rim e as duas glândulas suprarrenais.

CIRCULAÇÃO SANGUÍNEA E LINFÁTICA

OS VASOS VISCERAIS
São os que irrigam e drenam os órgãos abdominais, as ramificações da aorta e as veias que confluem na veia cava inferior. São eles:

- o *tronco celíaco:* é um ramo grosso na aorta que se divide nas artérias gástricas esquerda, hepática e esplênica. Dirige-se para o extremo inferior do esôfago, estômago, duodeno, pâncreas, fígado e baço;

- a *artéria mesentérica superior,* que irriga o intestino delgado, a metade direita do intestino grosso, a cabeça do pâncreas, o duodeno, o jejuno e o íleo;

- a *artéria mesentérica inferior,* que vasculariza a porção esquerda do cólon transverso, o cólon descendente, o ileopélvico e o reto;

- os *ramos da aorta abdominal,* que irrigam as glândulas suprarrenais, os rins e os genitais, dando origem às artérias lombares, sacras e ilíacas;

- a *veia renal,* na qual desembocam as veias suprarrenais inferiores e médias, as uretrais e, no homem, as espermáticas internas;

- as *veias hepáticas,* 15 a 20 veias que recolhem o sangue venoso do fígado e se dividem em maiores (2 - 3), ou troncos, e menores (10 - 15); não têm válvulas.

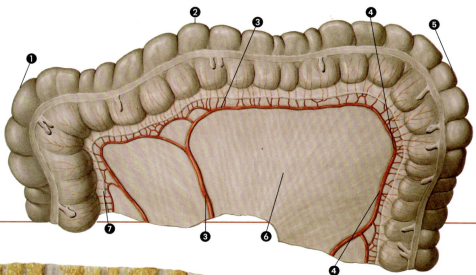

▲ **Circulação no intestino**
Os vasos sanguíneos chegam ao intestino passando através das membranas peritoneais.
❶ flexura direita do cólon
❷ cólon transverso
❸ a. cólica med.
❹ a. cólica esq.
❺ flexura esquerda do cólon
❻ mesocólon transverso
❼ peritônio vísceral

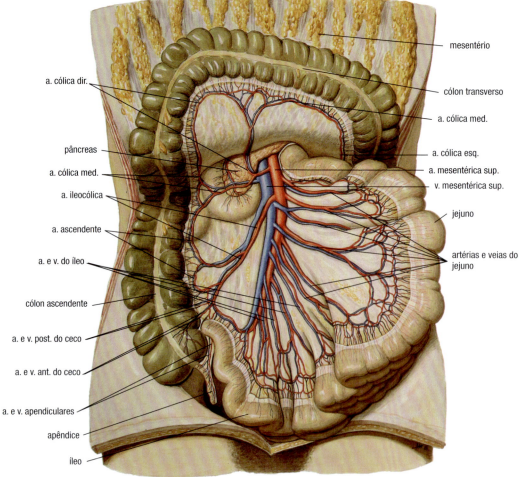

◀ **Vasos viscerais**
Vista frontal

192

A CIRCULAÇÃO NAS EXTREMIDADES SUPERIORES

Os vasos que fazem parte da circulação das extremidades superiores derivam de quatro vasos principais: as artérias subclávia direita e esquerda e as veias subclávias direita e esquerda.

AS ARTÉRIAS

As artérias subclávia direita e esquerda, que levam oxigênio e alimento aos ossos, músculos, nervos e articulações das extremidades superiores, dividem-se em inúmeras importantes ramificações, cujo número e região de origem podem variar. Entre as mais constantes, as que irrigam a extremidade superior são os *troncos tireocervicais*, dos quais partem, entre outras coisas, as artérias transversas da escápula (ou escapulares superiores): depois de chegarem à margem superior da escápula e passarem por ela, dirigem-se para a pele que reveste o acrômio.

Cada artéria subclávia continua na artéria axilar, que, no braço, dá origem à:

- *artéria acromiotorácica*, que se divide nos ramos peitoral, acromial, deltoide e clavicular, correspondentes às zonas do corpos que irrigam;

- *artéria torácica lateral*, que chega aos músculos peitorais e dentados anteriores, aos linfonodos axilares e às glândulas mamárias;

- *artéria subescapular*, que dá origem às artérias circunflexas da escápula e toracodorsal, irrigando os músculos tríceps braquial, dentado menor e dentado maior e a margem axilar da escápula;

- *artéria circunflexa posterior do úmero*, que se dirige para a cabeça do úmero e para a articulação escápulo-umeral.

Cada arterial axilar continua na *artéria braquial*, cujos ramos principais são:

- a artéria profunda do braço, que dá lugar às artérias colateral radial e colateral mediana, irrigando, entre outras, a articulação do cotovelo;

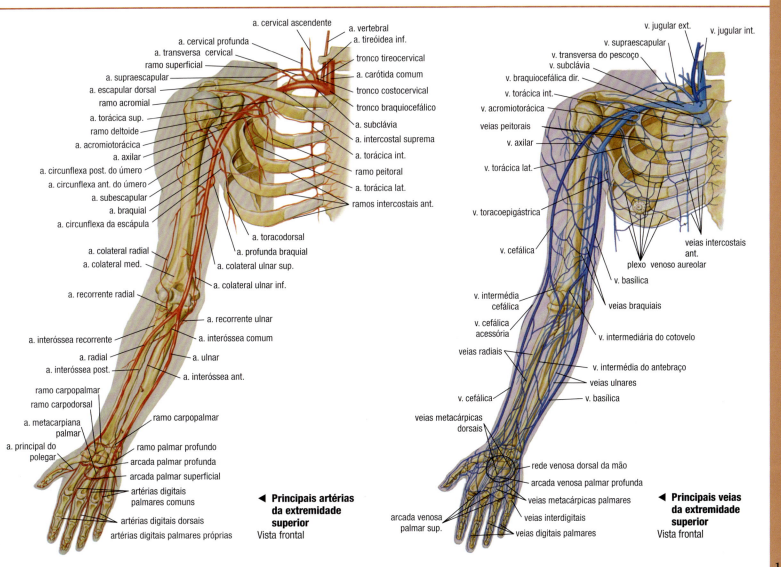

◀ **Principais artérias da extremidade superior**
Vista frontal

◀ **Principais veias da extremidade superior**
Vista frontal

193

CIRCULAÇÃO SANGUÍNEA E LINFÁTICA

- as *artérias colateral ulnar superior e inferior*, as principais abastecedoras da articulação do cotovelo;

- as *artérias radial e ulnar*, que se ramificam na mão: o que se sente ao tomar o pulso de uma pessoa é o movimento da artéria radial.

AS VEIAS

Geralmente correm paralelas às artérias: o sangue, drenado pelos inúmeros vasos da mão, conflui tanto nas veias cefálica, cefálica acessória e basílica (profundas e superficiais) como nas veias braquiais, algumas das quais desembocam na veia cefálica, por cima do cotovelo. Constituem os principais vasos venosos que drenam o antebraço e o braço. Um pouco mais acima, unem-se outras veias braquiais à veia basílica, formando, dessa maneira, a veia axilar.

À altura da primeira costela, as veias cefálica e axilar procedentes do braço e a toracodorsal proveniente da região torácico-axilar convergem constituindo a veia subclávia. Esta, por sua vez, conflui, juntamente com a veia jugular interna procedente do pescoço e a veia supraescapular, na veia braquiocefálica, um dos ramos mais grossos da veia cava superior.

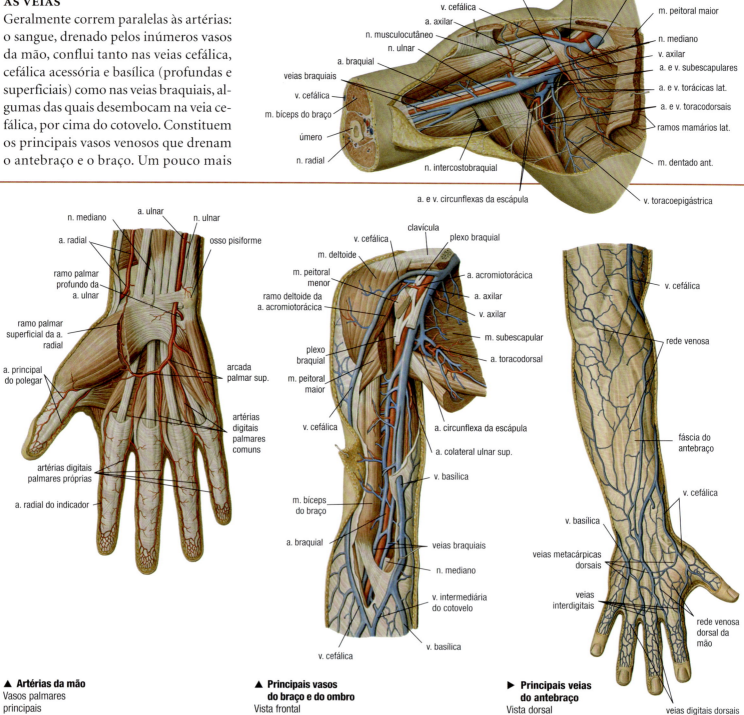

▶ **Vasos do ombro**
Vista frontal

▲ **Artérias da mão**
Vasos palmares principais

▲ **Principais vasos do braço e do ombro**
Vista frontal

▶ **Principais veias do antebraço**
Vista dorsal

A CIRCULAÇÃO NAS EXTREMIDADES INFERIORES

Os vasos sanguíneos das extremidades inferiores derivam dos principais vasos abdominais: as artérias, da aorta abdominal e suas ramificações direita e esquerda; as veias, da veia cava inferior, que se ramifica nas veias ilíaca comum direita e esquerda.

AS ARTÉRIAS

As artérias ilíaca comum direita e esquerda (externa e interna) e suas ramificações irrigam a pelve, as vísceras pélvicas (órgãos reprodutores, bexiga e outros elementos do sistema urinário, intestino e reto), os ossos, as articulações, os nervos e os músculos do baixo abdome, do fundo da pelve e das extremidades inferiores.

Os seus principais ramos na zona pélvica são as artérias vesicais superiores, a artéria vesiculodiferencial (no homem) ou a artéria uterina (na mulher), a artéria retal média e a artéria vaginal (em ambos), na qual se originam as artérias obturatórias, pudenda interna e glútea inferior ou isquiática.

Os principais ramos sanguíneos que irrigam a zona da pelve e da coxa são constituídos pelas ramificações musculares da artéria glútea inferior, que leva o sangue para o músculo glúteo maior, os músculos e a região coccígeos, o músculo quadríceps femoral e o abdutor maior e para as artérias ileolombar, sacral lateral, glútea superior, femorais, circunflexas e perfurantes.

As artérias principais da perna são a poplítea, que irriga todos os músculos posteriores e a articulação do joelho, e a tibial anterior, que continua na artéria dorsal do pé (ou pediosa), da qual partem todos os vasos pequenos que asseguram a irrigação do sangue ao pé.

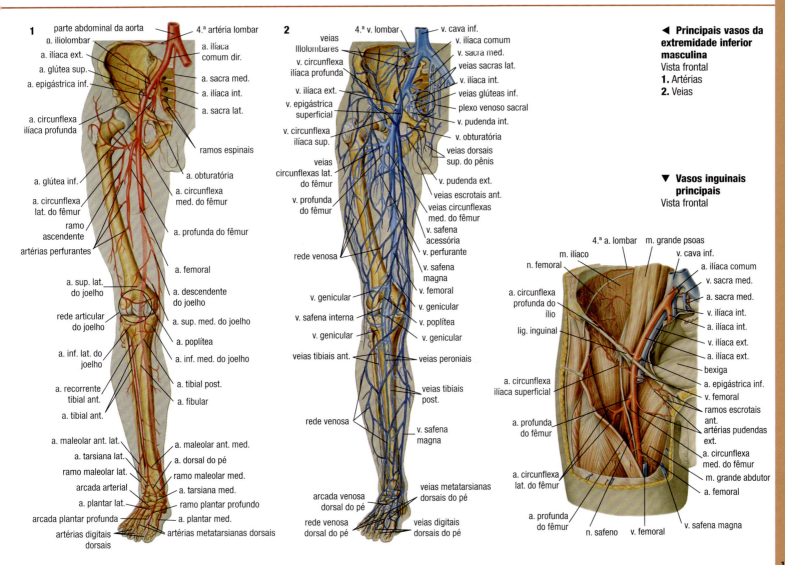

◄ **Principais vasos da extremidade inferior masculina**
Vista frontal
1. Artérias
2. Veias

▼ **Vasos inguinais principais**
Vista frontal

CIRCULAÇÃO SANGUÍNEA E LINFÁTICA

AS VEIAS

A rede venosa que drena o pé desemboca nos principais vasos da perna: as veias safena magna e interna e as fibulares e tibiais anteriores e posteriores, relativamente superficiais. Na coxa, as veias tibiais confluem na veia poplítea e esta também recebe as veias perfurantes, que drenam o sangue dos músculos e dos ossos circundantes.

Próximo ao ílio, a veia circunflexa lateral do fêmur conflui com a veia circunflexa mediana do fêmur e com a veia safena magna na veia femoral, que recolhe todo o sangue procedente tanto da circulação venosa da extremidade inferior como das regiões genital e abdominal (veias subcutâneas e abdominais).

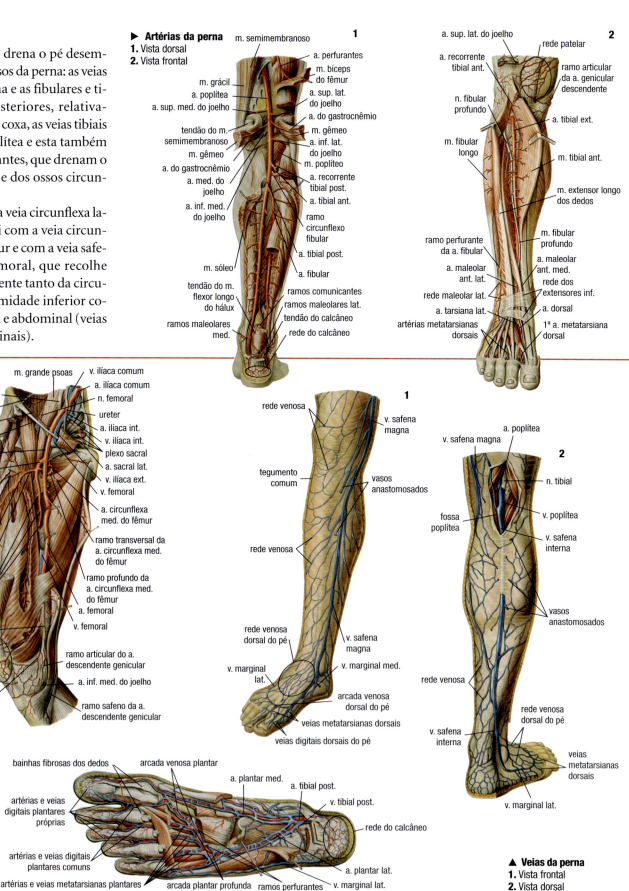

▶ Artérias da perna
1. Vista dorsal
2. Vista frontal

▲ Principais vasos da coxa
Vista frontal

▶ Principais vasos do pé
Vista plantar

▲ Veias da perna
1. Vista frontal
2. Vista dorsal

196

A CIRCULAÇÃO FETAL

A circulação fetal merece ser mencionada à parte, uma vez que o feto não respira pelos pulmões. A circulação pulmonar não serve para oxigenar o sangue. No período fetal a função de «pulmão», assim como as funções de «intestino» e «rim», são desempenhadas pela **placenta,** o órgão materno abundantemente vascularizado pelas artérias ilíacas e circunflexas. Além de permitir as trocas gasosas, facilita a chegada ao feto de substâncias nutritivas, água, sais e anticorpos. Ao mesmo tempo, recolhe os resíduos metabólicos do futuro bebê: de fato, no feto, a atividade renal começa no 4.º mês e é muito reduzida até o nascimento.

Devido à presença da placenta e à ausência de circulação pulmonar (que só é ativada depois do nascimento, quando o epitélio pulmonar se desprende ►[26, 162]), o feto apresenta uma circulação geral «mista»: de fato, enquanto os septos cardíacos estão incompletos, ao nível do coração produz-se uma mistura de sangue venoso e arterial.

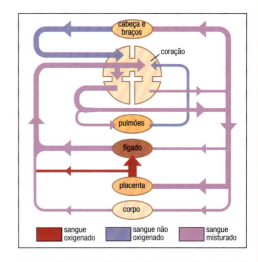
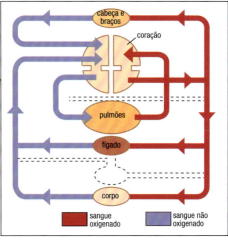

▲ Esquema da circulação fetal mista (acima) comparado com o da circulação neonatal (abaixo)

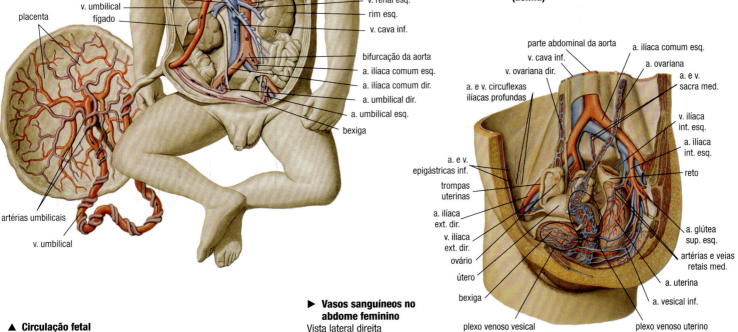

▲ Circulação fetal

▶ Vasos sanguíneos no abdome feminino
Vista lateral direita

197

CIRCULAÇÃO SANGUÍNEA E LINFÁTICA

A REDE LINFÁTICA

Os capilares linfáticos são a parte «absorvente» do sistema linfático e, ao anastomosarem-se, formam as redes de origem. Estes desembocam nos pré-coletores, providos, frequentemente, de válvulas e apresentando uma musculatura lisa frágil, em espiral.

Os pré-coletores vão até os *coletores pré e pós-ganglionares*, que se dividem em *superficiais* e *profundos*, conforme percorram os tecidos cutâneos ou subcutâneos, ou pertençam a regiões musculares viscerais. Também é bastante frequente convergirem e anastomosarem-se: os coletores superficiais têm um percurso independente dos vasos sanguíneos, ao passo que os profundos acompanham quase sempre as veias e as artérias. Chegam a inúmeros linfonodos e aos órgãos linfáticos (timo e baço ➤202), e terminam nos *troncos linfáticos principais*. O mais importante é o duto torácico, que começa ao nível da 2.ª vértebra lombar e descarrega a linfa no sistema venoso.

Outros troncos linfáticos importantes são: os jugulares direito e esquerdo, que recolhem a drenagem das vias linfáticas da metade correspondente da cabeça e do pescoço; os troncos linfáticos subclávios direito e esquerdo, que drenam as vias linfáticas das extremidades superiores e de uma parte do tórax; os troncos linfáticos broncomediastínicos direito e esquerdo, que drenam as vísceras e paredes do tórax, o diafragma e também uma parte do fígado.

O *duto linfático direito*, ou *grande veia linfática de Galeno*, nem sempre está presente: pode formar-se pela confluência dos troncos linfáticos jugular, subclávio e, às vezes, o broncomediastínico. Muito curto, desemboca na confluência da veia jugular interna com a subclávia.

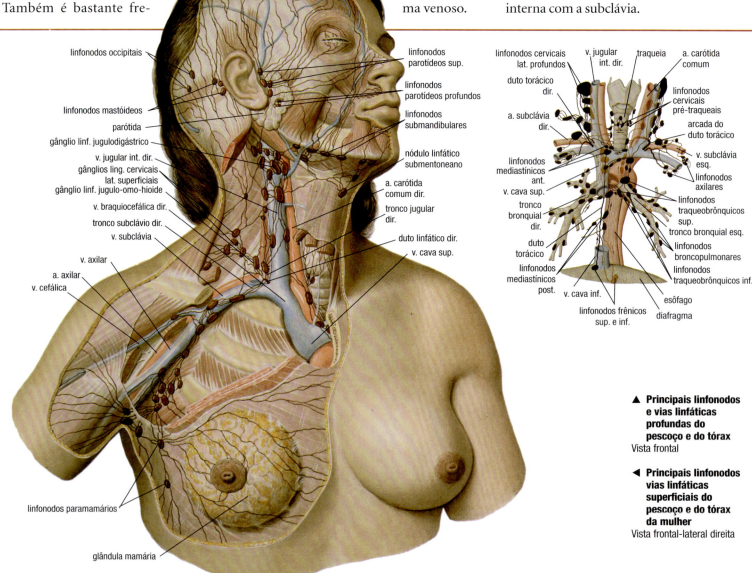

▲ **Principais linfonodos e vias linfáticas profundas do pescoço e do tórax**
Vista frontal

◀ **Principais linfonodos vias linfáticas superficiais do pescoço e do tórax da mulher**
Vista frontal-lateral direita

VASOS E LINFONODOS DA CABEÇA E DO PESCOÇO

Os coletores *linfáticos superficiais* drenam as redes de origem que correspondem às pálpebras, aos lábios, às asas nasais e aos lobos nasais; às vezes, drenam as redes linfáticas dos tecidos subjacentes (músculos da face). São intercalados por pequenos *linfonodos* chamados *faciais* ou da *maçã do rosto*. Os *coletores linfáticos profundos* estão ausentes nos órgãos nervosos, no bulbo do olho e na orelha interna, mas abundam na tonsila palatina, no nariz e na faringe e são aferentes aos linfonodos cervicais profundos.

Os linfonodos, na sua maioria, estão reunidos em grupos ou em cadeias repartidas pelos principais vasos sanguíneos. Recebem o nome das zonas do crânio limítrofes: linfonodos occipitais, mastóideos (ou auriculares posteriores), parotídeos, submandibulares, submentoneanos, retrofaríngeos, cervicais superiores, cervicais profundos e cervicais anteriores.

VASOS E LINFONODOS DAS EXTREMIDADES SUPERIORES

Os *coletores linfáticos superficiais* comunicam-se com as redes superficiais das áreas do abdome, do pescoço, do ombro e do tórax: são os chamados *coletores linfáticos parietais*, que drenam as glândulas mamárias, os músculos torácicos e intercostais e o diafragma; desembocam nos vasos coletores dos linfonodos axilares.

Os *coletores linfáticos profundos* drenam ossos, articulações e aponeuroses e são satélites das veias e das artérias profundas. No braço confluem nos coletores braquiais, que terminam no grupo braquial de linfonodos axilares.

Os *linfonodos* estão distribuídos em grupos ao longo do braço: os principais são os linfonodos da palma da mão, radiais, interósseos, ulnares e braquiais. Todavia, estão reunidos maioritariamente no linfocentro axilar, constituído por um número variável de linfonodos (10-60), dispostos em grupos e cadeias: o grupo braquial (ou lateral) drena o braço; o grupo torácico (ou peitoral) drena o tórax e a glândula mamária, os tegumentos e os músculos da parede abdominal e

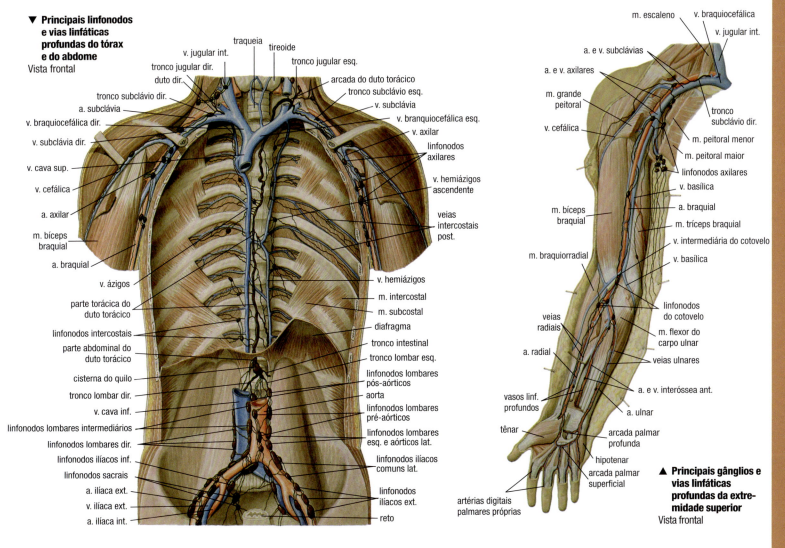

▼ Principais linfonodos e vias linfáticas profundas do tórax e do abdome
Vista frontal

▲ Principais gânglios e vias linfáticas profundas da extremidade superior
Vista frontal

CIRCULAÇÃO SANGUÍNEA E LINFÁTICA

da região supraumbilical; o grupo subescapular drena a parte posterior do tórax; o central e o subclavicular (ou apical), em ligação com os demais grupos, confluem no tronco linfático subclávio.

VASOS E LINFONODOS DO TÓRAX E DO ABDOME

Os *coletores linfáticos superficiais* comunicam-se com as redes superficiais das regiões do abdome, pescoço, ombro e tórax: são os coletores linfáticos parietais, que drenam as glândulas mamárias, os músculos torácicos e intercostais e o diafragma; desembocam nos vasos coletores dos linfonodos axilares.

Os coletores *linfáticos viscerais profundos* partem dos órgãos e dirigem-se para

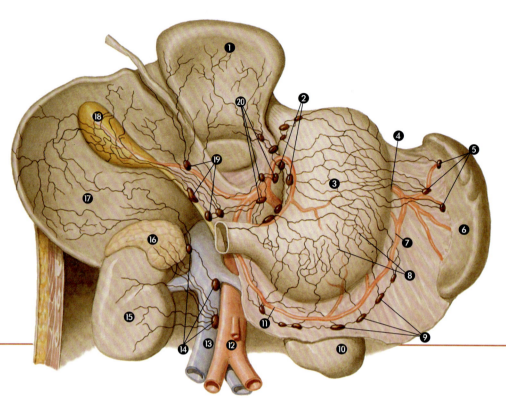

▲ **Principais linfonodos e vias linfáticas do abdome superior**
Vista frontal
① lobo hepático esq.
② linfonodos gástricos esq.
③ estômago
④ a. esplênica
⑤ linfonodos esplênicos
⑥ baço
⑦ a. gastroepiploica esq.
⑧ plexo linf. gástrico
⑨ linfonodos gastromesentéricos dir.
⑩ rim esquerdo
⑪ a. gastroepiploica dir.
⑫ aorta
⑬ v. cava inf.
⑭ linfonodos lombares
⑮ rim direito
⑯ glândula suprarrenal dir.
⑰ lobo hepático dir.
⑱ vesícula biliar
⑲ linfonodos hepáticos
⑳ linfonodos celíacos

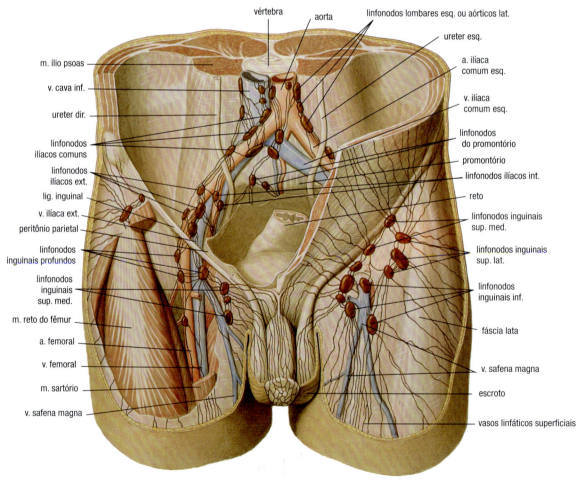

◄ **Principais linfonodos e vias linfáticas inguinais no homem**
Vista frontal

200

A REDE LINFÁTICA

os grupos de gânglios viscerais, depois de terem drenado os plexos ganglionares linfáticos que rodeiam todos os órgãos viscerais, adotando a sua denominação: coletores viscerais do coração, do pericárdio, do pulmão, da pleura, da porção torácica do esôfago, da traqueia e também do timo.

Os *linfonodos* dividem-se em *parietais e viscerais;* todos eles recebem o nome da região que drenam. Recordemos os linfonodos: *esternais, intercostais mediais ou laterais, diafragmáticos anteriores, mediastínicos anteriores, mediastínicos posteriores e brônquicos.*

São numerosos e importantes os linfonodos das vias intestinais: os *lomboaórticos,* que compõem o plexo lomboaórtico e cujos vasos eferentes convergem no tronco linfático intestinal; os *mesentéricos,* os *mesocólicos,* os *gástricos,* os *hepáticos* e os *pancreatosplênicos.*

VASOS E LINFONODOS DA PELVE E EXTREMIDADES INFERIORES

Tal como no abdome, na pelve, os linfonodos e os coletores linfáticos formam cadeias ganglionares em forma de plexos que seguem o percurso dos vasos sanguíneos. Distinguem-se os plexos ilíaco externo e interno, que afluem ao plexo ilíaco comum, em comunicação com o plexo lomboaórtico. Na perna, os coletores são satélites das veias que lhes dão o nome e confluem nos linfonodos inguinais.

▲ **Principais linfonodos e vias linfáticas intestinais**
1. linfonodos cólicos med.
2. cólon transverso
3. a. mesentérica sup.
4. glândula suprarrenal
5. linfonodos cólicos esq.
6. aorta
7. rim esquerdo
8. linfonodos ilíacos comuns
■ linfonodos mesentéricos inf.
9. linfonodos sigmoides
10. linfonodos retais sup.
11. ovário
12. reto
13. bexiga
14. útero
15. v. cava. inf.
16. linfonodos lombares
17. rim direito
18. intestino delgado
19. linfonodos mesentéricos sup.
20. linfonodos cólicos dir.

▶ **Principais linfonodos e vias linfáticas da extremidade inferior**
Pode-se ver que vasos sanguíneos e linfáticos correm em paralelo.
1. Vista frontal, elementos anatômicos superficiais.
2. Vista dorsal, elementos anatômicos profundos.

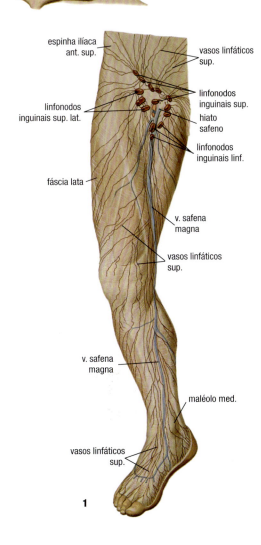

1

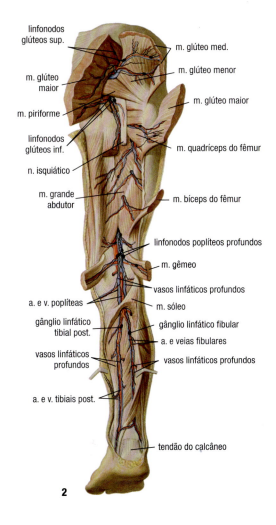

2

CIRCULAÇÃO SANGUÍNEA E LINFÁTICA

O BAÇO E O TIMO

São os órgãos internos mais diretamente implicados na produção e maturação funcional dos linfócitos, as células que circulam no sangue e na linfa e que são responsáveis pelas reações imunológicas. À dupla resposta imunológica (imunidade humoral, devida à presença de anticorpos ➤180 no plasma sanguíneo, e imunidade celular, devida à existência de células capazes de provocar uma resposta imunológica) corresponde uma duplicação de populações linfocitárias: os linfócitos B, que se diferenciam em plasmócitos (capazes de segregar anticorpos), e os linfócitos T, responsáveis pela «memória imunológica».

Os linfócitos B derivam de células embrionárias, que se encontram principalmente no baço; os linfócitos T derivam de células embrionárias localizadas no timo. Nos órgãos linfáticos periféricos (baço, linfonodos), ambos coexistem, embora se encontrem em diferentes regiões.

O BAÇO

Regula a renovação celular e humoral do sangue, bem como o volume da massa sanguínea em circulação, graças a sua particular estrutura vascular e à abundante existência de tecido linfoide que o caracteriza. Nele são «destruídos» os glóbulos vermelhos velhos e ocorrem os processos de proliferação e diferenciação dos linfócitos B e as interações entre os linfócitos B e T responsáveis pela resposta imunológica. No interior do baço distinguem-se a *polpa vermelha* e a *polpa branca*, delimitadas por trabéculas e ricamente vascularizadas pela artéria e pela veia esplênicas. A polpa branca é constituída pelas arteríolas que, mal emergem das trabéculas, se revestem de uma es-

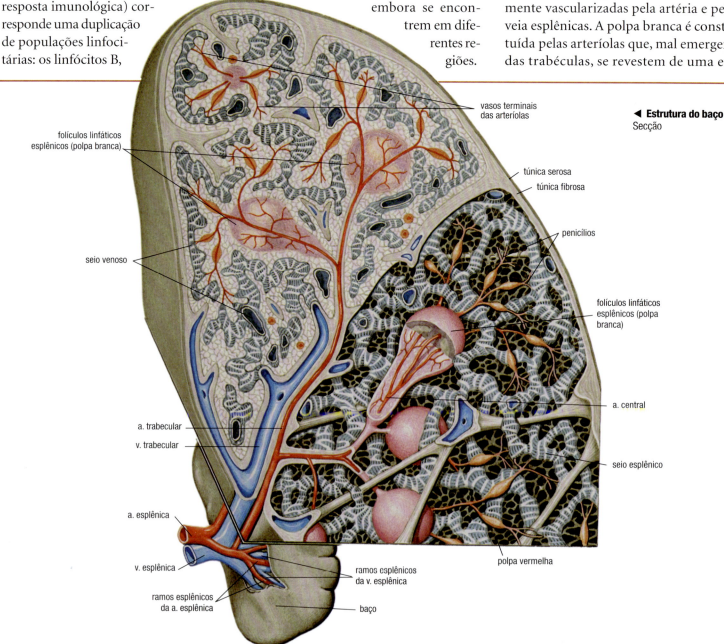

◀ **Estrutura do baço**
Secção

O BAÇO E O TIMO

pessa bainha de tecido linfoide: aqui se encontram os centros germinativos contidos nos *corpúsculos* ou *glomérulos de Malpighi,* constituídos por tecido linfoide. Aqui há linfócitos B e T, assim como macrófagos (células dendríticas).

A polpa vermelha, predominante no baço, é constituída pelos cordões da polpa, que formam um estroma de densa trama. Essa zona, atravessada por um conjunto de arteríolas ainda mais finas, que se dividem em ramículos de *arteríolas terminais* e terminam nos capilares com bainha, é responsável, principalmente, pela destruição de hemácias; nas bainhas linfoides que envolvem os vasos da polpa vermelha ocorre a diferenciação dos plasmócitos. Daí, o sangue passa para os seios venosos, que confluem nas veias da *polpa vermelha,* às quais seguem as veias trabeculares, raízes da *veia esplênica.*

O TIMO

É um órgão transitório: muito desenvolvido no feto ►[144], com o avançar da idade sofre uma involução durante a qual a sua estrutura é profundamente modificada. A progressiva atrofia do timo provoca um aumento da vulnerabilidade do organismo.

O timo é o órgão no qual as células embrionárias totipotentes se diferenciam em *linfócitos T:* aqui, sofrem modificações funcionais e morfológicas que as caracterizam de forma irreversível. A maturação completa dos linfócitos T ocorre em outros órgãos linfáticos periféricos por ação da timosina, um hormônio produzido pela parte epitelial do timo. Este órgão, abundantemente vascularizado, divide-se em várias partes: formado por dois lobos com prolongamentos chamados *cornos do timo,* em secção, é constituído por inúmeros lobos em cujo interior se distingue uma *parte cortical* e uma *medular.* Cada lobo é formado por um cordão contínuo de substância medular, mais vascularizada e rica em vasos linfáticos e terminações nervosas, constituída principalmente por células epiteliais e pela substância cortical que os envolvem como uma cápsula, constituída, sobretudo, por células linfoides.

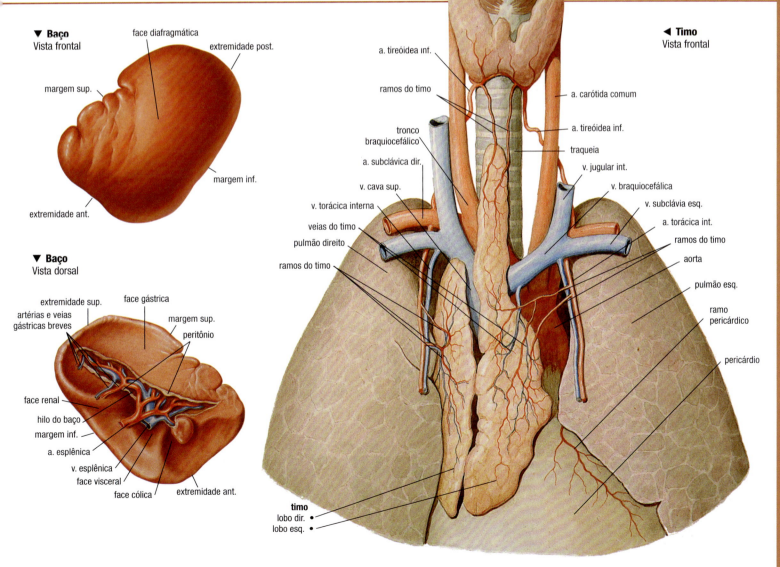

203

✚ O INFARTO

O coração é um músculo que trabalha continuamente, consumindo uma grande quantidade de energia. Para funcionar corretamente, necessita de uma boa irrigação sanguínea, garantida, normalmente, pela atividade adequada das coronárias, os vasos arteriais e venosos que o envolvem. Esses vasos podem, contudo, «envelhecer»: a arteriosclerose é a causa mais comum das insuficiências coronárias, ou seja, as deficiências circulatórias que reduzem consideravelmente o seu funcionamento, podendo, inclusive, impedi-lo.

Se um dos vasos coronários tornar-se obstruído (devido, por exemplo, a um depósito arteriosclerótico ou, mais frequentemente, a um coágulo sanguíneo), o coração deixa de receber a quantidade necessária de oxigênio e nutrientes, não podendo trabalhar com a energia adequada nem manter um ritmo uniforme. Isso provoca uma angina de peito, que se manifesta com uma dor que se estende a várias partes do corpo (do peito ao ombro, do braço ao pescoço, dos maxilares à zona supraumbilical ou epigástrica) e uma sensação de opressão, asfixia, suores frios, náuseas e vômitos.

Nos casos mais graves, a porção do miocárdio que não recebe nutrientes em quantidade suficiente fica afetada pela necrose: as células musculares cardíacas começam a morrer e o músculo perde toda a função vital nessa zona, dando-se, assim, o infarto do miocárdio, que nos casos extremos pode interromper a função do coração provocando a parada cardiorrespiratória.

Os efeitos dessa perda súbita de funcionalidade variam de acordo com a extensão da região afetada pela necrose: passa-se do infarto chamado «silencioso», do qual não se manifesta nenhum sintoma, a um grau de invalidez permanente que pode ser muito variável, ocasionando até a morte (um em cada três casos).

Embora cerca da metade das pessoas que sofreram um infarto retome sua vida normal em pouco tempo, é frequente que o infarto seja acompanhado de outras complicações que podem ter graves consequências: o aparecimento de um ritmo anormal das pulsações cardíacas, acelerado ou irregular, impedindo o funcionamento correto do coração; é a mais frequente.

São muitos os fatores que contribuem para determinar esta grave patologia: a idade, os antecedentes familiares, o sexo masculino, a obesidade, o tabagismo, o diabetes e a hipertensão, assim como a pouca atividade física e uma alimentação demasiadamente rica em gorduras animais.

◂ **As coronárias**
Principais vasos sanguíneos que alimentam o coração.
① a. coronária esq.
② ramo circunflexo
　da a. coronária esq.
③ ramo do cone arterial
④ ramo interventricular ant.
　da a. coronária esq.
⑤ ramo marginal esq.
　da a. coronária esq.
⑥ veia interventricular anterior
⑦ ramo lat.
⑧ ramos interventriculares septais
⑨ ramo marginal dir.
　da a. coronária dir.
⑩ veias ant. do coração
⑪ ramo auricular intermediário
⑫ ramo do cone arterial
⑬ a. coronária dir.

Labels on figure: a. subclávia esq.; a. carótida primitiva esq.; tronco braquiocefálico; crossa da aorta; a. pulmonar esq.; a. pulmonar dir.; v. cava sup.; tronco pulmonar; aurícula dir.; cone arterial; ventrículo dir.; ventrículo esq.; ápice

PELE E RINS
ELIMINAÇÃO DOS RESÍDUOS E HOMEOSTASE

Eliminar todas as substâncias cujo acúmulo seria prejudicial para o organismo é tão vital como manter constantes as condições internas do corpo.

PELE E RINS

A DEPURAÇÃO DO SANGUE DOS RESÍDUOS PRODUZIDOS PELA ATIVIDADE CELULAR (EXCREÇÃO) E A MANUTENÇÃO DO EQUILÍBRIO HÍDRICO (HOMEOSTASE) SÃO AS FUNÇÕES FUNDAMENTAIS DO SISTEMA EXCRETOR.

O SISTEMA EXCRETOR

Os processos vitais que ocorrem nas células do nosso corpo aproveitam a energia e as matérias-primas cujo abastecimento é garantido pela atividade dos sistemas digestório ➤[144], respiratório ➤[160] e circulatório ➤[176].

O resultado dos referidos processos é a sobrevivência de cada célula em particular, a reprodução e a sua atividade específica. Ao mesmo tempo, a cadeia de reações metabólicas celulares determina a produção de inúmeras substâncias residuais: ainda que muitos dos subprodutos sejam reciclados com objetivo de aproveitar ao máximo a energia e os materiais disponíveis, alguns são inúteis ou, inclusive, prejudiciais para as células. Para evitar o seu acúmulo, o corpo recorre a diferentes sistemas de acordo com as características dos resíduos: o processo de eliminação dessas substâncias denomina-se *excreção*, e os órgãos responsáveis pelo cumprimento desta função são os *emunctórios*.

Já abordamos alguns deles: os *pulmões*, por exemplo, podem ser considerados os órgãos emunctórios dos resíduos gasosos (especificamente, o gás carbônico), embora esse tipo de excreção faça parte do processo, muito mais complexo, da respiração.

Também o intestino elimina algumas substâncias residuais: por exemplo, os pigmentos biliares ➤[152] produzidos pela degradação da hemoglobina ➤[180]. Todavia, os órgãos excretores propriamente ditos são a *pele* e, por excelência, os *rins:* tanto a pele, que produz o suor, como os rins, que produzem a urina, contribuem para eliminar continuamente e de forma considerável tudo o que sobra da degradação de proteínas, açúcares e gorduras. Ao mesmo tempo, mantêm sob controle constante o equilíbrio hídrico e salino do corpo *(homeostase)*.

A PELE

Juntamente com os seus *anexos* (cabelo e unhas), constitui o *tegumento* (ou seja, o revestimento) que isola e protege o corpo do meio exterior e, graças aos receptores nervosos ➤[104] que contém, representa um importante órgão de percepção e interação com o meio.

Além disso, devido à presença de inúmeras *glândulas sudoríparas,* a pele pode ser considerada um grande órgão de excreção, homeostase e termorregulação.

Disseminadas de forma irregular nos cerca de 2 m² que cobrem o nosso corpo, as glândulas sudoríparas produzem, em média, 200-500 ml de suor por dia.

O SISTEMA EXCRETOR

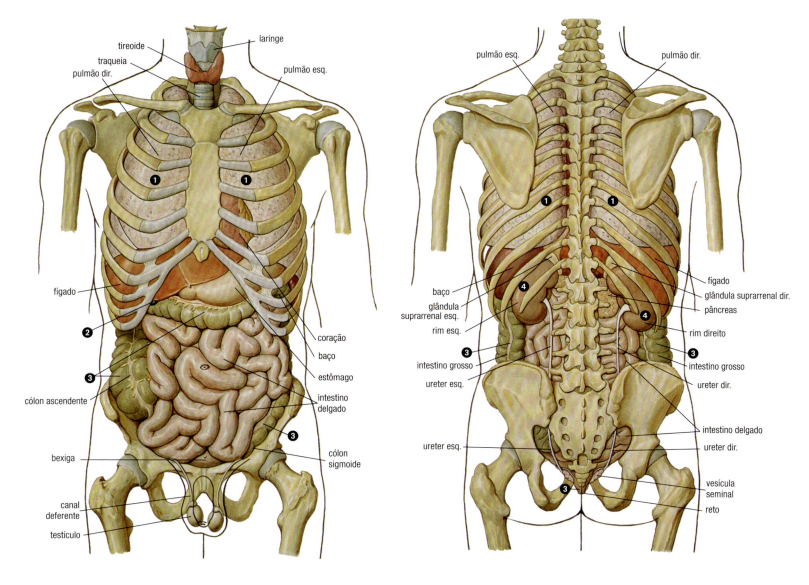

RINS E VIAS URINÁRIAS

Os *rins*, órgãos excretores por excelência, filtram 1200 ml de sangue por minuto: em média são depurados 1700 *l* de sangue por dia por esses órgãos, que produzem diariamente até um litro e meio de urina.

As unidades excretoras dos rins são os *néfrons*, que conduzem a urina recém-produzida para uma *pelve renal* comum. Através do *ureter*, um duto longo formado por musculatura lisa e epitélio mucoso, a urina chega à *bexiga* onde se acumula: esta bolsa musculomembranosa muito elástica contém, em condições normais, 250 cm³ de líquido, podendo chegar, excepcionalmente, aos 450 cm³. A bexiga interliga-se com o exterior através da *uretra*, um duto que termina no *meato urinário*, envolto por um anel de músculos esfincterianos que, ao contraírem-se, bloqueiam a saída da urina para o exterior.

◀ **Suor**
Uma gota de suor depositada no dedo polegar, numa fotomicrografia tirada ao microscópio eletrônico. Além da função excretora, que consiste na eliminação de substâncias prejudiciais dissolvidas no suor, a transpiração exerce uma ação termorreguladora: ao se evaporar, o suor refresca o corpo.

▲ **Órgãos internos**
Vista anterior e posterior do abdome masculino. Pode-se observar as relações recíprocas dos diversos órgãos e a localização dos órgãos emunctórios:
❶ pulmões; ❷ vesícula biliar;
❸ intestino; ❹ rins.

207

PELE E RINS

A PELE E O SUOR

A pele, percorrida por abundantes capilares sanguíneos, é um importante órgão emunctório. As *glândulas sudoríparas* produzem uma excreção que contém substâncias que também são encontradas na urina (ureia, ácido úrico, potássio, etc.). Dividem-se em:

- *glândulas apócrinas*, geralmente relacionadas com o cabelo, são glândulas tubulares glomerulares constituídas por células cuja parte apical do citoplasma é eliminada com a secreção. Estão distribuídas em regiões circunscritas do corpo e, frequentemente, a sua função está relacionada com a ação de hormônios sexuais: alcançam seu desenvolvimento máximo durante a puberdade e atrofiam-se com o avançar da idade;

- *glândulas ácrinas*, que não têm relação com o cabelo e se encontram por quase todo o corpo. São glândulas tubulares simples do tipo glomerular e podem se estender até a hipoderme, enrolando-se sobre si mesmas. As células que alcançam a luz glandular apresentam inúmeras microvilosidades apicais, que se encarregam da reabsorção seletiva de eletrólitos: assim, o suor torna-se hipotônico relativamente ao plasma.

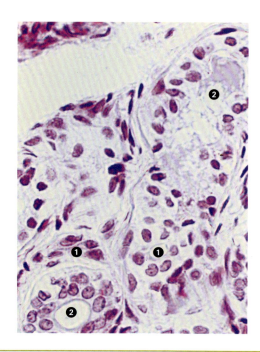

▲ **Secção transversal de uma glândula sudorípara ácrina**
O adenômero ❶ apresenta um único filamento de células; o duto excretor ❷, uma camada dupla de células. Ambos estão enrolados em forma de canudo, embora essa característica não seja evidenciada na secção.

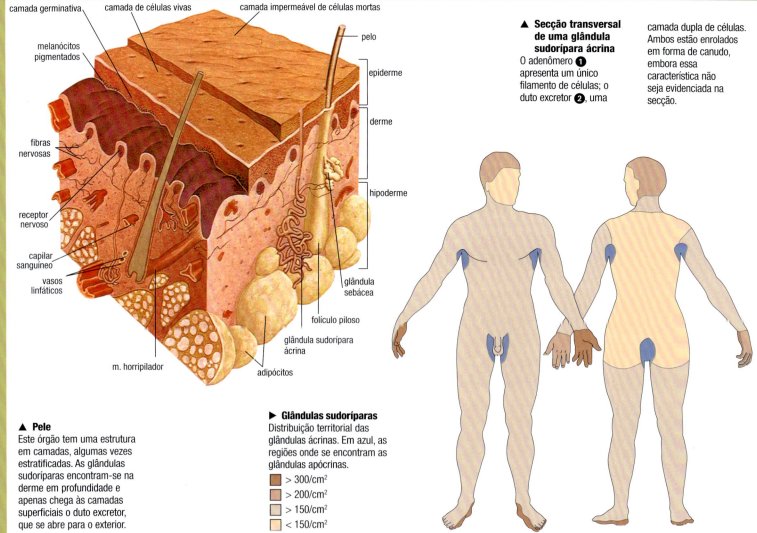

▲ **Pele**
Este órgão tem uma estrutura em camadas, algumas vezes estratificadas. As glândulas sudoríparas encontram-se na derme em profundidade e apenas chega às camadas superficiais o duto excretor, que se abre para o exterior.

▶ **Glândulas sudoríparas**
Distribuição territorial das glândulas ácrinas. Em azul, as regiões onde se encontram as glândulas apócrinas.

- > 300/cm²
- > 200/cm²
- > 150/cm²
- < 150/cm²

A PELE E O SUOR

Os líquidos orgânicos e a sede

Sessenta e cinco por cento do peso corporal do adulto é constituído por água, repartida pelo interior (líquido intracelular) e pelo exterior das células (líquido extracelular), representando, em ambos os casos, o meio no qual estão dissolvidas inúmeras substâncias (sais minerais, proteínas, etc.).

O **líquido intracelular** representa 63% do peso corporal e tem uma composição química bastante constante. O **líquido extracelular**, por outro lado, representa 37% do peso do corpo e tem uma composição que varia, sobretudo no conteúdo proteico, dependendo das funções desempenhadas. Segundo as suas características, distingue-se um líquido intersticial, que ocupa todos os espaços existentes entre as células e hidrata os tecidos; um líquido plasmático (ou plasma), que circula pelos vasos sanguíneos; um líquido linfático (ou linfa), que percorre o sistema linfático; um líquido cefalorraquidiano, que se encontra no sistema nervoso; um líquido sinovial, localizado nas articulações, e assim sucessivamente. A composição do líquido extracelular é muito diferente em relação à do líquido intracelular: essa diferença é mantida pelos fenômenos membranosos e pelos processos metabólicos. A quantidade total de líquidos orgânicos é praticamente constante graças a mecanismos de controle precisos que mantêm o equilíbrio entre a quantidade de água ingerida e a excretada. A ingestão de água é regulada pela sensação de sede, percebida mediante os centros nervosos da zona anterior do hipotálamo ▶[94]; a sua excreção (principalmente a que se produz através dos rins) é, por sua vez, regulada pela atividade hipofisária mediante a ação do hormônio ADH ▶[130,128]. Vejamos um exemplo. Quando está muito calor, a pele produz suor que mantém o corpo dentro de valores de temperaturas aceitáveis. O aumento da excreção de água através da pele é compensado por uma menor produção de urina: a hipófise registra um déficit de água e segrega o hormônio antidiurético (ADH), que, ao chegar aos túbulos renais através da corrente sanguínea, estimula a reabsorção da água da urina. Se a quantidade de água que bebemos não compensa de forma adequada as perdas de transpiração e respiração (recordemos que, ao respirar, expulsamos também certa quantidade de vapor de água), o ligeiro aumento da concentração sanguínea estimula o lobo posterior da hipófise a segregar mais ADH, reduzindo ao máximo as perdas de água na urina.

O mesmo acontece em sentido contrário. Se o sangue está demasiado diluído (ou seja, se bebemos água «demais»), a secreção de ADH é inibida e a água não é reabsorvida nos túbulos renais: a produção de urina é copiosa, e o equilíbrio hídrico é rapidamente restabelecido.

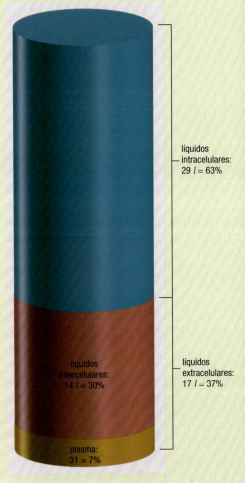

líquidos intracelulares: 29 l = 63%
líquidos intercelulares: 14 l = 30%
líquidos extracelulares: 17 l = 37%
plasma: 3 l = 7%

COMPOSIÇÃO QUÍMICA		
SUBSTÂNCIAS	concentração em % PLASMA	URINA
ÁGUA	900-930	950
PROTEÍNAS GORDURAS	70-90	0
GLICOSE	1	0
UREIA	0,3	20
ÁCIDO ÚRICO	0,03	0,5
CREATININA	< 0,01	1
SÓDIO	3,2	3,5
POTÁSSIO	0,2	1,5
CÁLCIO	0,08	0,15
MAGNÉSIO	0,025	0,06
CLORO	3,7	6
ÍON DE FOSFATO (PO_4)	0,09	2,7
ÍON DE SULFATO (SO_4)	0,04	1,6

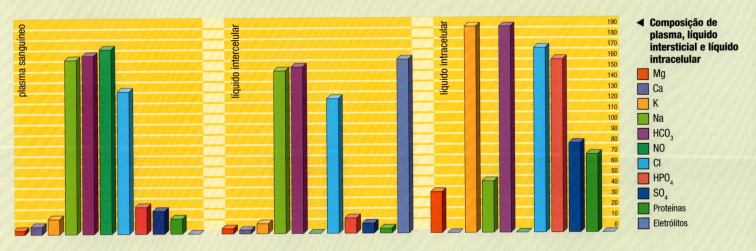

◀ Composição de plasma, líquido intersticial e líquido intracelular

Mg, Ca, K, Na, HCO_3, NO, Cl, HPO_4, SO_4, Proteínas, Eletrólitos

PELE E RINS

RINS E VIAS URINÁRIAS

Os rins, dois órgãos simétricos dispostos em cada um dos lados da coluna vertebral, situam-se na região posterossuperior do abdome (região lombar). A sua atividade não é exclusivamente a depuração do sangue: além de eliminar substâncias inúteis, em excesso ou prejudiciais para o organismo (em particular os compostos nitrogenados derivados da degradação das proteínas e de muitos medicamentos), desempenham uma delicada função reguladora do equilíbrio hídrico do corpo, da proporção ácido-base e da composição eletrolítica do sangue. Em especial, se o rim não consegue manter constante o nível de sódio (um dos eletrólitos mais importantes), pode haver uma retenção de líquidos ou, ao contrário, uma acentuada desidratação devida à perda de sal).

Essencialmente, os rins são dois sistemas de vasos em estreita ligação entre si: por um lado, os capilares sanguíneos nos quais se divide a artéria renal, com sua carga de substâncias por depurar; por outro, as *cápsulas de Bowman* e os néfrons, nos quais são vertidas as substâncias que serão eliminadas. As vias urinárias, que transportam para o exterior o material residual,

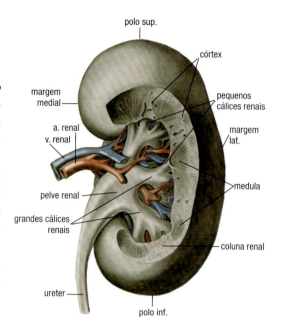

▲ **Anatomia do rim direito**
Vista lateral esquerda, secção incompleta.

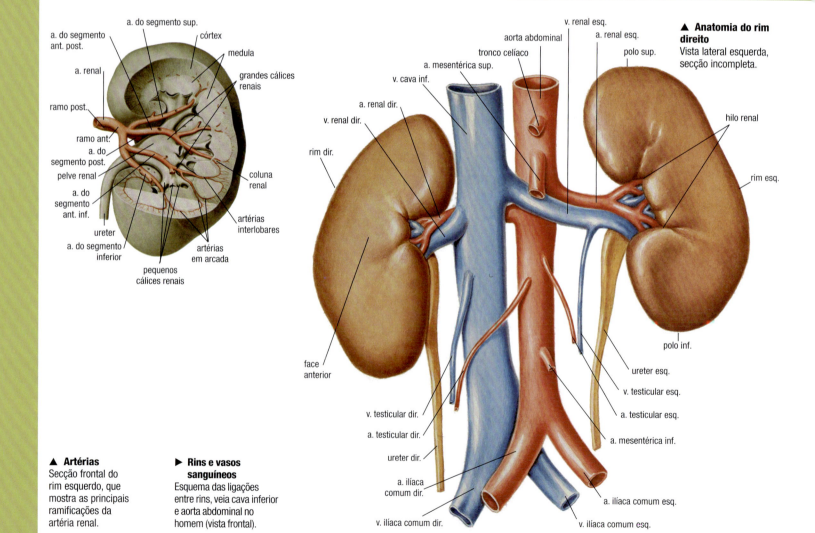

▲ **Artérias**
Secção frontal do rim esquerdo, que mostra as principais ramificações da artéria renal.

▶ **Rins e vasos sanguíneos**
Esquema das ligações entre rins, veia cava inferior e aorta abdominal no homem (vista frontal).

RINS E VIAS URINÁRIAS

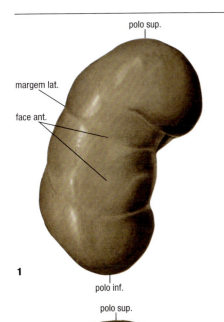

começam à altura dos cálices renais e da pelve renal. Depois, confluem nos dois ureteres (um em cada rim: direito e esquerdo), que desembocam na bexiga da urina, um órgão oco e ímpar, na cavidade pélvica, que se interliga com o exterior através da uretra, um vaso bem mais estreito e curto na mulher do que no homem ➤[218].

Os dois rins (150-169 g no adulto) são diferentes: o esquerdo pode ser um pouco mais volumoso do que o direito. Apresentam uma superfície lisa: o aspecto lobado que caracteriza o rim do feto tende a desaparecer nos primeiros dias de vida. Além de uma fáscia anterior convexa, uma face posterior plana e um pouco curva, um polo superior arredondado e um inferior mais pontiagudo, uma margem lateral convexa e uma média deprimida, em cada rim existe um hilo renal: uma fissura vertical de 3 a 4 cm de comprimento, através da qual passam os principais vasos sanguíneos e linfáticos, os nervos e as vias urinárias *(pelve renal)*. Os vasos sanguíneos ocupam uma posição anterior e os arteriais estão numa posição intermediária em relação à pelve renal, que se encontra na parte posterior. A cavidade rebaixada à qual dá passagem o hilo renal chama-se seio renal: aí se encontram as primeiras vias urinárias (as mais altas: os grandes e pequenos cálices e a pelve renal), as ramificações da artéria renal, as raízes da veia renal, os vasos linfáticos e os nervos, envolvidos em tecido adiposo que, a partir do hilo, estende-se por toda a superfície renal *(cápsula adiposa)*.

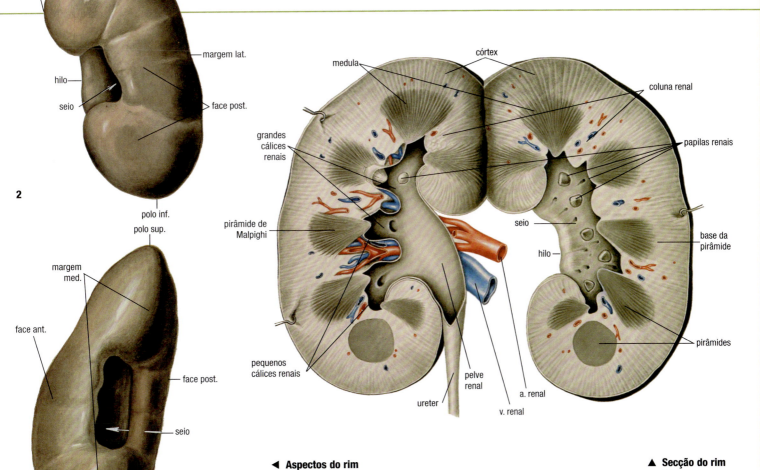

◀ **Aspectos do rim**
Vista superficial do rim direito, sem vasos sanguíneos nem ureteres.
1. Aspecto frontal
2. Aspecto dorsal
3. Aspecto lateral direito

▲ **Secção do rim direito**
Elementos anatômicos principais.

211

PELE E RINS

As paredes do seio renal são irregulares devido às papilas renais, que representam os ápices das pirâmides renais (ou de Malpighi), intercaladas com as colunas renais (ou de Bowman).

Os rins são mantidos no lugar pela fáscia renal (um espesso tecido conjuntivo modificado), pelo pedúnculo vascular que os une à aorta e à veia cava inferior e pela pressão abdominal. Apesar disso, podem deslocar-se: descem durante a inspiração e sobem durante a expiração; em condições patológicas, podem deslocar-se ainda mais para baixo, chegando à fossa ilíaca.

Interiormente, cada rim é revestido por uma cápsula fibrosa que, no hilo, funde-se com a túnica adventícia dos cálices e dos vasos sanguíneos. Por baixo, o rim está envolto numa túnica muscular de fibras lisas entrelaçadas. Segue-se uma *zona cortical,* dividida em:

- uma *porção radiada,* constituída pelos raios medulares (ou de Ferrein): túbulos dispostos em feixes cônicos que, partindo da base das pirâmides, penetram no córtex, adelgaçando-se e detendo-se a uma escassa distância da superfície renal;

- uma *porção convoluta,* entre raios medulares, que forma as colunas renais e a fáscia de substância cortical mais externa. É constituída pelos corpúsculos renais (ou de Malpighi) e pelos túbulos renais contorcidos.

Segue a zona medular, dividida em 8-18 formações cônicas (as pirâmides) que vão desde a substância cortical até as papilas renais, em cujo ápice se abrem 15 a 30 forames correspondentes à confluência dos canais papilares (ou de Bellini). Junto aos canais coletores, as pirâmides têm um trajeto axial. O rim divide-se, ainda, em:

- *lobos,* formados por uma pirâmide e pela camada de substância cortical correspondente;

- *lóbulos,* formados por um raio medular e pela convoluta que o rodeia. Cada um é delimitado pelos vasos sanguíneos que percorrem radialmente o córtex.

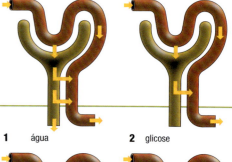

1 água

2 glicose

3 ureia

4 substâncias residuais

◀ **Estrutura do rim**
1. Corpúsculo renal:
   ❶ Glomérulo
   ❷ Cápsula do glomérulo:
      ① parte externa
      ② parte interna
      ③ luz
2. Arteríola glomerular aferente
3. Rede capilar do glomérulo
4. Arteríola glomerular eferente
5. Parte proximal do túbulo do néfron
6. Parte distal do túbulo do néfron
7. Alça
   ① parte descendente
   ② parte ascendente
8. Túbulo renal de união
9. Veia em arcada
10. Artéria em arcada
11. Veia interlobar
12. Artéria interlobar

▲ **Função do néfron**
Conforme as substâncias, o néfron desempenha funções distintas:
1. A água, em função dos estímulos hormonais, é reabsorvida ativa e passivamente (osmose).
2. A glicose, excretada no glomérulo, é completamente reabsorvida e volta para a circulação.
3. A ureia só é reabsorvida em partes.
4. As substâncias residuais não são reabsorvidas.

■ vaso sanguíneo
■ túbulo renal

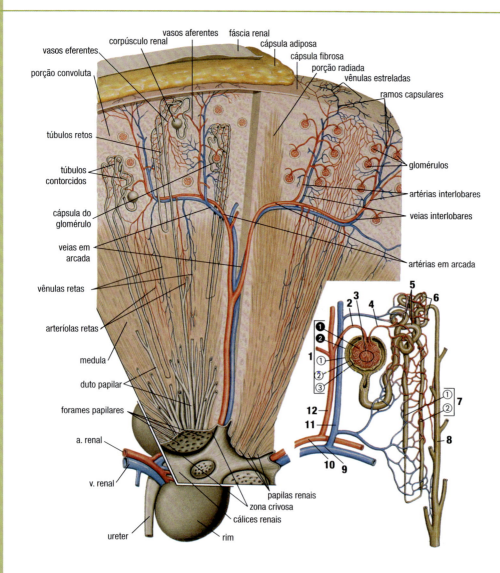

212

A produção de urina

Aproximadamente um milhão de **néfrons,** as unidades funcionais do rim, constituem cada um dos seguintes órgãos, produzindo urina:
- o corpúsculo renal (*ou* de Malpighi), em forma de cálice com 150-300 mm de diâmetro, que está em contato com os capilares sanguíneos e produz a pré-urina;
- o túbulo renal, com 30-40 mm de comprimento, que está em contato com os vasos sanguíneos. Começa no corpúsculo renal e desemboca nos canais coletores que conduzem às outras vias renais. Nele se distingue um túbulo contorcido proximal, *uma alça do néfron e um túbulo contorcido distal que se divide numa parte inicial retilínea e numa parte distal contorcida. Cada parte do túbulo desempenha funções diversas, transformando a pré-urina em urina.*

Nos corpúsculos renais

Os corpúsculos renais encontram-se na porção convoluta do córtex renal e são constituídos por um fino invólucro (a cápsula glomerular ou de Bowman) que encerra um espaço capsular onde se encontra o glomérulo, uma espécie de novelo com 3 a 5 ramificações de um capilar arterial. As células epiteliais da cápsula de Bowman que estabelecem contato com os capilares (podócitos) têm características particulares: são ricas em pedículos, ou seja, prolongamentos finos e curtos que se estendem até a superfície dos capilares e se entrelaçam deixando fissuras de uns 250 Å de largura (fendas de filtração). Essas fissuras estão envolvidas por membranas de filtração semipermeáveis com 60 Å de espessura. O epitélio dos capilares também está «perfurado»: inúmeros poros com 500-1000 Å de diâmetro interrompem a continuidade das paredes dos vasos sanguíneos, permitindo que todas as substâncias contidas no sangue passem para a luz capsular.

O sangue entra no glomérulo com alta pressão (cerca de 9,3 kPa), pois chega a uma artéria com diâmetro inferior ao da artéria de entrada, que constitui os capilares glomerulares.

A água, a glicose, a ureia, os sais minerais e outras substâncias «transpiram» no espaço glomerular: a pré-urina, que tem a mesma constituição do plasma sanguíneo ▶209, dirige-se para baixo pelo túbulo.

No túbulo

Devido ao contato estreito entre o epitélio tubular e o epitélio capilar, o túbulo renal não é um mero duto que estabelece uma ligação com o exterior, mas um eficaz sistema de reabsorção de água e outras substâncias, assim como de ulterior excreção.

No túbulo proximal, além de serem excretadas substâncias como a creatinina, ocorre a reabsorção de mais de 85% de água, cloreto de sódio e outras substâncias (glicose, aminoácidos, ácido ascórbico, proteínas) presentes no «filtrado glomerular». O íon de sódio é reabsorvido ativamente pelas células do túbulo; a água e o íon de cloro seguem passivamente a pressão osmótica. Na alça do néfron, a urina concentra-se pela ulterior reabsorção de água, que passa para a parte retilínea do túbulo distal, devido à reabsorção ativa do sódio, que provoca o aumento da pressão osmótica. No túbulo contorcido distal, ao contrário, a reabsorção de água é facultativa e ocorre por ação do ADH; a reabsorção do sódio prossegue, nivelada pela excreção dos íons de potássio, hidrogênio e amônio.

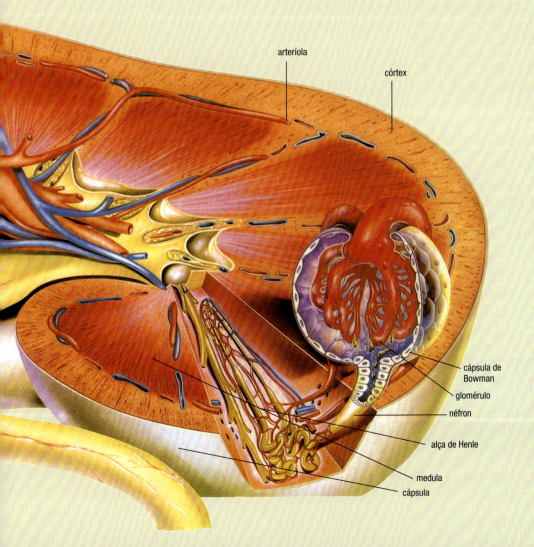

◀ **Glomérulo**
É um aglomerado de capilares sanguíneos (algumas vezes, mais de 50) com 0,1 mm de diâmetro, por onde é filtrado um líquido rico em água e outras substâncias que, depois de recolhidas na cápsula de Bowman, passam para o néfron (com 5 mm de diâmetro e até 2,5 cm de comprimento). Cada rim é formado por mais de um milhão de néfrons: situados ao redor dos vasos sanguíneos, permitem a reabsorção de substâncias úteis como a glicose e a água. Os néfrons convergem no duto coletor que desemboca na pelve renal.

Os cálculos renais

Os cálculos formam-se pela combinação de sais inorgânicos (como o cálcio, o fósforo, o amônio, etc.) ou orgânicos (como o ácido úrico).

Ainda não se sabe, contudo, que tipo de mecanismo dá origem à sua formação, embora em alguns casos se conheça a causa precisa que pode determiná-los. Um desses casos é a gota. Essa doença metabólica, provocada por um deficiente catabolismo das purinas, com o consequente aumento da concentração de ácido úrico no sangue e nos tecidos (causando dores, sobretudo nas pernas), era muito frequente nas classes abastadas nos séculos XVIII e XIX, devido a uma dieta demasiado rica em proteínas animais.

Na gota, a concentração de ácido úrico também aumenta drasticamente nas excreções renais: ao concentrar-se a parte terminal das vias urinárias, a urina prepicita sal, dando lugar aos cálculos.

Um mecanismo análogo intervém constantemente nos casos em que se verifica a produção de cálculos de precipitação pela presença de disfunções metabólicas: os cálculos compostos de cálcio são desse tipo.

Todavia, são inúmeras as causas possíveis (e teoricamente válidas) que explicam o aparecimento dos cálculos renais: disfunções determinadas por uma dieta inadequada ou uma carência vitamínica; desequilíbrios na composição química da urina provocados por alterações nos processos renais, infecções ou drenagem insuficiente de uma ou várias vias renais; perturbações endócrinas (sobretudo ao nível das glândulas parótidas). Também é possível que a formação de cálculos renais se deva a um conjunto de causas; essa hipótese é sustentada pelo fato de ser mais frequente nos homens do que nas mulheres, bem como nos adultos entre os 40 e os 60 anos do que nos jovens, e existir uma tendência mais acentuada para a formação de cálculos solitários em detrimento dos múltiplos, de dimensões e formas muito variáveis.

A presença desses corpos estranhos no rim provoca dores fortes (cólicas nefríticas) e determina a presença de sangue ou pus na urina, comprometendo a atividade renal. É frequente passarem para o ureter, provocando dores ainda mais intensas até serem expelidos espontaneamente. No entanto, quando o cálculo é demasiado grande para ser expelido de forma espontânea, provoca a obstrução de uma via renal ou uma infecção, ou causa dores recorrentes e ataques agudos periódicos, sendo necessário intervir cirurgicamente. Antigamente eram utilizados instrumentos especiais para «agarrar» e extrair os cálculos (o que era muito doloroso para o paciente). Hoje em dia, recorre-se à litotripsia por via endoscópica, à litotripsia extracorporal por ondas de choque (ESWL) ou à litotripsia com laser, três técnicas que reduzem, na maioria dos casos, o recurso à intervenção cirúrgica.

Em alguns casos pode ainda recorrer-se a fármacos específicos: se o cálculo é constituído por sais do ácido úrico, uma terapia adequada pode resultar na sua desagregação.

Cálculos renais
Alguns cálculos provenientes de diferentes níveis das vias urinárias. Com as novas técnicas por ultrassom, que destroem os cálculos sem necessidade de intervenção cirúrgica, os resíduos dos cálculos são expelidos sem dificuldade e a recuperação do paciente é muito mais rápida.

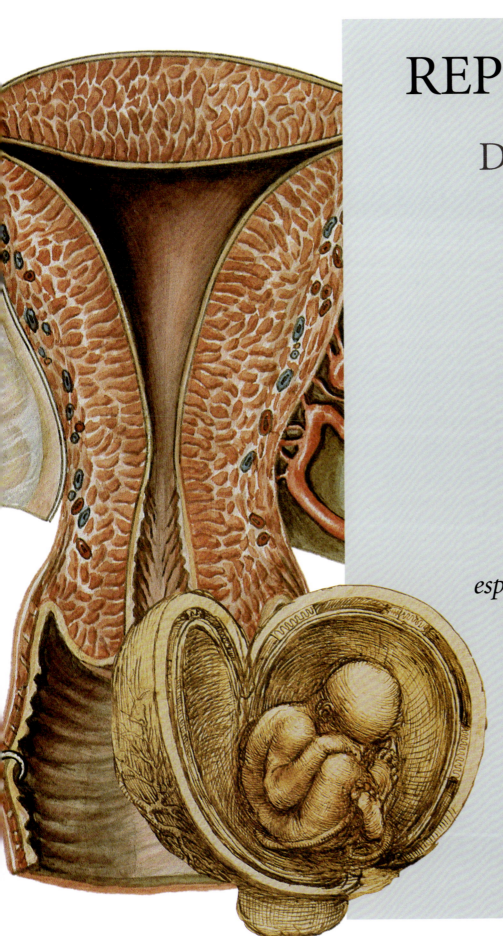

REPRODUÇÃO
A CHAVE DO FUTURO

A sobrevivência da espécie humana depende da atividade reprodutiva: da união dos gametas feminino e masculino nasce um novo ser.

REPRODUÇÃO

O SISTEMA REPRODUTOR, EMBORA MANTENHA CONSTANTES AS CARACTERÍSTICAS GERAIS DE ESTRUTURA E ORGANIZAÇÃO, É PROFUNDAMENTE DIFERENTE NO HOMEM E NA MULHER.

HOMEM E MULHER

O sistema reprodutor diferencia os dois sexos, masculino e feminino, mas mantém em ambos semelhanças estruturais notáveis: divide-se em órgãos homólogos organizados segundo um padrão complementar destinado à reprodução.

SEMELHANÇAS ESTRUTURAIS

O sistema reprodutor de ambos os sexos é formado por duas gônadas que produzem *gametas,* células especializadas na reprodução, com um número igual de cromossomos ➤[217,224]. As gônadas (*testículos* no homem e *ovários* na mulher) produzem os espermatozoides masculinos (dotados de movimento autônomo) e os óvulos femininos. Além disso, segregam hormônios sexuais ➤[128], fundamentais para o correto desenvolvimento corporal e a evolução dos processos reprodutivos. Estão ligadas ao exterior mediante um sistema de canais ou dutos revestidos de inúmeras glândulas e, em parte, de tecidos ciliados que facilitam o avanço dos gametas até o exterior.

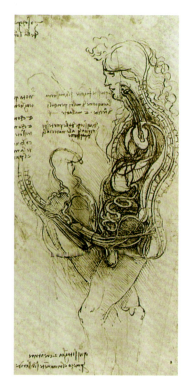

▲ **Reprodução**
Estudos sobre a reprodução realizados por Leonardo da Vinci em 1493.

DIFERENÇAS FUNCIONAIS

Na mulher, o sistema reprodutor situa-se no interior do abdome, pois se destina a acolher o embrião e permitir seu desenvolvimento: o *útero* está ligado especificamente a essas funções.

No homem, ao contrário, a maior parte do sistema reprodutor encontra-se no exterior: o pênis, o órgão erétil responsável por depositar os espermatozoides dentro da vagina, é a parte terminal, na qual confluem os dutos; os testículos estão alojados na bolsa escrotal, o que lhes permite permanecer à temperatura ideal para o desenvolvimento dos gametas.

HOMEM E MULHER

A determinação do sexo

O *DNA*, ou seja, o material genético presente em todas as células que determina o desenvolvimento harmônico de um organismo, no ser humano divide-se em 46 «peças» chamadas **cromossomos**. Em cada célula, os cromossomos dividem-se aos pares: 22 pares estão presentes nas células de ambos os sexos (**autossomas**), ao passo que os dois cromossomos restantes (**gonossomos**), que podem ser iguais ou diferentes, apresentam-se em combinações distintas no homem e na mulher: são os **cromossomos sexuais**, indicados com as letras X e Y.

As células da mulher têm dois cromossomos X e as células do homem apresentam um cromossomo X e um cromossomo Y. Essa diferença, que provoca em cascata todas as outras diferenças que caracterizam homens e mulheres, está relacionada com o mesmo processo reprodutivo: de fato, cada indivíduo é gerado pela união de uma célula sexual feminina (o óvulo ➤224), que contém 22 autossomas simples e um único cromossomo sexual X, com uma célula sexual masculina (o espermatozoide ➤224), que contém 22 autossomas simples e um gonossoma que pode ser X ou Y. Se um óvulo for fecundado por um espermatozoide que contenha um cromossomo X, será gerado um ser humano do sexo feminino; se o espermatozoide contiver um cromossomo Y, o ser humano será do sexo masculino.

Esse é o padrão genético de nossa origem. Os genes que formam os cromossomos sexuais «determinam» o desenvolvimento dos órgãos sexuais e dos caracteres sexuais secundários: a partir de um tubérculo genital não diferenciado presente nos embriões de 4-7 semanas de vida, desenvolvem-se antes da 12ª semana de gestação os caracteres que diferenciam os órgãos genitais masculino do feminino.

São, no entanto, inúmeros os problemas que podem surgir durante essa fase do desenvolvimento. O mais frequente é a criptorquidia (coloquialmente costuma-se dizer que o testículo «não desceu»): durante o desenvolvimento embrionário masculino, os testículos crescem alojados na cavidade abdominal, tal como acontece com os ovários da mulher. Contudo, à medida que o desenvolvimento avança, eles vão se deslocando e, no momento do nascimento, já se encontram na bolsa escrotal. Às vezes esse deslocamento não se completa e ambos os testículos permanecem numa região muito alta do abdome. Nem sempre é necessário intervir cirurgicamente: a «descida» dos testículos pode ocorrer no primeiro ano de vida, ou ainda durante a adolescência.

Em cima: anatomia de uma criança com criptorquidia bilateral: ① anel inguinal superficial, ② epidídimo, ③ testículo, ④ túnica vaginal, ⑤ sustentáculo do testículo, ⑥ escroto, ⑦ pênis, ⑧ linha branca, ⑨ bexiga da urina, ⑩ peritônio parietal.

Abaixo: evolução embrionária dos órgãos sexuais externos.

Outros problemas mais complexos afetam, em média, 65.000 crianças por ano em todo o mundo: são muitas as crianças que nascem hermafroditas.

Esta palavra, de origem mitológica (Hermafrodite era filho de Hermes, o mensageiro dos deuses gregos, e de Afrodite, a deusa do amor, e reunia em si as duas naturezas: a masculina e a feminina), indica a presença tanto de órgãos masculinos como de órgãos femininos.

Até há pouco tempo pensava-se que esses indivíduos sofriam de uma má formação do sistema reprodutor e, como tal, eram submetidos a uma intervenção cirúrgica para transformá-los, quase sempre, em mulheres.

No entanto, pesquisas recentes evidenciam inúmeros fatores que poderão contribuir para a ocorrência de tais diversidades: hormônios e substâncias contaminantes em ações para-hormonais, uma sensibilidade celular diferenciada aos hormônios e um patrimônio genético «em mosaico» poderão determinar uma gama de variantes sexuais mais ampla do que julgamos.

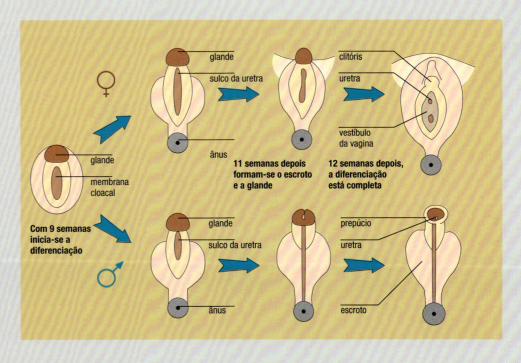

217

REPRODUÇÃO

O SISTEMA REPRODUTOR MASCULINO

De forma alongada e dimensões semelhantes às dos ovários, os testículos, órgãos produtores de espermatozoides, localizam-se na bolsa escrotal, no exterior do abdome. São atravessados por uma infinidade de canais chamados *túbulos seminíferos* ou *canais espermáticos,* que convergem numa rede de vasos eferentes, formando uma pequena estrutura chamada *epidídimo.*

É aí que, graças às glândulas seminais e prostática, situadas na base do pênis, abaixo da bexiga e do lado da uretra, os espermatozoides alcançam a sua maturação.

Na ejaculação, os espermatozoides passam para o duto ejaculador, que recebe as secreções de várias glândulas (entre as quais a de Cowper); depois de adquirida a autonomia funcional, dirigem-se para o exterior, percorrendo a parte terminal da uretra, o duto unido à bexiga da urina, que no homem é partilhado pelos sistemas excretor e reprodutor.

O pênis, que desempenha a função de órgão copulador, precisa ter certa rigidez para poder penetrar na vagina: o afluxo de sangue aos dois corpos cavernosos, estruturas cilíndricas de tecido esponjoso abundantemente vascularizadas, permite a ereção.

Uma vez iniciado o processo de ereção, ele tende a alimentar a si próprio: a pressão interna contribui para abrandar a saída de sangue das veias aferentes até que as contrações musculares que ocorrem nas artérias no momento da ejaculação diminuam o afluxo de sangue ao pênis, que perde a rigidez.

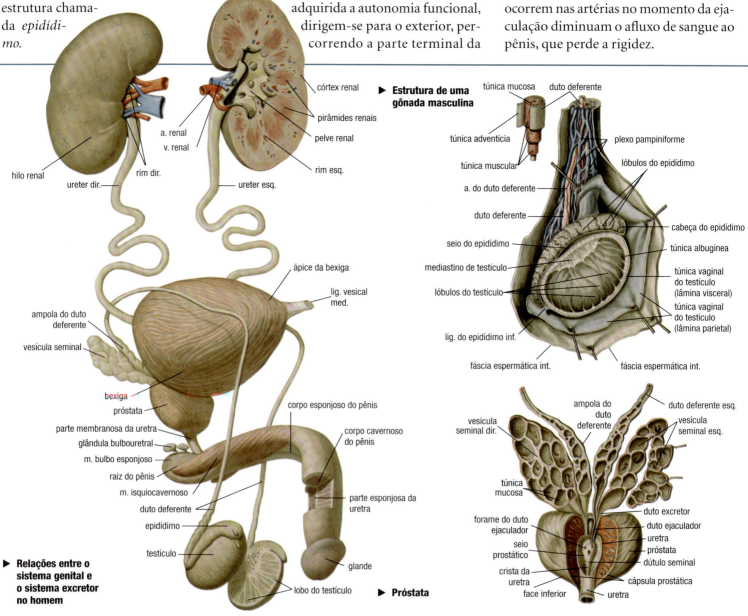

▶ Relações entre o sistema genital e o sistema excretor no homem

▶ Estrutura de uma gônada masculina

▶ Próstata

O SISTEMA REPRODUTOR MASCULINO

▼ **Vasos do pênis**
Principais vasos sanguíneos do pênis e sua localização anatômica.

▼ **Estrutura do pênis a diferentes níveis**
Secções transversais.
1. Distal
2. Central
3. Proximal

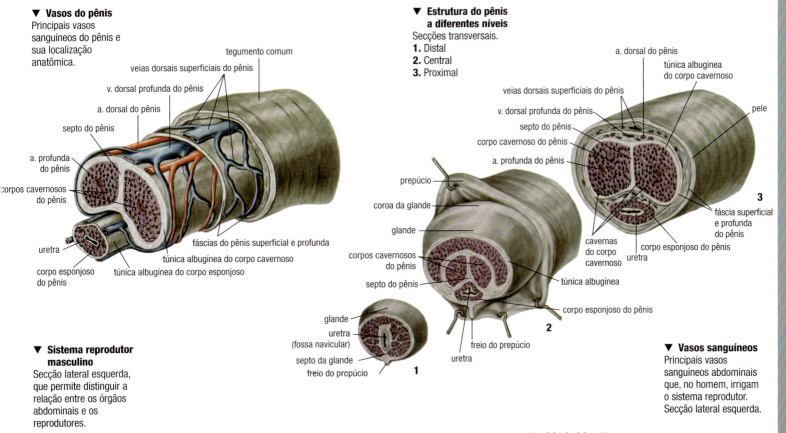

▼ **Sistema reprodutor masculino**
Secção lateral esquerda, que permite distinguir a relação entre os órgãos abdominais e os reprodutores.

▼ **Vasos sanguíneos**
Principais vasos sanguíneos abdominais que, no homem, irrigam o sistema reprodutor. Secção lateral esquerda.

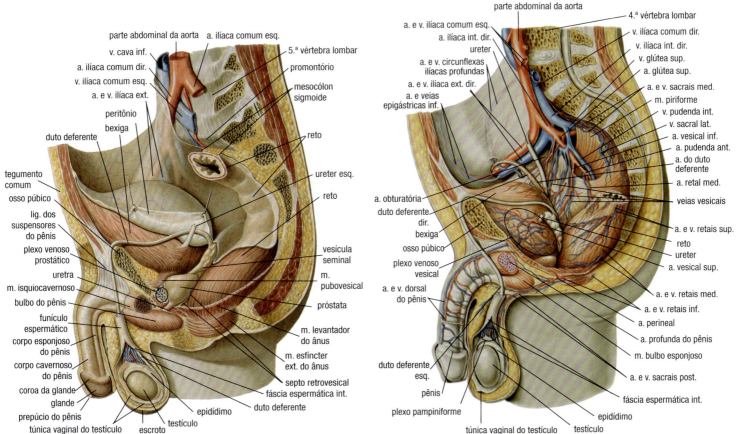

219

REPRODUÇÃO

O SISTEMA REPRODUTOR FEMININO

Com apenas 30 g de peso, os ovários (as gônadas femininas que produzem óvulos) encontram-se no interior da cavidade pélvica, numa região compreendida entre o umbigo e o osso púbico. Estão situados junto ao útero, um corpo muscular em forma de pera invertida, ao qual estão unidos através das tubas uterinas, tubas de Falópio ou ovidutos. Quando o óvulo maduro é expulso do ovário e passa para a cavidade peritoneal, é captado pelos prolongamentos em forma de tentáculo com que termina o oviduto que está mais perto. Impelido pelos movimentos dos cílios que revestem as paredes das tubas e pelas contrações do oviduto, o óvulo chega à cavidade uterina. Caso se una a um espermatozoide dentro da tuba, «implanta-se» nas paredes do endométrio – o epitélio especial que reveste totalmente a cavidade do útero – e começa a sua diferenciação embrionária.

Se não houver fecundação, ocorre a menstruação: o óvulo e o endométrio degenerado são expulsos através do colo do útero e da vagina, uma cavidade situada abaixo da uretra e acima da abertura anal, que se interliga com o exterior através de uma abertura protegida por pregas cutâneas: os pequenos lábios, internos, e os grandes lábios, externos. Na parte superior da abertura da uretra encontra-se o clitóris, o principal órgão de prazer da mulher.

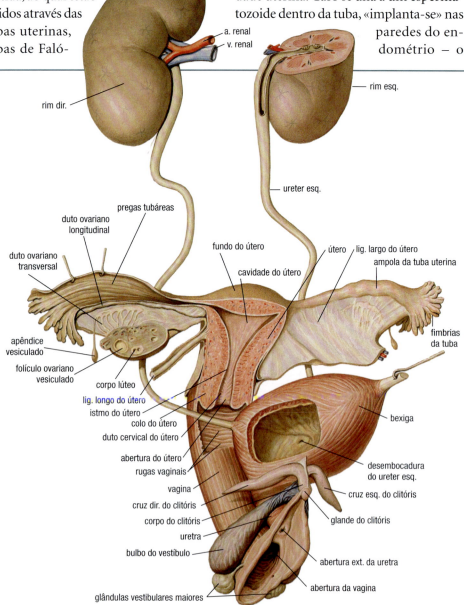

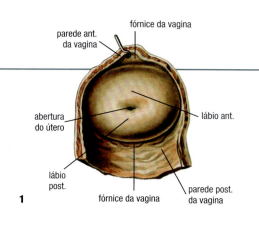

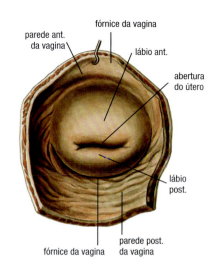

◀ Relações entre o sistema genital e o sistema excretor na mulher.

▲ Porção vaginal do colo do útero
Aspecto na mulher nulípara (1) e na multípara (2).

O SISTEMA REPRODUTOR FEMININO

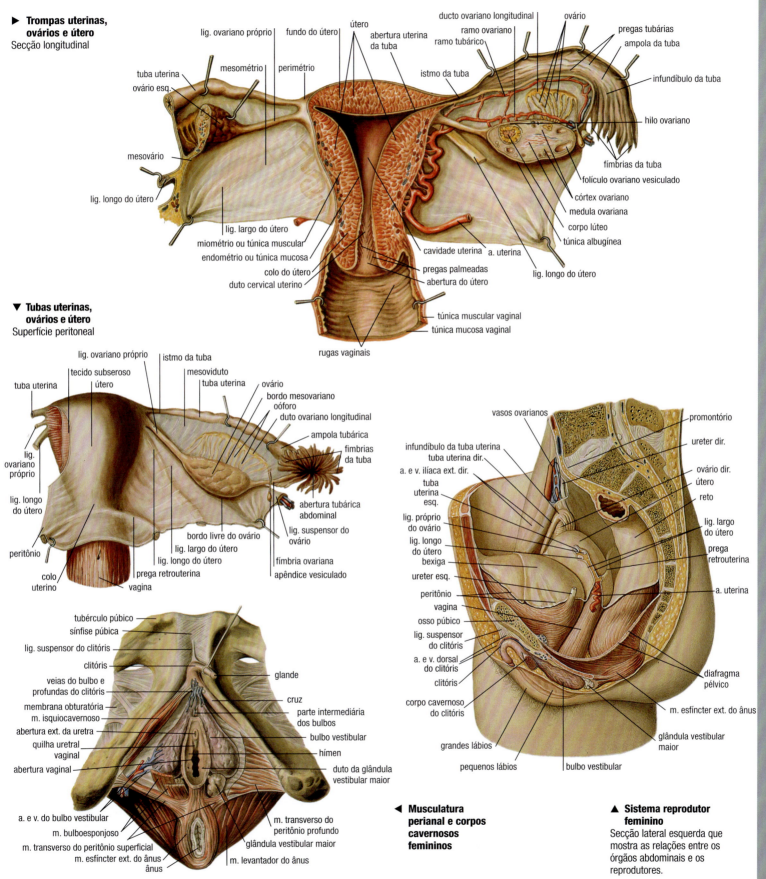

▶ **Trompas uterinas, ovários e útero**
Secção longitudinal

▼ **Tubas uterinas, ovários e útero**
Superfície peritoneal

◀ **Musculatura perianal e corpos cavernosos femininos**

▲ **Sistema reprodutor feminino**
Secção lateral esquerda que mostra as relações entre os órgãos abdominais e os reprodutores.

221

REPRODUÇÃO

CARACTERES SEXUAIS SECUNDÁRIOS

Tanto nos homens como nas mulheres, o processo de maturação que culmina na puberdade conduz ao desenvolvimento de todas as estruturas não só do sistema reprodutor como também dos chamados *caracteres sexuais secundários*, que consistem em particularidades somáticas, fisiológicas e psicológicas que diversificam profundamente os dois sexos.

NO HOMEM

O aumento da atividade hipofisária ➤[130] que se verifica nesse período estimula as glândulas suprarrenais e os testículos a produzir androgênios, em especial a testosterona ➤[128,140]. Este hormônio determina o aumento do tamanho do pênis e dos testículos, bem como a sua pigmentação mais escura. Ao mesmo tempo, induz o desenvolvimento dos caracteres secundários somáticos: os homens encorpam, a massa muscular desenvolve-se (sobretudo nos braços e nas pernas) e o revestimento de pelos torna-se mais denso, sobretudo no púbis, nas axilas, nas extremidades e no peito. Na face desenvolvem-se a barba e o bigode. Algumas vezes o pelo também cresce nas costas. A laringe, ao se modificar, muda de posição no pescoço ➤[167], e a voz torna-se mais grave.

O tecido cutâneo também sofre alterações: as glândulas sebáceas e sudoríparas registram uma atividade mais intensa.

As mudanças físicas são acompanhadas de profundas alterações psicológicas que, frequentemente, coincidem com a expansão e maior capacidade intelectual.

NA MULHER

Também na mulher o aumento da atividade hipofisária devido aos estímulos procedentes do hipotálamo ➤[130] induz as gônadas e as glândulas suprarrenais a produzir hormônios: enquanto os ovários segregam progesterona e estrogênios ➤[128,140],

A HOMOSSEXUALIDADE

Até poucos anos atrás, talvez devido à secular influência da moral cristã na observação da natureza, tanto os etólogos como os zoólogos ocidentais consideravam que, entre animais do mesmo sexo, eram anormais práticas sexuais como a masturbação, o acasalamento e a formação de um vínculo estável e monogâmico, bem como as manifestações de carinho e as atitudes típicas da corte.

Essa convicção não se baseava em investigações metódicas e observações científicas, mas no preconceito de que a homossexualidade humana era uma aberração «contra a natureza» ou «antinatural»: a natureza, por definição, devia ser heterossexual.

A partir de agosto de 1995, quando a XXIV Conferência Etológica Internacional declarou que a investigação sobre a homossexualidade animal devia ser considerada um campo legítimo de pesquisa, é cada vez mais elevado o número de cientistas que se dedicam à observação desse aspecto do comportamento animal. E os estudos realizados estão alterando a atitude da ciência em relação a essa questão: o comportamento homossexual não só era frequente entre os animais, como era, inclusive, normal em determinadas espécies.

Os animais abordados nesses estudos são «animais superiores»: mamíferos como o orangotango, o macaco, o bisão, o antílope, a girafa, o chimpanzé, o gorila, o leão, a foca, a orca, a baleia e o golfinho, ou aves como a gaivota-argêntea, o pinguim e o ganso.

O debate acerca do que deve ser considerado natural, quando se fala de sexualidade, adquire tons violentos, porque os resultados, extrapolados para o homem, afetam diretamente a moral, a ética e a atitude dos participantes no tema. E se no homem ressaltam não só a genética e a biologia, mas também a cultura e a educação, o que se depreende das recentes observações etológicas é que, nos animais estudados, as relações sexuais entre indivíduos da mesma espécie não são, frequentemente, um fato exclusivamente sexual, mas também fazem parte de níveis distintos de comportamento.

O que determina a escolha sexual, tanto num ser humano como num animal?

Convém destacar que esta pergunta é característica de sociedades nas quais a homossexualidade é considerada uma anomalia: atualmente, ninguém mais se pergunta a razão pela qual uma pessoa utiliza a mão esquerda ao invés da direita; não há quem pense em corrigir esse «defeito»; ninguém se pergunta por que razão prefere-se uma cor e não outra. Por outro lado, ao se considerar que a única finalidade da sexualidade é a reprodução, a homossexualidade «tem explicação».

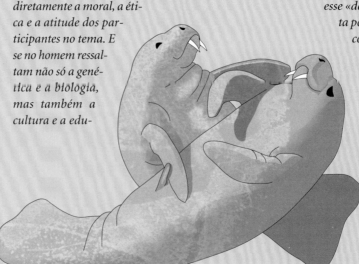

Os machos de morsas adotam posturas peculiares para estimularem mutuamente os genitais. Essas posturas são típicas, nunca sendo adotadas no acasalamento com as fêmeas.

CARACTERES SEXUAIS SECUNDÁRIOS

os hormônios que regulam o ciclo ovariano, as glândulas suprarrenais produzem androgênios, responsáveis pelas alterações somáticas e pelo desenvolvimento dos caracteres corporais femininos.

Devido às alterações hormonais, aumenta a espessura do tecido adiposo subcutâneo, sobretudo nos quadris, coxas, nádegas, nos antebraços e abaixo dos mamilos, onde contribui para dar forma às mamas. Ao mesmo tempo, todos os tecidos glandulares são estimulados a desenvolver-se: em particular os das mamas, que passam a ter forma, os sebáceos e sudoríparos (que ao aumentarem a sua atividade são, frequentemente, causa de mal-estar) e os vaginais, que dão início a sua atividade lubrificante. Também nas mulheres, desenvolvem-se os pelos púbicos e axilares, desenvolvem-se os órgãos sexuais e há alteração do tecido cutâneo. Além disso, como ocorre com os homens, as mudanças físicas são acompanhadas de profundas alterações psicológicas, com a expansão das capacidades intelectuais e da emotividade.

◄ **Mama**
Secção lateral direita

- clavícula
- m. subclávio
- fáscia peitoral
- pulmão
- tegumento comum
- músculos intercostais
- ligamentos suspensores da mama
- m. peitoral maior
- m. peitoral menor
- lobos da glândula mamária
- costela
- papila mamária
- glândula mamária
- ductos lactíferos
- seios lactíferos

Uma interpretação convincente das recentes investigações científicas já não considera a sexualidade dos «animais superiores» (ou seja, mais complexos do ponto de vista cerebral e funcional) um comportamento que visa unicamente à reprodução, mas uma das muitas condutas possíveis, uma das inúmeras manifestações da riqueza biológica. Como acontece em todos os demais âmbitos naturais, também no sexual a natureza estaria regulada, por um lado, por seleção e fatores limitantes e, por outro, por excesso de possibilidades sobre as quais, posteriormente, atua o meio circundante. Portanto, os comportamentos homossexuais bem como os heterossexuais não encaminhados para a reprodução seriam alternativas previsíveis aos comportamentos heterossexuais cujo fim é a procriação; em outras palavras, seriam manifestações da heterogeneidade que caracteriza os sistemas biológicos.

Ao mesmo tempo, é certo que na nossa espécie o comportamento sexual é fortemente condicionado por elementos culturais «adquiridos». Isso é possível porque a resposta aos estímulos sexuais no homem não é apenas um reflexo condicionado, mas uma reação nervosa complexa, na qual intervêm amplas zonas do córtex cerebral: centros da memória, centros olfatórios, auditivos e táteis, centros associativos, etc.

Na resposta que os estímulos provocam no hipotálamo e no sistema límbico, participa o córtex cerebral: essa circunstância liberta em grande medida a resposta sexual humana das suas raízes fisiológicas, submetendo-a à razão, à aprendizagem e à experiência. Em outras palavras, à cultura e aos costumes sociais. Por isso, em algumas culturas que ritualizam os comportamentos homossexuais, atribuindo-lhes importantes significados simbólicos, os indivíduos podem se manifestar livremente e em outras, que condenam essas condutas e marginalizam os indivíduos que as manifestam, a autocensura torna-se um comportamento inato e a homossexualidade, consequentemente, uma atitude «antinatural».

◄ **Resposta a um estímulo sexual**
1. O estímulo provoca um arco reflexo (setas **azul** e **vermelha**).
2. O estímulo chega ao cérebro através das vias sensitivas **(azul)** da medula espinal.
3. Quando o estímulo chega ao cérebro, a resposta sexual torna-se consciente.
4. As associações entre memória (contexto social, recordações) e sinais visuais, auditivos, táteis e olfatórios determinam a resposta sexual.
5. Transmitida pelas vias motoras **(vermelho)**, a resposta cerebral pode reforçar ou inibir o reflexo sexual.

223

REPRODUÇÃO

ESPERMATOZOIDES, ÓVULOS E CICLO OVARIANO

A produção de gametas ocorre nos ovários da mulher e nos testículos do homem segundo um processo de redução do patrimônio genético que permite, mediante a união de um óvulo com um espermatozoide, reconstruir uma célula totipotente com bagagem cromossômica completa.

NO HOMEM

Através de uma sucessão de divisões celulares e graças à produção de hormônios andrógenos por parte das células intersticiais do testículo, cada espermatócito secundário dá origem a quatro espermatozoides. Esse processo ocorre na luz do túbulo seminífero que, graças ao epitélio ciliado e às contrações, conduz os espermatozoides até o epidídimo, onde se acumulam durante uns 10 dias. A sua produção é contínua: em plena maturidade sexual, o homem pode produzir até 100 000 por milímetro cúbico de sêmen. Os espermatozoides passam em seguida para o duto deferente, onde amadurecem por ação das secreções de várias glândulas.

NA MULHER

O ovário é constituído por células com aspecto e funções diferentes: no estroma, rodeados de células intersticiais, encontram-se inúmeros óvulos «letárgicos» que se desenvolvem no interior dos folículos de Graaf, diminutas cavidades esféricas que, com a maturação do óvulo, aumentam de volume e emigram para a superfície do ovário, abrindo-se para o exterior (deiscência do folículo).

A B

▶ **Duto seminífero**
O esquema, que representa a secção de um duto seminífero, mostra com dois aumentos diferentes a disposição estratificada das células que dão origem aos espermatozoides. As fotografias **A** e **B** mostram duas secções histológicas que, com aumentos diferentes, permitem ver os espermatozoides à luz do duto.

▶ **Produção de óvulos e espermatozoides**
As espermatogônias do testículo multiplicam-se por mitose. Diferenciadas em espermatócitos secundários, dividem-se depois por meiose. O óvulo, ao contrário, origina-se no ovócito, com o aparecimento posterior de dois corpúsculos polares: o primeiro representa o corpo da mitose do ovócito e o segundo é constituído pelo núcleo da meiose, que divide ao meio o número de cromossomos.

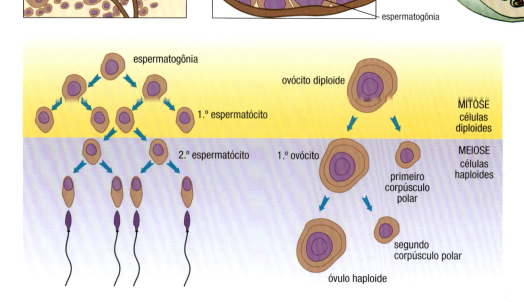

▲ **Estrutura do testículo**
Secção esquemática:
❶ cápsula externa dura;
❷ túbulos seminíferos eferentes, de uns 75 cm de comprimento, que saem dos mais de 200 lobos que contêm 400-600 túbulos cada um;
❸ rede do testículo;
❹ 12-20 dutos eferentes do rim;
❺ epidídimo;
❻ vaso deferente.

ESPERMATOZOIDES, ÓVULOS E CICLO OVARIANO

O óvulo, rodeado de uma coroa radiada de células foliculares, é liberado na cavidade peritonial (ovulação).

CICLO OVARIANO

A atividade ovariana inicia-se quando os hormônios hipofisários ➤130 estimulam o desenvolvimento dos folículos que, ao segregarem estrogênios, fazem proliferar o endométrio e ativam, em seguida, a hipófise. Dos inúmeros folículos estimulados, só amadurece um por mês: alternando-se com uma periodicidade de 28 dias, cada um dos ovários expulsa um óvulo. A produção máxima de estrogênio induz a secreção de LH hipofisário, que provoca a deiscência do folículo. Este se transforma em corpo lúteo, que, ao segregar progesterona, aumenta o desenvolvimento do endométrio. Se não há fecundação, o corpo lúteo degenera: a descida repentina de produção hormonal provoca a destruição do endométrio (menstruação) e estimula a hipófise a dar início a um novo ciclo.

ANTICONCEPTIVOS

Quem decide não ter filhos pode recorrer a métodos naturais ou artificiais para impedir a fecundação de maneira mais ou menos eficaz.

Métodos naturais
O método mais radical e menos utilizado é a abstinência total. O coitus interruptus (a retirada rápida do pênis da vagina antes da ejaculação) requer um considerável autocontrole por parte do homem e não oferece muitas garantias de êxito, tal como o cálculo dos dias férteis da mulher (o chamado método Ogino-Knauss ou tabelinha): sabe-se ainda muito pouco acerca do período de sobrevivência dos espermatozoides dentro do sistema genital feminino e sobre os ritmos hormonais da mulher, muito variáveis na maior parte das vezes.

Métodos médico-cirúrgicos
Os métodos drásticos e quase sempre irreversíveis são a esterilização cirúrgica masculina ou vasectomia (mais simples) e a esterilização cirúrgica feminina ou laqueadura das trompas (mais complicada e com resultados menos seguros). Os dutos do sistema reprodutor são cortados ou laqueados, interrompendo, assim, o regular fluxo de gametas.

O DIU (dispositivo intrauterino), um corpo inerte de plástico ou metal e das mais diversas formas, que é frequente conter cobre, é introduzido pelo ginecologista na cavidade uterina: ao irritar o endométrio, previne o implante do óvulo com uma elevada percentagem de êxito.

O anticonceptivo oral que modifica o equilíbrio hormonal da mulher é um coquetel de hormônios que impede a ovulação. Existem, no entanto, outros medicamentos que interferem na densidade do muco cervical ou na estrutura do endométrio.

Métodos de barreira
De fácil aplicação, inócuos para a fisiologia (exceto hipersensibilidades específicas particulares), impedem a fecundação mecanicamente: são o preservativo (único meio de prevenção de contágio de doenças sexualmente transmissíveis), que se coloca no pênis em ereção, e o diafragma cervical, que cobre a parte superior do colo do útero.

Em ambos os casos é recomendável a aplicação de cremes espermicidas.

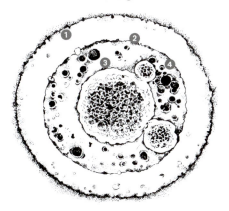

◀ Desenvolvimento de um óvulo.
Folículo contendo um óvulo ❶, que absorve líquido e engrossa durante uns 14 dias, ❷ até que aflora à superfície ❸ e se rompe, liberando o óvulo maduro ❹. Com a fecundação, o folículo vazio transforma-se em corpo lúteo ❺.

cabeça (5 mm)
peça intermediária (colo 5 mm)
cauda (50 mm)

▲ Estrutura de um espermatozoide.
Secção esquemática:
① acrossoma: é uma vesícula cheia de líquido rico em enzimas, que se rompe em contato com o óvulo, liberando substâncias que degradam a região diáfana, permitindo que o espermatozoide fecunde o óvulo;
② membrana celular: funde-se com a do óvulo, permitindo que o núcleo ③ penetre e o patrimônio genético paterno se una com o materno;
④ mitocôndrias: são inúmeras e indispensáveis para produzir a energia necessária para o movimento da ⑤ cauda, o elemento propulsor que permite ao espermatozoide chegar ao ovo. A parte intermediária e a cauda não passam a fazer parte do óvulo fecundado, ficando no exterior.

▲ Estrutura de um óvulo fecundado.
Secção esquemática:
❶ zona diáfana: é um revestimento proteico que envolve o óvulo;
❷ membrana celular;
❸ núcleo: depois da fecundação, os cromossomos nele contidos unem-se aos cromossomos contidos no núcleo do espermatozoide;
❹ mitocôndrias e outras estruturas celulares.

225

REPRODUÇÃO

FECUNDAÇÃO, GESTAÇÃO E ALEITAMENTO

Com a ejaculação, os espermatozoides são lançados para o exterior, onde encontram um meio extremamente hostil, constituído pelas secreções ácidas da vagina: seguindo a gradação de acidez, penetram no interior do útero, mas antes de chegar ao óvulo têm de superar uma série de barreiras físicas e químicas que os reduzem drasticamente: apenas uma centena dos 350 milhões de espermatozoides que ultrapassam o colo do útero consegue chegar às tubas. Na proximidade do óvulo, liberam enzimas que destroem o revestimento de proteínas que o rodeia e apenas um espermatozoide irá se fundir com o óvulo, impedindo a entrada dos restantes. Esse processo recebe o nome de fecundação e dá origem a um zigoto, a primeira célula-ovo. O zigoto começa a dividir-se com uma enorme rapidez e quando chega ao útero já é formado por várias células. «Preso» a uma das sinuosidades do endométrio, adere a ele e continua a dividir-se (implantação do zigoto).

Por volta do 7º dia de fecundação, algumas das células penetram no tecido materno e abrem caminho na mucosa uterina: é o primeiro esboço de placenta.

Começa, então, a gestação. No seu rápido crescimento, o embrião transforma-se: em nove dias formam-se a membrana vitelina e a bolsa amniótica, cheia de líquido amniótico; no final do 4.º mês, a mãe já sente os movimentos do filho, mergulhado no líquido amniótico.

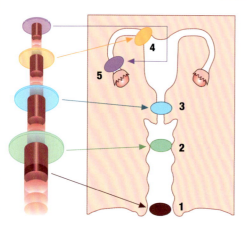

▶ **Seleção dos espermatozoides**
Redução do número de espermatozoides em vários níveis do sistema genital feminino: **1.** até 1/4 dos 350 milhões de espermatozoides contidos normalmente numa ejaculação é defeituoso, não competitivo; **2.** "armadilha" da mucosidade cervical, que muitos espermatozoides dissolvem liberando enzimas específicas e "sacrificando-se" para deixar passar os outros; **3.** apenas um milhão, aproximadamente, atravessa o colo do útero; **4.** só um milhar de espermatozoides entra nas tubas; **5.** uma centena chega ao óvulo.

▶ **Desenvolvimento embrionário durante a primeira semana**
❶ 2 células (30 horas, Ø 120 μm)
❷ 12-18 células (4 dias, Ø 120 μm)
❸ blástula (5 dias, Ø 120 μm)
❹ gástrula (5 dias e meio, Ø 140 μm)
❺ embrião (6 dias, Ø 140 μm).

▶ **Hormônios**
A gonadotrofina coriônica (seta laranja) produzida pelo embrião mantém ativa a produção de estrogênios (seta verde) e progesterona (seta azul) por parte do corpo lúteo, que é suplantado, depois do terceiro mês, pela placenta.

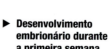

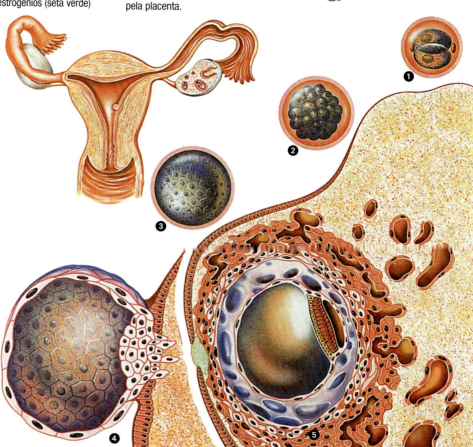

O sistema nervoso vegetativo é ativado: o corpo, revestido de uma pele fina e transparente, apresenta a cor vermelho-escura da musculatura e alcança 13,5 cm de comprimento e 130 g de peso. No decurso de 40 semanas, uma criança normal já desenvolveu cada um dos delicados e complexos sistemas do corpo: mais de 200 ossos, 50 germes dentários, músculos e órgãos funcionais e um cérebro cujo tamanho é equivalente a 1/4 do cérebro do adulto; a partir de uma célula, em nove meses, formou-se um novo ser humano, constituído por quase 200 milhões de células, com um peso equivalente a um bilhão de vezes o do óvulo.

O parto costuma ocorrer 280 dias após o início do último ciclo menstrual, embora seja difícil prever a data com exatidão, uma vez que a concepção não ocorre imediatamente depois de finalizar a menstruação.

Ainda não está esclarecido qual é o mecanismo que regula a duração da gravidez com tanta precisão: é provável que o momento do parto seja determinado por uma combinação de sinais hormonais maternos e fetais. Há ainda sinais hormonais precisos que regulam a produção de leite por parte da mãe.

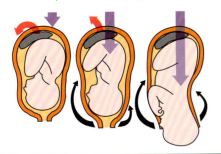

◀ **Hormônios do parto**
O parto é induzido pela diminuição progressiva de progesterona (seta vermelha) e pelo aumento da secreção de oxitocina hipofisária (seta violeta), que estimula as contrações musculares.

◀ **A produção de leite**
A sucção ❶ induz um reflexo nervoso ❷ que estimula a hipófise ❸ a segregar prolactina e oxitocina ❹. Esses hormônios estimulam tanto a produção de leite como a sua passagem para os dutos lactíferos.

INFERTILIDADE

Às vezes, não há fecundação: um casal em cada seis não consegue reproduzir-se. Em geral, um casal de 20 anos tem 18% de probabilidades de conceber uma criança e a fecundidade da mulher diminui a partir dos 30 anos; em média, para alcançar uma gravidez, são necessárias cinco ou seis semanas de relações «dirigidas» nesse sentido. No entanto, mesmo que não sejam obtidos resultados após dois anos de tentativas, ainda não se pode falar de infertilidade. De acordo com pesquisas recentes, apenas 10% dos casais é realmente estéril. Durante milênios, a infertilidade de um casal foi atribuída à mulher, mas em 1950 alguns estudos realizados nos Estados Unidos da América demonstraram que a infertilidade masculina é também muito frequente (a infertilidade de aproximadamente 40% dos casais deve-se a problemas de fecundidade masculina, ao passo que em 10% dos casais estéreis são registrados problemas em ambos).

INFERTILIDADE NO HOMEM
Distinguem-se três tipos, de acordo com a anomalia identificada que, por sua vez, pode ter diversas causas:

- ***anomalias no número de espermatozoides:*** *o número de espermatozoides que chegam ao óvulo é fundamental e, se são muito poucos, nenhum consegue fecundá-lo. Cerca de 8% dos homens submetidos a análise de fertilidade não produzem espermatozoides (azoospermia). É mais frequente a oligospermia: a produção de espermatozoides pode ser inibida ou diminuída (às vezes de forma irreversível) devido à inflamação das gônadas ou ao consumo de drogas, álcool, barbitúricos ou antidepressivos, ou ainda a determinadas condições ambientais, como a exposição a radiações ou a substâncias industriais (incluindo alguns metais e compostos orgânicos), e ao uso de roupa íntima muito justa;*

- ***anomalias funcionais dos espermatozoides,*** *como a presença de duas caudas ① ou duas cabeças ② ou a mobilidade reduzida da cauda, que alteram a sua capacidade de movimento e fecundação;*

- ***anomalias funcionais no sistema copulador-ejeculador:*** *a incapacidade de ereção do pênis ou de contração dos músculos da base da bexiga (que conduzem o esperma através da uretra) pode ocorrer por causas psicológicas ou físicas, ou também pelo consumo de drogas ou medicamentos.*

INFERTILIDADE NA MULHER
Se a dificuldade em ficar grávida aumenta com os anos (de fato, a produção de óvulos, sobretudo a partir dos 40 anos, diminui consideravelmente à medida que se aproxima a menopausa), a infertilidade nas mulheres jovens está ligada a causas diferentes, distinguindo-se duas categorias:

- ***infertilidades hormonais:*** *alteram a ovulação e representam 20-35% dos casos de infertilidade feminina. São, frequentemente, acompanhadas de ciclos irregulares e estão relacionadas com anomalias ovarianas (ausência de folículos), alterações hipofisárias ou insuficiência do corpo lúteo que provoca a morte do óvulo antes de atingir a maturidade (frequente após os 30 anos de idade);*

- ***infertilidades mecânicas:*** *devem-se a obstáculos que dificultam a emigração do óvulo (a obstrução das tubas provoca infertilidade em 25-40% dos casos), a hostilidade à recepção do esperma (10-15% das infertilidades) ou a alterações do endométrio, que impedem a fixação do zigoto.*

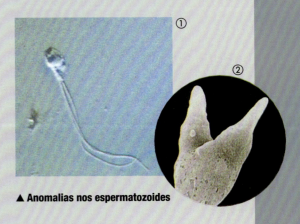

▲ **Anomalias nos espermatozoides**

O SER HUMANO BIÔNICO

A «máquina humana», tão complexa e funcional ao mesmo tempo, «avaria-se» eventualmente. A medicina em primeiro lugar, seguida da cirurgia e, atualmente, a engenharia genética, a embriologia e as mais modernas disciplinas, tenta remediar a situação.

Embora as últimas descobertas no campo da genética permitam confiar na possibilidade de reproduzir «in vitro», a partir de células de cada paciente (e, portanto, sem problemas de rejeição), os tecidos necessários para um transplante (tecido cerebral, glóbulos vermelhos, tecido hepático e tecido pancreático), os planos de substituir as partes deterioradas da «máquina humana» envolvem, há algum tempo, inúmeros setores da medicina, da engenharia ou da biotecnologia.

Em poucos anos foram registrados avanços significativos tanto no desenvolvimento e utilização de materiais sintéticos, cada vez mais ajustados às distintas necessidades cirúrgicas, como na fabricação de instrumentos de dimensões diminutas para «incorporar» em órgãos defeituosos, na criação de novas técnicas cirúrgicas de reabilitação ou de transplante e ainda na procura de soluções inovadoras. Entre estas, por exemplo, cabe destacar o desenvolvimento de inúmeros órgãos bioartificiais produzidos nas últimas décadas: pele, cartilagens, ossos, ligamentos e tendões semissintéticos já são uma realidade (para quem tem poder econômico) nos Estados Unidos da América, assim como em algumas instituições europeias avançadas.

Subsiste a incógnita da engenharia genética: entre as inúmeras controvérsias de caráter ético, religioso e científico, a investigação continua. Perfilam-se no horizonte de um futuro remoto animais com características idênticas às humanas para serem utilizados em xenotransplantes. De fato, já se trabalha em tecidos embrionários humanos, cujas células ainda não diferenciadas permitiriam reconstruir órgãos perfeitamente compatíveis com os dos pacientes.

Por enquanto, as intervenções mais frequentes continuam a ser as «tradicionais»: implantes de doadores compatíveis, emprego de instrumentos mecânicos (como o marca-passo ou as articulações artificiais) e próteses que substituem, pelo menos em parte, as «peças» deterioradas do nosso corpo.

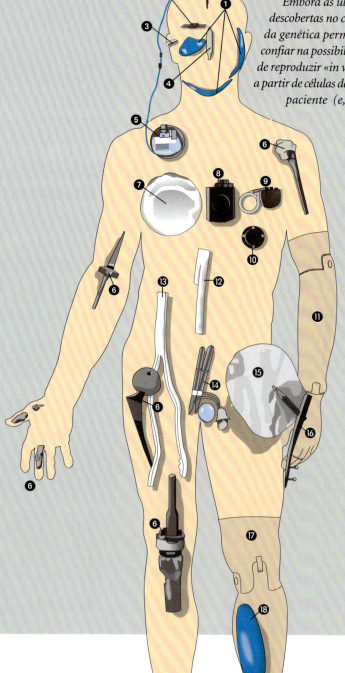

◀ **Elementos de substituição**
Alguns elementos utilizados normalmente em cirurgia para substituir órgãos ou partes do corpo defeituosos:
① próteses de vários materiais substituem partes ósseas da face (pômulo ou maçã do rosto, maxilares, etc.).
② prótese eletrônica para incrementar a visão.
③ prótese eletrônica para restabelecer a audição.
④ prótese de silicone para reconstrução do septo nasal.
⑤ aparelho eletrônico para a regulação dos impulsos motores no tratamento da doença de Parkinson.
⑥ articulações artificiais: ombro, cotovelo, mão, quadril e joelho.
⑦ prótese mamária.
⑧ bomba cardíaca.
⑨ marca-passo.
⑩ estimulador cardíaco de titânio.
⑪ prótese do braço com mão elétrica.
⑫ aorta artificial.
⑬ veias e artérias artificiais.
⑭ prótese erétil do pênis.
⑮ ânus artificial.
⑯ prótese femoral articulada.
⑰ prótese da extremidade inferior, com articulações do joelho e do pé.
⑱ prótese para a panturrilha.

GLOSSÁRIO

A fim de sintetizar os nomes de algumas estruturas anatômicas, que por extenso ocupariam muito espaço, utilizamos as seguintes abreviaturas: **a.** artéria; **ant.** anterior; **dir.** direito; **esq.** esquerdo; **ext.** externo; **inf.** inferior; **int.** interno; **lat.** lateral; **lig.** ligamento; **m.** músculo; **n.** nervo; **o.** osso; **post.** posterior; **sup.** superior; **v.** veia; **med.** medial.

Å = Angstrom: unidade de medida de comprimento de onda e dimensões atômicas equivalente a 1/10 000 000 de milímetro. (1 Å é 10 milhões de vezes menor do que 1 mm.)

Actina: proteína constituída por duas cadeias proteicas em forma de dupla hélice. Ao unir-se com filamentos de miosina, permite contração da célula muscular.

Adenômero: unidade funcional de uma glândula. É formado exclusivamente por células que produzem as substâncias secretadas pela glândula.

Adolescência: período no qual ocorre a puberdade e muitas outras alterações somáticas, emocionais e intelectuais que assinalam a passagem da infância à idade adulta.

Aglutinação: reação que provoca o agrupamento em conjunto de elementos corpusculares (p. ex., os glóbulos vermelhos ou brancos), de maior ou menor dimensão que tendem a sedimentar, os quais normalmente se encontram em suspensão num líquido. Pode ser desencadeada pela presença de anticorpos.

Ameboide, movimento: movimento celular produzido pelo deslocamento de material fluido no interior da célula (citoplasma) e pela formação de pseudópodes. Para mover-se, a célula alarga o protoplasma de acordo com uma direção preferencial, transferindo, de imediato, todo o conteúdo celular.

Aminoácido: composto orgânico cuja molécula é constituída pela ligação de um grupo carboxílico (ácido, COO-) e um grupo amínico (básico, -NH2). Os aminoácidos são elementos constitutivos das proteínas, ligando-se sequencialmente em longas cadeias (polímeros).

-aromático: contém uma ou várias estruturas cíclicas constituídas principalmente por átomos de carbono.

-terminal: é o aminoácido que se encontra no extremo de uma proteína. Pode conter o grupo ácido ou básico na forma livre.

AMP: sigla de adenosina monofosfato, uma molécula capaz de se unir a moléculas de fosfato perfazendo ligações de alta energia, em especial transformando-se em ATP. Desempenha um papel fundamental nos processos gerais da biossíntese, na contração muscular e no metabolismo dos neurônios e dos músculos.

Anastomose: elemento que realiza a ligação anatômica (transversal) de vasos sanguíneos, troncos nervosos ou de dutos da mesma natureza, de dois órgãos ocos.

Anel ou nódulo de Ranvier: zona da superfície de um axônio mielinizado na qual o revestimento de mielina é interrompido pela ausência de células de Schwann.

Aponeurose: membrana conjuntiva ou tendão cuja função pode ser: a) ou fixar os músculos aos ossos; b) ou revestir a massa total de um músculo, separando-o das estruturas vizinhas.

Arteriosclerótica, formação: formação identificável em artérias afetadas pela arteriosclerose, uma patologia degenerativa caracterizada pelo espessamento da túnica interna das paredes das artérias, que provoca o estreitamento do calibre do vaso e a redução do fluxo sanguíneo. Trata-se, sobretudo, de placas (ateromas) constituídas por gorduras procedentes da corrente sanguínea que se depositam no interior dos vasos.

Asclépio: deus grego da medicina. O seu culto como divindade que curava estendeu-se por todo o mundo antigo. Chamado Esculápio pelos romanos, tinha como principal atributo a serpente enroscada num bastão. O sistema de tratamento seguido no santuário dedicado a Asclépio permanece um autêntico mistério, embora se saiba que incluía operações cirúrgicas e aplicações medicinais que os sacerdotes-médicos efetuavam a partir de rituais de interpretações dos sonhos e purificação dos doentes mediante banhos, jejuns e sacrifícios.

ATP: sigla de adenosina trifosfato, uma molécula rica em energia que é sintetizada a partir da degradação intracelular de biocombustíveis (gorduras, açúcares, etc.). É formada por ligações fosfóricas ou fosfatídicas de alta energia entre moléculas de fosfato que se unem ao AMP. Tem a capacidade de se decompor, liberando novamente energia onde os processos metabólicos (síntese das macromoléculas, transporte de substâncias através da membrana, contração muscular, etc.) dela tenham necessidade.

Atrofia: diminuição do volume, degeneração ou redução da capacidade de um órgão ou de uma parte do corpo.

Bainha de mielina: revestimento constituído pela bainha de células de Schwann, o qual envolve o axônio neuronal e cumpre a função de isolador elétrico.

Catabolismo: conjunto dos processos químicos que fazem parte do metabolismo; libera energia química mediante a transformação das grandes moléculas ricas em energia em moléculas menores.

Célula de Schwann: célula que se desenvolve ao redor do axônio de um neurônio, constituindo um elemento da «bainha» de mielina.

Célula embrionária: célula primitiva que dá origem a uma ou várias linhagens completas de populações celulares.

Célula totipotente: célula embrionária capaz de gerar tecidos diferentes ao longo dos processos morfológicos que experimentará.

Citoplasma: parte da célula com consistência fluida (gel), compreendida entre a membrana plasmática e o núcleo, em cujo interior se encontram inúmeras organelas celulares nas quais estão organizadas as principais atividades metabólicas da célula. É composto principalmente por água (80%); o remanescente é constituído por proteínas em diferentes estágios de agregação, ácidos nucleicos, açúcares e íons.

Coagulação do sangue: processo que se verifica quando se rompe um vaso sanguíneo e se produz a saída de sangue, levando à formação de uma espécie de tecido mais ou menos compacto, constituído por uma rede de fibrina em cuja malha se depositam os eritrócitos e as plaquetas ou trombócitos até obstruir completamente a ferida e deter a hemorragia. Para que isso possa acontecer é indispensável a presença de plaquetas (ou trombócitos).

Colágeno: proteína fibrosa presente no tecido conjuntivo, que constitui 30% da quantidade total de proteínas do corpo: formada principalmente por glicocola e prolina, é constituída por cadeias triplas enroladas em espiral que, ao entrelaçarem-se, formam fibrilas, caracterizadas por pouca elasticidade e uma resistência considerável.

Complemento: sistema enzimático do sangue, composto de nove fatores, que é essencial para obter a lise de células reconhecidas pelo sistema de defesa imunológica do organismo.

Comprimento de onda: distância entre duas saliências ou duas depressões sucessivas de uma onda. No caso de uma radiação, o comprimento de onda (λ) indica a distância entre duas saliências sucessivas de uma onda eletromagnética. No vácuo, está relacionado com a frequência (n), ou magnitude física que indica o número de repetições do fenômeno periódico (ou seja, a onda) na unidade de tempo, e se expressa com a fórmula $\lambda \times v = c$, onde c indica a velocidade da luz (3×10^8 m/s).

Cromossomo: estrutura filiforme que se encontra, isolada ou junto de outras análogas, nos núcleos celulares. É constituído principalmente por DNA e proteínas, e contém os genes que determinam as características individuais de cada organismo. O número de cromossomos contidos em cada célula de um organismo é característico da espécie. As células somáticas (do corpo) contêm o dobro dos cromossomos das células sexuais (gametas).

Curso ou decurso: evolução e desenvolvimento de uma doença ou do fenômeno biológico. Em anatomia, indica também o percurso ou a trajetória de uma veia ou de um nervo.

Dendrito: prolongamento fino do corpo celular de um neurônio, ou célula nervosa, que exibe condução centrípeta do influxo nervoso.

Densidade (ou opacidade) radiológica: quantidade de raios x que um determinado órgão ou tecido submetido à radiografia pode absorver. É elevada no caso dos ossos e baixa nos órgãos internos, que requerem a utilização de meios de contraste para serem visualizados.

Derme: camada mais interna e espessa da pele: é constituída por tecido conjuntivo com abundantes vasos sanguíneos, terminações nervosas, fibras elásticas e fibras musculares lisas.

Deslocação ou luxação: ação e efeito de «desencaixar algo do lugar»; indica o deslocamento de um osso da respectiva articulação.

Desnaturação: modificação da estrutura quaternária ou terciária de uma proteína, que provoca a perda ou alteração das suas propriedades químicas específicas. Pode ser produzida pelo calor, pelo pH ou por reações químicas.

Diferenciação: processo biológico que conduz à formação, a partir de uma célula sem características ou funções específicas (não diferenciada), de uma célula ou agrupamento celular com caracteres estruturais e funcionais próprios (diferenciada). Este processo ocorre durante toda a vida: assinala a passagem das células do estado embrionário ao estado adulto, tanto no decurso do desenvolvimento fetal como, posteriormente, durante a contínua regeneração celular que se pro-

GLOSSÁRIO

duz em todos os tecidos. Segundo a maioria dos investigadores, a diferenciação celular baseia-se numa alternância complexa de ativação e eliminação dos genes presentes no DNA, igual em todas as células de um mesmo corpo. Além disso, é influenciada pelo meio extracelular: fatores de crescimento, osmose e interações celulares intervêm no processo segundo mecanismos ainda não esclarecidos.

Difusão molecular: transporte de moléculas através da membrana plasmática de uma célula viva, devido a um condutor específico (normalmente uma proteína). É um processo que não requer gasto de energia metabólica.

Dissecção: corte e separação de partes ou órgãos do corpo humano para estudo.

Eletrólito: sal dissolvido ou íon que participa numa das muitas séries de processos químicos que ocorrem no corpo humano. O sódio e o potássio são eletrólitos de especial importância.

Embrião: ser vivo nos estágios iniciais do desenvolvimento. No ser humano dá-se esta denominação ao feto antes de completar dois meses.

Endométrio: túnica mucosa que reveste a cavidade uterina; periodicamente, sob a influência dos hormônios ovarianos, sofre hipertrofia e descamação. Adere diretamente à túnica muscular (miométrio) e divide-se em duas camadas; uma basal, com funções regenerativas, e outra funcional. Esta última é a que se modifica durante o ciclo ovariano, sendo eliminada com a menstruação.

Endotélio: tecido formado por células unidas por uma fina membrana, que reveste o interior dos vasos sanguíneos e linfáticos.

Enzima: proteína capaz de acelerar uma determinada reação química.

Epiderme: camada superficial da pele que cobre e protege o corpo. É constituída por uma série de camadas celulares: a mais interna é o estrato germinativo, em contato direto com a derme, onde têm origem, continuamente, novas células epidérmicas que são progressivamente empurradas para a superfície. A camada mais superficial da epiderme é constituída por células mortas em fase de contínuo desprendimento (descamação).

Esperma: líquido seminal que contém os produtos segregados pelo testículo, pelo duto deferente, pelas vesículas seminais, pela próstata, pelas glândulas de Cowper e por outras glândulas menores do sistema reprodutor masculino.

Estroma: trama conectiva ou conjuntiva de um tecido, formada geralmente por fibras e células.

Fagocitária, atividade: capacidade que uma célula tem de englobar no seu interior outras células ou corpos estranhos (fragmentos celulares, microrganismos e partículas orgânicas, como, por exemplo, pólen, etc.) e de destruí-los.

Fagocitose: processo durante o qual a membrana plasmática se prolonga para se fechar depois ao redor de um corpo estranho, capturado num vacúolo. Este, por sua vez, funde-se com uma partícula celular que contém enzimas capazes de «digerir» o corpo estranho.

Feto: embrião em fase de formação, desde o terceiro mês de gestação até o momento do parto.

Fotorreceptor: elemento celular capaz de reagir às mudanças de intensidade luminosa (literalmente, receptor de luz).

Gânglio: nódulo constituído por células nervosas ou linfáticas.

Gel: estado no qual se apresenta um corpo semissólido formado por substâncias gelatinosas (coloides) que se encontram dispersas num solvente. O exemplo orgânico mais conhecido é a clara de ovo, rica em água.

Germinativo: diz-se dos processos inerentes ou que permitem a reprodução.

Glândula: grupo de células especializadas na produção de uma ou várias substâncias (secreção). Existem dois tipos de glândulas:

-endócrina, cuja secreção entra diretamente na corrente sanguínea. A secreção das glândulas endócrinas é denominada hormônio;
-exócrina, cuja secreção não entra na corrente sanguínea, mas é enviada para o exterior do corpo. São as glândulas salivatórias, do sistema digestório, sudoríparas e lacrimais.

Hemático, fluxo: corrente sanguínea.

Hemopoiese (ou hematopoiese): literalmente, produção hemática. É o processo de diferenciação celular que leva à produção de células sanguíneas a partir de células embrionárias da medula óssea, do baço, do timo e do fígado.

Hemorragia: saída de sangue devido à ruptura das paredes dos vasos.

Hidrólise: reação química que leva à ruptura de determinadas ligações de uma molécula por reação com a água.

Hipertrofia: desenvolvimento anormal de um tecido, de um órgão ou parte dele, que provoca o aumento de seu volume. Pode tratar-se de um processo normal (endométrio), induzido (como no caso do desenvolvimento muscular com exercício físico) ou patológico.

Hiperventilação: aumento de ventilação pulmonar provocado por inspirações mais frequentes e profundas.

Homeostase: tendência do organismo para manter o equilíbrio das suas condições fisiológicas internas.

Íon: espécie química com carga elétrica, quando a espécie neutra (átomo ou molécula) perde elétrons, forma-se o íon positivo denominado cátion; se adquiriu elétrons, forma-se o íon negativo denominado ânion. Quase todas as substâncias que se encontram dissolvidas na água estão em estado iônico.

Ligação proteica: é a ligação química que se estabelece entre o grupo funcional carboxílico, ácido, e o grupo funcional da amina, básico, de duas moléculas de aminoácidos. As ligações entre aminoácidos são o esqueleto das proteínas, também conhecidas como ligações peptídicas.

Ligamento: formação de tecido conjuntivo fibroso com a capacidade de unir entre si duas ou mais estruturas anatômicas.

Limiar de excitabilidade: estímulo mínimo que, no neurônio, é capaz de evocar uma resposta nervosa, ou seja, induzir um potencial de ação.

Lise: literalmente, ruptura; indica o processo de dissolução de células ou de microrganismos, provocado pela atividade da membrana plasmática, desencadeada por agentes químicos, físicos ou biológicos (anticorpos e complementos).

Mediador químico: substância que «medeia» num processo fisiológico através de uma reação química específica. Em particular, os neurotransmissores permitem a transmissão de um impulso nervoso ativando moléculas específicas na membrana da célula pós-sináptica.

Meiose: divisão celular que produz gametas haploides, ou seja, células reprodutoras com metade dos cromossomos das células somáticas da espécie em questão.

Membrana ou saco vitelino: anexo embrionário rico em substâncias nutritivas que aloja o embrião nas primeiras semanas de desenvolvimento.

Membrana plasmática (ou celular): película ou meio que une ou reveste a célula e os seus elementos corpusculares (partículas). É semipermeável, compõe-se principalmente de proteínas e fosfolipídios e pode ser atravessada livremente por inúmeros íons e água por osmose. As moléculas maiores podem atravessá-la pelo processo de fagocitose, ao passo que algumas moléculas importantes do ponto de vista metabólico são transportadas através de modalidades metabólicas específicas (transporte ativo e difusão molecular).

Menopausa: interrupção do ciclo ovariano que, na mulher, ocorre geralmente a partir dos 40 anos.

Mesentério: lâmina de peritônio visceral, que sustenta o intestino e demais segmentos do tubo digestório, ligando-os ao peritônio parietal.

Metabolismo: conjunto de transformações químicas de fenômenos energéticos que ocorrem num orga-

nismo ou numa célula (metabolismo celular) e que assegura a conservação e renovação da matéria viva que o/a constitui.

µm = micrômetro (ou mícron): milionésima parte do metro (equivale a 1/1000 de mm ou 1×10^{-3} mm).

Mielina: substância de natureza lipoproteica muito abundante nas células de Schwann. Devido a sua disposição e características, é a membrana destas células, a qual pode desempenhar a função de isolador elétrico, que forma a bainha de mielina dos axônios.

Miofibrila: filamento contrátil (formado por actina e miosina) orientado na direção do eixo maior da fibra muscular.

Miosina: proteína constituída por duas cadeias proteicas parcialmente enroladas, formando uma dupla hélice, e com uma «cabeça» que, de acordo com a concentração de íons Ca^+, é capaz de se unir com moléculas de actina e mudar de configuração espacial. Este mecanismo permite a formação de ligações temporárias actina-miosina, que são o substrato da contração muscular.

Mitocôndria: pequeno órgão ou organela intracelular, com membrana e DNA próprios, presente no citoplasma das células nucleadas, quer vegetais, quer dos organismos superiores. Desempenha um papel importante na respiração celular e na síntese de compostos ricos em energia. Durante a divisão celular, todas as mitocôndrias da célula-mãe se reproduzem por cisão, distribuindo-se nas células-filhas; cada embrião só recebe mitocôndrias da mãe, através do óvulo.

Mitose: divisão celular que produz células somáticas, ou seja, células que contêm o número (diploide) de cromossomos característico da espécie.

Molécula: união de dois ou mais átomos do mesmo elemento ou de elementos químicos diferentes (compostos), devido à formação de ligações químicas covalentes entre esses átomos. De acordo com o número de átomos que a compõem, pode ter dimensões mínimas (como a molécula de hidrogênio) ou dimensões macroscópicas (como a molécula de DNA que constitui cada cromossomo).

Morfologia: forma estrutural externa e interna.

Muco: fluido viscoso segregado pelas glândulas exócrinas que se encontram alojadas na mucosa; tem a função de lubrificar, proteger e manter limpa a superfície deste tipo de tecido.

Mucosa: revestimento das cavidades viscerais do corpo, constituído por epitélio e um córion ou lâmina conjuntiva.

Necrose: conjunto de alterações irreversíveis que se manifesta na estrutura de uma célula ou de um tecido e que provoca a sua morte.

Neurotransmissor: substância segregada por uma célula nervosa que permite a transmissão do impulso nervoso a outra célula (nervosa, muscular ou glandular).

Núcleo celular: elemento da célula em cujo interior se encontra o DNA, a molécula que contém o patrimônio genético característico da espécie.

Órgão diana: no caso de osmose, é o órgão estimulado de forma seletiva por um hormônio em particular; no caso de terapias ou exames com recurso a radioisótopos ou anticorpos, órgão afetado seletivamente pela metodologia utilizada.

Osmorreceptor: receptor capaz de notar a alteração de pressão osmótica que se registra no sangue de acordo com a quantidade de água presente na circulação. Pode induzir a sensação de sede.

Osmose: passagem de um solvente através de uma membrana semipermeável que separa duas soluções com concentrações diferentes. Segue o gradiente de concentração até o anular.

Otólito: minúsculo cristal de cálcio contido em bolsas internas do labirinto da orelha, o qual estimula, sob a ação da gravidade, receptores ciliados responsáveis pela pressão. É parte essencial do sistema do equilíbrio.

Pa: símbolo de Pascal, unidade de pressão no Sistema Internacional de Unidades de Medidas; equivale à

GLOSSÁRIO

pressão que a força de um Newton exerce sobre um metro quadrado.

Paraormônio: substância com características hormonais, mas que não é produzida por glândulas endócrinas. Neste sentido a histamina é um paraormônio natural; algumas substâncias ambientais contaminantes serão paraormônios artificiais.

Permeabilidade: propriedade que um corpo sólido tem de ser atravessado por um fluido.

pH: símbolo que exprime o caráter ácido ou básico de uma solução. Numa solução neutra, a 25º C e à pressão de 1 atm, o valor do pH é igual a 7. Todas as soluções ácidas têm valores de pH inferiores a 7 (quanto menores os valores do pH, mais ácida será a solução), ao passo que os valores de pH das substâncias básicas são superiores a 7 (quanto maiores os valores do pH, mais básica será a solução). Convém recordar que o desenvolvimento das reações químicas indispensáveis à vida só é compatível com variações mínimas do pH e que, com o objetivo de neutralizar os pequenos excessos ou as reduções na acidez, existem sistemas químicos, tampões, tanto no interior das células como no interior do organismo. A escala do pH vai de 1 (muito ácido) a 14 (muito básico); para a vida das plantas, os limites extremos estão entre 4 e 8,5-9.

Pigmento: substância que dá cor.

Placa neuromuscular ou motora: porção da membrana de uma célula muscular situada em contato com a terminação de um nervo motor. O neurotransmissor liberado pelo nervo determina alterações específicas nesta porção de membrana muscular, que levam à contração ou ao relaxamento da fibra muscular.

Placenta: órgão partilhado pelo feto e pela mãe, constituído por uma «metade» de origem fetal (as vilosidades do córion, geradas pela camada de células embrionárias mais externas, que tem inúmeras ramificações) e outra materna (o endométrio modificado). No final da gravidez, a placenta alcança os 20-30 cm de diâmetro e 3 cm de espessura, um peso aproximado de 500 g (quase 1/6 do peso do feto) e uma superfície em contato com as vilosidades de 10-14 m². Irrigada pelas artérias espiraladas do útero, permite (através de uma rede de capilares com cerca de 50 km no total) a afluência a uma única cavidade de 30 l/h de sangue materno, o qual está permanentemente separado do feto. A placenta cumpre várias funções: endócrina (produz progesterona, que neutraliza a oxitocina hipofisária na gestação, e outros hormônios que garantem o desenvolvimento correto da gravidez e do feto); respiratória (é o órgão onde o sangue fetal é oxigenado); nutritiva e excretora (é permeável tanto a gorduras, açúcares, proteínas, algumas vitaminas, sais minerais e água presentes no sangue, que são absorvidos pelo feto através das vilosidades, como as substâncias residuais que passam do feto para o sangue da mãe). Além disso, oferece ao feto certa proteção imunológica: os anticorpos maternos atravessam-na, defendendo-o de muitas infecções; ao passo que a maioria dos agentes patogênicos que podem afetar a mãe, uma infinidade de bactérias, vírus, protozoários e substâncias nocivas, não conseguem atravessá-la.

Plasmócito: célula produtora de anticorpos que se desenvolve a partir de um linfócito que, nos linfonodos, no baço ou na medula óssea, é ativado por um antígeno.

Pleura: membrana dupla que reveste os pulmões: o folheto externo adere à cavidade torácica e o interno reveste os pulmões. As suas superfícies lubrificadas permitem aos pulmões moverem-se dentro da cavidade torácica sem atrito.

Plexo: rede entrelaçada, bastante complexa e ramificada de estruturas anatômicas (nervos, vasos sanguíneos) que estabelecem um contato estreito ao anastomosarem-se.

Pólipo: tumor mole, geralmente pedunculado e benigno, que frequentemente se desenvolve na mucosa de certas cavidades do organismo (bexiga, intestino, laringe, seios nasais, útero). Embora raramente, também pode desenvolver-se na pele e nas membranas serosas.

Potencial de ação: processo básico, elétrico, das células excitáveis, o qual pode levar à formação do impulso nervoso nos neurônios, ou à contração das células musculares. Um potencial de ação resulta da inversão da carga elétrica da membrana celular e o seu imediato restabelecimento.

Potencial de membrana: diferença de potencial elétrico que se mede entre o interior e o exterior de uma célula. Deve-se à diferente concentração de íons (positivos e negativos) que se gera entre o interior e o exterior da célula, em virtude dos processos de transporte ativo e difusão molecular que ocorrem na membrana plasmática.

Pressão parcial: numa mistura de gases a uma temperatura constante, é a pressão exercida pelos componentes; equivale à pressão que cada um deles exerceria se fosse o único a ocupar todo o volume.

Proenzima (ou zimogênio): precursor enzimático; é uma molécula proteica, enzimaticamente inativa que, ao ser modificada, transforma-se em enzima ativa.

Proprioceptivo: diz-se das sensações procedentes de receptores de estímulos internos, receptores estes que se localizam nos músculos, nos ossos, nos tendões e nos ligamentos e que transmitem aos centros nervosos informação sobre a posição espacial do corpo, movimentos musculares e dos diferentes órgãos, dores, etc.

Proteína: derivado do grego *protos* (primeiro), é o nome que recebem substâncias orgânicas com estrutura química bastante complexa, mas com importância biológica fundamental. As proteínas constam de cadeias de aminoácidos e desempenham inúmeras funções tanto no interior das células (estruturais, enzimáticas, funcionais, contráteis) como na transmissão de estímulos intercelulares (p. ex., hormônios, neurotransmissores, etc.) A constituição destes polímeros biológicos é codificada geneticamente.

Prótese: do grego *pro-thesis* (pôr à frente), este termo pode indicar primeiramente a substituição de um órgão, de um membro ou parte deste, por aparelhos artificiais, com componentes e estruturas próprias adequadas para substituí-los. Pode, além disso, referir-se a determinados aparelhos ou dispositivos especiais destinados a melhorar o funcionamento de uma parte do corpo sem a substituir totalmente.

Pseudópode: prolongamento do citoplasma de uma célula, necessário para a fagocitose e para o movimento.

Puberdade: período do desenvolvimento anatômico e fisiológico do corpo humano durante o qual se atinge a maturidade sexual, que torna possível a reprodução.

Quisto: saco membranoso que contém líquido ou outras substâncias (gordura, pelos, etc.) e que se pode encontrar, superficialmente ou em profundidade, em qualquer formação anatômica. Pode ser congênito ou adquirido. Estes últimos desenvolvem-se normalmente pela presença de corpos estranhos (estilhaços, substâncias químicas não absorvidas) ou pela presença de substâncias estranhas num tecido, o qual reage incorporando-as num saco de membrana conjuntiva.

Radiação: forma de propagação da energia eletromagnética. Consiste na propagação à velocidade da luz de variações muito rápidas dos campos elétrico e magnético. É caracterizada pelo comprimento de onda (l) e pela frequência (*n*).

Radioisótopo: isótopo radioativo. Nas técnicas de análise clínica, indica a presença de um elemento químico radioativo com as mesmas características que outros elementos que participam normalmente nos processos metabólicos que se desejam analisar ou monitorar.

Raios x: radiações com um comprimento de onda entre 10^{-11} e 10^{-9} m.

Receptor: órgão ou célula capaz de captar um estímulo proveniente do exterior ou do interior do corpo.

Saco amniótico: bolsa de líquido amniótico que protege o embrião e o feto durante o seu desenvolvimento.

Sarcômero: unidade contrátil básica do músculo. É formado por dois tipos de proteínas: a actina e a miosina.

Serosa: membrana de camada dupla que reveste algumas cavidades do organismo e que tem um característico aspecto liso e brilhante. São serosos o peritônio, o pericárdio e a pleura.

Sinapse: interface entre a terminação de uma célula nervosa e uma outra célula excitável. Devem distinguir-se o conceito de sinapse química – a qual, por mediação de algumas substâncias e processos específicos da membrana celular, permite ao potencial de ação passar de uma célula para outra – e o de sinapse elétrica – a qual, entre uma terminação nervosa e a célula seguinte, permite ao potencial de ação passar de uma para outra (sem recorrer à ação dos neurotransmissores).

Somático: do corpo, em qualquer das suas acepções.

Substância hidrófila: substância que tem a propriedade de interagir com a água ou é capaz de se dissolver em água.

Substância intercelular: fluido que ocupa o espaço que fica entre duas células.

Substância intracelular: fluido que ocupa o interior de uma célula, aglutinando todos os seus elementos (núcleo, mitocôndrias, ribossomos, etc.). Genericamente indica o citoplasma.

Tendão: parte terminal de um músculo, formada por tecido conjuntivo fibroso não elástico, que une um músculo a um osso, a outro músculo ou à pele.

Tensoativa: substância que, dissolvida num líquido, modifica a sua tensão superficial. Nos pulmões, estas substâncias impedem que as superfícies internas dos alvéolos em contato se colem e ocorra um colapso.

Terminação nervosa: parte distal de um dendrito ou axônio nervoso. Pode desempenhar a função de receptor sensitivo, de elemento de contato e comunicação entre fibras nervosas ou de elemento de transmissão de impulsos nervosos.

Transporte ativo: movimento de substâncias através da membrana plasmática de uma célula viva que se produz em direção contrária à de um gradiente de concentração. É um processo que consome energia e se produz por mediação de proteínas específicas.

Ultravioleta (luz ultravioleta): conjunto de radiações eletromagnéticas com um comprimento de onda compreendido entre 400 nm e 4 nm.

Volemia: quantidade total de sangue em circulação.

Xamã: curandeiro e sacerdote capaz de estabelecer contato com o mundo dos mortos e de curar de forma milagrosa.

Xenotransplante: transplante num ser humano de um órgão proveniente de um animal.

Zigoto: célula totipotente derivada da união dos gametas masculino e feminino, e da qual resulta o embrião.

231

ÍNDICE ANALÍTICO

A
Abdome 46, 62, 63, 81, 112, 115, 117, 154, 182, 190-192, 195, 197, 199-201, 207, 210, 212, 218
Abertura anal 220
Abóbada craniana 42, 43
Absorção 126, 134-136, 152, 153, 157, 158
Ação oligodinâmica 129
- vasoconstritora 139
Acetábulo 41, 50-52, 70, 71
Ácido ascórbico 213
- clorídrico 128, 150, 151, 153, 159
- desoxirribonucleico 155
- graxo 27, 144, 155, 157,158
- lático 56
- pancreático 136, 154
- ribonucleico 155
- úrico 208, 209, 214
Acrômio 48, 64, 193
Acrossomo 225
ACTH 128, 131, 132, 138, 139
Actina 28-29
Atividade adeno-hipofisária 128, 133
- celular 206
- cerebral 28, 81, 93, 167
- emotiva 130
- endócrina 127, 128, 130, 133, 137-139
- física 53, 204
- fisiológica 129
- hipofisária 95, 131, 141, 209, 222
- metabólica 126, 178
- motora 151, 167
- muscular 57, 89, 126
- neuronal 95
- neurossecretora 95, 130
- ovariano 225
- renal 197, 214
- termorreguladora 207
- tireoideia 132
- vegetativa 130
- verbal 167
Açúcares 127, 136, 137, 154, 155, 157, 178, 206
Acupuntura 9-10
Adeno-hipófise, 0/00 hipófise anterior 27, 94, 95, 128, 130, 131-133
Adenômero 27, 208
ADH 128, 131, 132, 209, 213
Adipócitos 32, 208
Adolescência 19, 21, 217
Adrenalina 57, 126, 128, 137, 139, 183
Afetividade 85
Afrodite 217
Agentes patogênicos 151, 158, 181
Aglutinação 180, 181
Água 24, 25, 32, 56, 94 ,95, 103, 128, 143-144, 147, 153, 156-158, 178, 187, 197, 209, 212, 213
Álcool 25, 90, 93, 150, 227
Aldosterona 128, 138, 187
Alérgeno, alergia 181

Alexandria (Egito) 9, 10, 11
Alimentação 85, 144, 147, 150, 204
Alucinógenos 93
Alvéolos dentários 43, 174
- pulmonares 14, 26, 160, 170-173, 180, 184
Alzheimer, doença de 85
Amido 144, 147
Amilase 144, 147, 155
Aminoácidos 129, 144, 151, 155, 157, 158, 178, 180, 213
Amônia 213
AMP 129
Ampola 99, 136
- da tuba uterina 220, 221
- retal 159
- duodenal 151, 154, 155
- hepatopancreática 153
Anatomia artística, cirúrgica, microscópica, patológica, radiográfica, topográfica 15
- humana normal sistemática, descritiva, ou geral 15, 22
- macroscópica 15, 22
Anatomia *corporis humani* 11
Androgênios 222-224
Androstenediona 128
Androsterona 128, 140
Anéis cartilaginosos, da traqueia 168
- de Ranvier 30
- inguinal 217
Anfiartrose, ou articulação semimóvel 40
Angiocardiografia 17, 18
Angiotensina 187
Ângulo do esterno 46, 47
- púbico, pélvico 50, 51
Gás carbônico 160, 162, 163, 167, 170, 171, 179, 180, 206
Alça de Henle 213
Antebraço 20, 48, 65, 68, 89, 104, 108, 120, 121, 193, 194, 223
Antibióticos 150
Anticonceptivos 225
Anticorpos 23, 177, 179-181, 197, 202
Antidepressivos 93, 227
Antígeno 142, 179-181
Anti-inflamatórios 150
Ânus 123, 145, 159, 217, 219, 221, 228
Aorta 63, 111, 114, 116-119, 124, 127, 134, 137, 138, 148, 154, 156, 168, 169, 173, 177, 182, 183, 185, 186, 188, 190-192, 195,197, 199-201, 203, 204, 210, 212, 219, 228
Apêndice 46, 47, 140, 145, 152, 156, 158, 159, 192, 220, 221
- vesiculado 220, 221
Apneia de deglutinação 146
Apófise espinal 44, 45, 47, 61, 107, 111
- estiloide 42, 49, 98, 100
- xifoide 46, 47, 169
Aponeurose 54, 55, 62-64, 67, 68,
81, 199
- da língua 146, 164
- do bíceps braquial 121
- palatina 164
- palmar, plantar 65, 67, 68
Aprendizagem 92, 223
Aqueduto cerebral 97
- de Sylvius 90, 92, 97
- da cóclea 98, 99
- do vestíbulo 99
Ar 163
Árabes 10
Aracnoide 80, 81, 97, 107
- espinal 107
Arcada dentária 102, 146, 174
- arterial 177, 195
- do duto torácico 198, 199
- jugular 183, 189
- maxilar 174
- palatofaríngea, palatoglossa 102, 147
- palmar 121, 177, 193, 194, 199
- plantar 177, 196
- reflexo 108, 109, 146, 147, 223
- torácica 47
- venosa do pé 177, 195, 196
- zigomática 42
Arginina 155
Artéria, artérias 10, 18, 28, 43, 77, 106, 176, 177, 182-184, 186-188, 191, 193, 195, 196-199, 218
- acromiotorácica 121, 182, 183, 188, 189, 193, 194
- alveolar 114, 188
- angular 188
- apendicular 192
- artificial 228
- auricular 112, 120, 188, 189
- axilar 108, 117, 120, 121, 182, 188, 189, 193, 194, 198, 199
- braquial, ou umeral 65, 108, 121, 177, 188, 193, 194, 199
- braquiocefálica ou inominada 188, 191
- brônquica 170, 173
- bucal 188
- carótida 111, 112, 114-116, 118, 120, 130, 132, 135, 177, 189-191
- comum 98, 111-114, 116, 118, 134, 135, 169, 177, 182, 185, 188-190, 193, 198, 203, 204
- cecal 192
- central da retina 96
- esplênica 202
- cerebelar 130, 132
- cerebral 112, 113, 130, 132, 188
- anterior 83
- cervical 117, 182, 188-190, 193
- cervical transversa superficial 188-190, 193
- circunflexa 195, 197
- da escápula 121, 182, 193, 194
- do fêmur 124, 177, 182, 195, 196
- do úmero 121, 182, 193
- ilíaca 124, 182, 195, 219
- colateral radial 193

- ulnar 121, 193, 194
- cólica 192
- comunicante 130, 132
- coroideia 188
- coronária 182, 186, 191, 204
- costal 191
- da perna 196
- descendente do joelho 124, 195, 196
- digital 121, 177, 193, 194, 199
- do bulbo vestibular 221
- do duto deferente 218, 219
- do jejuno 156, 158
- do joelho 124, 125
- do labirinto 130
- do pescoço 165
- do timo 134
- dorsal 196
- do clitóris 221
- do metacarpo 121
- do nariz 188
- do pé 177, 195
- em arcada 177, 195, 210, 212
- epigástrica 182, 191, 195, 197, 219
- escapular 182, 193
- escrotal 219
- espinal 107, 111
- esplênica 119, 136, 137, 154, 177, 182, 191, 192, 200, 202, 203
- etmoidal 188
- facial 112, 113, 116, 118, 120, 177, 188, 189
- faríngea 188
- femoral 63, 122, 124, 177, 182, 191, 195, 196, 200
- fibular 125, 195, 196, 201
- frênica 138, 182
- gastroepiploica 200
- gástrica 119, 177, 182, 191, 192, 203
- gêmeas 196
- genital 191
- glútea 124, 182, 195, 197, 219
- inferior ou isquiática 195
- hepática 152-154, 177, 191, 192
- comum 153, 154, 182, 191
- hipofisária 130,132
- hipotalâmica 95
- ileocólica 192
- ileolombar 182, 195
- ilíaca 123, 124, 191, 192, 195-197, 199, 219, 221
- circunflexa 191, 196, 197
- comum 119, 124, 154, 177, 182, 195-197, 200, 210, 219
- externa 63, 123, 156
- infraorbitária 188
- intercostal 116-118, 170, 182, 193
- interlobular renal 210, 212
- interóssea 121, 177, 199
- comum, recorrente 193
- intestinal 119
- isquiática ou glútea inferior 122, 195
- labial 188
- lacrimal 188

- laríngea 120, 135, 188, 189
- lingual 112, 113, 116, 118, 120, 135, 188, 189
- lombar 182, 191, 192
- lombar IV 124, 195
- maleolar 195, 196
- mamária 170
- maxilar 112-114, 188, 189
- meníngea 112-114, 188
- mesentérica 108, 119, 136, 155, 177, 182, 191, 201, 210
- inferior, superior 137, 138, 116, 192
- metacárpica palmar 193
- metatársica 195, 196
- músculo-frênico 182
- obituratória 182, 195, 219
- occipital 112, 113, 116, 188, 189
- oftálmica 96, 188
- ovariana 141
- palatina 146
- pancreático duodenal 137, 154
- perfurante 124, 195, 196
- pericardiofrênica 182
- perineal 219
- plantar 124, 177, 195, 196
- poplítea 72, 124, 125, 177, 195, 196, 201
- principal do primeiro dedo da mão 121, 193, 194
- profunda do braço 121, 177, 182, 193
- do fêmur 122, 124, 177, 182, 195, 196
- do pênis 219
- pudenda 123, 124, 182, 195, 219
- pulmonar 118, 160, 161, 168, 170, 172, 173, 182, 185, 190, 197, 204
- radial 65, 121, 177, 193, 194, 199
- do segundo dedo da mão 121, 194
- radial recorrente 121, 193
- ulnar 121, 193
- tibial 195, 196
- retal 119, 123, 195, 197, 219
- renal 119, 177, 182, 191, 197, 210-212, 218, 220
- sacra 116, 119, 182, 191, 192, 195-197
- segmentar 170
- subclávia 46, 63, 114, 116-118, 120, 134, 169, 170, 177, 182, 188-191, 193, 199, 203, 204
- subclavicular 182
- subescapular 121, 182, 188, 193-194
- submandibular 188, 189
- submentoniana
- supraescapular 113, 182, 188-190, 193
- supraorbitária 188
- suprarrenal 138, 182
- supratroclear 188
- társica 195, 196
- temporal 112, 177, 188, 189
- testicular 138, 140, 182, 210
- tibial 125, 177, 195, 196, 201

232

ÍNDICE ANALÍTICO

- tireóidea 135
- tiroideia 112, 115, 116, 118, 120, 134, 135, 182, 188-190, 193, 203
- torácica 116, 120, 121, 134, 182, 188, 193, 194, 203
- toracodorsal 121, 182, 193, 194
- trabecular 202
- transversal da escápula, ou escapular 193
- transversal do pescoço, da face 182, 188-189
- umbilical 197
- umeral, ou braquial 193
- ulnar 65, 177, 193, 194, 199
- uterina 141, 195, 197, 221
- vaginal 195
- vertebral 111, 114, 182, 188, 193
- vesical 195, 197, 219
- vesículo-diferencial 195
- zigomato-orbitária 188
Arteríola 173, 182-184, 202, 203, 212, 213
- glomerular, reta 212
- interlobular 152
- peniciliada 203
- pulmonar 172
Arteriosclerose 85, 204
Articulação 17, 36, 40, 56, 57, 61, 166, 193, 195, 199, 209
- artificial 228
- condiloide 40, 44
- cricoaritenóideia 166
- da coxa, ou coxofemoral 37, 50, 71
- do cotovelo 48, 49, 193, 194
- do joelho 72, 122, 123, 125
- elipsoidal 40
- em dobradiça
- em eixo
- em sela 40, 68
- escápulo-umeral 193
- esférica 40
- imóvel, ou sinartrose 40, 41, 42
- móvel, ou diartrose 40, 54
- plana 40, 45
- sacroilíaca 50
- semimóvel, ou anfiartrose 40, 41, 54
- tibiotársica 53, 72, 123
- uncomaleolar 100
Artrodia 40
Asclépio 9
Astigmatismo 97
Atenção 92
Atlas 37, 42, 44, 45, 58, 114, 147, 164
ATP 29, 129
Audição 42, 81, 84, 85, 98, 100, 101, 228
Aurícula 172, 177, 183, 185, 186, 189, 190, 197
Australopithecus afarensis 76
Autópsia 15
Axilas 20, 33, 222
Axônio 30, 31, 95, 130
Azoospermia 227

B

Baço 14, 16, 116, 119, 154, 156, 158, 176, 179, 184, 190-192, 198, 200, 202, 203, 207
Bainha de mielina 30, 31
Barbitúricos 227
Baricentro 70, 72
Basileia 13, 14
Basófilos 178-179
Bellini, dutos papilares 212
Bexiga urinária 16, 17, 33, 57, 111, 119, 144, 156, 191, 195, 197, 201, 207, 211, 216, 217-221, 227
Bicarbonatos 128, 147, 154
Bíceps 54
Bigorna 98, 100
Bilirrubina 153
Bílis 145, 150, 152, 153, 155-157

Biologia 222
Biópsia 16, 25
Biopsicologia 142
Biotecnologia 228
Blástula 226
Bloqueio tubárico ou obstrução das tubas 225
Boca 55, 59, 102, 113, 131, 143-147, 160, 162-165, 167, 174
Bocejo 163
Bolo alimentar 146-149, 155
Bolonha 11
Bolsa serosa 57, 64, 72
Bowman, cápsula de 210, 213
- glândula de 103
Braço 17, 20, 33, 37, 48, 60, 64, 89, 104, 108, 117, 120, 121, 167, 182, 184, 188, 191, 193, 194, 199, 204, 222
Brônquio 16, 32, 36, 54, 148, 160-163
- extralobar ou lobar 168, 170, 172
- intralobar 168, 170, 190, 198
Bronquíolo 160, 170, 172
Brunner, glândulas de 27, 156, 157
Bruxelas 13
Bulbo
- cerebral 146, 147, 149
- de Krause 104, 105
- do pênis 209
- encefálico 212
- centro inspiratório 162
- centro respiratório 170
- olfatório 83, 97, 102, 103, 112
- piloso 104
- vestibular 221
Bulbo do olho 58, 96, 97, 199

C

Cabeça 81, 99, 112-114, 182, 184, 188-189, 191, 198, 199, 227
- do espermatozoide 227
- do fêmur 70, 71
- do úmero 193
Cabelo 19, 144, 206, 208
Café, cafeína 93, 150
Câimbra 56, 127
Caixa craniana 42, 76, 80
Caixa do tímpano 98, 165
Caixa torácica 36, 37, 44, 46- 48, 62, 160, 162, 169
Calcâneo 37, 52, 53, 67, 73, 123, 125, 196, 201
Calcanhar 72, 73
Calcedônia, Herófilo de 9
Cálcio 28-29, 38, 39, 53, 74, 99, 126, 128, 134, 135, 209, 214
Calcitonina, ou hormônio hipocalcemiante 38, 128, 134, 135
Cálculos biliares, renais 17, 153, 214
Cálices renais 210-213
Calo 74
Calor 56, 81, 105
Camada de Malpighi 104
- glandular, intermédia cerebelar 88
- membrana sinovial 41, 64
Camada molecular 88, 89
Câmara do olho, vítrea 96, 97
Caminhar 19, 53, 70, 109
Campo cerebral 83, 84, 86, 91
- gustativo 102
- motor, pré-motor, primário 87
- tátil 86
Campo de associação 83
Caninos 146, 174
Cannabis 93
Capacidade anatômica, respiratória, vital do pulmão 163
- digestória, visual 19
- intelectual, linguística 81
- motora 127
Capilar ou capilares 176, 178, 180
- alveolar 173
- biliar 10, 152-153
- com bainha 203

- glomerular 213
- linfático 157, 184, 198
- pulmonar 171, 190
- sanguíneo, arterial, venoso 126, 129, 136, 153, 157, 160, 183, 184, 208, 210, 213
Cápsula
- adiposa e fibrosa renal 211, 212
- articular 41, 53
- de Bowman 210
- do glomérulo 212, 213
- prostática 218
- suprarrenal, ou ‰ glândula suprarrenal 138, 139, 191
Caracol, ou cóclea 98-101
Caracteres sexuais secundários 20, 128, 140, 141, 216, 222
Carboidratos 138, 147-155
Carboxipeptidase 155
Carpo 37, 48, 68, 199
Cartilagens 10, 32, 36, 38, 39, 45, 71, 72, 166, 167, 228
- acessórias, ou Santorini 166
- aritenoides 166-167
- costais 46
- cricoides 147, 161, 167-169
- cuneiformes, de Wrisberg, ou de Morgagni 166, 168
- da tireoide 58, 114, 134, 135, 147, 161, 164, 165, 166-169, 190
- da traqueia 135, 165, 166, 168
- do meato acústico, ou da tuba 98
- fibrosas, hialinas 40
Caseinogênio 144
Cauda equina 77, 113, 117
Cauda de espermatozoide 227
Cavernas dos corpos cavernosos 219
Cavidade abdominal 17, 63, 149, 152, 158, 216
- bucal 147, 161-163
- cardíaca 16, 18
- epidural 107, 111
- glenóidea 48
- medular 39
- nasal, paranasal 103, 160, 163-165
- pélvica 211
- peritoneal 220, 224
- pleural 160, 169
- pulmonar 162
- subaracnóidea 111
- timpânica, do tímpano 98
- uterina 220-221, 225
Ceco 156, 164, 165
Célula 16, 22, 23, 26, 77, 78, 81, 85, 102, 107, 127, 129, 130, 136, 137, 144, 155, 157, 158, 175, 176, 179, 183, 202, 206, 208, 209, 215, 216, 224
- A 151
- alfa 136
- beta 136
- caliciforme mucípara 150, 151
- capsular 104, 105
- ciliada 100, 160, 164, 168
- conjuntiva 173
- crestiforme 88
- da neuroglia 80
- de Corti 100
- de Golgi 88
- de Leydig 140
- de Purkinje 88, 89
- de Schwann 30
- delta 137
- dendrítica 203
- do sangue 203
- embrionária 179, 202, 226
- endócrina da hipófise 95
- enterocromafins 151
- eptelial 134, 157, 203, 213
- esplênica 203
- estrelada 88
- folicular 224
- frontal 82, 84
- G 151

- glandular 30, 31
- granular 88
- granulosa dos folículos ovarianos 140
- hepática 153
- intersiticial 133, 140, 224
- linfática 184
- metabolismo 206
- muscular (ou fibra) 28, 80, 95
- cardíaca 186, 204
- nervosa (ou fibra) 30, 142
- nervosa do cérebro 81, 85
- neurossecretora 95
- olfatória bipolar 103
- parietal 151
- pós-sináptica 31
- principal ou alelomorfa 151
- renal 187
- reprodução 179, 206
- reprodutora, ou gameta 140
- secretora 129
- sensitiva, sensorial 84, 103
- sexual feminina, ou óvulo 216
- sexual masculina, ou espermatozoide 216
Celulose 147
Centro cerebral respiratório 127
Centros axiais supramedulares 107
- bulbar 110
- cerebrais associativos 223
- auditivos 223
- da memória 223
- olfatórios 223
- respiratórios do bulbo 163, 170
- respiratórios glossofaríngeos 163
- táteis 223
- cranianos 110
- nervosos 209
- respiratórios vagos 163
- suprassegmentares 107
Cerebelo 33, 77-79, 80-83, 87-90, 99, 100, 109, 130, 133, 189
Cérebro 10, 11, 18, 19, 21, 33, 42, 43, 68, 75-77, 79-86, 88, 91, 94, 97, 99, 102-105, 129-132, 142, 189, 223, 227
Cheiro 103, 163
China, Chineses 9, 10
Choque anafilático 181
Choro 163
Ciclo cardíaco 186, 187
- do sono 128, 133
- menstrual, ovariano 94, 126, 133, 141, 223-225, 227
Cifose 44, 45
Cilindro-eixo, ou axônio 30
Cimento 146
Cíngulo 93
Cintilografia 18
Cintura 64
- escapular 37, 48, 50, 64, 65
- pélvica, ou pelve 36, 37, 48, 50
- torácica 62, 64
Circuito gama 109
Circuitos nervosos, neuronais 78, 79
Circulação 21, 157, 158, 172, 175, 183, 188, 190, 193, 195
- fetal 197
- geral, ou grande circulação 172, 173, 177, 185, 187, 197
- linfática 157, 175
- porta 153
- pulmonar ou pequena circulação 172, 177, 185, 187, 197
- sanguínea 27, 39, 128, 129, 131, 138, 155, 179-180, 183-184,196, 209
Circunvolução cerebral 82
- angular 82
- dentada, 84, 92, 103
- do cíngulo 84, 103
- fasciculada 92
- frontal 82, 84
- lingual 84
- orbitária 102

- paraterminal 84, 103
- reta 83
- temporal 82
Cirrose hepática 16, 93
Cirurgia 228
Cisterna (também venosa) 29, 189
- do quilo 177, 199
Cisterna de Ronaldo, de Sylvius 83, 84
- cerebral 82
- pulmonar 170
Citoplasma 26, 32, 179, 208
Clavícula 37, 48, 58, 121, 194, 223
Clitóris 217, 220, 221
Cloreto de sódio 213
Clostridium difficile 159
Cnido, Alcméon de 9
Coagulação sanguínea, do sangue 152, 179, 204
Cocaína 93
Cóccix 37, 44, 50, 51, 108, 119
Cóclea, ou caracol 98, 101
Coito 218, 222
Coitus interruptus 225
Colágeno 32, 38, 173
Colecistectomia 153
Colecistoquinina 128
Colédoco 119, 152-155
Colesterol 27, 129, 153
Cólica nefrítica 213
Colite 159
Colo do dente 146
- do fêmur
- do útero ou uterino 188-190, 193, 220, 221, 225, 226
Coloide 27, 134
Colombo, Realdo 14
Cólon 16, 145, 152, 156, 158, 159, 191, 192, 207
- sigmoide ou ileopélvico 119, 156, 158, 159, 191, 192, 207
- transverso 119, 156, 158, 192, 201
Coluna do fórnice 133
Coluna vertebral 21, 33, 36, 44, 45, 48, 50, 53, 60-62, 70, 77, 81, 87, 109, 110, 111, 116, 118, 169, 182, 210
- curvas, desvios 45, 70, 71
Colunas anais 159
- espinais 106, 107
- renais, ou de Bertin 210-212
Comissura anterior 92
Complementos 177, 180
Comportamento 92, 94, 223
Compostos orgânicos 227
Comprimento de onda 18, 84, 97
Concepção 227
Condilartrose 40
Côndilo 40, 42, 72
Condrócitos 32
Conjuntiva 96
Conjuntivite 159
Consciência 57, 76, 90, 93, 110
Constantino, chamado o Africano 10
Contração cardíaca 182
- muscular 28, 29, 30, 54, 109, 128, 218, 227
Coordenada anatômica, diagonal, obstétrica, verdadeira 50, 51
Coração 11, 16-18, 28, 33, 46, 111, 116, 127, 144, 163, 169, 176, 177, 182, 183, 185, 186, 189, 191, 200, 201, 204, 207
Corda vocal 102, 161, 165, 167
Cordas tendinosas 185, 186
Cores 84
Córnea 26, 96, 97
Corneto nasal 103, 114, 147, 161, 164
Cornetos 164-166
Coroa dental 146
- da glande 219
- radiada 224
Coroidea 96

233

ÍNDICE ANALÍTICO

Coronárias 18, 116, artérias 204
Corpo, o núcleo, talâmico 91
- amarelo, ou lúteo 128, 132, 220, 221, 227
- amigdaloide 92
- caloso 82-84, 92, 103, 133
- cavernoso do clitóris 221
- cavernoso do pênis 218, 219, 221
- ciliar 96
- do esterno 46
- esponjoso do pênis 123, 218, 219
- estriado 84
- geniculado 97, 99
- mamilar 83, 84, 92, 94, 97, 103
- paraórtica 127
- pineal 103, 127, 130, 133
- polar 224
- vítreo 96-97
Corpúsculos de Paccini 104, 105
- de Meissner 104-105
- de Ruffini 104
- ou glomérulos, de Malpighi 203
- renais, ou de Malpighi 212, 213
Corte 222
Córtex cerebelar 88
Córtex cerebral 78, 82-84, 86, 92, 93, 96-98, 100, 103, 106, 146, 223
- auditivo 85, 86
- gustativo 103
- motor, pré-motor 86-89, 91, 109
- ovariano 221
- renal 210-213, 218
- sensitivo 83, 86, 87, 91, 100, 104, 105
  suprarrenal 128, 138, 139
- tátil 86
- visual 84, 85, 96
Corte, células, órgão 98, 100, 101
Corticosteroides 128
Cortisol 128, 132, 138
Cortisona 128, 138
Cós 9
Cós, Erasístrato de 9, 10
Costas 20, 182, 222
Costela 32, 36, 37, 44, 46-48, 62, 162, 179, 223
- 1ª costela 46, 48, 58, 62, 114, 116, 169, 188, 194
- 2ª costela 46, 170
- 7ª costela 118
- flutuante 46-47
- verdadeira 46
Cotovelo 40, 41, 48, 49, 64, 65, 74, 177, 193, 194, 199, 228
Couro cabeludo 27, 59
Cowper, glândula de 218
Coxa 20, 37, 41, 52, 66, 119, 122, 124, 125, 195, 196, 223
Crânio 18, 36, 37, 40, 42-44, 81, 96-98, 105, 131, 164, 165, 174, 188, 189, 190,199
Creatinina 209, 213
Crescimento 128
Crescimento ósseo 38
CRF 142
Criatividade 76
Criptorquidia 217
Crista ilíaca 52, 61, 66, 158
Cromossomos 215-217, 224, 225
Crossa de aorta 114, 116, 127, 148, 169, 177, 182, 183, 185, 188, 190, 197-199, 204
Curva do cíngulo 92
- do hipocampo 92
Curva dorsal 45, 70, 71
Cúspide septal 185

D

Danças Macabras 14
De humani corporis fabrica 13, 14
Dedos 49, 86, 89, 121, 123, 199
- 1º dedo da mão 121, 193, 194, 207
- 1º dedo do pé 52, 196
2º dedo da mão 68, 121, 194
Defecação 158

Defesa do corpo, do organismo 42, 178-181, 202
Deglutição 81, 146, 147, 165-168
Degradação 206, 210
Deiscência do folículo 141, 224, 225
Dejetos, ou resíduos 126, 175, 183, 197, 205, 206
Demência senil 85
Dendrito 30, 31, 78
Densidade radiológica 15, 17
Dentes 19, 26, 27, 37, 43, 44, 146, 174
- de leite 174
Dentição 174
Dentina 146
Derme 26, 28, 32, 104, 105, 208
Desenho científico 12
Desenvolvimento embrionário 15, 130, 216, 226
Desidratação 25, 127, 210
Desidrocorticosterona 128
Desidroepiandrosterona 128, 140
Deslocação, luxação 41, 48
Desoxicorticosterona 128
Desoxirribonuclease 155
Determinação do sexo 216
Dextrina 147
Diabetes 127, 137, 204
Diáfise 39
Diafragma 62-63, 115, 116, 118, 119, 122, 148, 149, 152, 156, 160, 162, 163, 168-170, 190, 191, 197-201
- método anticoncepcional 225
- pélvico 221
Diafragma cervical 225
Diartrose, ou articulação móvel 40, 100
Diástole 186, 187
Dieta 38, 53, 74, 214
Diferenciação 216, 220, 226
Difusão de gases 160, 171
Digestão 91, 126, 136, 143, 144, 147, 149, 151, 153, 156, 157
Díploe 42, 43, 81
Dissacarase 144
Dissacarídeos 144, 155
Discos de Merkel 105
Discos intervertebrais 45, 61, 117
Disfunções biliares 153
- metabólicas 213
Dissecação 9, 11, 13-14
DIU, dispositivo intrauterino 225
DNA 155, 217
Doador 181, 228
Dobra ventricular 167
Doença de Alzheimer 85
- de Parkinson 85, 228
Doença metabólica 214
- circulatória 142
- sexualmente transmissível 225
Dopamina 85, 128, 133
Dor 81, 82, 94, 105, 108
Drogas 93, 227
Duodeno 10, 118, 119, 128, 137, 145, 149, 150, 152-157, 191, 192
- ampola de Vater 154, 155
Duque de Anjou 11
Dura-máter 80, 81, 114, 189
Duto
- biliar 153
- carótico 98
- central espinal 107
- cervical do útero 220, 221
- de Havers 32, 39
- de Volkman 32, 39
- díploe 43
- espinal 17, 81, 106
- incisivo 102
- obturatório 124
- medular 46
- óptico 97
- sacral 45
- semicircular 98-100
Duto alveolar 170

- principal, ou de Wirsung 154
- acessório duodenal, ou duto de Santorine 154
- aórtico linfático 196-199
- arterial 197
- auditivo 98-101
- biliar 10, 152-153
- cístico 152, 153, 155
- coclear 99, 101
- coletor renal 212, 213
- deferente 119, 140, 207, 218, 219
- ejaculador 208, 218
- endolinfático 99
- excretor 126, 152, 154
- lactífero 223
- hepático 119, 152, 153, 155
- hepático comum 153
- linfático 177, 198, 199
- linfático direto, ou grade veia linfática de Galeno 198
- ovariano longitudinal 220, 221
- pancreático 136, 153, 155
- papilar renal 212
- parotídeo 59, 113, 146, 165, 188
- semicircular 99
- seminífero, espermático 218, 224
- torácico 118, 177, 198
- linfático 184, 198
- utriculossacular 99
Duto endolinfático 99
- membrana vitelina 226
Dutos papilares renais, ou de Bellini 212
Dútulo seminífero ou seminal 218

E

Ecstasy 93
Egito, egípcios 9
Eixo 44, 114, 164
- pélvico 51
Ejaculação 218, 224-226
Eletrólitos 128, 208-210
Embalsamação 9
Embrião 131, 215, 226, 228
Eminência mediana 95, 130
Emoções 59, 76, 80, 83, 92, 94, 103
Enartrose 40
Encéfalo 30, 76, 77, 79-83, 86, 88, 90, 94, 95, 97, 103, 107, 108, 112, 130, 131
Endocárdio 185
Endolinfa 98-100
Endométrio 16, 128, 141, 220, 221, 225-227
Endonervo 106
Endoscopia 16, 17, 213
Endósteo 38
Endotélio 173, 178
Energia 139, 143, 144, 147, 160, 176, 206
Energia genética 181, 228
Enterocolite pseudomembranosa 159
Enteroquinase 144, 155, 156
Envelhecimento 85, 101
Enzima 38, 85, 147, 151, 153, 155, 156, 187, 225, 226
- digestiva, gástrica 144, 150
- pancreática 128, 150, 156
Eosinófilos 178, 179
Epicárdio 185
Epiderme 26, 104, 105, 208
Epidídimo 140, 216, 218, 219, 224
Epífise, glândula pineal, ou corpo pineal 39, 128, 130, 133
Epigástrio 204
Epiglote 146, 147, 161, 164-167
Epinefrina 128
Epinervo 30, 106
Epitélio 26, 27, 131, 145, 157, 158, 164, 171, 173, 197, 207, 213, 220, 224
Equilíbrio 19, 70, 72, 81, 89, 98-100, 126
- ácido-base, hídrico 210
- hídrico 206

- hormonal 225
- salino 38
Ereção do pênis 218, 225, 227
Eritrócitos, ou 0/00 glóbulos vermelhos, ou 0/00 hemácias 32, 176, 178, 179
Eritropoese 128
Escápula 37, 38, 48, 64, 108, 121, 182, 188, 193, 194
Esclerótica 96
Escola de Alexandria, de Salerno 9-11
Escoliose 45
Escroto 123, 140, 200, 215, 216, 218, 219
Esfíncter 149
- anal 145, 158
- do colédoco 153
- pilórico 144
Esmalte 146
Esôfago 16, 26, 58, 62, 11, 116, 118, 135, 144, 145, 147-149, 151, 152, 164, 165, 168, 169, 191, 192, 198, 200, 201
Espaço intracelular 179
- capsular 213
- interstical 178
- perilinfático da orelha 98
- porta 153
Espanha 11, 13
Espécie humana 215
Esperma 227
Espermatócito 224
Espermatogênese 128, 132
Espermatogônias 224
Espermatozoides 218, 224-227
Espinha da escápula 61, 117
- dorsal 40
- ilíaca 51, 52, 71, 122, 201
- nasal 42-53
Espinha do púbis 50, 52
Espirro 163
Esqueleto 19, 21, 36, 53
- apendicular, central, do tronco, embrionário, fetal 36
- axial 36, 58
- cartilaginoso, ósseo 160
Esquemas motores 88
Esterilização 225
Esterno 37, 46-48, 62, 117, 148, 162, 169, 179
Estimulantes 93
Estímulos 81, 93, 100, 103, 109, 170, 223
- acústicos 112
- auditivos 79, 98
- broncoconstritores, broncodilatadores 162
- da dor 105
- do gosto, gustativos 47, 112, 149, 181
- do olfato 147
- do sistema nervoso autônomo simpático, involuntários 77, 139, 166
- emotivos 163
- externos, internos 80
- hormonais 129, 212
- nervoso 28-32, 76, 97
- neuroendócrinos 154
- olfatórios 103, 112
- perceptivos 79
- proprioceptivos 99
- químicos 94, 102
- respiratórios 170
- sensitivos, sensoriais 79, 112
- sexuais 223
- táteis 79, 81, 83, 105
- vasoconstritores, vasodilatadores 162
- vestibulares 112
- visuais 79, 112, 133, 149
- voluntários 166
Estômago 16-28, 54, 77, 110, 111, 116, 118, 119, 128, 144-153, 155, 156, 159, 191, 192, 200, 207

- dos lactentes 151
Estradiol 128, 141
Estresse 150, 159
Estria longitudinal 103
- olfatória 97, 103
Estribo 98, 100
Estriol 128, 141
Estrogênios 53, 131, 133, 223, 225
Estroma 173, 203, 224
Estrona 121, 141
Estrutura neuromotora 109
ESWL 214
Europa 10, 11
Eustáquio, Bartolomeu 14
- tuba de 98
Evolução 70, 75, 76, 79, 84, 90
Excitantes 93
Excreção 134, 135, 176, 187, 206
- de ácido clorídrico 128
Expiração 162-163, 212
Extremidades 222
- inferiores 36, 44, 45, 48, 50, 51, 66, 67, 119, 123, 124, 127, 182, 190, 191, 195, 196, 201
- superiores 36, 46, 48, 49, 64, 65, 112, 113, 115, 120, 121, 189, 191, 193, 194, 198, 199

F

Fabrici d'Acquapendente, Girolamo 14
Face 42, 81, 188, 189
Faculdades mentais 85
Fagocitose 178, 179, 181
Falange 37, 48-51, 52, 53, 68, 73
Falar 75, 84, 167
Falópio, Gabriele 14
- tubas de 220 tuba uterina
Faringe 58, 81, 98, 102, 114, 135, 144, 146, 148, 160, 162-167, 188, 199
- bucal, orofaringe 147, 161, 165
- nasal, rinofaringe 147, 165, 167
Fármacos 93, 150, 159, 213
Fáscia antebraquial 69
- conjuntiva 212
- cremasteriana 140
- endotorácica 62
- espermática 140, 218, 219
- lata 62, 63, 200, 201
- peitoral 223
- torácica 63
- toracolombar 117
Fauces, istmo das 102
Fecundação 133, 220, 225-227
Fêmur 37, 38, 41-53, 70-72, 129, 177, 179, 182, 183, 195-196, 200, 201, 228
Fenda palpebral 96
Fenda olfatória nasal 83, 164
Fenilalanina 155
Ferrein, raios 212
Ferro 179, 180
Feto 17, 26, 174, 197, 203, 211, 227
Fezes 158
Fibra (ou célula) muscular 28, 30, 56, 109, 114, 203
- nervosa 30, 76-79, 80-83, 86-88, 91, 97, 100, 102, 103, 105-107, 109-111, 113-115, 131, 142, 208
- corticopontina 106
- do pescoço 165
- efetora visceral 113
- medula pré-ganglionar 113
- motora, motriz 81, 90, 91,113
- óptica 96
- parassimpática 96
- periférica 108, 109
- pontocerebelar 108
- pré-ganglionar do simpático 139
- sensitiva, sensorial 81, 90, 91, 105, 113-115
- simpática 116
- visceroefetora do parassimpático 112

234

ÍNDICE ANALÍTICO

Fibras nervosas mielínicas 30
Fibrilas 85
Fibromas uterinos 17
Fibroscópio 16
Fíbula 37, 50, 52, 53, 67, 72
Fígado 10, 16, 18, 21, 27, 33, 119, 127, 129, 131, 136, 137, 144, 145, 152, 153, 156-159, 179, 182, 184, 190-192, 197, 198, 201, 207
Filipe II da Espanha 13
Fissura cerebral longitudinal 82
- de filtração 213
Fixação do embrião, % do zigoto 226-227
Flagelado 225, 227
Flóculo 82
Flora bacteriana, intestinal 145, 150, 153, 158-159
Fluxo sanguíneo 183
Foliculina 128, 141
Folículo 27
- linfático esplênico 202
- lingual 102
- ovariano ou de Graaf 127, 128, 132, 133, 140, 141, 220, 221, 224-225
- piloso 105, 208
- tireoide 134
Fome 94, 95, 130, 163
Fonação 81, 160, 166-168
Fontanela 43
Forame duodenal, ou do piloro 149
- faríngeo 164-166
Forame isquiático 66, 119
- occipital 42
- pupilar 96
Formação reticular 90, 91, 93
Formol 25
Fórnice 92, 95, 97, 103
Fosfato 134, 135, 147
Fosfolipídeos 129, 155, 181
Fósforo 38, 39, 74, 134, 135, 213, 214
Fossa cardíaca 169
- gástrica 145, 150, 151
- ilíaca 212
- interpeduncular 112
- nasal 103, 162, 163
- trocantérica 52
Fotorreceptores, fotossensibilidade 96, 97
Fratura 53, 74
Franjas da tuba 220, 221
Freio do lábio 146
- da língua 146
- do prepúcio 219
Frequência cardíaca 77, 110, 111
- respiratória 77, 110, 163, 167
Frio 57, 102, 104
FSH 128, 131-133
Funículo ou cordão espermático 62, 63, 117, 140, 219
- espinal 106
Fusão 224
Fusos neuromusculares 109

G
Galeazzi, glândulas de 27, 156
Galeno 11, 13
- grande veia linfática 198
Galilei, Galileo 12
Gameta 215, 216, 224, 225
Gânglio 77, 87, 107, 110, 116
- cervical 108, 111, 114-117, 170, 190
- do tronco simpático 116-118
- do cervicotorácico ou estrelado 108, 111, 117, 118
- ciliar 97, 110-112
- do nervo glossofaríngeo 103
- do nervo vago 103, 114, 115
- do tronco simpático 119
- dorsal 78
- espinal 78, 106-109, 111-113
- espinal do caracol 99, 101

- frênico 119
- geniculado 103, 112
- ímpar 122
- intermédio 118
- lombar 111, 119
- lombocostal, mesentérico 119
- nervoso 87
- óptico 110, 111, 114
- parassimpático 115
- pélvico 110
- pterigopalatino 102, 110-112, 114
- renal 119
- sacral 108, 111, 122, 124
- semilunar 108
- simpático 113, 115
- sublingual 110, 113
- submandibular 111
- torácico 111, 116, 118
- torácico simpático 116
- trigêmeo 103, 112-114
- vestibular 99, 101
Gases respiratórios 171
Gastric inhibitory polypeptide (GIP) 128
Gastrina 128, 149, 151, 156
Gástrula 226
Genética 222, 228
Gengiva 146
Genitais 192
Germes dentários 174, 227
Gínglimos 40
Glande 216, 218
- do clitóris 220, 221
- do pênis 219
Glândula 26, 27, 95, 126, 128, 134, 144, 147, 152, 160, 164, 173, 215, 224
- alveolar 27
- apócrina 208
- bulbouretral 218
- de Bowman 103
- de Brunner 27, 156, 157
- de Cowper 218
- de Galeazzi 27
- de Galeazzi-Lieberkühn 156
- de Lieberkühn 27, 157
- de Meibomio 27
- do estômago, gástrica 149-151
- écrina 208
- endócrina 21, 26, 27, 75, 78, 80, 126, 127, 129, 134, 137, 154
- esofágica 145
- exócrina 26
- gástrica 128, 145
- hipofisária 128
- lacrimal 27, 111, 112
- lingual 146
- mamária 16, 27, 141, 188, 193, 198-200, 223
- mista 154
- mucípara 148, 168
- palatina 146
- parótida 134, 145, 213
- prostática ou próstata 218
- salivar 27, 58, 59, 103, 111, 113, 116, 135, 145-147, 164
- sebácea 20, 27, 104, 208, 222
- seminal 218
- sudorípara 20, 27, 104, 208, 222
- suprarrenal ou cápsula suprarrenal 20, 57, 119, 126-128, 132, 133, 183, 191, 192, 200, 201, 222
- traqueal 168
- tubular ou em «saca-rolhas» 27, 208
- vestibular 220, 221
Glia 83, 131
Glicemia ou taxa glicêmica 136, 139, 152
Glicerina 144, 155, 158
Glicerol 155, 157
Glicídios 137
Glicocorticoides 128, 138
Glicogênio 136, 137, 139, 152-153

Glicoproteína 181
Glicose 127, 128, 131, 136-138, 147, 152, 155, 157, 213
Globulina 180
Glóbulos brancos 142, 176, 178, 179
- vermelhos ou eritrócitos ou hemácea 128, 152, 173, 176, 179, 181, 183, 228
Glomérulo renal 14, 212, 213
Glote 102, 163, 167
Glucagon 128, 136, 151
Golgi, Camillo 15
- células de 88
Gônadas 20, 140, 141, 215, 222, 227
- feminina 127, 128, 161, 220
- masculina 128, 140
Gonadotrofina luteinizante (LH) 128, 132
Gonadotrofinas coriônicas ou Human chorionic gonadotropin (HCG) 128
Gorduras 136, 138, 144, 149, 151-153, 155, 178, 204, 206
Gota 213
Graaf, folículo de 224
Granulócitos 32, 178
Gravidez ou gestação 51, 128, 137, 140, 141, 174, 216, 226, 227
- extrauterina, múltipla 16
Gregos 9-10
Growth hormone releasing factor (GHRF) ou Somatotropic releasing factor (SRF) 128
Grupos linfonodulares viscerais 200
- sanguíneos 181

H
Havers, canais de 32, 39
Helicobacter pylori 150, 159
Hemácea ou glóbulos vermelhos 176, 179, 180, 202, 203
Hemisférios cerebelares 88-89
Hemisférios cerebrais 82, 83, 85-87, 89, 90, 92, 98
Hemoglobina 153, 164, 179, 180, 206
Hemorragia 159, 187
Henle, alça de 212, 213
Heroína 93
Hidrocortisona 128
Hilo do baço 203
- ovariano 221
- pulmonar 201
- renal 210-212, 218
Hímen 221
Hindus 9
Hiperinsulinismo 137
Hipermetropia 97
Hipertensão 204
Hipoacusia 101
Hipocampo 92, 93, 103
Hipócrates 9-11
Hipoderme 208
Hipófise 20, 38, 42, 80, 83, 89, 94, 95, 97, 127, 130-132, 141, 142, 209, 225, 227
- anterior ou adeno-hipófise 94, 95, 128, 131, 133
- posterior ou neuro-hipófise 95, 128, 131, 133, 209
Hipotálamo 80, 83, 93-95, 126, 128, 130-133, 142, 209, 222, 223
Hipotênar 65, 199
Histamina 129, 181
Histiócitos 178
Histologia 23, 24
Homeostase 77, 94, 110, 205, 206
Homeotermia 128, 134
Homo erectus, Homo sapiens 76
Homossexualidade 222-223
Hormônio 57, 94, 95, 126-128, 130, 131, 133, 134, 137, 140, 142, 149-151, 154, 156, 157, 178, 183, 187, 203, 209, 216, 222-225
- adrenocorticotrópico (ACTH) 128, 132, 138, 139

- antidiurético (ADH) ou vasopressina 128, 131, 132, 209
- cortical 131
- duodenal 154
- esteroide andrógeno 128, 140
- estrógeno ou hormônio folicular 128, 140, 141
- folicular 128
- foliculoestimulante (FSH) ou prolan A 132
- hipofisário 131-132, 225
- LH 140
- somatotrópico ou do crescimento ou somatotrofina (STH, o GH) 38, 128, 131
- hipoglicemiante 137
- local 129
- ovariano 141
- péptico 128
- produção (hormonal) 94
- sexual 38, 128, 133, 140, 208, 215
- somatotrópico coriônico ou Human chorionic somatotropic hormone (HCS) 128
- tireóideo 131, 132
- tireotrófico (TSH) ou tireotrofina 128, 131, 133
Humor aquoso 97

I
Ictus ou icto 18
Igreja 10-11
Íleo 145, 156-159
Ílio 37, 52, 71, 183, 191, 192, 195, 196
Ilusões ópticas 84
Ilustrações anatômicas 14
Imagens 83-85, 96, 97
Imagiologia por intensificação de imagem 18
Implante 225, 226, 228
Impulsos 83, 87, 89, 103
- auditivos 85
- contínuos 79
- elétricos 86
- motores 87
- nervosos 29, 30, 57, 78, 80, 84, 87, 100,103
- visuais 97
- voluntários 172
Imunidade celular, humoral 202
In vitro, técnica 109, 228
Incisivos 146, 174
Infarto 204
Infertilidade masculina, feminina 227
Inflamações 16, 17, 153
Infundíbulo 97, 130, 132, 172
- da tuba 221
Inquisição 13
Inspiração 162-164, 170, 171, 212
Insulina 127, 131, 136, 137
Inteligência 76, 81
Intérferon 127
Interleucina-1 142
Interleucinas 127
Intervenções cirúrgicas pré-natais 15, 17
Intestino 11, 16, 27, 28, 33, 54, 119, 128, 142, 144, 149, 156-158, 182, 184, 190, 197, 206, 207
- ceco 159
- delgado 10, 27, 77, 110, 111, 119, 136, 144, 145, 155-158, 191, 192, 201, 207
- grosso 27, 111, 144, 145, 156, 158, 192, 207
- reto 159, 195
Íons de amônio, hidrogênio, potássio 213
- cálcio 28, 29
- sódio 30

Íris 57, 96, 97
Ísquio 37, 52, 71
Istmo do útero 220
- da tireoide 135
- das fauces 102, 114, 144, 146, 165, 221

J
Jejuno 128, 145, 154, 156, 157, 191, 192
Joelho 40, 41, 52, 53, 67, 70-72, 122-125, 195, 196, 228
Junção ou articulação 40

K
Krause, bulbos de 104, 105

L
Lábio 51, 52, 59, 70, 102, 113, 146, 161, 164, 167, 199
Lábios, grandes, pequenos 123, 220, 221
Labirinto 98, 99
Lactação 141
Lactente 151, 167
Lactógeno placentar, somatotrofina, mamária ou hormônio somatotrófico placentar, Human placental lactogen (HPL) 128
Lago sanguíneo 189
Laguna venosa 189
Lâmina espiral 99, 101, 107, 109
Lâminas cerebelares 88
Landsteiner, Karls 181
Langerhans, ilhotas de 136, 154
Laringe 20, 146, 147, 160, 162, 164-168, 207, 222
- posição no pescoço 167, 222
Laringofaringe 147, 148, 165
Leite, produção 128, 129, 133, 141, 227
Lente 26, 27, 96, 97
Lentes de contato 97
Leonardo da Vinci 12, 216
Leucócitos 178
Leydig, células 140
LH hipofisário 225
Lieberkühn, glândulas de 27, 156, 157
Ligamentos 38, 41, 44, 48, 52, 53, 60, 61, 74, 100, 166, 167, 228
- à distância, articulares, internos, periféricos 41
- anulares 168
- colaterais medianos, cruzados 72
- do quadril, vertebrais 71
- do pé 73
- pélvicos 51
Limiar de excitabilidade 79
Linfa ou líquido linfático 39, 176, 178, 179, 182, 184, 198, 202, 209
Linfoblastos 179
Linfocentro 199
Linfócitos 142, 176, 177-181, 184, 202, 203
- B 177, 179-181, 202, 203
- T 176-177, 179-180, 202, 203
Linfonodos, gânglio 168, 169, 176, 177, 179, 184, 193
- auriculoventricular jugulodigástrico, jugulo-omo-hioide fibular, senoauricular, tibial 186, 198, 201
Linfonodos ou gânglios linfáticos 142, 168, 169, 176, 177, 179, 184, 193, 198, 201
- axilares 193, 198-200
- braquiais, do cotovelo, da palma da mão, interósseas, faciais (ou da maçã do rosto), radiais, retrofaríngeas, sacras, ulnares 199
- broncopulmonares, frênicas, paramamárias 198
- brônquicas, cólicas, diafragmáticas, glúteas, pancreáticas, esplênicas, parietais, poplíteas, retais, sig-

235

ÍNDICE ANALÍTICO

moides, esternais, viscerais 201
- celíacas, do promontório, esplênicas 200
- cervicais, mastóideas (ou auriculares posteriores), occipitais, pré-traqueais, parotídeas, submandibulares, axilares, submentonianas 198, 199
- estrutura 184
- grupo central, subclavicular (ou apical), subescapular, torácica (ou peitoral) 199
- hepáticas, gástricas, inguinais 200-201
- hilares 169, 199, 200
- ilíacas comuns 199, 200
- intercostais 199, 201
- interruptoras 176
- lombares, pós-aórticas, pré-aórticas, lomboaórticas, aórticas, aórticas laterais, 199, 201
- mediastínicas, mesentéricas, mesocólicas 198, 201
- peritraqueais, traqueais, traqueobrônquicas 168
Língua 27, 42, 58, 59, 81, 86, 87, 102, 103, 114, 135, 146, 147, 161, 163-165, 166, 167
Linguagem falada, verbal ou vocal 58, 85, 167
Linha branca 62
- anal cutânea 159
- linfoide, mieloide 179
Linhas Z 28-29
Lípase, também pancreática 144, 151, 153, 155
Lipoproteínas 173
Líquidos 145, 146
- amniótico 226, 227
- cefalorraquidiano 80, 106, 107, 209
- cerebroespinal 90
- extracelular, intracelular, linfático ou linfa, orgânico, plasmático ou plasma 209
- intersticial 176, 178, 209
- pleural 160
- sinovial ou sinóvia 41, 209
Lisina 155
Lisozima 164
Litotripsia 153, 214
Liuzzi, Mondino de 11
Lobo auricular 98
- cerebelar 82, 88
- cerebral 79, 82, 83, 99
—frontal 87, 97, 100
—occipital 96, 97
—temporal 98, 103
- da glândula mamária 223
- do fígado, hepático 152, 153, 200
- do timo 203
- intermédio da hipófise 133
- pulmonar 169, 170
- renal 212
Lóbulo cerebelar quadrangular 88
- cerebral occipital, parietal 82
- renal 212
- semilunar 82, 88
Lógica 76
Lordose 44, 45
Louvain 13
LSD 93
LTH 128, 131, 133
Luteína 128, 141
Luteinizing hormone releasing factor ou fator liberador de luteína (LRF, LHRH ou Gn-RH) 128
Luxação 57

M
Maçã do rosto 199, 228
Maconha 93
Macrófagos 142, 173, 176-181, 203
Magnésio 74, 208, 209
Maléolo 52, 53, 67, 72, 73, 122,
125, 201
Malpighi, Marcello 14, 15
- camada 104
- corpúsculos, ou nódulos 203
- corpúsculos renais 212
- pirâmides 212
Maltose 144, 147, 155
Mama 16-18, 117, 201, 223
Mamilo 20, 223
Mamografia 17
Mandíbula 37, 39, 42, 43, 87, 161, 164, 228
Manúbrio 46-47
Mão 33, 37, 48, 68, 69, 81, 86, 89, 104, 120, 194, 199, 227, 228
Mapas das áreas cerebrais 86, 87
Marfim 146
Martelo 98, 100
Massa muscular 222
- óssea 53
Mastigação 42, 58, 81, 146, 147
Masturbação 222
Materiais 143, 176, 228
Maturação dos espermatozoides 218
Maturidade sexual 100, 224
Maxilar 37, 43, 161, 204, 228
Meato acústico, auditivo 98, 101
- nasal 164
- urinário 207
Medidor químico 31, 57
Mediastino 169
Medicina 142, 228
Medula espinal 30, 42, 44, 76-78, 80-83, 87, 89, 90, 94, 105-109, 110-113, 117, 119, 142, 223
- oblonga ou bulbo raquidiano 80, 82, 83, 87, 92, 97, 99, 103, 189
- óssea 32, 38, 57, 128, 176, 178, 179
- ovariana 221
- renal 210, 211
- suprarrenal 128
Megacariócito 179
Meibômio, glândulas de 27
Meio de contraste 23
Meiose 224
Meissner, corpúsculos de 104, 105
Melanina 128, 133, 208
Melatonina ou melanocyte stimulating hormone (MSH) 128, 133
Membrana 142
- aracnóidea espinal 111
- basal, do duto, coclear 100, 101, 216
- celular ou plasmática 28-30, 129, 157, 181, 209, 225
- coróidea 96
- de filtração 213
- espinal, tectória 100, 101
- obturadora 51, 63, 70, 71, 221
- pectínea 192
- potencial elétrico 30
- serosa 160, 169
- sinovial 41, 64
- timpânica, do tímpano 98, 100
- tireóidea 165, 166
- vestibular 101
- vítrea 96
Memória 80, 84-86, 92, 93, 103, 109, 223
- Imunológica, imunitária 179, 180
Meninges 80, 81, 97, 106, 188
Menisco 17, 41, 66, 72
Menopausa 53, 227
Menstruação 127, 140, 220, 225, 227
Merkel, discos de 105
Mescalina 93
Mesencéfalo 80, 85, 90, 91, 93, 112
Mesentério 119, 158
Mesoapêndice 156, 159
Mesocólon 156, 192, 219
Mesométrio 221
Meso-ovário 221
Metabolismo 21, 22, 103, 128, 152,
176, 178, 197, 206, 209
- basal 128, 134
- celular 129, 160
- das proteínas, proteico 128, 137, 138, 140, 152
- do potássio, do sódio 138
- dos açúcares 136, 154
- dos carboidratos 128, 138
- dos eletrólitos 128
- dos lipídeos ou gorduras 137, 139
Metacarpo 37, 48, 49, 68, 121
Metais 227
Metatarso 37, 50, 52
- V 73
Micelas 155
Microscópio 14-16, 22-25, 28, 38
- eletrônico 15, 23-25, 38, 142, 207
- óptico 15, 23
Micrótomo 15, 25
Microvilosidades 157, 158, 173, 208
Mielina 30
Mieloblastos 178
Mineralocorticoide 128, 138
Mineralometria óssea 53
Miocárdio 28, 185, 204
Miofibrilas 28, 29
Miométrio 221
Miopia 97
Miosina 28, 29
Mitocôndrias 29, 56, 225
Mitose 224
Modeville, Henri de 11
Modíolo 101
Molares 146, 274
Monócitos 32, 178, 179
Monossacarídeos 158
Montagem 25
Montpellier 11, 14
Morgagni, Giambattista 14, 15
- ventrículos de 166
Mosteiros 11
Motilidade do espermatozoide 227
Motoneurônios 109
Movimentos 79, 85, 86, 88, 89, 99, 100, 105, 109
- ameboides 173, 178
- involuntários 28, 54, 126
- musculares 80, 91, 167, 176
- oculares, do olho 91, 97
- peristálticos 149
- reflexos 108, 163
- respiratórios 139, 162
- torácicos 160
- voluntários 28, 86
Mucina 147
Muco 153, 160, 163, 168, 171
- cervical 225-226
- gástrico 150-151
Mucosa 26, 27, 103, 145, 150, 160, 168, 173
- colecística 153
- duodenal 154, 156, 157
- faríngea 165
- gástrica 26, 150, 151
- intestinal 155, 157
- olfatória 103
- pilórica 140
- timpânica 98
- uterina 226
Mulher 215, 220, 225
Múmia 9
Musculatura 100, 128
- cardíaca 186
- esquelética 54
- fetal 227
- intrínseca 117
- involuntária 54, 57, 87, 89
- lisa 127, 151, 170, 198, 207
- do ânus 159, 219, 221
- perineal 221
- torácica 162
- voluntária 54, 89
Músculo 18, 21, 30, 38, 43, 44, 46, 48, 54, 78, 87, 104, 107, 109, 165-167, 170, 173, 183-185, 193, 195,
196, 199, 201, 204, 227
- abdominal 46
- abducente do 1º dedo do pé 67
- do 5º dedo do pé 67
- anal 159
- ancôneo 55, 65
- antagonista 56, 87
- aritenoides 165
- auricular 59
- bíceps 65
—braquial 55, 62-64, 194, 199
—crural, da perna 55, 66, 196, 201
- braquial 55, 63, 65
—anterior 64
- broncoesofágico 148
- bucinador 146, 165
- bulboesponjoso 218, 219, 221
- cardíaco 54
- cervical 58, 60
- ciliar 96
- constritor da faringe, laringe 146
- contração do 109
- coracobraquial 63, 64
- corrugador das sobrancelhas 59
- costal 46, 60, 62
- craniano extrínseco 58
- cremáster 63
- cricotireoide 165, 190
- cutâneo 58
- da cabeça 58
- da cintura escapular 64, 65
- da coxa 66
- da eminência hipotênar, tênar 68
- da face 43, 199
- da faringe 58
- da língua 58
- da mão 65, 68, 69, 89
- da mastigação 58, 59, 81
- da orelha média 58
- da pelve 66
- da perna 66, 67
- da úvula 146
- da vesícula hepatopancreática 153
- das extremidades inferiores 66, 67
- superiores 46, 64, 65
- deltoides 55, 58, 61-65
- dentado 46, 55, 193, 194
- anterior ou grande dentado 46, 61-64
- posterior 60, 62
- depressor do lábio inferior 59
- das sobrancelhas 59
- do septo nasal 59
- triangular dos lábios 55, 59, 160
- digástrico 58, 62, 63, 165
- dilatador da pupila 96
- do abdome 46, 53, 62, 63, 81
- do antebraço 65, 89
- do braço 64, 65, 89
- do esfíncter do colédoco 153
- do olho, do bulbo do olho 58, 81, 96, 97
- do ombro 64
- do palato mole 58
- do pavilhão auricular 58
- do pé 67
- do pescoço 46, 60, 81
- do pulso 89
- do quadril 66, 71
- do queixo 59
- do tórax 46, 60, 62, 81
- do tronco 62
- dorsal 60
- dos dedos 65
- levantador do lábio superior 59
- da escápula 58, 61-63, 188
- da pálpebra 96
- das costelas 60
- do ângulo da boca 59
- do ânus 159, 219, 221
- do lábio superior e das aletas nasais 59
- do véu palatino 98, 146, 165
- em leque 56
- eretor 104, 208
- dorsal 61, 63
- escaleno 46, 58, 63, 190, 199
- esfincteriano 207
- da pupila 96
- do ânus 219, 221
- espinal torácico 60
- espinoapendicular 60, 62, 64
- espinocostal 60
- espinodorsal 71
- esplênio cervical 60, 61
- da cabeça 55, 58, 60, 61, 63
- esquelético 54, 56, 58, 60
- estapédico 54
- esternocleidomastoideo 55, 58, 59, 61-63
- esterno-hioide 55, 58, 62, 63
- esternotireoide 63
- estiloglosso 165
- estilo-hioide 63
- estriado 29
- extensor 69
- comum dos dedos 65
- curto do 1º dedo da mão 55, 65, 68, 69
- curto do 1º dedo do pé 67
- curto do carpo radial 68, 69
- curto dos dedos do pé
- flexor curto do 5º dedo do pé 67, 68
- curto do 1º dedo da mão 68, 69
- curto do 1º dedo do pé 67
- curto dos dedos do pé 67
- do carpo radial 69
- flexor dos dedos 65
- longo do 1º dedo da mão 65, 69
- longo do primeiro dedo do pé 66, 96
- longo dos dedos 55, 66
- profundo dos dedos da mão 69
- radial do carpo 65
- superficial dos dedos 55, 65
- superficial dos dedos da mão 69
- ulnar ant. 65
- fibular 55, 66, 67
- gêmeo 55, 61, 63, 66, 67, 71, 72, 196, 201
- genioglosso 147, 164, 165
- gênio-hioide 164, 165
- glúteo 54, 71
- glúteo maior 55, 61, 62, 66, 195, 201
- glúteo médio 55, 61, 63, 66, 71, 201
- glúteo menor 63, 66, 71, 201
- grande abdutor 55, 63, 66,195, 201
- do 1º dedo da mão 55, 65, 68, 69
- do 5º dedo da mão 68, 69
- grande dorsal 55, 60-65
- grande intermédio 66
- grande palmar
- curto 65, 69
- curto do 5º dedo 68
- longo 55, 65, 69
- grande peitoral 55
- grande peitoral 58, 62, 64, 65, 188, 194, 199, 223
- grande zigomático 113
- hioglosso 58, 165
- ilíaco 66, 195
- iliocostal torácico 60
- infracrural 72
- infraespinal 55, 61, 62, 64, 65
- inserção, origem da 54
- intercostal 60, 62, 63, 170, 199, 200, 223
- interespinal 60
—cervical 60
- interósseo 68, 69
—dorsal I 65, 69, 78
- intertransversal 58, 60
- involuntário 87, 168
- isquiocavernoso 218, 221
- liso 54, 78
- lombar 60

236

ÍNDICE ANALÍTICO

- longitudinal da língua 146, 164
- longo 56
—da cabeça 58
—do pescoço 58
- longo peritoneal lat. 196
- longo supinador 55, 62-65, 199
- lumbricais 67-69
—lumbricais I 68
- masseter 55, 58, 59, 62
- mastigador 58, 59
- maxilar 55
- milo-hioide 58, 62, 147, 164, 165, 188
- mímico 56, 58, 59, 81
- multífido 60
- nasal 59
- oblíquo 63, 96
- abdominal externo 61, 62
- da cabeça 60
- grande oblíquo 55, 60, 63, 65
- interno abdominal 63
- occipitofrontal 55, 58, 59
- oculomotor 96
- omo-hioide 58, 62, 63
- oponente do 5º dedo do pé 67
- do 1º dedo da mão 65, 68, 69
- do 5º dedo 65, 68, 69
- orbicular do olho 55, 59
- da boca 55, 59
- palatofaríngeo 146
- palatoglosso 146
- papilar 185, 186
- pectíneo 55, 63, 66, 185
- pédio ou extensor curto 67
- pequeno abducente 66
- do 1º dedo da mão 68, 69
- do 1º dedo do pé 55-67
- do 5º dedo da mão 68, 69
- pequeno peitoral 62, 63, 194, 199, 223
- pilórico 151
- piriforme 61, 63, 66, 71, 201, 219
- plantar delgado 55, 66, 67
- poplíteo 65, 66, 72, 196
- pronador quadrado 65, 68, 69
- psoas 71
- grande 66, 191, 195, 196, 200
- -pequeno 66, 196
- psoas ilíaco 55, 63, 66
- pterigoide 59
- pubovesical 219
- quadrado da planta do pé 67
- quadrado lombar ou dorsal 63, 191
- quadríceps 71
- femoral, do fêmur 66, 67
- quadríceps crural 66, 72, 195, 201
- radial curto, extensor do carpo 55
- flexor do carpo 55
- longo extensor do carpo 55
- reto 60, 63, 96
- abdominal, do abdome 55, 63, 191
- da cabeça 58, 60
- femoral ou do fêmur 55, 63, 66, 70, 200
- reto interno 55, 66, 196
- redondo maior 61-65, 193
- redondo menor 61, 62, 64, 65, 193
- redondo pronador 55, 64, 65
- romboide menor 61, 64
- romboides 62
- sacrococcígeo 60
- sartório 55, 63, 66, 200
- semiespinal 55, 60
- semimembranoso 55, 66, 196
- semitendinoso 55, 66
- septal papilar 185
- solear 55, 67, 71, 72, 196, 201
- somático 78
- subclavicular ou infra 62, 63
- subcostal 62, 199
- subescapular 63, 64, 194
- suboccipital 60
- supinador 65
- supraespinal 61, 64

- suspensor do duodeno 155
- társico 96
- temporal 55, 59
- temporoparietal 59
- tensor do tímpano 98
- da fáscia lata 55, 62, 63, 66, 72
- do véu palatino 146, 165
- longo 55
- tibial 55, 66, 67, 196
- torácico 163, 200
- toracoapendicular 62, 64
- transversal abdominal 60
- transverso 62, 63
- abdominal 63
- da língua 146, 164
- do peritônio 221
- do tórax, torácico 62, 63
- espinal 63
- trapézio 55, 58, 59, 61-63, 65
- traqueal 168
- tríceps braquial ou do braço 55, 61, 62, 65, 193, 199
- do joelho 72
- ulnar ant. 55
- ulnar ant. 69, 199
- ulnar posterior 65
- do 2º dedo da mão 68, 69
- do 5º dedo 55, 69
- do carpo ulnar 69
- dos dedos 55, 68, 69
- longo do 1º dedo da mão 68
- longo do 1º dedo do pé 66, 67
- longo do carpo radial 68, 69
- longo dos dedos 55, 66, 196
- longo dos dedos do pé 67
- próprio do 2º dedo da mão 65
- próprio do 5º dedo 65
- radial do carpo 65
- vasto 55, 66
- cervical 58, 60
- dorsal 60
- vertical da língua 146
- voluntário 87, 167
- zigomático 55, 59, 165
Músculos flexores 65
- grupos de 56

N
Nádegas 20, 122, 223
Nanismo hipofisário 38
Nariz 27, 36, 42, 59, 102, 103, 160-164, 188, 199
Nascimento 21, 26, 39, 86, 88, 144, 174, 197, 217
Necrobiose 159
Néfron 207, 210, 212, 213
Nefropatias 127
Nervo 10, 30, 43, 75-78, 97, 100, 106, 169, 172, 193, 195, 211
- abducente 81-83, 112, 132
- acessório 90, 104, 112, 113, 115, 116, 120
- acústico 81, 101
- aferente 78, 81
- ampular 101
- auditivo 86, 98-100
- auricular 104, 105, 108, 115
- carótido-timpânico 98
- celíaco curto 97
- cervical 83, 104, 105, 119, 122, 124
- ciático 77, 108, 201
- coccígeo 77, 119, 122
- coclear 99, 101
- craniano 77, 80, 81, 90, 91, 112
- cutâneo 104, 105, 108
- da panturrilha 104, 105
- do antebraço 104, 108
- do braço 104, 108
- do pé 104
- dorsal do pé 105
- femoral 104, 105, 108, 196
- da mão 104
- da panturrilha 104
- digital 104, 105

- do rádio 104
- dorsal do pênis 105
- da escápula 108
- eferente motor 78
- escrotal 105
- espinal 77, 80, 81, 87, 97, 106-109
- esplênico torácico 108
- facial 81-83, 90, 98, 100, 101, 103
- femoral 63, 77, 105, 108, 195, 196
- fibular comum 77, 105, 122, 124, 195, 196
- frênico 108, 112, 113, 115, 188, 190
- genitofemoral 105, 108, 118, 122, 123
- glossofaríngeo 81-83, 90, 103, 110-112, 115
- glúteo 104, 108
- gustativo 103
- hepático 153
- hipogloso 81-83, 90, 106, 112-114, 188
- ilioinguinal 105, 108, 110, 117-119, 122
- ilioipogástrico 105, 108, 110, 118, 119, 122
- intercostal 46, 77
- intercosto-braquial 194
- intermédio 83, 90, 101, 103, 111
- involuntário 149
- laríngeo 190
- recorrente 190
- lingual 103, 146
- maxilar 102, 105
- mediano 77, 105, 108, 194
- motor 10
- musculocutâneo 108, 120, 194
- nasopalatino 102
- obturatório 77, 105, 108, 122, 123
- occipital 104, 108, 114
- oculomotor 81, 83, 90, 94, 97, 99, 110
- oftálmico 105
- olfatório 81, 102, 103, 112
- óptico 81, 83, 84, 91, 94, 96, 97, 102
- palatino 102
- palmar 104
- periférico 81, 106, 108
- pétreo 111
- plantar 104-105
- radial 77, 104, 105, 108, 120, 194
- sacular 99, 101
- safeno 77, 105, 195
- sensitivo, sensorial 10, 83
- simpático toracolombar 172
- subclávio 108
- subcostal 108, 110, 117, 122
- subescapular 108
- submaxilar 103, 105
- supraclavicular 104, 105, 108, 113, 115, 120
- supraescapular 108
- supraorbital 96, 113, 115
- tibial 77, 122, 123, 125, 196
- torácico 77, 90, 100, 101
- transversais do pescoço 105
- trigêmeo 81-83, 90, 91, 103, 106
- troclear 81, 83, 90, 99, 112
- ulnar 77, 108, 194
- utricular 99, 101
- utriculoampular 101
- vago 77, 81, 83, 90, 103, 106, 148, 149, 151, 154, 162, 163, 165, 166, 168, 170, 172, 190
- vestibular 99, 101
- vestibulococlear 90, 99, 106
Neurilema 30
Neurite 109
Neuro-hipófise ou %0 hipófise posterior 94, 128, 130, 132
Neurômeros 106

Neurônios 21, 30, 33, 78, 80, 81, 83, 85, 87, 90, 103, 106, 108, 110-113, 127, 142
- associativo, sensitivo 106
- cortical 83, 86, 87
- da medula espinal 108
- de Purkinje 7
- encefálico 82
- espinal 109
Neurormônio 128, 131
Neurotransmissor 30, 85, 95, 129
Neutrófilos 178, 179
Neuroglia 30, 80
Nódulo 18, 88, 89
- linfático submandibulares 198
- ou corpúsculo, de Malpighi 203
Noradrenalina 128, 133, 139
Núcleo(s)
- cerebrais 112, 113
- caudado 103, 133
- cuneiforme 112
- grácil 112
- lentiforme 83, 103
- sensoriais 90
- cinzentos centrais 83
- coclear 99
- dorsomedial 94, 130
- hipotalâmicos 94, 95, 130, 131
- pré-ópticos 94
- supraópticos 94
- espinais 106-107
- infundibular 130
- mamilar 130
- motores dos nervos cranianos 90
- ou corpo, talâmicos 91
- parassimpáticos sacrais 110, 111
- paraventricular 130
- posterior 130
- rubro 97
- sensitivo do V nervo craniano 91
- supratalâmico 130
- talâmico dorsomedial 94
- ventromedial ou apetitivo 94
- ventromedial 130
- vestibular, vestibulares 99
Nutrientes 38, 94, 127, 144, 157, 158, 175, 183, 193, 197, 204

O
Obesidade 204
Obstrução das tubas 227
Ogino-Knauss, método 225
Olécrano 49, 64, 65
Olfato 21, 42, 55, 59, 81, 85-87, 102, 103, 113, 147
Olho 26, 27, 33, 42, 79, 81, 84, 96, 97, 99, 127, 159
Oligospermia 227
Oliva 83, 90, 117
Ombro 20, 33, 40, 48, 58, 64, 65, 120, 194, 199, 200, 204, 228
Ondas sonoras 16, 98, 101
Oófaro ou ovário 131, 141, 197, 201, 217, 218, 220, 221
Opacidade radiológica 18
Órbita 42-43
Orelha 27, 36, 38, 42, 54, 86, 98, 99, 101, 146, 165, 199
- média 38, 54, 98, 100, 101
- ossículos do 38, 98
Organismos agressivos 179
Órgão 12-18, 21-23, 26, 76, 77, 91, 110, 111, 126, 129, 144, 152, 176, 200, 207, 227, 228
- copulador, eretor 218
- de Corti 99-101
- do equilíbrio 89
- do olfato 42, 102
- espiral 101
Órgãos abdominais 46, 119, 191, 192, 219, 221
- bioartificiais 228
- defeituosos 228
- dos sentidos 80-83
- emunctórios 206-208

- endócrinos 126
- excretores 176, 206, 207
- femininos 216, 217
- genitais, reprodutores, sexuais 20, 21, 119, 195, 219, 223
- glandulares 126, 144
- internos 16, 32, 36, 54, 77, 81, 116, 158, 190, 201, 202, 207
- linfáticos 142, 179, 198, 202, 203
- linfoides 179, 184
- masculinos 140, 216, 217
- nervosos 199
- transitórios 203
- viscerais 139
Orofaringe 165
Ortopedia 17, 74
Osmorreceptores 94, 95, 157
Osmose 212
Ossículo 38, 98, 140, 166
Ossificação 38-39
Osso 18, 21, 28, 36, 38, 40, 41, 45, 54, 56, 57, 62, 72, 74, 131, 174, 176, 193, 195, 196, 199, 201, 227, 228
- craniano, do crânio 42, 43, 81-83, 179, 189
- crescimento 38
- cuneiforme 53, 73
- do pé 73
- do quadril 50-52, 70
- escafoide 49, 53, 68, 73
- esfenoide 42, 43, 164
- etmoide 42, 43, 164
- frontal 37, 43, 164
- grande do carpo 49, 68-69
- hioide 42, 58, 113, 114, 135, 146, 147, 161, 164-166, 169
- lacrimal 42, 43, 164
- maxilar 42, 43, 146, 164
- metacarpo 49
- I 49, 68
- III 68-69
- metatársico I 53, 77
- V 73
- nasal 37, 42, 43
- occipital 37, 42-44, 58, 60
- palatino 164
- parietal 37, 43
- pequena cavidade 49
- piramidal 49, 68
- pisiforme 49, 65, 68, 69
- pubiano ou púbico 219-221
- sacro 37, 44, 45, 50, 51, 66, 71, 108, 118, 119, 122, 159
- sesamoide 68
- submandibular 146
- temporal 37, 42, 43, 60, 98
- trapézio 49, 68
- trapezoide 49, 68, 69
- unciforme 68
- zigomático 42, 43
Osteoblastos 38, 39
Osteócitos 32, 38, 39
Osteoclastos 38, 39
Osteoporose 53, 74
Otólitos 99
Ovário 20, 131, 141, 197, 201, 215, 216, 218, 220-224
Oviduto, tuba uterina, tuba de Falópios 220
Ovo, óvulo, estrutura 225
Ovócito 224
Ovulação 128, 140-142, 224, 225, 227
Óvulo 133, 216, 217, 220, 224-227
Oxigênio 143, 160, 162, 163, 171, 172, 177, 179, 180, 182, 183, 185, 190, 193, 204
Oxitocina 128, 130-132

P
Paccini, corpúsculos de 104, 105
Pádua 11, 13-15
Palato 102, 163
- duro 102, 114, 146, 147, 164

237

ÍNDICE ANALÍTICO

- mole 58, 102, 135, 161, 164, 167
- ósseo 42
Palma 68-69
Pálpebras 59, 96, 189, 199
Pâncreas 16, 18, 27, 111, 116, 118, 119, 127, 128, 131, 136, 137, 145, 150, 153-155, 156, 157, 190-192, 207, 228
Pancreocimina 128
Pancreocimina-colecistoquinina 154, 156
Panturrilha 122, 123, 125, 228
Papa João XXII 11
- Inocêncio III 11
Papila do duodeno, grande papila duodenal, ou ampola de Vater 154, 155
- mamária 223
- renal 211-212
Papilas gustativas 81, 102, 103
- coroliformes 102, 103
Parafina 25
Paratormônio 128, 129, 134, 135
Parassimpático 57, 77, 110, 147, 151, 158, 162, 165
Paratireoide 128, 134, 135
Paratormônio, ou hormônio paratireoide (PTH) 38, 128, 129, 134, 135, 216
Parede abdominal 63, 117, 119
- alveolar 173
- intestinal 157
Paris 11, 13-14
Parkinson, doença de 85, 228
Parótida 27, 58, 59, 111, 120, 127, 135, 145-147, 198, 214
Parto 11, 43, 51, 128, 227
Patela 37, 41, 50, 52, 66, 72, 125
Patrimônio genético, ou cromossômico 17, 22, 216, 224, 225
Pavilhão auricular 32, 58, 98, 100
Pé 37, 40, 52, 53, 67, 70, 73, 104, 105, 122, 123, 177, 195, 196
Pedibarigrafia 73
Pedículos 213
Pedúnculo
- cerebral 99, 112, 117, 130
- hipofisário 91, 94
- infundibular 95
- vascular 212
Peito 20, 55, 56, 62, 204, 222
Pele 14, 20, 21, 27, 54, 56-58, 81, 89, 104, 105 117, 119, 122, 123, 125, 133, 159, 160, 205, 206, 208, 209, 219, 228
Pelo 20 ,26, 28, 57, 81, 104, 105, 208, 220-222
Pelve 37, 41, 44, 48, 50-52, 66, 70, 71, 122, 124, 228
Pelve renal 207, 210, 211, 213, 218
Pelve, ou cintura pélvica 21, 33, 37, 44, 45, 50, 51, 53, 66, 70-72, 110, 119, 122-124, 179, 195, 201
- diâmetros 50
- feminina, masculina 50, 51
Penicílios esplênicos 202
Pênis 105, 119, 123, 195, 215, 126, 218, 219, 222, 225, 227
Pensamento 75, 82, 83, 84, 85, 92
Pepsina 144, 151
Pepsinogênio 151
Peptidase 144
Peptídeos 151, 155
Percepção olfática 83, 92
- auditiva 83
- sensitiva 79
- visual 84, 99
Pérgamo 11
Pericárdio 115, 116, 134, 169, 190, 200, 201, 203
Perilinfa 98, 99
Períneo 119, 123
Perinervo 30, 31, 106
Periórbita 96
Periósteo 38, 39, 41, 54, 125

Peristaltismo, também intestinal 77, 139, 148, 149, 153, 157, 158, 221
Peritônio 16, 62, 63, 119, 155, 159, 203, 219, 221
- parietal 154, 156, 200, 216
- visceral 192
Perna 20, 37, 48, 52, 53, 66, 67, 119, 122, 123, 125, 195, 196, 213, 222, 227
Personalidade 85, 87, 127
Pescoço 40, 42, 43, 46, 58, 60, 81, 112-115, 134, 165, 176, 183, 188, 189, 191, 193, 194, 198-200, 204
Peso corporal 209
Peso excessivo 53
PET 84, 93
Pia-máter 80, 81, 97
- espinal 107, 111
Pigmento, pigmentação 96, 113, 122
- biliar 206
Pigmeus 38
Piloro, ou forame duodenal 137, 149, 151,155, 156
Pílula 225
Pirâmides 83, 90, 117
- renais, ou de Malpighi 211, 212, 218
Pituitárias 131
Placas 85
- motoras 109
- neuromusculares 33
Placenta 128, 197, 226
Planos de secção 33
Plaquetas 179
Plasma sanguíneo, ou líquido plasmático 32, 176, 178, 180, 202, 208, 209, 213
Plasmócito 179, 202, 203
Platisma 58, 59, 62, 164
Pleural 62, 115, 116, 160-162, 169, 170, 200, 201
Plexo 77, 78, 108, 111, 113, 191
- aórtico 116, 119
—abdominal 116, 119
- braquial 46, 77, 108, 113-118, 120, 121, 188, 190, 194
- cardíaco 116
- carotídeo 98, 111, 115
—primitivo, ou comum 111, 115, 118
- cavernosa 115
- celíaco, ou sóleo 108, 111, 115, 116, 118, 119, 151, 154
- cervical 77, 108, 112-118, 120
- coccígeo 108, 119, 122
- coroide 90, 91
—do ventrículo lateral 133
—do 4º ventrículo 83
- da bexiga 119
- das aurículas 118
- deferencial 119
- dentário 112
- esofágico 118
- espermático 116
- esplênico 116, 119
- faríngeo 135, 165
- frênico 116
- gástrico 116, 151
- hepático 116
- hipogástrico ou pélvico 111, 116, 119
- intercarotídea 115
- intermesentérico 119
- linfático 200, 201
—ilíaco 201
—lomboaórtico 201
- lombar 77, 108, 110, 117, 118, 122, 124
- lombosacral 108
- mesentérico 111, 116
- nervoso 10
—hipodérmico 104
—subcapilar 104
—vertebral 111

- pancreático 119
- pélvico 116
- pré-aórtico 116
- prostático, testicular 119
- pulmonar 116, 118, 162, 168, 172
- retal 119
- renal 116, 119
- sacral 77, 108, 111, 117-119, 122, 196
- simpático, parassimpático 151
- subclávio 115
- suprarrenal 116
- timpânico 98
- tireoide ímpar 135
- uretérico 119
- venoso 189
—areolar 193
—faríngeo 189
—pampiniforme 140, 141, 219
—prostático 219
—retal 191
—sacral 183, 191, 193
—tireoide 189, 190
—uterino 197
—vesical 197, 219
- vocal 166
Podócitos 213
Polipeptídeos 131, 144
Pólipos intestinais, nasais 16
Pollaiolo (Antonio Benci) 12
Polo cerebral frontal, occipital 82
Polpa branca, vermelha, do baço 202
Pômulo ou maçã do rosto 228
Ponte 80, 82, 83, 90, 91, 97, 112, 117, 130, 189
Pontes transversais 28, 29
Populações linfocitárias 202
Porção radiada renal 212, 213
Poros 178, 213
Posição bípede 44, 57, 70, 71
Postura, posição 54, 57, 72, 85, 89, 99, 100
Potássio 138, 208, 209, 213
Potencial de ação 30
- elétrico de membrana 30
- pré-coletores linfáticos 198
- pós-ganglionares e pré-ganglionares 184
Pré-molares 146, 174
Preparo histológico 23, 25, 33
- esteroides 150
Prepúcio 217, 219
Presbitia 97
Preservativo 225
Pressão (ou tensão) 85, 98, 104, 170, 178, 213
- abdominal 212
- arterial 182-183, 186
- auricular 186
- diastólico ou mínima 187
- diferencial ou do pulso 187
- osmótica 213
- respiratória 165
- sanguínea 80, 90, 91, 130, 178, 186, 187, 188, 213
- sistólica ou máxima 139, 187
- venosa 183
- ventricular 186
Processo coclear 99
Progesterona ou luteína 128, 131, 141, 222, 223, 225, 227
Prolactina ou Luteotropic hormone (LSH ou LTH) 128, 133
Prolacting inhibiting factor ou fator inibidor de prolactina (PIF) 128, 133
Prolan A, ou hormônio folículoestimulante (FSH) 128, 132, 133
Prolan B, ou gonadotrofina luteinizante (LH) 128, 132
Promontório 44, 51, 122, 156, 200, 219, 221
Proprioceptores 89
Próstata 16, 218, 219

Proteínas 128, 129, 144, 151, 152, 155, 178, 206, 213, 226
Prótese 228
Protrombina 152
Protuberância frontal, parietal 42, 43
Psicossomática 150, 163
Psiquismo 76
Ptialina 144, 147, 155
Puberdade 19-21, 45, 51, 208, 222
Púbis 20, 50, 52, 66, 71, 222
Pulmão 16, 21, 26, 46, 111, 116, 118, 134, 144, 160-163, 168-171, 173, 182, 185, 190, 197, 201, 203, 206, 207, 223
Pulsação cardíaca 54, 139, 185
Pulsações cardíacas 183, 204
Pulso 40, 48-49, 74, 89, 194
Pulvinar 89, 97
Pupila 57, 91, 96, 130
Purkinje, células de 88, 89
Pus 214

Q

Quadríceps 54, 72
Quiasma óptico 89, 94, 97, 112, 130
Quilo 158
Quimiorreceptores 127
Quimo 149, 156
Quimosina, renina 151

R

Radiações 17, 18, 227
Radículas 113
Rádio 37, 41, 48, 49, 62, 104
Radiografia 16, 17
Radioisótopos 16, 18
Raios medulares, ou de Fennein 212
- ultravioletas 23, 128, 133
Raiz do nervo 81, 87, 97, 104, 106-109
Raízes sacrais, coccígeas 113
Rampa cerebelar 88
Rampa média, coclear ou colateral 101
- timpânica, do tímpano, vestibular 99, 101
Reabsorção 138, 145, 158, 208, 209, 212, 213
Reação alérgica 181
- de defesa 94
- de fuga 128, 139
- endócrino, motora 82
- imunitária 202
- olfatória 103
Recém-nascido, sistema respiratório 163
Receptor 30, 89, 97, 99, 102, 105, 108, 129, 142, 170
- acústico, auricular, da orelha 98, 100, 109
- ciliado 99, 101
- cutâneo 109
- da pele 104, 105
- do equilíbrio 89, 99
- estático-cinético
- gustativo 103
- nervoso 206, 208
- olfatório 103
- sensitivo 78
- tátil 104
Recordações 76, 82, 83, 85, 86, 93
Reto 111, 119, 145, 158, 159, 191, 192, 197, 199-201, 207, 219, 221
Redes linfáticas de origem 198
- periféricas 184
Reflexo 107, 109, 223
Região hipotalâmica anterior, dorsal, posterior, supraóptica 94-95
Regiões corporais 33, 44
Releasing factors (RF), Releasing hormone (RH), Releasing inhibiting hormone (RIH) 128, 130, 131, 132
Renascimento 12
Ranvier, anéis de 30
Reprodução 51, 179, 206, 215, 223

Resinas epoxídicas 25
Respiração 21, 56, 87, 90, 91, 143, 146, 163, 164, 166, 167, 169, 170, 197, 206, 209
Resposta alérgica 129
- emotiva 92
- imunitária, imunológica 127, 202
- motora 99
- sexual 223
Ressonância magnética 15, 18
- nuclear (RMN) 18
Retenção do testículo ou criptorquidia 216, 217
- hídrica 210
Retículos dos tendões 68-69
- dos extensores 65, 67, 69, 196
Retina 78, 84, 96-97
RF-ACHT, RF-LH, RF-TSH 130
Rhesus 181
Ribonuclease 155
Rim 14, 16, 18, 33, 111, 119, 127-129, 138, 152, 156, 159, 182, 190-192, 197, 200, 201, 205-207, 209-211, 213, 220
- fetal 211
Rinencéfalo 92
Rinofaringe 147, 165, 167
Riso 163
Ritmo biológico 92
- cardíaco 56, 57, 90, 91, 128, 204
- hormonal 225
- respiratório 56, 80, 128
Roentgen, Wilhelm Conrad 17
Rolando, cisura de 83
Roma, romanos 10, 14
Rombencéfalo 80
Ruffini, corpúsculos de 104, 105
Ruptura ou rotura muscular 57
RX, raios X 17-18

S

Sabor 102-103
Saco do escroto, escrotal 215, 216, 218
Saco ou bolsa amniótica 226
Sáculo 99-100
- alveolar 170
Sais biliares 153, 155
- de cálcio, magnésio, potássio, sódio 208
- do ácido úrico 213
- inorgânicos 213
- minerais 53, 56, 74, 147, 153, 157, 158, 178, 197, 209, 213
- orgânicos 213
Salerno 10
Saliva 144, 147
Salivação 174
Sangue 14, 23, 39, 56, 92, 95, 127-129, 132, 135, 137, 152, 163, 169, 171-173, 176, 178-180, 182-192, 194, 196, 197, 202, 203, 206, 207, 209-211, 213, 218
- coagulação 151, 152
- composição eletrolítica 210
Santorini, duto de 154
- cartilagens 166
Sarcômero 28-29
Schwann, células de 30, 31
Secreção 30,108, 128, 187, 213
- do estômago 77, 110
- do pâncreas 154
- gástrica 126, 129, 149, 150
- holócrina 27
- salivar 129, 147
- sudorípara 129
- vaginal 226
Secretina 128, 154, 156, 157
Sedativos 93
Sede 94, 95, 209
Seio
- anal 159
- capacidade 163
- esfenoidal 102, 147, 161, 164
- frontal 16, 102, 147, 164

238

ÍNDICE ANALÍTICO

- galactóforo 227
- intercavernoso 132
- oponível 68, 79
- paranasal 160
- pressão 170
- renal 211
Seio aórtico 127
- carotídeo 127, 133, 188
Sela turca 42, 131
Sensação 76, 81-84
- de dor 102, 104
- de prazer 94
- gustativa, olfativa, tátil, térmica 102
Sensibilidade proprioceptiva 81
- somática, visceral 113
- tátil 81, 104, 127
Sensores 76, receptores
Sentidos 21
Sentimentos 76
Septo nasal 43, 59, 102, 164, 228
Septos cardíacos 197
- do pênis 219
- dos alvéolos pulmonares 184
- interalveolares 173
- interauriculares 185, 186
- interventriculares 185, 186
- orbital 96
Septum lucidium 83, 92, 103, 133
Serotonina 129, 151
Sexo 167, 204, 215, 216, 222
Sexualidade 222, 223
Simpático 57, 77, 78, 116, 147, 148, 151, 158, 166, 170
Sinais acústicos, sonoros 86
- hormonais maternos, fetais 227
- nervosos 103, 109, 126
  autônomos, reflexos 109
- olfativos, auditivos, visuais 223
- táteis 86, 213
- vestibulares 99
Sinapse 30, 95
Sinartrose, ou articulação imóvel 40
Síndrome pré-menstrual 127
Sínfise 40, 221
Sinóvia, ou líquido sinovial 41
Sinusoides 153
Sistema
- circulatório 21, 126, 139, 160, 176, 177, 179, 182, 184, 187, 190
- copulador-ejaculador 227
- digestório 22, 126, 144, 145, 147, 176, 206
- genital ou reprodutor feminino 16, 216, 220, 221, 225, 226
- genital ou reprodutor masculino 216-219
- mastóideo 98, 165, 198
- reprodutor ou sexual 21, 216, 217, 222, 225
- urinário 195
Sistema ABO 181
- circulatório (também aparelho), circulatório-pulmonar, arterial, sanguíneo, vascular, venoso 18, 36, 139, 160, 173, 176, 177, 179, 182, 184, 187, 189, 190, 198, 206
- (da veia) porta 177, 191
- digestório (ou aparelho) 144, 147, 176, 206
- endócrino 94, 95, 126, 127, 130, 187
- excretor 176, 206, 218, 220
- extrapiramidal 109
- genital 220
- límbico 80, 92-94, 103, 223
- linfático 18, 176, 177, 180, 182, 198, 209
- nervoso 10, 21, 36, 76, 127, 209
  —autônomo, involuntário 54, 77, 81, 94, 106, 110, 111, 126, 187
  —central 10, 30, 54, 77, 78, 80, 81, 93-95, 106, 107, 109-111, 126, 127, 130, 142, 166
  —parassimpático 57, 77, 110

—periférico 54, 57, 77, 78, 110, 111, 127, 137, 166, 183
—secundário, vegetativo 57, 77, 110, 163
—simpático 77, 109-111, 133
—vegetativo fetal 227
- neuromuscular 19
- porta-hipofisário 95, 131, 133
- renina-angiotensina 138
- reprodutor 215, 218, 219, 221
- respiratório 160, 163, 176, 190, 206
- Rh 181
- sensorial 72
Sistema circulatório 18
- linfático 18, 164, 198
- simpático toracolombar 162
- venoso 191
Sístole 186, 187
Sklodowska-Curie, Marie 17
Sódio 30, 138, 187, 208, 210, 213
Soluço 163
Som 85-86, 164, 166, 167
Somatostatina 128, 137
Sonhos 76
Soníferos 93
Sono 85, 163, 174
STH, hormônio hipofisário somatotrófico, ou do crescimento 38, 128, 131, 137
Substância
- branca 82, 88, 89, 106, 107
  —cerebelar 88
  —espinal 111
- cinzenta 83, 97
  —cerebelar 88
  —espinal 107, 109, 111
Substância branca espinal 106, 107
- cinzenta 82
- espinal, ou medular 106-108
Substância intercelular 32
- gordurosa 153
- industrial 227
- nutritiva 160
- prejudicial, de refugo 206, 207, 210
- tóxica 152, 179, 216
- útil, vital 175, 210
Substância medular da suprarrenal 138, 139
Suco digestório 136, 149, 152
- entérico 156
- gástrico 128, 144, 149, 151, 157
- pancreático 136, 144, 145, 153-157
- péptico, secreção 157
Sulco costal 46
- da uretra 217
- hipotalâmico 94
- olfatório 83
  —basilar 83
  —calcarino 97
  —central 82-84, 93
  —pré-central 84
Suor 206-209
Superfícies articulares 32, 36, 40, 52
Suprarrenais, cápsulas ou glândulas 131, 139, 152, 207, 223
Surdez 101
Sustentáculo do testículo 217
Sutura 40, 42, 43
Sylvius, aqueduto 90
- cisura de 83

T
Tabaco 93
- dependência do 150
Tabulae anatomicae 14
TAC 18
Tálus 52, 53, 73
Tato 81
Tálamo 80, 83, 84, 87, 90, 91, 94, 97-99, 103, 105, 112
Tarso 37, 50, 52

TC 18
Tecido 14, 16-17, 22, 23, 25, 28, 82, 126-128, 131, 136, 176, 178, 184, 209, 213, 228
- adiposo 32, 38, 136, 211, 223
- cartilaginoso 32, 39
- cerebral 80, 82, 85, 228
- ciliado 216
- conjuntivo 22, 26-28, 30, 32, 40, 41, 43, 54, 104, 176, 194, 212
- cutâneo 198, 222-223
- embrionário 228
- endócrino transitório 141, 144
- epitelial 26, 43, 127, 136
- esponjoso 39, 218
- exócrino 136
- glandular 30, 223
- hepático 228
- linfático 32
- linfoide 179, 202, 203
- muscular 17, 22, 28, 54, 58, 128
  —cardíaco 28, 54, 185
  —esquelético, estriado 28, 54, 136
  —liso 28, 54, 182, 185
- nervoso 22, 30
- ósseo 17, 32, 36, 38, 39, 42, 43, 53, 74, 128
- pancreático 136
- pigmentado 170
- pulmonar 160
- sanguíneo, ‰ sangue 32
- subcutâneo 198
Técnica radiológica 84
- do contraste, histológica 15, 16
Teto mesencefálico 80, 103
Tédio 163
Tegumento 206
Temperatura 94, 104, 141, 209, 215
Tênar 65, 199
Tendão 38, 54, 57, 64, 104, 228
Terminação da dor 82
- motoras 97
- nervosas 38, 76, 78, 81, 82, 104, 105, 116, 121, 149, 203
- parassimpáticas 116
- proprioceptivas 82
- sensitivas, sensoriais 76, 97
  —braquicéfalo, ou veias anônimas 189, 191
- Troncos 192
- linfáticos 198
  —broncomediastínicos 198
  —principais 184, 198
  —subclávios 198
  —primários, secundários 120
Termografia, termoscopia 18
Termorregulação 206
Terra Santa 13
Testículo 20, 127, 131, 133, 140, 207, 215, 216, 218, 219, 222, 224
Testosterona 128, 131, 133, 140, 222
Tíbia 37, 41, 50, 52, 53, 66, 67, 72
Ticiano 13
Timbre 167
Timo 134, 144, 163, 169, 176, 179, 184, 198, 202, 203
Timosina 203
Tímpano 98, 100, 165
Tireotropin releasing hormone (TRH) 128
Tireoide 16, 18, 20, 17, 58, 111, 113, 114, 118, 120, 127, 128, 131-135, 163, 165, 190, 199, 201, 207
Tiroxina, ou tetraiodotironina (T4) 128, 131-134, 155
Tomografia computadorizada 18, 84, 85, 93
Tonsila 89, 92, 102, 165
- cerebelar 82, 88, 89
- faríngea 147, 164, 166
- lingual 102
- palatina 102, 146, 147, 166, 199
Tônus muscular 87, 109
Tórax 81, 117, 121, 189, 190-192, 198, 201
Tornozelo 40, 53, 71, 72, 87, 123
Tosse 163
Toxicomania 93
Trabalho muscular 56
Trabéculas cardíacas 185
- esplênicas 202
Trato hipotálamo-hipofisário 95, 130

Trato mamilotâmico 95
- olfatório 83, 97, 102, 103, 130
- óptico 83, 89, 94, 97, 99
Trajano 11
Tranquilizantes 93
Transfusão 181
Transpiração 207, 209
Transmissão nervosa 30, 31, 79, 93
Transplante 228
Transporte de gases 179, 180
Traqueia 16, 26, 32, 36, 58, 118, 134, 135, 147, 148, 160-163, 165, 166, 168-170, 172, 173, 188, 190, 198, 199, 201, 203, 207
Traumatismo, trauma acústico 101
Trígono lombar 61
Tri-iodotironina (T3) 128, 134
Tripsina 144, 155
Tripsinogênio 144, 155
Trocas gasosas, de gases, de substâncias 160, 169, 171, 183, 197
Tronco
- braquiocefálico 114, 116, 118, 134, 169, 177, 182, 185, 190, 193, 197, 203, 204
- cefálico 106, 177
- celíaco 108, 118, 137, 138, 154, 177, 182, 191, 192, 210
- cerebral 57, 79, 80, 86, 87, 89-92, 94, 105
- costocervical 177, 188, 193
- intestinal 177, 199
- jugular 177, 198-199
- linfático jugular 198
  —mediastínico 198
  —subclávio 177, 198-200
- lombar 177, 199
- lombosacral 118-119, 122
- pulmonar 114, 118, 169, 177, 169, 177, 186, 190, 197, 204
- simpático 77, 111, 114, 116-119, 122
- subclávio 177, 198, 199
- tireocervical 177, 182, 188, 190, 193
- venoso 189, 191
Tuba auditiva, ou de Eustáquio 98, 100
- abertura faríngea 98, 147, 161, 164, 165
Tuba uterina, ou de Falópio, ou oviduto 141, 197, 220, 221, 225-227
Tuber 94, 97, 130
Tuberosidade isquiática 52, 61, 66, 70, 123
Tuberosidade púbica 221
Tubo digestivo 17, 54, 116, 129, 145, 148, 152, 155, 191
Túbulo renal 138, 184, 209, 212, 213
Tumores 16-18, 142
Túnica albugínea 218, 219, 221
- conjuntiva 96
- mucosa, serosa 148-149
- vaginal 140, 216, 218, 219

U
Úlcera duodenal, gástrica 159
Ulna 37, 41, 48, 49, 62, 65, 74
Ultramicrótomo 24
Ultrassom 16, 153
Ultrassonografia 15, 16
Ultravioleta 23, 128, 133
Umbigo 220
Úmero 37, 41, 48, 49, 62, 64, 65,

121, 193, 194
Uncus 92, 103
Unhas 26, 27, 68, 144, 206
Unidades motoras 28
Ureia 152, 178, 208, 209, 212, 213
Ureter 27, 119, 124, 138, 156, 191, 196, 200, 207, 210-214, 218-221
Uretra 207, 211, 217-221, 227
Urina 57, 138, 206-209, 211, 213, 214, 217, 218
Útero 11, 16, 111, 128, 141, 197, 201, 215, 216, 220, 221, 226
Utrículo 99-100
Úvea 96
Úvula, ou campainha 102, 146, 147, 164, 165

V
Vacina artificial 181
Vacinação 181
Vagina 111, 141, 216, 218, 220, 221, 225-228
Válvula anal 159
- atrioventricular direita cardíaca 185, 186, 190
- atrioventricular esquerda cardíaca 185, 186, 190
- da aorta 186, 190
- do tronco pulmonar 186, 190
- ileocecal 145, 158, 159
- semilunar 184-186
van Calcar, Jan Stephan 13
van Leeuwenhoek, Antonie 14
Vasectomia 225
Vaso
- cardíaco, coronário 185, 204
- coletor 200
- deferente 224
- do ombro 194
- do pênis 219
- interlombar 152
- linfático 17, 96, 153, 157, 158, 165, 170, 172, 178, 182, 184, 199, 200, 203, 208, 211
  —das extremidades 177
- ovariano 221
- quilífero 157
- sanguíneo, abdominal, arterial, venoso 16, 28, 38, 39, 43, 46, 54, 80, 85, 96, 127, 128, 131, 152, 153, 157, 162, 169, 172, 173, 175-178, 183-185, 187, 190, 192, 195, 197-199, 201, 204, 209, 211-213, 219
- sinusoide 152, 153
- visceral 192
Vasoactive intestinal polypeptide (VIP) 128
Vasodilatador 128
Vasopressina 128, 130, 131
Vasos linfáticos 182, 184, 198-201
Vater, ampola de 154
Vegetarianos 149
Veia 10, 17, 43, 106, 176, 177, 182-184, 188, 189, 191, 193, 194, 196, 198, 199
- acromiotorácica 183, 189, 193
- angular 189
- apendicular 192
- artificial 228
- auricular 189
- axilar 183, 189, 191, 193, 194, 198, 199
- ázigos 117, 118, 168, 169, 173, 177, 183, 189, 191, 199
- basal 172, 173
- basílica 65, 177, 183, 193, 194, 199
- braquial 177, 183, 193, 194
- braquiocefálica 113, 134, 177, 183, 189-194, 197, 198, 203
- brônquica 170, 173, 191
- cardíaca 191
- cava inferior 63, 116, 119, 124, 137, 138, 152, 154, 156, 177, 183, 185, 186, 191, 192, 195, 197-201, 210, 212, 219

239

ÍNDICE ANALÍTICO

- cava superior 114, 116, 118, 134, 169, 177, 183, 185, 186, 189-191, 194, 197-199, 203, 204
- cecal 192
- cefálica 63, 65, 120, 121, 177, 183, 189, 193, 194, 198, 199
- acessória 193-194
- central 139
- da retina 96
- cerebral 133
- cervical 117
- circunflexa do fêmur 183, 195, 196
- da escápula 194
- do ílio, ilíaca 124, 183, 191, 195, 219
- cística 191
- cólica 191
- coróidea 133
- coronária 204
- da polpa vermelha esplênica 203
- da ponte 189
- da tuba 141
- das pálpebras 189
- digital 193-194
- do bulbo do clitóris 221
- do bulbo vestibular 221
- do cerebelo 189
- do cérebro 189
- do íleo 191, 192
- do jejuno 191
- do joelho 125
- do pescoço 165
- do timo 134, 203
- dorsal do clitóris 221
—do pênis 195, 218, 219
- em arcada 212
- emissária 81
- epigástrica 183, 191, 195, 197, 219
- escrotal 195, 219
- esofágica 191
- espermática 191, 192
- espinal 107
- esplênica 137, 155, 177, 191, 202, 203
- esternoclidomastóidea 189

- estrelada 138
- facial 113, 177, 189
- faríngea 135
- femoral 63, 117, 122, 124, 177, 183, 191, 195, 196, 200
- frênica ou parietal 183, 189, 191
- gástrica 191, 203
- gastroepiploica 137, 191
- genicular 195
- glútea 124, 191, 195
- hemiázigos 116, 173, 177, 183, 189, 191, 199
- hepática ou visceral 10, 152, 177, 183, 191, 192, 197
- hipofisária 132
- ileocólica 191
- ileolombar 183, 191, 195
- ilíaca 124, 154, 183, 191, 195-197, 199, 200, 210, 219, 221
- circunflexa 197
—comum 119, 124, 154, 177, 183, 191, 195, 196, 200, 210, 219
- inominada 169
- intercostal 116-117, 183, 189, 191, 193, 199
- interlobar 212
- intermédia cefálica 193
—do antebraço 193
—do cotovelo 177, 193, 194, 199
- interóssea 199
- jejunal 156- 158
- jugular 63, 111-116, 120, 134, 135, 177, 183, 184, 188-191, 193, 194, 198, 199, 203
- labial, laríngea 189
- lingual 189
- lombar 183, 189, 191
- IV lombar 195
- marginal 196
- mesentérica 119, 136, 153, 155, 157, 177, 191
—superior 137
- metacárpica 193
- metatársica 195, 196
- mínima 185
- nasal 189

- nasofrontal 189
- obturatória 183, 191, 195
- ovariana 141, 197
- pancreática 191
- pancreatoduodenal 137, 191
- para-umbilical 191
- peitoral 183, 193
- perfurante 124, 195, 196
- plantar 125
- poplítea 72, 124, 125, 177, 195, 196, 201
- porta 119, 152-155, 157, 177, 191, 197
- principal 184
- profunda do fêmur 122, 124, 183, 195
- pudenda 123, 183, 191, 195, 219
- pulmonar 118, 160, 161, 170, 172, 173, 183, 185, 186, 190
- radial 193, 199
- retal 123, 191, 197, 219
- renal 138, 177, 183, 191, 192, 197, 210-212, 218, 222
- retromandibular 188
- safena acessória 195
—interna 124-125, 195, 196
—magna 125, 177, 183, 195,196, 200, 201
- sacra 119, 124, 183, 191, 195, 197, 219
- sigmoide ou sigmóidea 191
- subclávia 113, 115, 117, 120, 134, 177, 183, 184, 189-191, 193, 194, 198, 199, 203
- subclavicular 184
- subcutânea abdominal 196
- subescapular 194
- submandibular 189
- supraescapular 183, 189, 193, 194
- suprarrenal 138, 139, 183, 191, 192
- talamoestriado 133
- temporal 189
- testicular 138, 183, 191, 210
- tibial 125, 177, 195, 196, 201
- tireóidea 113, 135, 189

- toracoepigástrica 193, 194
- trabecular 202, 203
- transversa cervical 113
—do pescoço 183, 189, 193
- ulnar 193, 199
- umbilical 197
- uretral 192
- vertebral 189
- vesical 219
Velocidade do sangue 187
- venoso 189, 203
Ventrículo
- cardíaco 118, 177, 182, 183, 185-187, 190, 197, 204
- cerebral 80, 83, 90, 92, 94
—cerebral III 92-94
—cerebral IV 92, 93
- da laringe 165
Vênula 184
- brônquica, pulmonar 172, 173
- estrelada 212
- interlobar 152
- Verme cerebelar 88
Vértebra 37, 38, 42, 44-47, 53, 58, 60-62, 70, 77, 106, 109, 111, 162, 179, 200
- cervical 37, 42, 44, 112
—1ª cervical ou atlas 42
—6ª cervical 44, 45, 148
- lombar 37, 51, 116
—lombar 2ª 198
—lombar 3ª 44, 45
—lombar 4ª 119
—lombar 5ª 124, 219
- torácica 37, 46, 116
—torácica 3ª 58
—torácica 4ª 168
—torácica 7ª 108
Vesalius, Andreas 13-14
Vesícula biliar 17, 128, 145, 152-154, 155-157, 191, 200, 207
- pulmonar 170
- seminal 207, 218, 219
Vestíbulo 98-100
- da faringe 165, 167
- da vagina 217

- nasal 164
Véu palatino ou do paladar 98, 102, 146, 147, 164, 165
Vias aéreas, ou respiratórias 160, 164-167
- auditivas 99, 100
- biliares 17, 152
- brônquicas 160
- digestórias 165
- do gosto 103
- linfáticas 184, 198, 199, 200, 201
—intestinais 201
- motoras 90, 223
- olfatórias 103
- renais, urinárias 17, 26, 119, 207, 210, 211, 213
- sensitivas 90, 223
- vestibulares 99
Vibrissas 164
Vilosidades intestinais 27, 33, 144, 145, 156-158
Vísceras 18, 195, 198
Vitaminas 38, 53, 74, 145, 157, 158, 178, 213
Vocalização 167
Volemia 187
Volkman, duto de 32, 39
Vômer 43

W
Wirsung, duto pancreático de 154
Wrisberg, cartilagens de 166

X
Xenotransplantes 228

Z
Zigoto 128, 141, 226, 227
Zona cortical, medular renal 212
- diáfana 225
- ou segmento, pulmonar 170
Zonas encefálicas 97